新装版改訂増補

線型代数と固有値問題

スペクトル分解を中心に

笠原晧司

現代数学社

はしがき

最近，我が国の大学の理科系学部では初学年において線型代数の講義を行うことがほぼ共通のカリキュラムとして定着している．しかし，その実状を少し子細に検討すると，そこにはいろいろ問題点があるように思われる．まず，従来の解析幾何学のカリキュラムとの関連をどうつけるか，またはつけないかの問題がある．いきなり抽象的な線型代数の議論を始めても初年度の学生には無理だろうとの配慮から，2次元または3次元のユークリッド空間の直線，平面，二次曲線等の話題を取り上げている所が多い．しかしこのような方面の話をあまり詳しくやりすぎると，線型代数本来の目標を見失ってしまい勝ちである．次に，行列・行列式の形式的計算が多いため線型代数の本当に面白い部分に到達するまでに多少息切れする傾向が見られる．行列や行列式についてのいろいろな計算に習熟することはそれ自体重要な練習でありおろそかにできないことはもちろんであるが，（主として我が国の大学における数学教育の時間不足の傾向が禍いして）そのような段階で線型代数の講義が終ってしまったり残りの主要部分をかけ足でとばすような羽目に陥ることが多い．最後に解析学との関連の問題がある．線型代数における固有値問題がヒルベルトやフレドホルムの積分方程式論と構造上密接な関連をもっていることは古くから知られている事実であるが，大学初学年の線型代数の教科書には，このことにふれたりこれと関連づけようとする視点が全くといってよいほど欠けている．そのため，ヒルベルト空間論で自己共役作用素のスペクトル分解を勉強した数学専攻の学生が，大学卒業まで，それが二次曲面の主軸問題と同じ議論であることに全く気がつかなかったりすることになる．数学専攻生に限らず，理工系のほとんどの学生はフーリエ級数論が固有値問題であることを知らない．

さて，このような問題点を残らず解決する展望も力量も著者には全くないのだが，せめてそのどれかについて，解決のためささやかな寄与をしたいとかねがね考えていた．一つは行列・行列式などの話の次にくるものに重点を置くこと，もう一つは関数解析学との関連を意識することである．それがこの本を書く動機となった．

本書ではまず，行列や行列式の簡単な演算についての知識を既知として話を進めることにした．また線型空間に関しても既知の知識を整理する意味でなるべく簡潔にまとめた．そして目標を線型変換のスペクトル分解に置いて，それに関連する話題を軸として全体を構成した．第1章から第3章までが線型空間に関するまとめであって，第4章で固有値問題の基本的事項を概説し，第5，第6章では対称変換の固有値問題を通じて処理できるいろいろな話題をとりまとめた．これらの章，特に二次曲面論の所などは線型代数としては脇道であろうが，読者の理解しやすさや大学での講義内容などとのつながりも考慮して取り入れた．第7章は実線型空間と複素線型空間の関係を述べた．これはほとんど自明のこととして，述べていない教科書が多いが，学生諸君がとまどう所でもあるので少し丁寧に書いた．第8章は複素ユークリッド空間での固有値問題であるが，スペクトル分解の有効性がなるべくはっきりするように心がけた．第9章は普通ジョルダン標準形を目標とする章なのだが，本書ではむしろ$(\lambda I-\varphi)^{-1}$の構造に重点を置いて話を進めた．もちろんジョルダン標準形についても述べたが，それも幾何学的なイメージを重んじて単因子論はほとんど述べなかった．全体を通じて，議論の進め方になるべくすじ道をつけ，読者の興味がつながるようにはかった．またできるだけ説明を多くし，多少饒舌にはなってもわかりやすさを第一に考えたつもりである．

このような内容なので線型代数の標準的なコースから見るとかなり片寄った感じを受けるかも知れない．しかし解析幾何学や行列・行列式について一通り習熟した学生諸君が線型代数のより詳しい理論を知りたいと思うとき，このような内容の本も参考になるのではないかと思う．そして将来フーリエ級数その他の各種固有関数展開等，関数解析学の諸問題に出会ったとき，線型代数との関連を容易に想起できるようになってもらえれば著者の意図は十分に達成されたといってよいであろう．もちろん，線型代数にはそれ自身の理論体系がある．それを関数解析学の予備段階として位置づけてしまうのは偏向のそしりをまぬがれないだろう．本書でも線型代数を関数解析学に“従属”させることは極力避けたつもりである．むしろ「線型代数の積極的な再検討が関数解析学との直接の関連性をより明確にする」ことを明らかにしたかったのである．ただ，著者の非才の故と時間的余裕の不足などによりそれがうまく実現できたかどうかは疑わしい．読者の批判，提言に謙虚に耳を傾けたい．また本書がきっかけとなってこの種の試みがもっとなされることをひそかに期待している．

現代数学社の方々には終始お世話になった．ここに感謝の言葉を述べたい．

1972年2月

京都にて　　笠　原　晧　司

改訂増補版へのはしがき

本書初版を執筆してから 32 年になる．幸い，初版は好評を得て，この種の本としてはかなり長期間刊行された．それは，一つには，初めて数学を学ぶ者が証明とはいかなるものか，どのように考えればよいかを理解し，次第に自分でもやってみたいと考えるようになることを考慮して，少し丁寧すぎる位の証明をつけたことによると思われる．そのため，特に初めの方では，奇抜なアイデアによる証明はさけ，自然に考えられるすじ道を尊重して，少しまわりくどくなるような方法をとった所もある．改訂に際しては，そのような部分はあえてそのまま残した．そして説明をよりわかり易くし，例題をふやし，図版の一部を新しくしたりした．しかし全体の構成は変えていない．行列の線形作用素としての性格を強調する姿勢をくずしたくなかったからである．改訂版が旧版同様，読者に広く受け入れられることを願っている．

2004 年 11 月

笠原晧司

新装版改訂増補によせて

本書は旧著『改訂増補版　線型代数と固有値問題』(2004 年) の新装版である．新装版 (2014 年) は旧版の持ち味を残しつつ誤植の訂正のみに留めたが，今回の改訂増補新装版では読者の要望に応え，原本の印刷濃度の調整を行いできるだけ読みやすくなるように努めた．本書が読者諸賢の学習・理解・応用の一助となれば幸いである．

2019 年 10 月

現代数学社編集部

目　　次

各章のつながり

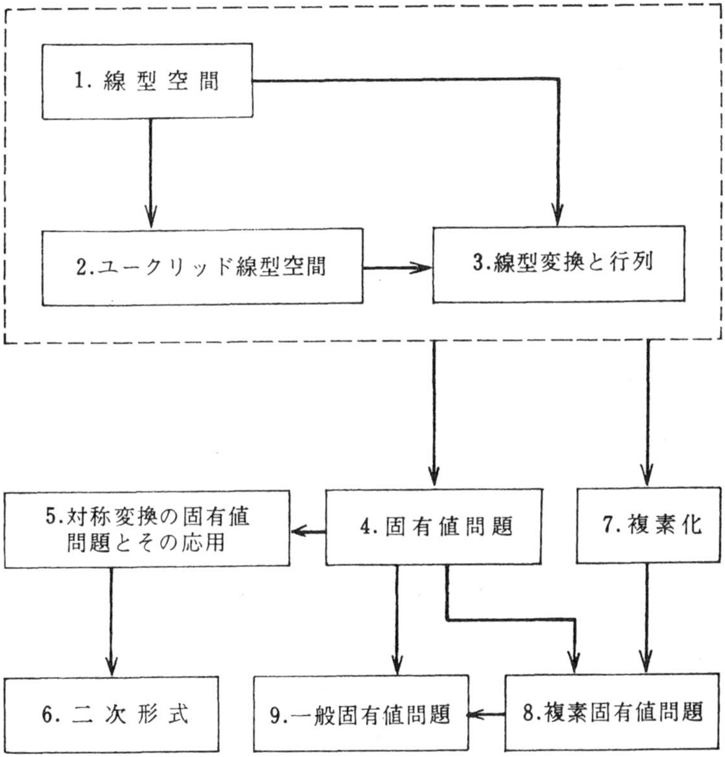

読者への注意

1. 定義，定理および補題は各章ごとに通し番号をつけた．たとえば定理 1-2 の次に定義 1-3 がきて，その次に定理 1-4 がくる，といった具合である．これは，あとから頁を繰って必要な定理や定義をさがす際，この方がさがしやすいと思ったからである．
2. 式の番号は，定理・定義の番号とは独立に，やはり各章ごとに通し番号をつけた．

記　　号

$A=\{x : P(x)\}$ ……	集合 A は $P(x)$ という性質をもつ x の全体.
$A\subset B$ ………………	集合 A の元はすべて集合 B の元.
$A\cap B$ ………………	集合 A, B の共通部分.
$A\cup B$ ………………	集合 A, B の合併.
$l=\{\lambda \boldsymbol{a}\}$ ……………	$\boldsymbol{a}$ を固定したときの $\lambda\boldsymbol{a}$ の形のベクトルの全体.
F_1+F_2 ……………	F_1 と F_2 の和空間.
$F_1\dot{+}F_2$ ……………	F_1 と F_2 の直和空間.
$F_1\oplus F_2$ ……………	F_1 と F_2 の直交直和空間.
$\dim F$ ………………	F の次元.
R^1, R^2, R^n …………	1, 2, n 次元の実数・数線型空間.
$\boldsymbol{C}^1, \boldsymbol{C}^2, \boldsymbol{C}^n$ …………	1, 2, n 次元の複素数・数線型空間.
$\psi\circ\varphi$ …………………	線型変換 φ と ψ の積.
$\varphi(F)$ ………………	φ による F の像.
$\varphi^{-1}(F)$ ……………	φ による F の原像.
$\det A$ ………………	正方行列 A の行列式.
$\mathrm{tr}A$ …………………	正方行列 A のトレース.
$\mathrm{tr}\varphi$ …………………	線型変換 φ のトレース.
${}^t\varphi$ ……………………	φ の転置変換.
φ^* ……………………	φ の共役変換.
$\|\boldsymbol{x}\|$ ……………………	$\boldsymbol{x}$ のユークリッド的長さ.
$\langle \boldsymbol{x}, \boldsymbol{y}\rangle$ ………………	$\boldsymbol{x}$ と $\boldsymbol{y}$ の内積.
$\boldsymbol{x}={}^t(x_1, \cdots, x_n)$ ……	縦数ベクトル $\begin{bmatrix} x_1 \\ \vdots \\ x_n \end{bmatrix}$.
$A=(a_{ij})$ ……………	$A=$ 正方行列 $\begin{bmatrix} a_{11} & \cdots & a_{1n} \\ \vdots & & \vdots \\ a_{n1} & \cdots & a_{nn} \end{bmatrix}$.

第 1 章　線型空間

§1. 線型空間

実数の全体 R において加減乗除（除算については 0 を除く）が自由にできることはよく知られているが，R 以外にも加減算の考えられる集合はいろいろある．たとえば，高々 2 次の多項式

$$f(x)=ax^2+bx+c$$

の全体をかりに P とすると，P の中で加減算が自由にできる．

$$f_1(x)=a_1x^2+b_1x+c_1\in P,$$
$$f_2(x)=a_2x^2+b_2x+c_2\in P$$

に対し，

$$(f_1\pm f_2)(x)=(a_1\pm a_2)x^2+(b_1\pm b_2)x+(c_1\pm c_2)$$

とおくと，$f_1(x)$ と $f_2(x)$ を加減した多項式となるが，これはまた高々 2 次だから，またこの集合 P に入るのである．

この集合ではさらに，実数とのかけ算ができる．すなわち，α を 1 つの実数とするとき，$f(x)=ax^2+bx+c\in P$ に対し，

$$(\alpha f)(x)=(\alpha a)x^2+(\alpha b)x+(\alpha c)$$

という多項式はまた P に入る．

このように，ある集合 E において，加法と呼ばれる演算と，数乗法とを行なうことができて，しかもその結果がまた E の元になっているとき，その集合 E のことを**線型空間**（またはベクトル空間）といい，数乗法に用いられる数の全体を**係数体**という（係数体を K とかこう）．ただ，その加法と数乗法の

計算にはある種のルールが当然必要であろう．そのようなルールをみたすものだけを線型空間というのである．

そのルールを列挙すると，次の通りである．E の元を $\boldsymbol{a}, \boldsymbol{b}, \boldsymbol{c}$, Kの数を λ, μ などギリシャ文字で表わす．

1° どんな元 $\boldsymbol{a}, \boldsymbol{b}$ についても

$$\boldsymbol{a}+\boldsymbol{b}=\boldsymbol{b}+\boldsymbol{a}$$

2° どんな元 $\boldsymbol{a}, \boldsymbol{b}, \boldsymbol{c}$ についても

$$(\boldsymbol{a}+\boldsymbol{b})+\boldsymbol{c}=\boldsymbol{a}+(\boldsymbol{b}+\boldsymbol{c})$$

3° 特別な元（それを $\boldsymbol{0}$ とかく）が存在して，どんな元 $\boldsymbol{a}$ についても

$$\boldsymbol{0}+\boldsymbol{a}=\boldsymbol{a}$$

4° どんな元 $\boldsymbol{a}$ についても

$$\boldsymbol{a}'+\boldsymbol{a}=\boldsymbol{0}$$

をみたす元 $\boldsymbol{a}'$ が $\boldsymbol{a}$ に対応して見つかる．

以上が加法についてのルールである．次に数乗法については，

5° どんな元 $\boldsymbol{a}$ についても

$$1\cdot\boldsymbol{a}=\boldsymbol{a}$$

6° どんな元 $\boldsymbol{a}$ と，どんな2つの数 λ, μ についても

$$\lambda\cdot(\mu\cdot\boldsymbol{a})=(\lambda\mu)\cdot\boldsymbol{a}$$

7° どんな元 $\boldsymbol{a}, \boldsymbol{b}$ とどんな数 λ についても

$$\lambda\cdot(\boldsymbol{a}+\boldsymbol{b})=\lambda\cdot\boldsymbol{a}+\lambda\cdot\boldsymbol{b}$$

8° どんな元 $\boldsymbol{a}$ と，どんな2つの数 λ, μ についても

$$(\lambda+\mu)\cdot\boldsymbol{a}=\lambda\cdot\boldsymbol{a}+\mu\cdot\boldsymbol{a}$$

これで全部である．すべて当り前のルールであって，この程度のルールもみたさない算法など，算法の名に値しないと思われる位である．しかし，線型空間の基本的構造はこれで決定されるのであって，線型空間の理論がいろいろな科学の分野と係わりが深いのも，どんな場合にも大抵適合するようなルールの上に成立していることに起因するのであろう．

なお，線型空間に付随している係数体は，その中で加減乗除が自由にできるようなものであれば何でもよいが，普通は実数の全体，または複素数の全体をとることが多いので，本書では最初は実数全体を係数体として話を進め，後で複素数全体を係数体とする場合も取り扱うことにする．

線型空間のうちで最も標準的なものは，数ベクトルの全体によってできる線型空間であろう．**n 次元(実数)数線型空間**とは，n 個の実数の列，

$$(x_1, \cdots, x_n)$$

の形のものの全体 R^n において，加法を

$$(x_1, \cdots, x_n)+(y_1, \cdots, y_n)=(x_1+y_1, \cdots, x_n+y_n)$$

で，また数乗法を

$$\lambda(x_1, \cdots, x_n)=(\lambda x_1, \cdots, \lambda x_n)$$

で定義したものである．この算法が，先の８つのルールをみたしていることは容易にわかるから，R^n は線型空間である．

線型空間の元のことを**ベクトル**という．また，係数体の数のことを**スカラー**という．ベクトルというと普通矢印などが画いてあって，その和を作るには，１つの矢印の先端に他の矢印の根の所を一致させてやったとき，残った２つの端を結ぶ矢印がその和である，という説明がしてあることが多い．つまりベクトルという“もの”がまずあって，それらに対して加法や数乗法をどうするかが次の問題になるという形の説明になっている．（中には「ベクトルとは大きさと方向の複合概念である」という“定義”がしてある書物すらある.） しかし，数学ではベクトルという概念には“もの”としての性質（たとえば長さがあるとか，重さがあるとか，方向があるとか，矢羽根がついているとか色がついているとか）は元来含まれていないことを注意しておこう．では何をもってベクトルという概念を規定するか，それは正に上に述べたように，**それらの間に，加法と数乗法が**（８つのルールをみたすように）**とり決められているかどうか**で規定するのである．つまりベクトルという概念はある演算をもつ集合の一員という形で規定されているのであって，個々にこれはベクトルであるかな

いかを議論することには意味がない．たとえば，x^2 とかいて，これはベクトルであろうかという問題を考えてみてもそれは無意味であって，これを何かの集合（たとえば先に挙げた P という集合）の元と見なして，他の元との間に演算がうまく行なわれる場合には，その限りにおいて x^2 はベクトルであるわけである．

一方，しかしながら，あることを理解する上で，何かある具体的なイメージをもって，それに頼っていくと理解しやすいということはよくあることである．そのようなイメージの1つとして，たとえば矢印というものを思い浮べるのは一向にさしつかえない．大抵の線型代数の講義で，この矢印が顔を出して説明に一役かっている所を見ると，よほどわかりやすいイメージにちがいない．ただ，どんなイメージに頼ろうとも，数学的にはあくまでその算法の構造が問題なのである，ということさえ忘れなければよい．

問1. $\lambda\boldsymbol{a}=\boldsymbol{0}$ ならば $\lambda=0$ または $\boldsymbol{a}=\boldsymbol{0}$ であることを示せ．

問2. 計算ルール 3° において，$\boldsymbol{0}$ の存在が示されているが一意性は仮定されていない．$\boldsymbol{0}_1, \boldsymbol{0}_2, \cdots$ と数多く存在する可能性はないか．

§2. 線型部分空間

線型空間 E の部分集合 F が，E の演算（加法と数乗法）ですでに1つの線型空間になっているとき，F のことを**線型部分空間**という．

F がそれ自身で線型空間になるためには，F の中での演算の結果がまた F の元であることが必要十分である．すなわち，F が線型部分空間であることをチェックするには，

(1-1)　F のどんな元 $\boldsymbol{a}, \boldsymbol{b}$ に対しても　$\boldsymbol{a}+\boldsymbol{b}\in F$,

(1-2)　F のどんな元 $\boldsymbol{a}$ とどんな数 λ についても　$\lambda\boldsymbol{a}\in F$,

の2つをたしかめればよい．またこれは1つにまとめて，

(1-3)　F のどんな元 $\boldsymbol{a}, \boldsymbol{b}$ とどんな数 λ, μ についても　$\lambda\boldsymbol{a}+\mu\boldsymbol{b}\in F$

とすることもできる．どうして (1-1) と (1-2)，または (1-3) だけたしかめればよいかというと，演算のみたすべき8つのルールのうち 3° と 4° を除いては

すでに E で成立しているし，3° は (1-2) から，$\lambda=0$ とおいて（または (1-3) から，$\lambda=\mu=0$ とおいて）$\mathbf{0}\in F$ がわかり，また 4° は $(-1)\boldsymbol{a}=-\boldsymbol{a}\in F$ により成立するからである．E 自身，E の線型部分空間である．

さて，線型部分空間に関する性質として，次の定理が成立する．

定理 1-1　F_1, F_2 を E の 2 つの線型部分空間とすると，$F_1\cap F_2$ もまた線型部分空間である．

証明　$F_1\cap F_2\ni\boldsymbol{a},\boldsymbol{b}$ を任意にとり，λ,μ を任意の数とするとき，まず $\boldsymbol{a},\boldsymbol{b}$ 共に F_1 の元だから，

$$\lambda\boldsymbol{a}+\mu\boldsymbol{b}\in F_1$$

同様に $\boldsymbol{a},\boldsymbol{b}$ は F_2 の元でもあるから，

$$\lambda\boldsymbol{a}+\mu\boldsymbol{b}\in F_2$$

すなわち，

$$\lambda\boldsymbol{a}+\mu\boldsymbol{b}\in F_1\cap F_2$$

従って，(1-3) がたしかめられたから $F_1\cap F_2$ は線型部分空間である．

証明終．

今度は，$F_1\cup F_2$ はどうであろうか．残念ながらこれは線型部分空間であるとは限らない．そこでその代り，次の集合

$$\{\boldsymbol{a}+\boldsymbol{b}\,;\ \boldsymbol{a}\in F_1,\ \boldsymbol{b}\in F_2\}$$

を考えよう．$\boldsymbol{a}$ として F_1 のあらゆる元を考え，$\boldsymbol{b}$ として F_2 のあらゆる元を考えたときの $\boldsymbol{a}+\boldsymbol{b}$ の形の元の全体である．($\lambda\boldsymbol{a}\in F_1$, $\mu\boldsymbol{b}\in F_2$ だから $\lambda\boldsymbol{a}+\mu\boldsymbol{b}$ の形の元の全体といってもよい．) これを記号的に，

$$F_1+F_2$$

で表わし，F_1 と F_2 の**和空間**という．

定理 1-2　F_1 と F_2 を E の 2 つの線型部分空間とすると，F_1+F_2 は F_1 と F_2 を含む E の線型部分空間の中で最小のものである．

証明　まず F_1+F_2 は E の線型部分空間であることを示そう．F_1+F_2 から任意に2つの元 $\boldsymbol{a}_1+\boldsymbol{b}_1$, $\boldsymbol{a}_2+\boldsymbol{b}_2$ $(\boldsymbol{a}_1, \boldsymbol{a}_2 \in F_1,\ \boldsymbol{b}_1, \boldsymbol{b}_2 \in F_2)$ をとると，

$$(\boldsymbol{a}_1+\boldsymbol{b}_1)+(\boldsymbol{a}_2+\boldsymbol{b}_2)=(\boldsymbol{a}_1+\boldsymbol{a}_2)+(\boldsymbol{b}_1+\boldsymbol{b}_2) \in F_1+F_2$$

また，どんなスカラー λ についても

$$\lambda(\boldsymbol{a}_1+\boldsymbol{b}_1)=\lambda\boldsymbol{a}_1+\lambda\boldsymbol{b}_1 \in F_1+F_2$$

従って (1-1), (1-2) によって F_1+F_2 は線型部分空間である．F_1+F_2 が F_1, F_2 を含むことは，F_1 または F_2 から $\boldsymbol{a}$ をとるとき

$$\boldsymbol{a}=\boldsymbol{a}+\boldsymbol{0} \in F_1+F_2$$

から明らかであろう．最後に最小であることを示そう．今別に G という F_1 も F_2 も含む線型部分空間があったとすると，$F_1+F_2 \subset G$ であることを示せばよい．そこで，F_1+F_2 から任意の元 $\boldsymbol{a}+\boldsymbol{b}$ $(\boldsymbol{a} \in F_1,\ \boldsymbol{b} \in F_2)$ をとると，$\boldsymbol{a} \in F_1 \subset G$, $\boldsymbol{b} \in F_2 \subset G$ より $\boldsymbol{a}+\boldsymbol{b} \in G$ である．従って $F_1+F_2 \subset G$ である．　証明終．

どんな線型部分空間も $\boldsymbol{0}$ は共通にもっている．$\boldsymbol{0}$ だけからなる集合 $\{\boldsymbol{0}\}$ は1つの線型部分空間である．

だから $F_1 \cap F_2=\{\boldsymbol{0}\}$ ということは，2つの線型部分空間にとって最小の重なり方である．そこで，

定義 1-3　E の2つの線型部分空間 F_1, F_2 が

$$F_1 \cap F_2=\{\boldsymbol{0}\}$$

をみたすとき，

$$F=F_1+F_2$$

のことを，

$$F=F_1 \dot{+} F_2$$

とかき，F_1 と F_2 の**直和**という．

定理 1-4　E の2つの線型部分空間 F_1, F_2 につき，F_1+F_2 が $F_1 \dot{+} F_2$

になるための必要十分条件は，F_1+F_2 のどんな元 $\boldsymbol{x}$ をとっても，

$$\boldsymbol{x}=\boldsymbol{a}+\boldsymbol{b},\quad \boldsymbol{a}\in F_1,\quad \boldsymbol{b}\in F_2$$

と表わす方法が**唯1通り**であることである．

証明　$F_1+F_2=F_1\dot{+}F_2$ とする．そのときある $\boldsymbol{x}\in F_1+F_2$ がかりに2通りの方法で，

$$\boldsymbol{x}=\boldsymbol{a}_1+\boldsymbol{b}_1=\boldsymbol{a}_2+\boldsymbol{b}_2,\quad \boldsymbol{a}_1,\boldsymbol{a}_2\in F_1,\quad \boldsymbol{b}_1,\boldsymbol{b}_2\in F_2$$

となったとしよう．すると，

$$\boldsymbol{a}_1-\boldsymbol{a}_2=\boldsymbol{b}_2-\boldsymbol{b}_1$$

となるが，この元を $\boldsymbol{c}$ とおくと，$\boldsymbol{c}=\boldsymbol{a}_1-\boldsymbol{a}_2\in F_1$ でもあり，また $\boldsymbol{c}=\boldsymbol{b}_2-\boldsymbol{b}_1\in F_2$ でもあるから $\boldsymbol{c}\in F_1\cap F_2=\{\boldsymbol{0}\}$．つまり $\boldsymbol{c}=\boldsymbol{0}$．従って，$\boldsymbol{a}_1=\boldsymbol{a}_2$，$\boldsymbol{b}_1=\boldsymbol{b}_2$．いいかえると，$\boldsymbol{x}=\boldsymbol{a}+\boldsymbol{b}$ という分解の方法は唯1通りしかあり得ない．

逆に，$F_1+F_2\ni\boldsymbol{x}=\boldsymbol{a}+\boldsymbol{b}$ という分解法が唯1通りなら，$F_1\cap F_2=\{\boldsymbol{0}\}$ でなければならない．なぜなら，$F_1\cap F_2\ni\boldsymbol{x}$ をとると，

$$\boldsymbol{x}+\boldsymbol{0}=\boldsymbol{0}+\boldsymbol{x}$$

で，この式を $\boldsymbol{x}$ の $\boldsymbol{a}+\boldsymbol{b}$ ($\boldsymbol{a}\in F_1$, $\boldsymbol{b}\in F_2$) の形への分解だと思うと，分解の一意性から $\boldsymbol{x}=\boldsymbol{0}$, $\boldsymbol{0}=\boldsymbol{x}$ となるからである．　証明終．

これらの定理は，もっと数多くの和空間の場合にまで拡張できる．今，$F_1, \cdots, F_k$ という k 個の線型部分空間があるとき，

$$F_1+\cdots+F_k=\{\boldsymbol{a}_1+\cdots+\boldsymbol{a}_k\ ;\ \boldsymbol{a}_i\in F_i,\ i=1,\cdots,k\}$$

とおき，$F_1,\cdots,F_k$ の和空間という．この空間が $F_1,\cdots,F_k$ を含む最小の線型部分空間であることは前の定理1-2と同様にして簡単に証明できるが，さらに，

定義 1-5　これらの線型部分空間が，

(1-4)　$F_i\cap(F_1+\cdots+F_{i-1}+F_{i+1}+\cdots+F_k)=\{\boldsymbol{0}\}$, $(i=1,\cdots,k)$

をみたすとき，$F_1+\cdots+F_k$ を $F_1\dot{+}\cdots\dot{+}F_k$ とかき $F_1, \cdots, F_k$ の直和という．

このとき，

定理 1-6　$F_1+\cdots+F_k=F_1\dot{+}\cdots\dot{+}F_k$ であるための必要十分条件は，$F_1+\cdots+F_k$ のどんな元 $\boldsymbol{x}$ についても，

(1-5)　$$\boldsymbol{x}=\boldsymbol{a}_1+\cdots+\boldsymbol{a}_k \ (\boldsymbol{a}_i\in F_i,\ i=1, \cdots, k)$$

という分解の方法が唯1通りであることである．

証明　(1-4) が成立するとしよう．$\boldsymbol{x}\in F_1+\cdots+F_k$ が

$$\boldsymbol{x}=\boldsymbol{a}_1+\cdots+\boldsymbol{a}_k=\boldsymbol{a}_1'+\cdots+\boldsymbol{a}_k' \ (\boldsymbol{a}_i, \boldsymbol{a}_i'\in F_i,\ i=1, \cdots, k)$$

と2通りに分解できたとすると，

$$\boldsymbol{a}_i-\boldsymbol{a}_i'=(\boldsymbol{a}_1'-\boldsymbol{a}_1)+\cdots+(\boldsymbol{a}_{i-1}'-\boldsymbol{a}_{i-1})+(\boldsymbol{a}_{i+1}'-\boldsymbol{a}_{i+1})+\cdots+(\boldsymbol{a}_k'-\boldsymbol{a}_k)$$

となり，この左辺は F_i の元，右辺は $F_1+\cdots+F_{i-1}+F_{i+1}+\cdots+F_k$ の元だから (1-4) から両辺共に $\boldsymbol{0}$ となる．従って $\boldsymbol{a}_i=\boldsymbol{a}_i'$．$i$ は任意だったから，分解の一意性がわかった．

逆に分解 (1-5) が一意的だとしよう．

$$F_i\cap(F_1+\cdots+F_{i-1}+F_{i+1}+\cdots+F_k)$$

の任意の元 $\boldsymbol{x}$ は，

$$\boldsymbol{x}=\boldsymbol{a}_1+\cdots+\boldsymbol{a}_{i-1}+\boldsymbol{a}_{i+1}+\cdots+\boldsymbol{a}_k$$

これを，

$$\boldsymbol{x}+\boldsymbol{0}=\boldsymbol{0}+(\boldsymbol{a}_1+\cdots+\boldsymbol{a}_{i-1}+\boldsymbol{a}_{i+1}+\cdots+\boldsymbol{a}_k)$$

とかいてみると，左辺の $\boldsymbol{x}$ は F_i の元，右辺の $\boldsymbol{0}$ が F_i の元なのだから，(1-5) の分解の一意性から，$\boldsymbol{x}=\boldsymbol{0}$ でなければならない．従って (1-4) が成立する．　証明終．

問 1.　$F_1+F_2+F_3$ が直和であれば F_1+F_2 なども直和であって，$F_1+F_2+F_3=(F_1\dot{+}F_2)\dot{+}F_3$ が成立する．逆に，$(F_1+F_2)+F_3$ の各$+$がすべて直和なら，$(F_1+F_2)+$

$F_3=F_1\dot{+}F_2\dot{+}F_3$ である．これを示せ．

問 2. F, G, H を 3 つの線型部分空間とし，$F\subset G$ とすると，$F+(G\cap H)=(F+G)\cap(F+H)$ が成立することを示せ．

§3. 基軸，次元，基底

$\{\mathbf{0}\}$ に次いで簡単な線型部分空間は 1 つの元 $\boldsymbol{a}(\neq\mathbf{0})$ によって，

$$\{\lambda\boldsymbol{a}\ ;\ \lambda\in K\}$$

と表わされる集合である．このような形をした線型部分空間のことを**直線**という．またこの直線に対し $\boldsymbol{a}$ のことを**生成元**という．直線に属する任意の元（$\neq\mathbf{0}$）はその直線の生成元である．

定義 1-7　E の線型部分空間 F が，k 個の直線の直和に等しいとき，F は $\boldsymbol{k}$ **次元**であるという．そしてそれらの直線の組を F の**基軸**という．

この定義には問題がある．この定義ではあたかも k という数が F に固有のものであるかのような文章だが，それは自明ではない．

$$F=l_1\dot{+}\cdots\dot{+}l_k \qquad (l_i\text{: 直線})$$

の形に表わす直線のとり方によって，k はもっと多くなったり少なくなったりする可能性があるからである．しかし，実はそういうことは起こらない．そのことを調べよう．$l_1,\cdots,l_k, h_1,\cdots,h_m$ を直線とするとき，

定理 1-8　$F=l_1\dot{+}\cdots\dot{+}l_k$, $G=h_1+\cdots+h_m$, $F\subset G$ とすると，$h_1,\cdots,h_m$ のうちの適当な k 個（それを $h_1,\cdots,h_k$ とする）を $l_1,\cdots,l_k$ でおきかえて，

$$G=l_1+\cdots+l_k+h_{k+1}+\cdots+h_m$$

とできる．（これを**取りかえ定理**という．）

系 1.　$F\equiv l_1\dot{+}\cdots\dot{+}l_k=h_1+\cdots+h_m$

とすると $k\leqq m$ でなければならない．

系 2.　$F\equiv l_1\dot{+}\cdots\dot{+}l_k=h_1\dot{+}\cdots\dot{+}h_m$

とすると，$k=m$ でなければならない．

定理の証明　l_i の元を $\boldsymbol{l}_i$, h_i の元を $\boldsymbol{h}_i$ とかくことにしよう．

まず，$l_1 \subset h_1+\cdots+h_m$ だから，l_1 の元 $\boldsymbol{l}_1(\neq \boldsymbol{0})$ は

$$\boldsymbol{l}_1=\boldsymbol{h}_1+\cdots+\boldsymbol{h}_m$$

の形にかける．$\boldsymbol{l}_1 \neq \boldsymbol{0}$ だから，$\boldsymbol{h}_i$ のどれかは $\boldsymbol{0}$ でない．$\boldsymbol{h}_1 \neq \boldsymbol{0}$ としよう．すると，

$$\boldsymbol{h}_1=\boldsymbol{l}_1-\boldsymbol{h}_2-\cdots-\boldsymbol{h}_m \in l_1+h_2+\cdots+h_m$$

従って，

$$\begin{aligned} h_1+\cdots+h_m &\subset l_1+h_2+\cdots+h_m+h_2+\cdots+h_m \\ &=l_1+h_2+\cdots+h_m \\ &\subset h_1+h_2+\cdots+h_m \end{aligned}$$

だから，両端の集合は同じ G になって，

$$h_1+\cdots+h_m=l_1+h_2+\cdots+h_m \tag{1-6}$$

となる．これで h_1 が l_1 でおきかえられた．次に，$l_2 \subset h_1+\cdots+h_m=l_1+h_2+\cdots+h_m$ だから，l_2 の元 $\boldsymbol{l}_2(\neq \boldsymbol{0})$ は

$$\boldsymbol{l}_2=\boldsymbol{l}_1+\boldsymbol{h}_2+\cdots+\boldsymbol{h}_m$$

の形にかける．$\boldsymbol{h}_2=\cdots=\boldsymbol{h}_m=\boldsymbol{0}$ とすると $\boldsymbol{l}_2=\boldsymbol{l}_1$ となって，$l_1, \cdots, l_k$ の直和分解の条件

$$l_2 \cap (l_1+l_3+\cdots+l_k)=\{\boldsymbol{0}\}$$

に反するから，$\boldsymbol{h}_2, \cdots, \boldsymbol{h}_m$ の中に $\boldsymbol{0}$ でないものがある．$\boldsymbol{h}_2 \neq \boldsymbol{0}$ としても一般性を失わない．このとき

$$\boldsymbol{h}_2=\boldsymbol{l}_2-\boldsymbol{l}_1-\boldsymbol{h}_3-\cdots-\boldsymbol{h}_m$$

となって，

$$h_2 \subset l_1+l_2+h_3+\cdots+h_m$$

従って，

$$\begin{aligned} l_1+h_2+h_3+\cdots+h_m &\subset l_1+l_2+h_3+\cdots+h_m \\ &\subset l_1+(l_1+h_2+\cdots+h_m)+h_3+\cdots+h_m \end{aligned}$$

$$=l_1+h_2+\cdots+h_m$$

すなわち両端の集合が同じになって，

(1-7) $$l_1+h_2+\cdots+h_m=l_1+l_2+h_3+\cdots+h_m$$

これと (1-6) をつなぐと，

$$h_1+h_2+\cdots+h_m=l_1+l_2+h_3+\cdots+h_m$$

となる．以下同様に次々に取りかえていけばよい．数学的帰納法によるきちんとした証明は読者にまかせよう．　証明終．

取りかえ定理は線型空間の基底や次元に関する基本定理で，あらかたのことはこれから出てしまう．たとえば，系2 から，F の次元という概念は直和を形成する直線のえらび方によらず一定であることがわかる．

われわれは全空間 E が**有限次元**の場合だけを取り扱うことにする．しかし，次元の有限性が本質的に利いてくる場合は別として，そうでない限りなるべく次元に関係しない議論をするよう心がけよう．

定義 1-9　k 個の直線 $l_1,\cdots,l_k$ が直和条件 (1-4) をみたすとき，$l_1,\cdots,l_k$ は**線型独立**（または**一次独立**）であるという．また，これらの生成元の組，$\boldsymbol{l}_1,\cdots,\boldsymbol{l}_k$ のことも線型独立（または一次独立）であるという．線型独立でないとき，**線型従属**という．

$l_1,\cdots,l_k$ はすべて1次元だから，線型従属の条件は，ある i につき，

(1-8) $$l_i\subset l_1+\cdots+l_{i-1}+l_{i+1}+\cdots+l_k$$

が成立することである．

$l_1,\cdots,l_k$ が線型独立なら $l_1\dotplus\cdots\dotplus l_k$ は k 次元線型部分空間であり，逆に任意の k 次元線型部分空間 F には k 個の線型独立な直線の組 $l_1,\cdots,l_k$ が存在して，$F=l_1\dotplus\cdots\dotplus l_k$ とかける．さらに，

定理 1-10　G を m 次元線型部分空間とし，$l_1,\cdots,l_k$ を G に含まれる線型独立な直線の組とすると，さらに $m-k$ 個の直線 $l_{k+1},\cdots,l_m$ を追加して，

$l_1, \cdots, l_m$ 全体が G の基軸になるようにできる．

証明　取りかえ定理1-8において，$F=l_1\dot{+}\cdots\dot{+}l_k$, $G=h_1\dot{+}\cdots\dot{+}h_m$ とすると，$G=l_1+\cdots+l_k+h_{k+1}+\cdots+h_m$ とできる．ところがこれら m 個の直線は線型独立である．なぜなら，もし線型独立でないとすると，(1-8)から，いくつかの直線をへらして，直和になるが，再び取りかえ定理の系2から，G の直線による直和表示の長さはすべて m でなければならないから，実は1本もへらせない．従って，

$$G=l_1\dot{+}\cdots\dot{+}l_k\dot{+}h_{k+1}\dot{+}\cdots\dot{+}h_m$$

でなければならない．　証明終．

最後に，線型部分空間の次元に関する定理を挙げておこう．

定理 1-11　F_1, F_2 を2つの線型部分空間とすると，

$$\dim F_1+\dim F_2=\dim(F_1+F_2)+\dim(F_1\cap F_2)$$

ただし，$\dim F$ とは F の次元のことである．

系1．$F_1+F_2=F_1\dot{+}F_2$ であるための必要十分条件は

$$\dim F_1+\dim F_2=\dim(F_1+F_2)$$

定理の証明　$F_1\cap F_2=l_1\dot{+}\cdots\dot{+}l_k$ となるような線型独立な直線 $l_1, \cdots, l_k$ をとり，これに $l_{k+1}, \cdots, l_{k+s}$ をつけ加えて F_1 の基軸に，また $h_{k+1}, \cdots, h_{k+t}$ をつけ加えて F_2 の基軸になるようにしておく．すると，

$$F_1=l_1\dot{+}\cdots\dot{+}l_k\dot{+}l_{k+1}\dot{+}\cdots\dot{+}l_{k+s},$$
$$F_2=l_1\dot{+}\cdots\dot{+}l_k\dot{+}h_{k+1}\dot{+}\cdots\dot{+}h_{k+t},$$

従って，

(1-9)　$$F_1+F_2=l_1+\cdots+l_k+l_{k+1}+\cdots+l_{k+s}+h_{k+1}+\cdots+h_{k+t}$$

だから，右辺が直和になっていれば

$$\dim(F_1+F_2)=k+s+t=(k+s)+(k+t)-k$$
$$=\dim F_1+\dim F_2-\dim(F_1\cap F_2)$$

となって証明が終わる．(1-9) の右辺は，

$$F_1+F_2=(l_1\dotplus\cdots\dotplus l_{k+s})+(h_{k+1}\dotplus\cdots\dotplus h_{k+t})$$
$$=F_1+F_2'$$

とおくと，$F_1\cap F_2'=F_1\cap F_2'\cap F_2'\subset(F_1\cap F_2)\cap F_2'=(l_1\dotplus\cdots\dotplus l_k)\cap(h_{k+1}\dotplus\cdots\dotplus h_{k+t})=\{\mathbf{0}\}$ となるからこれは直和である． 証明終．

系 2． $\dim F_1+\dim F_2\geqq n+k$ なら $\dim(F_1\cap F_2)\geqq k$.

証明 $\dim(F_1+F_2)\leqq\dim E=n$ だから上の定理によって，$n+k\leqq n+\dim(F_1\cap F_2)$ となり，$\dim(F_1\cap F_2)\geqq k$ を得る． 終．

定理 1-12 $\boldsymbol{a}_1,\cdots,\boldsymbol{a}_k$ が線型独立であるための必要十分条件は，関係

$$c_1\boldsymbol{a}_1+\cdots+c_k\boldsymbol{a}_k=\mathbf{0}$$

が $c_1=\cdots=c_k=0$ のときにしか成立しないことである．

証明 必要性．

$$c_1\boldsymbol{a}_1+\cdots+c_k\boldsymbol{a}_k=\mathbf{0}$$

が成立したとすると，この式は，直和 $\{\lambda\boldsymbol{a}_1\}\dotplus\cdots\cdots\dotplus\{\lambda\boldsymbol{a}_k\}$ の元 $\mathbf{0}$ の直和への分解を表わしているから，これを

$$c_1\boldsymbol{a}_1+\cdots+c_k\boldsymbol{a}_k=\mathbf{0}+\mathbf{0}+\cdots+\mathbf{0}$$

だと思うと，分解の一意性 (定理 1-6) から，$c_i\boldsymbol{a}_i=\mathbf{0}$ でなければならない．$\boldsymbol{a}_i\neq\mathbf{0}$ だから $c_i=0$ $(i=1,\cdots,k)$.

十分性．関係 $c_1\boldsymbol{a}_1+\cdots+c_k\boldsymbol{a}_k=\mathbf{0}$ が $c_1=\cdots=c_k=0$ のときにしか成立しないものとする．

$$\boldsymbol{x}\in\{\lambda\boldsymbol{a}_i\}\cap(\{\lambda\boldsymbol{a}_1\}+\cdots+\{\lambda\boldsymbol{a}_{i-1}\}+\{\lambda\boldsymbol{a}_{i+1}\}+\cdots+\{\lambda\boldsymbol{a}_k\})$$

とすると，

$$\boldsymbol{x}=c_i\boldsymbol{a}_i=c_1\boldsymbol{a}_1+\cdots+c_{i-1}\boldsymbol{a}_{i-1}+c_{i+1}\boldsymbol{a}_{i+1}+\cdots+c_k\boldsymbol{a}_k$$

の形である．かき直すと，

$$c_1\boldsymbol{a}_1+\cdots+c_{i-1}\boldsymbol{a}_{i-1}-c_i\boldsymbol{a}_i+c_{i+1}\boldsymbol{a}_{i+1}+\cdots+c_k\boldsymbol{a}_k=\mathbf{0}$$

従って，仮定から，$c_1=\cdots=c_k=0$. 従って $\boldsymbol{x}=\mathbf{0}$. つまり

$$\{\lambda \boldsymbol{a}_i\} \cap (\{\lambda \boldsymbol{a}_1\} + \cdots + \{\lambda \boldsymbol{a}_{i-1}\} + \{\lambda \boldsymbol{a}_{i+1}\} + \cdots + \{\lambda \boldsymbol{a}_k\}) = \{\boldsymbol{0}\}$$

が成立している．i は任意だったから，定義 1-5 により，

$$\{\lambda \boldsymbol{a}_1\} + \cdots + \{\lambda \boldsymbol{a}_k\} = \{\lambda \boldsymbol{a}_1\} \dotplus \cdots \dotplus \{\lambda \boldsymbol{a}_k\}$$

である．すなわち線型独立である．　証明終．

n 次元空間 E において，n 個のベクトルの列 $\{\boldsymbol{e}_1, \cdots, \boldsymbol{e}_n\}$ に対し，$\boldsymbol{e}_1, \cdots, \boldsymbol{e}_n$ を生成元とする n 個の直線が E の基軸をなすとき，この列のことを E の**基底**という．

基底というとき，そのベクトルの並ぶ順序もきめてやらねばならない．すなわち，$\{\boldsymbol{e}_1, \boldsymbol{e}_2\}$ と $\{\boldsymbol{e}_2, \boldsymbol{e}_1\}$ は 2 次元空間での**異なる**基底である．それに反し，基軸は順序に関係しない概念である．

E に基軸を定めただけでは，"座標づけ" はできない．基底を定めることによって初めてそれができる．すなわち，$\{\boldsymbol{e}_1, \cdots, \boldsymbol{e}_n\}$ を E の基底とすると，E の任意の元 $\boldsymbol{x}$ は

$$\boldsymbol{x} = x_1 \boldsymbol{e}_1 + \cdots + x_n \boldsymbol{e}_n$$

の形に，一意的に表わされる．このときの数の列 $(x_1, \cdots, x_n)$ が $\boldsymbol{x}$ の座標である．しかし，これはむしろ座標づけのときだけ基底は重要な役割を果す，といった方がよいかも知れない．つまりそれ以外は基軸という 1 次元線型部分空間の集まりが線型空間の構造に関してはより本質的な概念だからである．

問 (1)　x に関する高々 3 次の多項式の全体

$$E = \{a_1 x^3 + a_2 x^2 + a_3 x + a_4 : a_i \in R\}$$

は $\{ax^3\}$, $\{ax^2\}$, $\{ax\}$, $\{a\}$ を 4 個の基軸として，4 次元線型空間をなしていることをたしかめよ．

(2)　一定数 x_0 を固定するごとに，

$$F_{x_0} = \{P(x) : P(x) \in E,\ P(x_0) = 0\}$$

という集合は線型部分空間を作ることを示せ．これは何次元空間か？　またどんな基軸がとれるか？

(3)　$x_1 \neq x_2$ のとき，$F_{x_1} \cap F_{x_2}$ は何次元か？　またどんな基軸がとれるか？

(4)　$G_{x_0} = \{P(x) : P(x) \in E,\ P'(x_0) = 0\}$ について同様の考察を行なえ．

(5)　$F_{x_0} \cap G_{x_0}$ は何次元か？

§4. 線 型 写 像

線型代数とは線型写像の理論であるとまで言われるように，線型写像の概念は重要である．

定義 1-13 2つの線型空間 E, F があるとき，E から F への写像 φ:

$$\varphi : E \longrightarrow F$$

が線型であるとは，

1° E のどんな元 $\boldsymbol{a}, \boldsymbol{b}$ に対しても $\varphi(\boldsymbol{a}+\boldsymbol{b})=\varphi(\boldsymbol{a})+\varphi(\boldsymbol{b})$

2° E のどんな元 $\boldsymbol{a}$ とどんなスカラー λ に対しても $\varphi(\lambda\boldsymbol{a})=\lambda\varphi(\boldsymbol{a})$

が成立することである．

いいかえると，E での演算が φ で写されたあとも F での演算として保存される場合，φ を線型写像というのである．1° と 2° は1つにまとめて，

3° E のどんな元 $\boldsymbol{a}, \boldsymbol{b}$ と，どんなスカラー λ, μ に対しても

$$\varphi(\lambda\boldsymbol{a}+\mu\boldsymbol{b})=\lambda\varphi(\boldsymbol{a})+\mu\varphi(\boldsymbol{b})$$

としてもよい．

線型写像の基本的な性質を調べよう．

φ で写して $\mathbf{0}$ となるような E の元の全体を φ の核といい，記号的に $\varphi^{-1}(\mathbf{0})$ で表わす．φ^{-1} という写像があるわけではないし，$\varphi^{-1}(\mathbf{0})$ は元ではない，集合

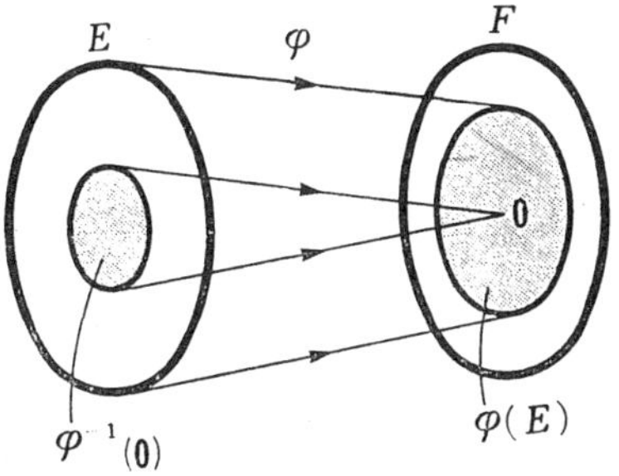

1-1 図

である．だから $\varphi^{-1}(\mathbf{0})$ は単なる記号である．

$$\varphi^{-1}(\mathbf{0})=\{\boldsymbol{x}:\boldsymbol{x}\in E,\ \varphi(\boldsymbol{x})=\mathbf{0}\}$$

次に，E の元を φ で写したものの全体を φ の値域といい，$\varphi(E)$ で表わす．

$$\varphi(E)=\{\boldsymbol{y}:\boldsymbol{y}\in F,\ \text{ある}\ \boldsymbol{x}\in E\ \text{につき}\ \varphi(\boldsymbol{x})=\boldsymbol{y}\}$$

すると，

定理 1-14　φ を線型写像とすると，φ の核と φ の値域は，それぞれ E, F の線型部分空間である．

証明　$\boldsymbol{a}, \boldsymbol{b}\in\varphi^{-1}(\mathbf{0})$，$\lambda, \mu$ を スカラーとすると，

$$\varphi(\lambda\boldsymbol{a}+\mu\boldsymbol{b})=\lambda\varphi(\boldsymbol{a})+\mu\varphi(\boldsymbol{b})=\lambda\cdot\mathbf{0}+\mu\cdot\mathbf{0}=\mathbf{0}$$

従って，$\lambda\boldsymbol{a}+\mu\boldsymbol{b}\in\varphi^{-1}(\mathbf{0})$．すなわち $\varphi^{-1}(\mathbf{0})$ は線型部分空間である．

次に，$\boldsymbol{a}, \boldsymbol{b}\in\varphi(E)$，$\lambda, \mu$ をスカラーとすると，ある $\boldsymbol{x}, \boldsymbol{y}$ が E の中にあって，$\boldsymbol{a}=\varphi(\boldsymbol{x})$，$\boldsymbol{b}=\varphi(\boldsymbol{y})$ とかける．そこで，$\lambda\boldsymbol{x}+\mu\boldsymbol{y}\in E$ であって，$\varphi(\lambda\boldsymbol{x}+\mu\boldsymbol{y})=\lambda\varphi(\boldsymbol{x})+\mu\varphi(\boldsymbol{y})=\lambda\boldsymbol{a}+\mu\boldsymbol{b}$ となるから $\lambda\boldsymbol{a}+\mu\boldsymbol{b}\in\varphi(E)$ である．従って $\varphi(E)$ は線型部分空間である．　証明終．

もう少し一般に，F の線型部分空間 F_1 があるとき，F_1 の**原像**

$$\varphi^{-1}(F_1)=\{\boldsymbol{x}:\boldsymbol{x}\in E,\ \varphi(\boldsymbol{x})\in F_1\}$$

を考えよう．また，E の線型部分空間 E_1 があるとき，E_1 の**像**

$$\varphi(E_1)=\{\boldsymbol{y}:\boldsymbol{y}\in F,\ \text{ある}\ \boldsymbol{x}\in E_1\ \text{があって，}\ \varphi(\boldsymbol{x})=\boldsymbol{y}\}$$

を考えることにする(1-2図)．すると，

定理 1-15　$\varphi^{-1}(F_1)$, $\varphi(E_1)$ はそれぞれ E, F の線型部分空間である．

証明は定理 1-14 のまねをすればよいから，読者にまかせよう．

次に和空間に関しては次の性質がある．

定理 1-16　$\varphi(E_1+E_2)=\varphi(E_1)+\varphi(E_2)$．また，

$F_1, F_2\subset\varphi(E)$ なら，$\varphi^{-1}(F_1+F_2)=\varphi^{-1}(F_1)+\varphi^{-1}(F_2)$

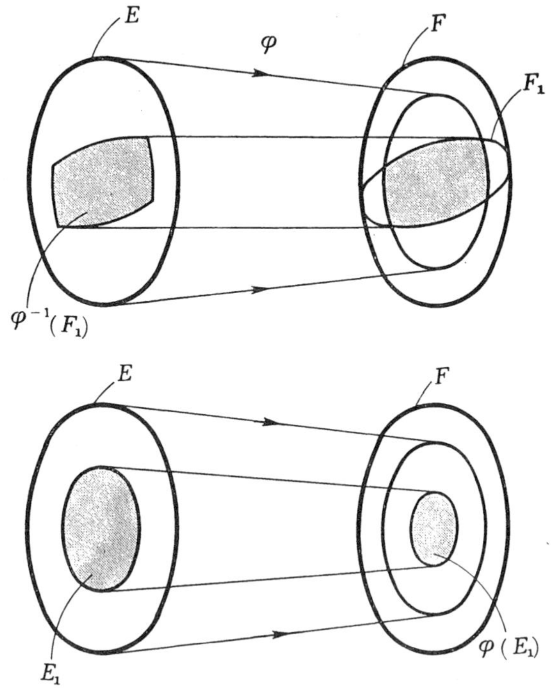

1-2 図

証明 $\boldsymbol{y}\in\varphi(E_1+E_2)$ とすると，ある $\boldsymbol{x}\in E_1+E_2$ があって，$\varphi(\boldsymbol{x})=\boldsymbol{y}$. $\boldsymbol{x}$ は $\boldsymbol{x}=\boldsymbol{a}+\boldsymbol{b}$, $\boldsymbol{a}\in E_1$, $\boldsymbol{b}\in E_2$ とかける．従って，$\boldsymbol{y}=\varphi(\boldsymbol{a}+\boldsymbol{b})=\varphi(\boldsymbol{a})+\varphi(\boldsymbol{b})\in\varphi(E_1)+\varphi(E_2)$. 従って，$\varphi(E_1+E_2)\subset\varphi(E_1)+\varphi(E_2)$. 逆に，$\boldsymbol{y}\in\varphi(E_1)+\varphi(E_2)$ とすると，$\boldsymbol{y}=\boldsymbol{y}_1+\boldsymbol{y}_2$, $\boldsymbol{y}_1\in\varphi(E_1)$, $\boldsymbol{y}_2\in\varphi(E_2)$ となるが $\boldsymbol{y}_1$, $\boldsymbol{y}_2$ はそれぞれ $\boldsymbol{y}_1=\varphi(\boldsymbol{x}_1)$, $\boldsymbol{y}_2=\varphi(\boldsymbol{x}_2)$, $\boldsymbol{x}_1\in E_1$, $\boldsymbol{x}_2\in E_2$, の形をしているから，$\boldsymbol{y}=\varphi(\boldsymbol{x}_1)+\varphi(\boldsymbol{x}_2)=\varphi(\boldsymbol{x}_1+\boldsymbol{x}_2)\in\varphi(E_1+E_2)$. これで定理の第１式がわかった．

次に $\boldsymbol{x}\in\varphi^{-1}(F_1)+\varphi^{-1}(F_2)$ とすると，$\boldsymbol{x}=\boldsymbol{a}+\boldsymbol{b}$, $\boldsymbol{a}\in\varphi^{-1}(F_1)$, $\boldsymbol{b}\in\varphi^{-1}(F_2)$ とかけるが，これは $\varphi(\boldsymbol{a})\in F_1$, $\varphi(\boldsymbol{b})\in F_2$ を意味するから，$\varphi(\boldsymbol{x})=\varphi(\boldsymbol{a})+\varphi(\boldsymbol{b})\in F_1+F_2$. すなわち，$\boldsymbol{x}\in\varphi^{-1}(F_1+F_2)$. 従って，$\varphi^{-1}(F_1)+$

$\varphi^{-1}(F_2)\subset\varphi^{-1}(F_1+F_2)$. 逆に，$\boldsymbol{x}\in\varphi^{-1}(F_1+F_2)$ とすると，$\varphi(\boldsymbol{x})\in F_1+F_2$ だから $\varphi(\boldsymbol{x})=\boldsymbol{y}_1+\boldsymbol{y}_2$, $\boldsymbol{y}_1\in F_1$, $\boldsymbol{y}_2\in F_2$ とかける．$F_1, F_2\subset\varphi(E)$ だから，それぞれある $\boldsymbol{x}_1\in\varphi^{-1}(F_1)$, $\boldsymbol{x}_2\in\varphi^{-1}(F_2)$ によって，$\boldsymbol{y}_1=\varphi(\boldsymbol{x}_1)$, $\boldsymbol{y}_2=\varphi(\boldsymbol{x}_2)$ と表わされる．従って，$\varphi(\boldsymbol{x})=\varphi(\boldsymbol{x}_1)+\varphi(\boldsymbol{x}_2)$. すなわち，$\varphi(\boldsymbol{x}-\boldsymbol{x}_1-\boldsymbol{x}_2)=\boldsymbol{0}$. $\boldsymbol{a}=\boldsymbol{x}-\boldsymbol{x}_1-\boldsymbol{x}_2$ とおくと，$\varphi(\boldsymbol{a}+\boldsymbol{x}_1)=\boldsymbol{0}+\varphi(\boldsymbol{x}_1)\in F_1$, つまり $\boldsymbol{a}+\boldsymbol{x}_1\in\varphi^{-1}(F_1)$ である．従って，$\boldsymbol{x}=(\boldsymbol{a}+\boldsymbol{x}_1)+\boldsymbol{x}_2\in\varphi^{-1}(F_1)+\varphi^{-1}(F_2)$. これで定理の第2式も証明された．

証明終．

一般に写像 φ が1対1であるとき，**単射**という．また $\varphi(E)=F$ のとき，φ は E から F の**上への**写像，または，**全射**という．

定理 1-17　線型写像が単射であるための必要十分条件は $\varphi^{-1}(\boldsymbol{0})=\{\boldsymbol{0}\}$.

証明　単射なら，$\boldsymbol{0}$ に写される元も1つしかないが，$\varphi(\boldsymbol{0})=\varphi(0\cdot\boldsymbol{a})=0\cdot\varphi(\boldsymbol{a})=\boldsymbol{0}$ だから，それは $\boldsymbol{0}$ である．逆に $\varphi^{-1}(\boldsymbol{0})=\{\boldsymbol{0}\}$ とする．$\boldsymbol{y}\in\varphi(E)$ をとるとき，$\boldsymbol{y}$ に写される E の元が2つあったとしてそれを $\boldsymbol{x}_1, \boldsymbol{x}_2$ とすると，$\varphi(\boldsymbol{x}_1-\boldsymbol{x}_2)=\varphi(\boldsymbol{x}_1)-\varphi(\boldsymbol{x}_2)=\boldsymbol{y}-\boldsymbol{y}=\boldsymbol{0}$. すなわち，$\boldsymbol{x}_1-\boldsymbol{x}_2\in\varphi^{-1}(\boldsymbol{0})=\{\boldsymbol{0}\}$, つまり，$\boldsymbol{x}_1-\boldsymbol{x}_2=\boldsymbol{0}$. 従って $\boldsymbol{y}$ に写される元は1つしかない．

証明終．

さて，直和に関しては定理 1-16 と類似の定理はもはや成立しない．しかし，議論を直線の直和に限定するならば，つまり線型独立性に関しては，次の定理が成立する．

定理 1-18 (1)　E の線型独立な直線 $l_1, \cdots, l_k$ が $(l_1\dotplus\cdots\dotplus l_k)\cap\varphi^{-1}(\boldsymbol{0})=\{\boldsymbol{0}\}$ をみたせば，$\varphi(l_1), \cdots, \varphi(l_k)$ は F において線型独立な直線である．

(2)　F の線型独立な直線 $h_1, \cdots, h_k$ に対し，$\varphi^{-1}(h_1), \cdots, \varphi^{-1}(h_k)$ から1つずつとってきた直線 $l_1, \cdots, l_k$ ($l_i\subset\varphi^{-1}(h_i)$, $i=1, \cdots, k$) は $\varphi(l_i)\neq\{\boldsymbol{0}\}$, $(i=1, \cdots, k)$ なる限り，線型独立である．

証明 (1)　まず $\varphi(l_i)$ は直線であることを示そう．l_i の生成元を $\boldsymbol{l}_i$ とす

ると,

$$\varphi(l_i)=\{\varphi(\lambda\boldsymbol{l}_i)\}=\{\lambda\varphi(\boldsymbol{l}_i)\}$$

だから $\varphi(\boldsymbol{l}_i)\neq\boldsymbol{0}$ なら $\varphi(l_i)$ は $\varphi(\boldsymbol{l}_i)$ を生成元とする直線である．ところでもし $\varphi(\boldsymbol{l}_i)=\boldsymbol{0}$ なら $\boldsymbol{l}_i\in\varphi^{-1}(\boldsymbol{0})$ となって仮定に反する．従って $\varphi(l_i)$ は直線である．次に線型独立であることを示そう．もし線型従属なら，ある $\varphi(l_j)$ が

$$\varphi(l_j)\subset\varphi(l_1)+\overset{\overset{j}{\vee}}{\cdots\cdots\cdots}+\varphi(l_k)^{*)}$$

となっている．これを生成元の間の関係式として表わすと,

$$\varphi(\boldsymbol{l}_j)=\lambda_1\varphi(\boldsymbol{l}_1)+\overset{\overset{j}{\vee}}{\cdots\cdots\cdots}+\lambda_k\varphi(\boldsymbol{l}_k)$$

すなわち,

$$\varphi(\boldsymbol{l}_j-\lambda_1\boldsymbol{l}_1-\overset{\overset{j}{\vee}}{\cdots\cdots\cdots}-\lambda_k\boldsymbol{l}_k)=\boldsymbol{0}$$

いいかえると $\boldsymbol{l}_j-\lambda_1\boldsymbol{l}_1-\overset{\overset{j}{\vee}}{\cdots\cdots\cdots}-\lambda_k\boldsymbol{l}_k$ は $(l_1\dotplus\cdots\dotplus l_k)\cap\varphi^{-1}(\boldsymbol{0})$ の元である．従って仮定からそれは $\boldsymbol{0}$ に限る．よって

$$\boldsymbol{l}_j=\lambda_1\boldsymbol{l}_1+\overset{\overset{j}{\vee}}{\cdots\cdots\cdots}+\lambda_k\boldsymbol{l}_k$$

このことは

$$l_j\subset l_1+\overset{\overset{j}{\vee}}{\cdots\cdots\cdots}+l_k$$

を意味する．これは $l_1,\cdots,l_k$ が線型独立であることに反する．従って

$$\varphi(l_1),\ \cdots\cdots,\ \varphi(l_k)\neq\{\boldsymbol{0}\}$$

は線型独立である．

(2)　$l_1,\cdots,l_k$ の生成元を $\boldsymbol{l}_1,\cdots,\boldsymbol{l}_k$ とする．もし線型従属なら，ある $\boldsymbol{l}_j$ が

$$\boldsymbol{l}_j=\lambda_1\boldsymbol{l}_1+\overset{\overset{j}{\vee}}{\cdots\cdots\cdots}+\lambda_k\boldsymbol{l}_k$$

と表わされる．従って,

$$\varphi(\boldsymbol{l}_j)=\lambda_1\varphi(\boldsymbol{l}_1)+\overset{\overset{j}{\vee}}{\cdots\cdots\cdots}+\lambda_k\varphi(\boldsymbol{l}_k)\neq\boldsymbol{0}$$

すなわち,

$$h_j\subset h_1+\overset{\overset{j}{\vee}}{\cdots\cdots\cdots}+h_k$$

これは $h_1,\cdots,h_k$ が線型独立であることに反する．　　　　証明終.

---

*)　$\overset{\overset{j}{\vee}}{\cdots\cdots\cdots}$ は添字が j の所だけ取り除く，という意味.

これから，次のいわゆる**次元定理**が得られる．

定理 1-19　任意の線型写像 φ について，

$$\dim E=\dim\varphi^{-1}(\mathbf{0})+\dim\varphi(E)$$

証明　$\dim\varphi^{-1}(\mathbf{0})=k$ とする．$\varphi^{-1}(\mathbf{0})$ の基軸を $l_1,\cdots,l_k$ とえらび，それにつけ加えて E 全体の基軸になるように直線 $l_{k+1},\cdots,l_n$ をえらぶことができる(定理1-10)．このとき $(l_{k+1}\dot{+}\cdots\dot{+}l_n)\cap\varphi^{-1}(\mathbf{0})=\{\mathbf{0}\}$ だから上の定理により $\varphi(l_{k+1}),\cdots,\varphi(l_n)$ は線型独立である．従って

$$\begin{aligned}\varphi(E)&=\varphi(l_1+\cdots\cdots+l_n)\\&=\varphi(l_1)+\cdots\cdots+\varphi(l_n)\\&=\varphi(l_{k+1})+\cdots\cdots+\varphi(l_n)\\&=\varphi(l_{k+1})\dot{+}\cdots\cdots\dot{+}\varphi(l_n)\end{aligned}$$

はたしかに $n-k$ 次元である．　証明終．

系 1．　φ が単射なら，$\dim\varphi(E)=\dim E$

系 2．　E, F が共に n 次元であるとき，E から F への線型写像 φ が全射であるための必要十分条件は，φ が単射であることである．

証明　φ が全射なら，$\varphi(E)=F$ だから，$\dim\varphi^{-1}(\mathbf{0})=\dim E-\dim\varphi(E)=n-n=0$，すなわち $\varphi^{-1}(\mathbf{0})=\{\mathbf{0}\}$．従って φ は単射である．逆に，φ が単射なら，$\dim\varphi(E)=\dim E-\dim\varphi^{-1}(\mathbf{0})=n-0=n$．従って $\varphi(E)=F$．

証明終．

$\dim\varphi(E)$ を φ の**階数**といい，$\operatorname{rank}\varphi$ で表わす．

われわれにとって特に興味があるのは E から E 自身への線型写像である．この線型写像は，E の中での点の移動と考えられるので，特に E 上の**線型変換**という言葉を用いて，一般の線型写像と区別することにしよう．

E 上の線型変換 φ_1,φ_2 に対し，その“和”を，

$$(\varphi_1+\varphi_2)(\boldsymbol{x})=\varphi_1(\boldsymbol{x})+\varphi_2(\boldsymbol{x})$$

で定義する．すなわち，写像の和を，Eの元ごとの和で定義するのである．ま

た，φ の数乗法を，

$$(\lambda\varphi)(\boldsymbol{x})=\lambda(\varphi(\boldsymbol{x}))$$

で定義する．次に，2つの線型変換 φ_1, φ_2 の積を，

$$(\varphi_2\circ\varphi_1)(\boldsymbol{x})=\varphi_2(\varphi_1(\boldsymbol{x}))$$

で定義する．すなわち，φ_1, φ_2 をこの順にくり返して作用させることを，積 $\varphi_2\circ\varphi_1$ ととり決めるのである．もちろん，$\varphi_2\circ\varphi_1$ と $\varphi_1\circ\varphi_2$ は一般に異なる線型変換である．

このように，E 上の線型変換の全体を $L(E)$ とかくと，$L(E)$ の元の間には，加法，数乗法，積という3種の演算が考えられる．そのうちの前二者にだけ着目すれば，$L(E)$ は線型空間である．実際線型空間の8つの資格基準のうち 3° と 4° 以外は成立していることがすぐわかる．3° は 0 写像として，すべての $\boldsymbol{x}$ を $\boldsymbol{0}$ にうつす写像をとればよい．また，4° は，φ に対し $(-1)\cdot\varphi$ をとればよい．

$L(E)$ が普通の線型空間とちがう所は，積の演算が定義されていることであって，一般に，上記3種の演算が“うまく”定義されているとき，その集合を，**線型環**というのだが，$L(E)$ はその1つの例になっている．

“うまく”定義されている，といったが，その意味は，積の演算が他の演算と調和していなければならないということである．すなわち，線型空間の8つのルールの他に，次の性質をもっていなければならない．線型環の元を $\boldsymbol{a}, \boldsymbol{b}, \boldsymbol{c}$ 等で，またスカラーを λ, μ 等で表わすとき，

9°　$\boldsymbol{a}(\boldsymbol{b}\boldsymbol{c})=(\boldsymbol{a}\boldsymbol{b})\boldsymbol{c}$

10°　$\boldsymbol{a}(\boldsymbol{b}+\boldsymbol{c})=\boldsymbol{a}\boldsymbol{b}+\boldsymbol{a}\boldsymbol{c}$

11°　$(\boldsymbol{a}+\boldsymbol{b})\boldsymbol{c}=\boldsymbol{a}\boldsymbol{c}+\boldsymbol{b}\boldsymbol{c}$

12°　$\lambda(\boldsymbol{x}\boldsymbol{y})=(\lambda\boldsymbol{x})\boldsymbol{y}=\boldsymbol{x}(\lambda\boldsymbol{y})$

以上である．ここで，積の可換性

$$\boldsymbol{x}\boldsymbol{y}=\boldsymbol{y}\boldsymbol{x}$$

は入っていないことに注意しよう．すなわち一般に線型環では**積は非可換**であ

る．線型環の重要な典型例として $L(E)$ などがあるのだから，非可換の方が実用的なのである．

しかし，一般の線型環では積の単位元 $\boldsymbol{x}\cdot\boldsymbol{e}=\boldsymbol{x}$ をみたす $\boldsymbol{e}$ は存在するとは限らないのだが，$L(E)$ では単位元が存在する．それは，E の元 $\boldsymbol{x}$ に対し，$\boldsymbol{x}$ 自身を対応させる写像を I とかくと，

$$I(\boldsymbol{x})=\boldsymbol{x}$$

だが，これを他のどんな $\varphi\in L(E)$ と結合させても，

$$\varphi\circ I=I\circ\varphi=\varphi$$

が成立することは明らかであろう．

積の単位元があれば，任意の元 φ に対し逆元があるだろうか．それについては，

> **定理 1-20**　$L(E)$ において，φ に対し逆元が存在するための必要十分条件は，
>
> $$\varphi^{-1}(\mathbf{0})=\{\mathbf{0}\}$$

証明　$\varphi^{-1}(\mathbf{0})=\{\mathbf{0}\}$ という条件は，φ が単射であり，また全射であることと同値である（定理1-19，系2）．φ が全単射（全射かつ単射）ということは，

$$\varphi(\boldsymbol{x})=\boldsymbol{y}$$

をみたす元 $\boldsymbol{x}$ がどんな $\boldsymbol{y}$ に対しても唯1つだけきまるということだから，

$$\varphi^{-1}:\boldsymbol{y}\longmapsto\boldsymbol{x}$$

によって，φ^{-1} を定義すると，

$$\varphi^{-1}(\varphi(\boldsymbol{x}))=\varphi^{-1}(\boldsymbol{y})=\boldsymbol{x},$$

$$\varphi(\varphi^{-1}(\boldsymbol{y}))=\varphi(\boldsymbol{x})=\boldsymbol{y}$$

となって，

$$\varphi^{-1}\circ\varphi=\varphi\circ\varphi^{-1}=I$$

が成立する．逆に，φ^{-1} が存在すれば，φ は1対1，かつどんな $\boldsymbol{y}$ につい

ても $\varphi^{-1}(\boldsymbol{y})=\boldsymbol{x}$ は，$\varphi(\boldsymbol{x})=\boldsymbol{y}$ をみたすから，φ は全射である．すなわち φ は全単射である．　証明終．

φ が定理 1-20の条件をみたすとき，φ を**正則**ということが多い．

問1.　直和に関して，$\varphi(E_1\dot{+}E_2)=\varphi(E_1)\dot{+}\varphi(E_2)$ が成立しない例を挙げよ．

問2.　$\varphi(E_1\cap E_2)=\varphi(E_1)\cap\varphi(E_2)$,

$\varphi(E_1\cap E_2)\subset\varphi(E_1)\cap\varphi(E_2)$,

$\varphi(E_1\cap E_2)\supset\varphi(E_1)\cap\varphi(E_2)$

のうち，つねに成立するのはどれか？　成立しない式には反例を挙げよ．

問3.　F を E の線型部分空間とするとき，

$$\dim E-\dim F\geqq\dim\varphi(E)-\dim\varphi(F)$$

であることを示せ．

§5. 射　影

2次元平面上で座標軸を2本引くとき，任意の点から，それぞれに平行な直線を引いて，それぞれ他の軸と交わる点をとる．これが普通座標付けといわれるものである．その場合，この平行線を引くことを平面から直線への射影というのであるが，これを一般の線型空間に拡張して議論しよう．

線型空間 E に2つの線型部分空間 F_1, F_2 があって，

$$E=F_1\dot{+}F_2$$

であるとき，E のどんな元 $\boldsymbol{x}$ も

(1-10)　$\boldsymbol{x}=\boldsymbol{x}_1+\boldsymbol{x}_2$,　$(\boldsymbol{x}_1\in F_1,\ \boldsymbol{x}_2\in F_2)$

の形に一意的に分解される．

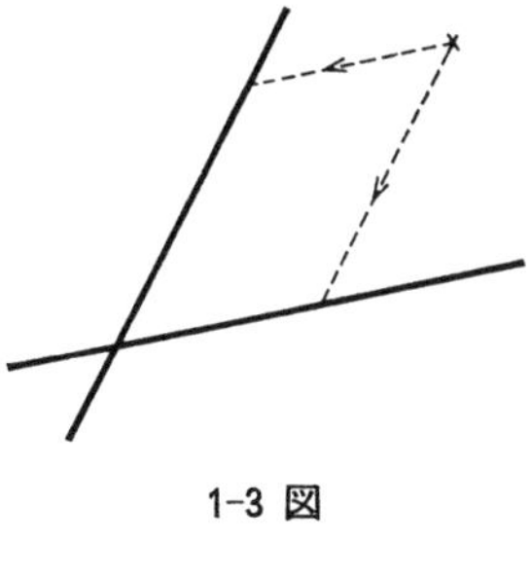

1-3 図

この $\boldsymbol{x}_1$ と $\boldsymbol{x}_2$ は $\boldsymbol{x}$ から一意的にきまるものだから，

$$p_1:\boldsymbol{x}\longmapsto\boldsymbol{x}_1$$

$$p_2:\boldsymbol{x}\longmapsto\boldsymbol{x}_2$$

という写像ができる．この写像 p_1, p_2 はそれぞれ $E\to F_1$, $E\to F_2$ という写

像であるが，さらに，これらは線型である．

実際，$\boldsymbol{x}, \boldsymbol{y} \in E$ をとると，

$$\boldsymbol{x} = \boldsymbol{x}_1 + \boldsymbol{x}_2 \qquad (\boldsymbol{x}_1 \in F_1,\ \boldsymbol{x}_2 \in F_2)$$

$$\boldsymbol{y} = \boldsymbol{y}_1 + \boldsymbol{y}_2 \qquad (\boldsymbol{y}_1 \in F_1,\ \boldsymbol{y}_2 \in F_2)$$

と一意的に分解できるから，$\boldsymbol{x}+\boldsymbol{y}$ という元は

$$\boldsymbol{x}+\boldsymbol{y} = (\boldsymbol{x}_1+\boldsymbol{y}_1)+(\boldsymbol{x}_2+\boldsymbol{y}_2)$$

という形に分解される．この分解は一意的のはずだから，

$$p_1 : \boldsymbol{x}+\boldsymbol{y} \longmapsto \boldsymbol{x}_1+\boldsymbol{y}_1$$

でなければならない．すなわち，$p_1(\boldsymbol{x}+\boldsymbol{y}) = \boldsymbol{x}_1+\boldsymbol{y}_1 = p_1(\boldsymbol{x})+p_1(\boldsymbol{y})$．次に，任意のスカラー λ につき，

$$\lambda\boldsymbol{x} = \lambda\boldsymbol{x}_1 + \lambda\boldsymbol{x}_2$$

であるから，これは $\lambda\boldsymbol{x}$ の１つの分解であるが，分解の一意性から，

$$p_1(\lambda\boldsymbol{x}) = \lambda\boldsymbol{x}_1 = \lambda p_1(\boldsymbol{x})$$

である．すなわち，p_1 は線型である．p_2 についても同じである．p_1, p_2 は共に E から E の中への線型変換，つまり $L(E)$ の元である．そして，(1-10) を p_1, p_2 を使ってかくと，任意の $\boldsymbol{x}$ につき，

$$I(\boldsymbol{x}) = p_1(\boldsymbol{x}) + p_2(\boldsymbol{x})$$

となっているから，これを写像の間の関係式でかくと，

$$I = p_1 + p_2 \tag{1-11}$$

となっている．

このように，E の１つの直和分解 $E = F_1 \dotplus F_2$ があれば必ずそれに対応して(1-11)をみたす線型変換の組 p_1, p_2 がきまる．この p_1, p_2 を，直和分解 $E = F_1 \dotplus F_2$ に付随する**射影**といい，(1-11)をこれに付随する I の射影分解という．

今度は，この逆の問題を考えよう．２つの線型変換 p_1, p_2 があるとき，どれだけの性質があれば，これらが，ある直和分解に付随する射影となるであろうか？　この問題を考えるため，射影には(1-11)の他にどんな性質があるかを見よう．まず，

(1-12) $$p_1\circ p_1=p_1,\qquad p_2\circ p_2=p_2$$

であることを示そう．E のどんな元 $\boldsymbol{x}$ に対しても，

(1-13) $$\boldsymbol{x}=\boldsymbol{x}_1+\boldsymbol{x}_2\qquad(\boldsymbol{x}_1\in F_1,\ \boldsymbol{x}_2\in F_2)$$

と分解されるが，そのうちの $\boldsymbol{x}_1$ をさらに分解しようとしても，

(1-14) $$\boldsymbol{x}_1=\boldsymbol{x}_1+\boldsymbol{0}\qquad(\boldsymbol{x}_1\in F_1,\ \boldsymbol{0}\in F_2)$$

としかかきようがない．この事実を p_1 を用いて表わすとすれば，分解の一意性から

$$\boldsymbol{x}_1=p_1(\boldsymbol{x}),$$
$$\boldsymbol{x}_1=p_1(\boldsymbol{x}_1)$$

でなければならないから，これをつないで，$p_1\circ p_1(\boldsymbol{x})=p_1(\boldsymbol{x}_1)=\boldsymbol{x}_1=p_1(\boldsymbol{x})$．すなわち，$p_1\circ p_1=p_1$ である．p_2 についても同じである．

次に，

(1-15) $$p_1\circ p_2=p_2\circ p_1=0\quad(\text{ゼロ写像})$$

であることに気がつく．実際(1-13)と(1-14)を眺めていると，(1-14)の $\boldsymbol{0}$ は，

$$\boldsymbol{0}=p_2(\boldsymbol{x}_1)$$

だから，$\boldsymbol{0}=p_2(p_1(\boldsymbol{x}))$ であり，$p_2\circ p_1$ はすべての $\boldsymbol{x}$ を $\boldsymbol{0}$ にうつしている．$p_1\circ p_2$ についても同じである．

さて，逆に (1-11), (1-12), (1-15) をみたす線型変換 p_1, p_2 は，E のある直和分解に付随する射影であることを示そう．

実際，$p_1(E)=F_1$, $p_2(E)=F_2$ とおくと，F_1, F_2 は E の線型部分空間である(定理 1-14)．$\boldsymbol{x}$ を $F_1\cap F_2$ の任意の元とすると，

$$\boldsymbol{x}=p_1(\boldsymbol{a})=p_2(\boldsymbol{b})\qquad(\boldsymbol{a},\boldsymbol{b}\in E)$$

の形である．この両辺に p_1 をほどこすと，$p_1\circ p_1(\boldsymbol{a})=p_1(\boldsymbol{a})=\boldsymbol{x}$, $p_1\circ p_2(\boldsymbol{b})=\boldsymbol{0}$ だから，$\boldsymbol{x}=\boldsymbol{0}$ でなければならない．従って

$$F_1\cap F_2=\{\boldsymbol{0}\}$$

である．すなわち，F_1 と F_2 は直和条件をみたす．一方，(1-11) から，E のどんな元 $\boldsymbol{x}$ も

$$\boldsymbol{x}=I(\boldsymbol{x})=p_1(\boldsymbol{x})+p_2(\boldsymbol{x})\in F_1+F_2$$

となるから，$E\subset F_1+F_2$．ところが $E\supset F_1+F_2$ は明らかだから，

$$E=F_1+F_2$$

従って，

$$E=F_1\dotplus F_2$$

が成立する．この直和分解に付随する射影は，(1-11) から，

$$\boldsymbol{x}=p_1(\boldsymbol{x})+p_2(\boldsymbol{x}),\qquad p_1(\boldsymbol{x})\in F_1,\ p_2(\boldsymbol{x})\in F_2$$

が一意的な分解に他ならないから，p_1, p_2 がその射影であることがわかる．

以上をまとめると，

定理 1-21　$E=F_1\dotplus F_2$ に対して，射影と呼ばれる線型変換 p_1, p_2 があって，$p_1(E)=F_1$, $p_2(E)=F_2$, かつ(1-11), (1-12), (1-15) をみたす．逆に，(1-11), (1-12), (1-15) をみたす線型変換 p_1, p_2 があれば，それらは E の直和分解 $E=p_1(E)\dotplus p_2(E)$ に付随する射影である．

この定理は，線型部分空間の個数が増しても，同様に成立する．

定理 1-22　$E=F_1\dotplus\cdots\dotplus F_k$ とすると，射影と呼ばれる線型変換 $p_1,\cdots,p_k$ があって，

$$p_i(E)=F_i\qquad(i=1,\cdots,k)$$

かつ，

(1-16)　$$I=p_1+\cdots+p_k$$

(1-17)　$$p_i\circ p_i=p_i\qquad(i=1,\cdots,k)$$

(1-18)　$$p_i\circ p_j=0\qquad(i\neq j;\ i, j=1,\cdots,k)$$

をみたす．

逆に，(1-16), (1-17), (1-18) をみたす線型変換 $p_1,\cdots,p_k$ があれば，これらは E の直和分解 $E=p_1(E)\dotplus\cdots\dotplus p_k(E)$ に付随する射影である．

この定理の証明は，定理1-21とほとんど同様にできる．読者自ら試みられたい．

なお，1つの線型変換が射影となるための条件として，

定理 1-23　E 上の線型変換 p が E のある直和分解に付随する射影の一員であるための必要十分条件は，$p \circ p = p$ が成立することである．

証明　$p_1 = p$, $p_2 = I - p_1$ とおくとき，p_1, p_2 が定理1-21の条件をみたすことを言えばよいが，(1-11)は定義より明らか．(1-12) は $(I-p_1)\circ(I-p_1) = I - 2p_1 + p_1 \circ p_1 = I - p_1$ から明らか．(1-15) は $p_1 \circ (I-p_1) = p_1 - p_1 \circ p_1 = p_1 - p_1 = 0$, $(I-p_1)\circ p_1 = p_1 - p_1 \circ p_1 = 0$ から明らかである．　証明終．

系　$p \circ p = p$ が成立するとき，$E = p(E) \dotplus p^{-1}(\mathbf{0})$ がその直和分解である．実際，$p_2(E) = p^{-1}(\mathbf{0})$ が成立することが容易にわかるからである．　終．

問 1.　線型変換 p が射影であるための必要十分条件は，

$$u = 2p - I$$

が，**対合**であること，すなわち

$$u^2 = I$$

をみたすことである．これを証明せよ．

問 2.　2つの射影 p_1, p_2 に関して，$p_1(E) \subset p_2(E)$ であるための必要十分条件は，

$$p_2 \circ p_1 = p_1$$

である．これを証明せよ．

演 習 問 題 1

1.　線型空間の計算ルールのうち「5° $1 \cdot \boldsymbol{a} = \boldsymbol{a}$」は余計な規則ではなかろうか？

2.　$E = F_1 \dotplus F_2$ のとき，任意の線型部分空間 $F \supset F_1$ は，

$$F = F_1 \dotplus F \cap F_2$$

であることを証明せよ．

3.　x に関する多項式の全体は線型空間を作る．微分演算 $\dfrac{d}{dx}$ はこの上の線型変換であることを示せ．その核はどんな線型部分空間か．また値域は何か．

4.　x に関する高々3次の多項式の全体のなす線型空間においては微分演算 $\dfrac{d}{dx}$ は全射でないことを示せ．

5. $a\cos x+b\sin x$ という形の関数の全体は2次元の線型空間を作る．この空間では $\dfrac{d}{dx}$ は全単射であることを示せ．

6. E 上の線型変換 φ が $\varphi^2=0$ をみたすための必要十分条件は $\varphi(E)\subset\varphi^{-1}(\mathbf{0})$ であることを示せ．またこのとき，$\psi=I+\varphi$ は正則であることを示せ．

7. 3次元数線型空間 $R^3=\{(x, y, z) : x, y, z\in R\}$ において，直線 $\{\lambda(1, 1, 1)\}$ と平面 $\{(x, y, 0)\}$ に付随した射影によって，点 $(2, 3, 1)$ はそれぞれどんな点に射影されるか．

8. §3 の問において，F_{x_0} と $\{\lambda(x-x_1)\}$ $(x_0\neq x_1)$ は直和条件をみたすことを示せ．この直和に付随する射影を決定せよ．

9. F が E の線型部分空間のとき，

$$\dim\varphi(F)=\dim F-\dim(\varphi^{-1}(\mathbf{0})\cap F)$$

であることを示せ．

第 2 章　ユークリッド線型空間

§1. ベクトルの長さ

第1章で，ベクトルには長さも方向もないと述べたが，少し奇妙に思われたかも知れない.「矢印ベクトルであれば，長さも方向もあるではないか」と考えた人が多いのではないかと思われる．しかし，第1章§1で強調した通り，ベクトルという概念は，それの属する集合において加法と数乗法が定義されているということによって規定されるのだから，「ベクトルの長さ」という概念もまた，先験的には**ない**のである．たとえば，第1章§1で述べた高々2次の多項式の全体 P は線型空間をなしているから，その元，たとえば x^2 はベクトルであるが,「x^2 というベクトルの長さ」というものは先験的には存在しない.「しかし数ベクトルであれば長さがきまってしまうのではないか.」と思う人があるかも知れない．たとえば(2, 1)という2次元数ベクトルなら，2-1図のようになっているから，

$$\sqrt{2^2+1^2}=\sqrt{5}$$

がその長さではないか，というわけである.

しかし，(2, 1) という数ベクトルには何も矢印がついているわけではなく，単に**数が2つ並んだ記号**にすぎず，平面上で矢印に対応させようと思えばできる，というだけのことである．しかも，その対応づけが斜交座標によって行なわ

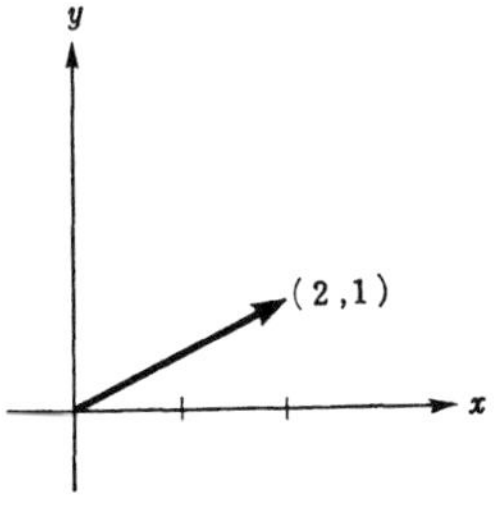

2-1 図

れている場合は，矢印ベクトルの直観的な長さは $\sqrt{5}$ にはならない(2-2図)．つまり (2, 1) という数ベクトルには「この値でなければならない」という意味での長さは，初めから付着しているわけではないのである．

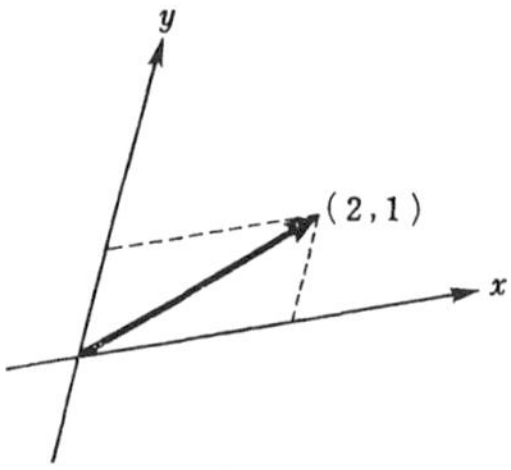

2-2 図

といっても，これは何もベクトルに対し長さという概念を考えることが無意味であるとか，不可能であるとか いっているのではなく，“ベクトルの長さ”という概念はあくまで人間がきめる（つまり定義する）ものであって，天然自然のものではないということ，そして長さという概念をベクトルに対して与える方法にはいくらかの自由度があって，いろいろな方法が可能だけれど，それだけに，ベクトルの算法にうまく合った形で与えてやらないと，数学的に（従って科学への応用上も）有用なものにならないといいたいのである．

さて，そこでどんな長さを与えるにしろ，最低限度これだけは満足しないと困るという基準というものがある．そのような基準を，「長さの公準」という．今，E を実数を係数体とする線型空間とし，その元 $\boldsymbol{a}$ に対し与えられる長さをしばらく $l(\boldsymbol{a})$ とかくことにする．そのとき，長さの公準は，次の 3 つである．

(L.1) E のどんな元 $\boldsymbol{a}$ についても

$$0 \leqslant l(\boldsymbol{a}) < +\infty,$$

かつ，等号 $l(\boldsymbol{a})=0$ が成立するならば $\boldsymbol{a}=\boldsymbol{0}$.

(L.2) E のどんな元 $\boldsymbol{a}$ と，どんなスカラー λ に対しても，

$$l(\lambda\boldsymbol{a})=|\lambda| l(\boldsymbol{a}).$$

(L.3) E のすべての元 $\boldsymbol{a}, \boldsymbol{b}$ に対し，

$$l(\boldsymbol{a}+\boldsymbol{b}) \leqslant l(\boldsymbol{a})+l(\boldsymbol{b}).$$

これらはすべて“長さ”という概念の直観的な感じからいって当然の条件であろう．(L.1) は「長さというものは正または 0 でなければならない．特に，

長さ0のベクトルは$\mathbf{0}$だけ」ということだし，(L.2)は，「ベクトルを2倍すれば長さも2倍，3倍すれば長さも3倍」ということである．(L.3)は「三角形の1辺の長さは他の2辺の長さの和をこえない」という，いわゆる三角不等式である．

普通この3つの公準をみたすものは，すべて「長さ」またはノルム (norm) と呼んでいる．そして，そのような量が各ベクルトに付着していると考えたときのベクトル空間Eのことを**ノルム付き線型空間**または単に，**ノルム空間**という．

ところで，次のような心配が起こる．なるほど，公準 (L.1)〜(L.3) は長さに関する当然の要求ではあるが，これはだいぶ遠慮した要求ではあるまいか．つまり，相当でたらめな長さを考えてもこの3公準ぐらいはみたしてしまいそうな気がする．

実はこの心配はある程度正しいのであって，実際1つの線型空間に対し，この3公準をみたす異なったいくつかの長さを定義することが可能である．例として，$E=\{(x,y)\,;\,x,y$ は実数$\}$ を考えよう．$\boldsymbol{a}=(x,y)$ に対する第1の長さとして“普通の”長さ $l_1(\boldsymbol{a})=\sqrt{x^2+y^2}$，第2の長さとして $l_2(\boldsymbol{a})=|x|+|y|$ とおく．

$l_1(\boldsymbol{a})$ が3公準をみたすことは明らかだから，l_2 がみたすことを示そう．

1°　$l_2(\boldsymbol{a})=|x|+|y|\geqq 0$.　$|x|+|y|=0$ なら $x=y=0$.

2°　$l_2(\lambda\boldsymbol{a})=|\lambda x|+|\lambda y|=|\lambda|\cdot|x|+|\lambda|\cdot|y|=|\lambda|(|x|+|y|)=|\lambda|l_2(\boldsymbol{a})$.

3°　$l_2(\boldsymbol{a}_1+\boldsymbol{a}_2)=|x_1+x_2|+|y_1+y_2|$

$$\leqq|x_1|+|x_2|+|y_1|+|y_2|=l_2(\boldsymbol{a}_1)+l_2(\boldsymbol{a}_2).$$

しかし，l_1 と l_2 はちがう「長さ」である．実際，$\boldsymbol{a}=(1,0)$ に対しては同じ値 $l_1(\boldsymbol{a})=l_2(\boldsymbol{a})=1$ を与えるが，$\boldsymbol{a}=(1,1)$ に対しては $l_1(\boldsymbol{a})=\sqrt{2}$，$l_2(\boldsymbol{a})=2$ となって，$l_1(\boldsymbol{a})<l_2(\boldsymbol{a})$ である．

このように，長さの公準 (L.1)〜(L.3) だけでは，われわれが直観的に理解している長さ以外のものも，長さとして容認しなければならなくなる．そこでさらにどんな条件をつけ加えるとよいか，が問題になる．さて，上の例では(角を直観的に考えることにすると)，$l_1(\boldsymbol{a})$ についてはピタゴラスの定理「$\boldsymbol{a}$ と $\boldsymbol{b}$ が直交すれば，$l_1(\boldsymbol{a})^2+l_1(\boldsymbol{b})^2=l_1(\boldsymbol{a}+\boldsymbol{b})^2$」が成立しているが，$l_2(\boldsymbol{a})$ については成立していない．実際，$\boldsymbol{a}=(1,0)$，$\boldsymbol{b}=(0,1)$ とおくと，$\boldsymbol{a}$ と $\boldsymbol{b}$ は明らかに直交しているが，$\boldsymbol{a}+\boldsymbol{b}=(1,1)$ だから，$l_2(\boldsymbol{a})=1$, $l_2(\boldsymbol{b})=1$, $l_2(\boldsymbol{a}+\boldsymbol{b})=2$ となって，$l_2(\boldsymbol{a})^2+l_2(\boldsymbol{b})^2=2$, $l_2(\boldsymbol{a}+\boldsymbol{b})^2=4$ で一致しない．

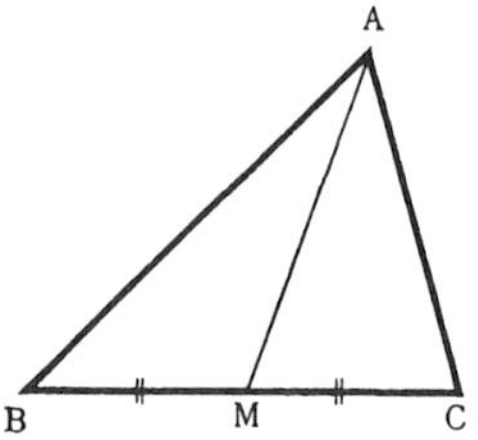

2-3 図

しかし，この議論は2つのベクトルの間の角という量を直観的に認めて使っているから，数学的に明確な議論ではない．そこでピタゴラスの定理の角を使わないいい表わし方として知られている定理に，三角形の中線定理「△ABC において BC の中点を M とすると，

$$\overline{\mathrm{AB}}^2+\overline{\mathrm{AC}}^2=2(\overline{\mathrm{AM}}^2+\overline{\mathrm{MC}}^2)$$

が成立する.」というのがある(2-3 図)が，これを利用する．これは∠BAC が直角のときちょうどピタゴラスの定理となり，しかも定理の中に角という概念がはいってこないので，つごうがよいのである．いま，$\boldsymbol{a}=\overrightarrow{\mathrm{AB}}$, $\boldsymbol{b}=\overrightarrow{\mathrm{AC}}$ とおくと，$\overrightarrow{\mathrm{AM}}=\dfrac{1}{2}(\boldsymbol{a}+\boldsymbol{b})$，$\overrightarrow{\mathrm{CM}}=\dfrac{1}{2}(\boldsymbol{a}-\boldsymbol{b})$ となるから，中線定理から l_1 に関しては，

$$l_1(\boldsymbol{a})^2+l_1(\boldsymbol{b})^2=2\left\{l_1\left(\frac{1}{2}(\boldsymbol{a}+\boldsymbol{b})\right)^2+l_1\left(\frac{1}{2}(\boldsymbol{a}-\boldsymbol{b})\right)^2\right\}$$

が成立する．$l_1\left(\dfrac{1}{2}(\boldsymbol{a}\pm\boldsymbol{b})\right)=\dfrac{1}{2}l_1(\boldsymbol{a}\pm\boldsymbol{b})$ を使って少し整理すると，

$$(2\text{-}1)\qquad 2(l_1(\boldsymbol{a})^2+l_1(\boldsymbol{b})^2)=l_1(\boldsymbol{a}+\boldsymbol{b})^2+l_1(\boldsymbol{a}-\boldsymbol{b})^2$$

となる．$\boldsymbol{a}$ と $\boldsymbol{b}$ は任意のベクトルである．一方 l_2 に関しては，(2-1) は成立しない．実際，$\boldsymbol{a}=(1,0)$，$\boldsymbol{b}=(0,1)$ の場合の両辺を計算すると，

$$2\{l_2(\boldsymbol{a})^2+l_2(\boldsymbol{b})^2\}=2(1^2+1^2)=4$$

$$l_2(\boldsymbol{a}+\boldsymbol{b})^2+l_2(\boldsymbol{a}-\boldsymbol{b})^2=(1+1)^2+(1+1)^2=8$$

となって一致しない．

これで，l_1 と l_2 を区別する性質の１つに (2-1) が成立するかどうか，ということがあることがわかった．式(2-1) はピタゴラスの定理の角を用いない表現であるから，われわれの考えている長さの概念がピタゴラスの定理をみたすようなものであってほしいと思うかぎりは条件(2-1)ははぶくことができない．そこで長さの第４公準として (2-1) を採用しよう．

(L. 4) E のすべての元 $\boldsymbol{a}, \boldsymbol{b}$ につき

$$2(l(\boldsymbol{a})^2+l(\boldsymbol{b})^2)=l(\boldsymbol{a}+\boldsymbol{b})^2+l(\boldsymbol{a}-\boldsymbol{b})^2$$

が成立する．

定義 2-1　公準 (L. 1)〜(L. 4) をみたす量 $l(\boldsymbol{a})$ をユークリッド的長さまたはユークリッド的ノルムという．ユークリッド的長さが各ベクトルに付着していると考えたとき，その線型空間をユークリッド線型空間という．

なお，$S=\{\boldsymbol{x}:l(\boldsymbol{x})=1\}$ という集合を l に関する**単位球面**という．$E=\bigcup_{\lambda\geqq 0}\lambda S$ が成立する．

問 1.　R^2 において，$l(\boldsymbol{x})=\sqrt{x^2+2xy+2y^2}$ はユークリッド的長さであることを示せ．

問 2.　R^2 において，長さ $l_\alpha(\boldsymbol{x})=(|x|^\alpha+|y|^\alpha)^{1/\alpha}$ $(\alpha\geqq 1)$ がユークリッド的であるための必要十分条件は $\alpha=2$ であることを示せ．

問 3.　前問において $\lim_{\alpha\to+\infty} l_\alpha(\boldsymbol{x})=\max\{|x|,|y|\}$ であることを示せ．

§2. 内　　積

線型空間に長さを導入する方法として，§1で述べたような方法以外に内積から定義する方法もある．

今，実数上の*) 線型空間 E の任意の２つの元 $\boldsymbol{a}, \boldsymbol{b}$ に対し１つの実数を対応

*) 「実数全体を係数体とする」ということを簡単に「実数上の」という言葉で表現することにしよう．

させる関数 $\langle \boldsymbol{a}, \boldsymbol{b} \rangle$ が与えられていて，次の「内積の公準」をみたしているとき，この関数 $\langle \boldsymbol{a}, \boldsymbol{b} \rangle$ を $\boldsymbol{a}$ と $\boldsymbol{b}$ の**内積**という．

(S. 1)　(線型性)　$\langle \boldsymbol{a}_1+\boldsymbol{a}_2, \boldsymbol{b} \rangle=\langle \boldsymbol{a}_1, \boldsymbol{b} \rangle+\langle \boldsymbol{a}_2, \boldsymbol{b} \rangle$

$$\langle \lambda\boldsymbol{a}, \boldsymbol{b} \rangle=\lambda\langle \boldsymbol{a}, \boldsymbol{b} \rangle$$

(S. 2)　(可換性)　$\langle \boldsymbol{a}, \boldsymbol{b} \rangle=\langle \boldsymbol{b}, \boldsymbol{a} \rangle$

(S. 3)　(正値性)　$\langle \boldsymbol{a}, \boldsymbol{a} \rangle \geqq 0$. 等号 $\langle \boldsymbol{a}, \boldsymbol{a} \rangle=0$ が成立するならば $\boldsymbol{a}=\boldsymbol{0}$.

注意　(S. 2) を用いて，あとのベクトルについても線型性が成立することがわかる．すなわち，

(S. 1)′　$\langle \boldsymbol{a}, \boldsymbol{b}_1+\boldsymbol{b}_2 \rangle=\langle \boldsymbol{a}, \boldsymbol{b}_1 \rangle+\langle \boldsymbol{a}, \boldsymbol{b}_2 \rangle$

$$\langle \boldsymbol{a}, \lambda\boldsymbol{b} \rangle=\lambda\langle \boldsymbol{a}, \boldsymbol{b} \rangle$$

また，これらのことから，$\boldsymbol{a}, \boldsymbol{b}$ のうちどちらかが $\boldsymbol{0}$ なら，$\langle \boldsymbol{a}, \boldsymbol{b} \rangle=0$ となることもわかる．

さて，E 内に1つの内積 $\langle \boldsymbol{a}, \boldsymbol{b} \rangle$ が導入されたとき，

$$|\boldsymbol{a}|=\sqrt{\langle \boldsymbol{a}, \boldsymbol{a} \rangle}$$

とおくと，これは1つの長さの定義になっている．この長さと，§1 で述べたユークリッド的長さとの関係を調べよう．この節の目的は次の定理である．

定理 2-2　実数上の線型空間 E において，1つの内積 $\langle \boldsymbol{a}, \boldsymbol{b} \rangle$ が与えられているとき，

(2-2)　$$|\boldsymbol{a}|=\sqrt{\langle \boldsymbol{a}, \boldsymbol{a} \rangle}$$

は，ユークリッド的長さである．

逆に，E においてユークリッド的長さ $|\boldsymbol{a}|$ が与えられているならば，

(2-3)　$$\langle \boldsymbol{a}, \boldsymbol{b} \rangle=\left|\frac{\boldsymbol{a}+\boldsymbol{b}}{2}\right|^2-\left|\frac{\boldsymbol{a}-\boldsymbol{b}}{2}\right|^2$$

とおくと，$\langle \boldsymbol{a}, \boldsymbol{b} \rangle$ は内積であって，もとの長さ $|\boldsymbol{a}|$ との間に，

$$|\boldsymbol{a}|=\sqrt{\langle \boldsymbol{a}, \boldsymbol{a} \rangle}$$

という関係がある．

いいかえると，ユークリッド的長さ $|\boldsymbol{a}|$ と内積 $\langle \boldsymbol{a}, \boldsymbol{b}\rangle$ とは(2-2)と(2-3)によって，たがいに他を完全に規定しているのである．

定理の証明　前半．内積 $\langle \boldsymbol{a}, \boldsymbol{b}\rangle$ が与えられたとして，$|\boldsymbol{a}|=\sqrt{\langle \boldsymbol{a}, \boldsymbol{a}\rangle}$ が (L. 1)～(L. 4) をみたすことをチェックすればよい．

(L. 1) は (S. 3) から明らか．

(L. 2) は $|\lambda\boldsymbol{a}|=\sqrt{\langle \lambda\boldsymbol{a}, \lambda\boldsymbol{a}\rangle}=\sqrt{\lambda^2\langle \boldsymbol{a}, \boldsymbol{a}\rangle}=|\lambda|\sqrt{\langle \boldsymbol{a}, \boldsymbol{a}\rangle}=|\lambda||\boldsymbol{a}|$.

(L. 3) の証明．$|\boldsymbol{a}+\boldsymbol{b}|^2=\langle \boldsymbol{a}+\boldsymbol{b}, \boldsymbol{a}+\boldsymbol{b}\rangle=\langle \boldsymbol{a}, \boldsymbol{a}\rangle+\langle \boldsymbol{a}, \boldsymbol{b}\rangle+\langle \boldsymbol{b}, \boldsymbol{a}\rangle+\langle \boldsymbol{b}, \boldsymbol{b}\rangle$ $=|\boldsymbol{a}|^2+2\langle \boldsymbol{a}, \boldsymbol{b}\rangle+|\boldsymbol{b}|^2$. そこでもし，次の不等式（これを Schwarz **の不等式**という），

$$|\langle \boldsymbol{a}, \boldsymbol{b}\rangle|\leqslant|\boldsymbol{a}|\cdot|\boldsymbol{b}| \tag{2-4}$$

が証明されれば，上式の最後の辺の中央の項が $2|\boldsymbol{a}|\cdot|\boldsymbol{b}|$ でおきかえられて，

$$|\boldsymbol{a}+\boldsymbol{b}|^2\leqslant|\boldsymbol{a}|^2+2|\boldsymbol{a}|\cdot|\boldsymbol{b}|+|\boldsymbol{b}|^2=(|\boldsymbol{a}|+|\boldsymbol{b}|)^2$$

となって，(L. 3) がでる．そこで (2-4) の証明だが，これは，

$$|\boldsymbol{a}+t\boldsymbol{b}|^2=\langle \boldsymbol{a}, \boldsymbol{a}\rangle+2\langle \boldsymbol{a}, \boldsymbol{b}\rangle t+\langle \boldsymbol{b}, \boldsymbol{b}\rangle t^2$$

が，t の 2 次式として負にならないことから，その最小値をとる t の値：

$t=-\dfrac{\langle \boldsymbol{a}, \boldsymbol{b}\rangle}{|\boldsymbol{b}|^2}$ を代入すると，

$$=|\boldsymbol{a}|^2-\frac{\langle \boldsymbol{a}, \boldsymbol{b}\rangle^2}{|\boldsymbol{b}|^2}=\frac{1}{|\boldsymbol{b}|^2}(|\boldsymbol{a}|^2|\boldsymbol{b}|^2-\langle \boldsymbol{a}, \boldsymbol{b}\rangle^2)$$

が負にならない．従って，$\langle \boldsymbol{a}, \boldsymbol{b}\rangle^2\leqslant|\boldsymbol{a}|^2|\boldsymbol{b}|^2$ となり，(2-4)がでる．

(L. 4) は，$|\boldsymbol{a}+\boldsymbol{b}|^2+|\boldsymbol{a}-\boldsymbol{b}|^2=\langle \boldsymbol{a}+\boldsymbol{b}, \boldsymbol{a}+\boldsymbol{b}\rangle+\langle \boldsymbol{a}-\boldsymbol{b}, \boldsymbol{a}-\boldsymbol{b}\rangle$
$=\langle \boldsymbol{a}, \boldsymbol{a}\rangle+2\langle \boldsymbol{a}, \boldsymbol{b}\rangle+\langle \boldsymbol{b}, \boldsymbol{b}\rangle+\langle \boldsymbol{a}, \boldsymbol{a}\rangle-2\langle \boldsymbol{a}, \boldsymbol{b}\rangle+\langle \boldsymbol{b}, \boldsymbol{b}\rangle$
$=2\{|\boldsymbol{a}|^2+|\boldsymbol{b}|^2\}$. これで前半の証明が終わった．

後半の証明．$\boldsymbol{a}$ の長さ $|\boldsymbol{a}|$ が (L. 1)～(L. 4) をみたすように与えられているとする．(2-3) によって $\langle \boldsymbol{a}, \boldsymbol{b}\rangle$ を定義するとき，これが内積の公準 (S. 1)～(S. 3) をみたすことを示そう．

(S 1) の証明.

$$\langle \boldsymbol{a}_1, \boldsymbol{b}\rangle+\langle \boldsymbol{a}_2, \boldsymbol{b}\rangle=\left|\frac{\boldsymbol{a}_1+\boldsymbol{b}}{2}\right|^2-\left|\frac{\boldsymbol{a}_1-\boldsymbol{b}}{2}\right|^2+\left|\frac{\boldsymbol{a}_2+\boldsymbol{b}}{2}\right|^2-\left|\frac{\boldsymbol{a}_2-\boldsymbol{b}}{2}\right|^2$$

右辺の第1, 3項をまとめ，また第2, 4項をまとめて，これらに (L. 4) を適用して変形すると，

$$=\frac{1}{2}\left\{\left|\frac{\boldsymbol{a}_1+\boldsymbol{a}_2}{2}+\boldsymbol{b}\right|^2+\left|\frac{\boldsymbol{a}_1-\boldsymbol{a}_2}{2}\right|^2\right\}-\frac{1}{2}\left\{\left|\frac{\boldsymbol{a}_1+\boldsymbol{a}_2}{2}-\boldsymbol{b}\right|^2+\left|\frac{\boldsymbol{a}_1-\boldsymbol{a}_2}{2}\right|^2\right\}$$

$$=\frac{1}{2}\left\{\left|\frac{\boldsymbol{a}_1+\boldsymbol{a}_2}{2}+\boldsymbol{b}\right|^2-\left|\frac{\boldsymbol{a}_1+\boldsymbol{a}_2}{2}-\boldsymbol{b}\right|^2\right\}$$

$$=2\left\{\left|\frac{\frac{\boldsymbol{a}_1+\boldsymbol{a}_2}{2}+\boldsymbol{b}}{2}\right|^2-\left|\frac{\frac{\boldsymbol{a}_1+\boldsymbol{a}_2}{2}-\boldsymbol{b}}{2}\right|^2\right\}$$

$$=2\left\langle\frac{\boldsymbol{a}_1+\boldsymbol{a}_2}{2}, \boldsymbol{b}\right\rangle$$

すなわち，任意の $\boldsymbol{a}_1, \boldsymbol{a}_2, \boldsymbol{b}$ につき

(2-5)
$$\langle \boldsymbol{a}_1, \boldsymbol{b}\rangle+\langle \boldsymbol{a}_2, \boldsymbol{b}\rangle=2\left\langle\frac{\boldsymbol{a}_1+\boldsymbol{a}_2}{2}, \boldsymbol{b}\right\rangle$$

が成立することがわかる.

一方，(2-3)において $\boldsymbol{a}=\boldsymbol{0}$ とおくと，

$$\langle \boldsymbol{0}, \boldsymbol{b}\rangle=\left|\frac{\boldsymbol{b}}{2}\right|^2-\left|\frac{-\boldsymbol{b}}{2}\right|^2=0$$

だから，(2-5) において，$\boldsymbol{a}_2=\boldsymbol{0}$ とおくと，

(2-6)
$$\langle \boldsymbol{a}_1, \boldsymbol{b}\rangle=2\left\langle\frac{\boldsymbol{a}_1}{2}, \boldsymbol{b}\right\rangle$$

が成立する．この $\boldsymbol{a}_1$ の所へ $\boldsymbol{a}_1+\boldsymbol{a}_2$ を代入して，(2-5)へつなぐと，

(2-7)
$$\langle \boldsymbol{a}_1, \boldsymbol{b}\rangle+\langle \boldsymbol{a}_2, \boldsymbol{b}\rangle=\langle \boldsymbol{a}_1+\boldsymbol{a}_2, \boldsymbol{b}\rangle$$

が成立することがわかった.

次に，スカラーが内積の外へ出せることを示そう．まず，$\langle \lambda\boldsymbol{a}, \boldsymbol{b}\rangle=\left|\frac{\lambda\boldsymbol{a}+\boldsymbol{b}}{2}\right|^2-\left|\frac{\lambda\boldsymbol{a}-\boldsymbol{b}}{2}\right|^2$ が λ の連続関数であることを証明する.

(L. 3) から,

$$\left|\frac{\lambda\boldsymbol{a}+\boldsymbol{b}}{2}\right|=\left|\frac{\lambda-\mu}{2}\boldsymbol{a}+\frac{\mu\boldsymbol{a}+\boldsymbol{b}}{2}\right|\leqslant\left|\frac{\lambda-\mu}{2}\boldsymbol{a}\right|+\left|\frac{\mu\boldsymbol{a}+\boldsymbol{b}}{2}\right|$$

従って,　$\left|\frac{\lambda\boldsymbol{a}+\boldsymbol{b}}{2}\right|-\left|\frac{\mu\boldsymbol{a}+\boldsymbol{b}}{2}\right|\leqslant|\lambda-\mu|\cdot\left|\frac{\boldsymbol{a}}{2}\right|$

λ と μ を入れかえても同じことだから,

$$\left|\left|\frac{\lambda\boldsymbol{a}+\boldsymbol{b}}{2}\right|-\left|\frac{\mu\boldsymbol{a}+\boldsymbol{b}}{2}\right|\right|\leqslant|\lambda-\mu|\cdot\left|\frac{\boldsymbol{a}}{2}\right|$$

従って, $\mu\to\lambda$ とすると $\left|\frac{\mu\boldsymbol{a}+\boldsymbol{b}}{2}\right|\to\left|\frac{\lambda\boldsymbol{a}+\boldsymbol{b}}{2}\right|$, すなわち $\left|\frac{\lambda\boldsymbol{a}+\boldsymbol{b}}{2}\right|$ は λ の連続関数である. $\left|\frac{\lambda\boldsymbol{a}-\boldsymbol{b}}{2}\right|$ も同様である. これで $\langle\lambda\boldsymbol{a},\boldsymbol{b}\rangle$ が λ の連続関数であることがわかった.

さて, (2-7) から,

$$\langle 2\boldsymbol{a},\boldsymbol{b}\rangle=\langle\boldsymbol{a}+\boldsymbol{a},\boldsymbol{b}\rangle=\langle\boldsymbol{a},\boldsymbol{b}\rangle+\langle\boldsymbol{a},\boldsymbol{b}\rangle=2\langle\boldsymbol{a},\boldsymbol{b}\rangle$$

これをくり返して, 任意の正の整数 m につき, $\langle m\boldsymbol{a},\boldsymbol{b}\rangle=m\langle\boldsymbol{a},\boldsymbol{b}\rangle$ であることがわかる. だから任意の正の整数 n につき,

$$\langle\boldsymbol{a},\boldsymbol{b}\rangle=\left\langle n\left(\frac{1}{n}\boldsymbol{a}\right),\boldsymbol{b}\right\rangle=n\left\langle\frac{1}{n}\boldsymbol{a},\boldsymbol{b}\right\rangle$$

すなわち,

$$\left\langle\frac{1}{n}\boldsymbol{a},\boldsymbol{b}\right\rangle=\frac{1}{n}\langle\boldsymbol{a},\boldsymbol{b}\rangle$$

また, (2-7) において $\boldsymbol{a}_2=-\boldsymbol{a}_1$ とおくと,

$$\langle\boldsymbol{a}_1,\boldsymbol{b}\rangle+\langle-\boldsymbol{a}_1,\boldsymbol{b}\rangle=\langle 0,\boldsymbol{b}\rangle=0$$

従って,

$$\langle-\boldsymbol{a}_1,\boldsymbol{b}\rangle=-\langle\boldsymbol{a}_1,\boldsymbol{b}\rangle$$

任意の有理数 r に対し, 適当に正の整数 m, n をとって,

$$r=\pm\frac{m}{n}$$

とかくことができるから,

$$\langle r\boldsymbol{a}, \boldsymbol{b}\rangle=\langle\pm\frac{m}{n}\boldsymbol{a}, \boldsymbol{b}\rangle=\pm\frac{m}{n}\langle\boldsymbol{a}, \boldsymbol{b}\rangle=r\langle\boldsymbol{a}, \boldsymbol{b}\rangle$$

従って，連続性によって，任意の実数 λ につき，

$$\langle\lambda\boldsymbol{a}, \boldsymbol{b}\rangle=\lambda\langle\boldsymbol{a}, \boldsymbol{b}\rangle$$

が成立する．これで (S. 1) が証明された．

(S. 2) は内積の定義式 (2-3) が $\boldsymbol{a}$ と $\boldsymbol{b}$ を入れかえても変わらないから明らかに成立している．

(S. 3) もまた(2-3)において $\boldsymbol{a}=\boldsymbol{b}$ とおいてみると

$$\langle\boldsymbol{a}, \boldsymbol{a}\rangle=|\boldsymbol{a}|^2\geqq 0$$

そして，等号が成立するのは $\boldsymbol{a}=\boldsymbol{0}$ のときのみであることも (L. 1) から明らかである．同時に，この内積と長さの関係もわかった．　　　証明終．

このように E に内積を与えることは，E にユークリッド的長さを与えるのと同じことであり，従って直角などの概念も考えることができる．実際，ピタゴラスの定理は

「$\boldsymbol{a}$ と $\boldsymbol{b}$ が直交するとき，$|\boldsymbol{a}+\boldsymbol{b}|^2=|\boldsymbol{a}|^2+|\boldsymbol{b}|^2$」

であるが，これは $|\boldsymbol{a}+\boldsymbol{b}|^2=|\boldsymbol{a}|^2+2\langle\boldsymbol{a}, \boldsymbol{b}\rangle+|\boldsymbol{b}|^2$ だから，

「$\boldsymbol{a}$ と $\boldsymbol{b}$ が直交するとき $\langle\boldsymbol{a}, \boldsymbol{b}\rangle=0$」

ということと同じである．そこで，$\langle\boldsymbol{a}, \boldsymbol{b}\rangle=0$ が成立するとき，$\boldsymbol{a}$ と $\boldsymbol{b}$ は**直交**すると定義すればよい．

もっと一般に，三角形の余弦定理

「$|\boldsymbol{a}-\boldsymbol{b}|^2=|\boldsymbol{a}|^2+|\boldsymbol{b}|^2-2|\boldsymbol{a}|\cdot|\boldsymbol{b}|\cos\theta$　(θ は $\boldsymbol{a}$ と $\boldsymbol{b}$ のなす角)」

の左辺を内積で表わすと，

$$|\boldsymbol{a}-\boldsymbol{b}|^2=|\boldsymbol{a}|^2-2\langle\boldsymbol{a}, \boldsymbol{b}\rangle+|\boldsymbol{b}|^2$$

だから，

$$|\boldsymbol{a}|\cdot|\boldsymbol{b}|\cos\theta=\langle\boldsymbol{a}, \boldsymbol{b}\rangle$$

すなわち，

$$\cos\theta=\frac{\langle \boldsymbol{a}, \boldsymbol{b}\rangle}{|\boldsymbol{a}|\cdot|\boldsymbol{b}|}$$

によって，$\boldsymbol{a}$ と $\boldsymbol{b}$ のなす角 θ を定義すればよい．その際，この右辺の値が -1 と1の間にあるのでないと，$\cos\theta$ から θ を求めることができないが，それを保証するのが Schwarz の不等式(2-4)なのだった．

このようにして，(L. 1)〜(L. 4) またはそれと同値な (S. 1)〜(S. 3) によって，純粋に代数的な概念である線型空間に，ユークリッド幾何学の概念を導入することができるのである．

なお，1つの線型空間において，許されるユークリッド的長さは唯1つだけかというと，そうではない．無数に多くのユークリッド的長さが導入できる．われわれが，いろいろ幾何学的な議論を行なうとき，それはその中の1つの内積(あるいは1つのユークリッド的長さ）を導入して，それについて話を進めているのであることを忘れてはいけない．

われわれが普通よく用いるのは，n 次元数線型空間 R^n であるが，ここでのユークリッド的長さとして，$\boldsymbol{a}=(a_1, \cdots, a_n)$ に対し

$$|\boldsymbol{a}|=\sqrt{a_1^2+\cdots+a_n^2}$$

があることはよく知られている．この長さから，定理2-2によって導かれる内積は，$\boldsymbol{a}=(a_1, \cdots, a_n)$，$\boldsymbol{b}=(b_1, \cdots, b_n)$ に対し

$$\langle \boldsymbol{a}, \boldsymbol{b}\rangle=a_1b_1+\cdots+a_nb_n$$

である．

問1. $|\boldsymbol{a}|=|\boldsymbol{b}|$ なら $\boldsymbol{a}+\boldsymbol{b}$ と $\boldsymbol{a}-\boldsymbol{b}$ は直交することを示せ．

問2. $\lambda|\boldsymbol{x}-\boldsymbol{a}|^2+\mu|\boldsymbol{x}-\boldsymbol{b}|^2=\nu$ をみたす $\boldsymbol{x}$ の全体が (i)球面，(ii)平面，(iii) 1点，(iv)E 全体，(v)空集合，になるための $\boldsymbol{a}, \boldsymbol{b}, \lambda, \mu, \nu$ のみたすべき条件をそれぞれ求めよ．

§3. 直 交 性

ユークリッド線型空間では，**直交性**が重要な役割を演ずる．そこで，直交性に関する議論をまとめておこう．ユークリッド線型空間 E の2つの ベクトル

$\boldsymbol{a}$ と $\boldsymbol{b}$ が**直交する**とは，

$$\langle \boldsymbol{a}, \boldsymbol{b} \rangle = 0$$

が成立することであった．直交性に関する性質を列挙しよう．

定理 2-3　ベクトル $\boldsymbol{a}$ が E のすべての元と直交するならば，$\boldsymbol{a}=\boldsymbol{0}$ である．

証明　$\langle \boldsymbol{a}, \boldsymbol{b} \rangle = 0$ がすべての $\boldsymbol{b} \in E$ について成立するならば，特に $\langle \boldsymbol{a}, \boldsymbol{a} \rangle = 0$ したがって，$\boldsymbol{a}=\boldsymbol{0}$．　証明終．

定理 2-4　$\boldsymbol{0}$ でない2つのベクトル $\boldsymbol{a}$ と $\boldsymbol{b}$ が直交するならば，$\boldsymbol{a}$ と $\boldsymbol{b}$ は線型独立である．もっと一般に，$\boldsymbol{0}$ でない k 個のベクトル $\boldsymbol{a}_1, \cdots, \boldsymbol{a}_k$ のどの2つも直交するならば，$\boldsymbol{a}_1, \cdots, \boldsymbol{a}_k$ は線型独立である．

証明　もしあるスカラー $c_1, \cdots, c_k$ によって，

$$c_1\boldsymbol{a}_1 + \cdots\cdots + c_k\boldsymbol{a}_k = \boldsymbol{0}$$

が実現したとすると，この両辺と $\boldsymbol{a}_i$ $(i=1, \cdots, k)$ との内積をつくって，

$$c_1\langle \boldsymbol{a}_1, \boldsymbol{a}_i \rangle + \cdots\cdots + c_i\langle \boldsymbol{a}_i, \boldsymbol{a}_i \rangle + \cdots\cdots + c_k\langle \boldsymbol{a}_k, \boldsymbol{a}_i \rangle = 0$$

を得るが，左辺のうち $\langle \boldsymbol{a}_i, \boldsymbol{a}_i \rangle$ 以外の項は直交性から 0 となる．したがってこの式は，

$$c_i\langle \boldsymbol{a}_i, \boldsymbol{a}_i \rangle = 0 \qquad (i=1, \cdots, k)$$

となる．$\langle \boldsymbol{a}_i, \boldsymbol{a}_i \rangle = |\boldsymbol{a}_i|^2 \neq 0$ だから $c_i = 0$ $(i=1, \cdots, k)$ でなければならない．したがって，$\boldsymbol{a}_1, \cdots, \boldsymbol{a}_k$ は線型独立である．　証明終．

一般に，$\boldsymbol{0}$ でない k 個のベクトル $\boldsymbol{a}_1, \cdots, \boldsymbol{a}_k$ のどの2つも直交するとき，これらは**直交系**であるという．さらに各ベクトルの長さが1に正規化されているとき，これらを**正規直交系**という．

これを式でかくと，

$$\left.\begin{array}{ll}\langle \boldsymbol{a}_i, \boldsymbol{a}_j\rangle=0 & (i\neq j)\\ \langle \boldsymbol{a}_i, \boldsymbol{a}_i\rangle=1 & \end{array}\right\}\quad (i, j=1, \cdots, k)$$

である．これは，クロネッカーのデルタを使うと，

$$\langle \boldsymbol{a}_i, \boldsymbol{a}_j\rangle=\delta_{ij} \qquad (i,j=1, \cdots, k)$$

とかける．

正規直交系に関しては，次の定理が重要である．

定理 2-5 $\boldsymbol{e}_1, \cdots, \boldsymbol{e}_k$ を正規直交系とする．E のどんな元 $\boldsymbol{x}$ に対しても，

$$\langle \boldsymbol{x}, \boldsymbol{e}_i\rangle=\alpha_i \qquad (i=1, \cdots, k)$$

とおけば，

(2-8) $$\alpha_1^2+\cdots+\alpha_k^2\leqq|\boldsymbol{x}|^2$$

が成立する．(これを Bessel **の不等式**という．)

さらに，

$$\boldsymbol{y}=\boldsymbol{x}-(\alpha_1\boldsymbol{e}_1+\cdots+\alpha_k\boldsymbol{e}_k)$$

は，すべての $\boldsymbol{e}_i$ と直交する．

証明 $$|\boldsymbol{y}|^2=\langle \boldsymbol{x}-\sum_{i=1}^k \alpha_i\boldsymbol{e}_i,\ \boldsymbol{x}-\sum_{j=1}^k \alpha_j\boldsymbol{e}_j\rangle$$

$$=|\boldsymbol{x}|^2-\langle \boldsymbol{x}, \sum_{j=1}^k \alpha_j\boldsymbol{e}_j\rangle-\langle\sum_{i=1}^k \alpha_i\boldsymbol{e}_i, \boldsymbol{x}\rangle+\langle\sum_{i=1}^k \alpha_i\boldsymbol{e}_i, \sum_{j=1}^k \alpha_j\boldsymbol{e}_j\rangle$$

$$=|\boldsymbol{x}|^2-\sum_{j=1}^k \alpha_j^2-\sum_{i=1}^k \alpha_i^2+\sum_{i,j=1}^k \alpha_i\alpha_j\langle \boldsymbol{e}_i, \boldsymbol{e}_j\rangle$$

$$=|\boldsymbol{x}|^2-\sum_{j=1}^k \alpha_j^2 \qquad (\langle \boldsymbol{e}_i, \boldsymbol{e}_j\rangle=\delta_{ij}\ \text{を用いる．})$$

は負にならないから，(2-8) が成立する．

また，$$\langle \boldsymbol{y}, \boldsymbol{e}_j\rangle=\langle \boldsymbol{x}-\sum_{i=1}^k \alpha_i\boldsymbol{e}_i, \boldsymbol{e}_j\rangle=\langle \boldsymbol{x}, \boldsymbol{e}_j\rangle-\sum_{i=1}^k \alpha_i\langle \boldsymbol{e}_i, \boldsymbol{e}_j\rangle$$

$$=\alpha_j-\alpha_j=0 \qquad (j=1, \cdots, k)$$

だから，$\boldsymbol{y}$ は $\boldsymbol{e}_1, \cdots, \boldsymbol{e}_k$ と直交する．　証明終．

注意　この定理において，$\boldsymbol{x}$ からきまる $\sum_{i=1}^{k} \alpha_i \boldsymbol{e}_i$ というベクトルは，$\boldsymbol{e}_1, \cdots, \boldsymbol{e}_k$ の張る線型部分空間へ $\boldsymbol{x}$ から下した垂線の足であり，$\boldsymbol{y}$ はその〝垂線ベクトル〃である (2-4図)．

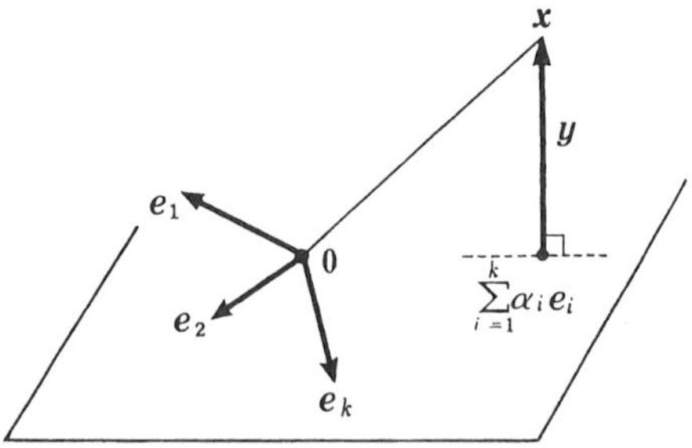

2-4 図

定理 2-6　$\boldsymbol{e}_1, \cdots, \boldsymbol{e}_n$ を E の正規直交系とすると，次の5つの条件はたがいに同値である．

(i)　$\boldsymbol{e}_1, \cdots, \boldsymbol{e}_n$ は E の基底である．

(ii)　E のどんな $\boldsymbol{x}$ も $\boldsymbol{x}=\langle \boldsymbol{x}, \boldsymbol{e}_1\rangle \boldsymbol{e}_1+\cdots+\langle \boldsymbol{x}, \boldsymbol{e}_n\rangle \boldsymbol{e}_n$ とかける．

(iii)　E のどんな $\boldsymbol{x}, \boldsymbol{y}$ についても，$\langle \boldsymbol{x}, \boldsymbol{e}_i\rangle=\alpha_i$, $\langle \boldsymbol{y}, \boldsymbol{e}_i\rangle=\beta_i$ $(i=1, \cdots, n)$ とおくとき，

$$\langle \boldsymbol{x}, \boldsymbol{y}\rangle=\alpha_1\beta_1+\cdots+\alpha_n\beta_n$$

が成立する．

(iv)　E のどんな $\boldsymbol{x}$ についても，$\langle \boldsymbol{x}, \boldsymbol{e}_i\rangle=\alpha_i$ $(i=1, \cdots, n)$ とおくとき，

(2-9)
$$|\boldsymbol{x}|^2=\alpha_1{}^2+\cdots+\alpha_n{}^2$$

が成立する．(これを Perseval の等式という．)

(v)　すべての $\boldsymbol{e}_i$ $(i=1, \cdots, n)$ と直交するベクトルは $\boldsymbol{0}$ に限る．

証明　(i)⇒(ii)．$\boldsymbol{e}_1, \cdots, \boldsymbol{e}_n$ が E の基底なら，E のどんな $\boldsymbol{x}$ も，

$$\boldsymbol{x}=\alpha_1\boldsymbol{e}_1+\cdots+\alpha_n\boldsymbol{e}_n$$

とかける．そのとき，

$$\langle \boldsymbol{x}, \boldsymbol{e}_i\rangle=\sum_{j=1}^{n}\alpha_j\langle \boldsymbol{e}_j, \boldsymbol{e}_i\rangle=\alpha_i \qquad (i=1, \cdots, n)$$

でなければならない．従って(ii)が成立する．

(ii)⇒(iii)　$\boldsymbol{x}=\sum_{i=1}^{n}\alpha_i\boldsymbol{e}_i$, $\boldsymbol{y}=\sum_{j=1}^{n}\beta_j\boldsymbol{e}_j$ だから,

$$\langle\boldsymbol{x},\boldsymbol{y}\rangle=\sum_{i=1,j=1}^{n}\alpha_i\beta_j\langle\boldsymbol{e}_i,\boldsymbol{e}_j\rangle=\sum_{i=1}^{n}\alpha_i\beta_i$$

(iii)⇒(iv)　は(iii)において $\boldsymbol{x}=\boldsymbol{y}$ とおけばよい.

(iv)⇒(v)　$\boldsymbol{x}$ がすべての $\boldsymbol{e}_i$ と直交したとすると,

$$|\boldsymbol{x}|^2=\langle\boldsymbol{x},\boldsymbol{e}_1\rangle^2+\cdots+\langle\boldsymbol{x},\boldsymbol{e}_n\rangle^2=0$$

従って, $\boldsymbol{x}=\boldsymbol{0}$ でなければならない.

(v)⇒(i)　E の任意の元 $\boldsymbol{x}$ に対し, $\langle\boldsymbol{x},\boldsymbol{e}_i\rangle=\alpha_i$ $(i=1,\cdots,n)$ とおき

$$\boldsymbol{y}=\boldsymbol{x}-(\alpha_1\boldsymbol{e}_1+\cdots+\alpha_n\boldsymbol{e}_n)$$

とおくと, 前定理により, $\boldsymbol{y}$ はすべての $\boldsymbol{e}_i$ と直交する. (v)の仮定から $\boldsymbol{y}=\boldsymbol{0}$ でなければならないから, $\boldsymbol{x}$ は $\boldsymbol{e}_1,\cdots,\boldsymbol{e}_n$ の線型結合で表わされる. $\boldsymbol{x}$ は任意だから, $\boldsymbol{e}_1,\cdots,\boldsymbol{e}_n$ は E の基底である.　証明終.

この定理の(iii)と(iv)を見よう. これは, $\boldsymbol{e}_1,\cdots,\boldsymbol{e}_n$ を生成元とする直線を E の座標軸にとると, 任意のベクトルの座標 $(\alpha_1,\cdots,\alpha_n)$ に関して, 内積や長さが普通の直交座標のときに用いる標準的な定義に等しくなっていることを示している. いいかえると, うまく座標系をえらべば, 長さはいつも,

$$|\boldsymbol{x}|=\sqrt{\alpha_1^2+\cdots+\alpha_n^2}$$

だし, 内積はいつも,

$$\langle\boldsymbol{x},\boldsymbol{y}\rangle=\alpha_1\beta_1+\cdots+\alpha_n\beta_n$$

となるのである.

前節で, 1つの線型空間において許されるユークリッド的長さはいくらでもあるというのを見て, おどろいた読者があったかも知れないのに, ここでまた実は皆同じ形にかけるんですよ, などというと何だか詐欺にかかったように思われるだろう. しかし, よく考えてみると, 1つの内積 (または同じことだが1つのユークリッド的長さ) が与えられたとき, その内積で計った正規直交基底を基準にすれば, 共通の表示を得るというのは, 別に不自然なことではな

い．むしろ，内積の公準の内容の豊かさを示すものであろう．

さて，この定理にあるような正規直交系から成る E の基底は存在するだろうか．有限次元の線型空間ではそれは常に存在する．それを保証するのが，次の Schmidt の定理である．

定理 2-7　E の1つの基底を $\boldsymbol{a}_1, \cdots, \boldsymbol{a}_n$ とするとき，

$$\begin{aligned} \boldsymbol{e}_1 &= \lambda_{11}\boldsymbol{a}_1 \\ \boldsymbol{e}_2 &= \lambda_{21}\boldsymbol{a}_1 + \lambda_{22}\boldsymbol{a}_2 \\ &\cdots\cdots\cdots\cdots \\ &\cdots\cdots\cdots\cdots \\ \boldsymbol{e}_n &= \lambda_{n1}\boldsymbol{a}_1 + \cdots + \lambda_{nn}\boldsymbol{a}_n \end{aligned} \tag{2-10}$$

の形のベクトル $\boldsymbol{e}_1, \cdots, \boldsymbol{e}_n$ が正規直交基底をなしているように，係数 $\lambda_{11}, \cdots, \lambda_{nn}$ をきめることができる．

この係数のきめ方を**シュミットの直交化法**という．

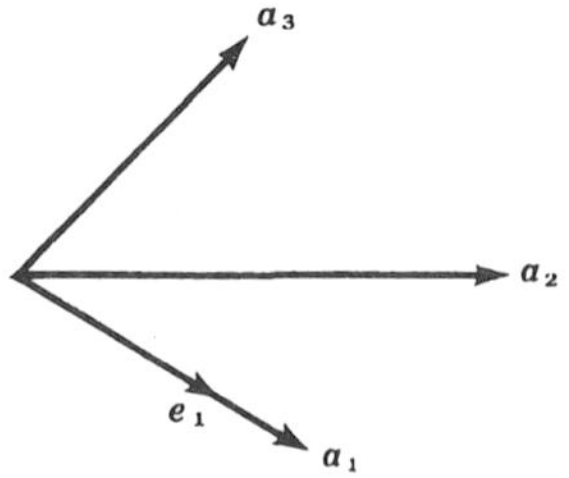

2-5 図

証明　目標は，$\langle \boldsymbol{e}_i, \boldsymbol{e}_j \rangle = \delta_{ij}$ $(i, j=1, \cdots, n)$ となるように $\lambda_{11}, \cdots, \lambda_{nn}$ をきめることにある．

まず，$\boldsymbol{e}_1$ は

$$\boldsymbol{e}_1 = \frac{1}{|\boldsymbol{a}_1|}\boldsymbol{a}_1$$

とするよりほかに手はあるまい．次に $\boldsymbol{a}_1$ と $\boldsymbol{a}_2$ の線型結合で，$\boldsymbol{e}_1$ と直交するようなベクトルをつくりたい．それには，内積

$$\langle \boldsymbol{e}_1, c\boldsymbol{a}_1 + \boldsymbol{a}_2 \rangle = 0$$

を，スカラー c について解けばよい．すると，

$$c = -\frac{\langle \boldsymbol{e}_1, \boldsymbol{a}_2 \rangle}{\langle \boldsymbol{e}_1, \boldsymbol{a}_1 \rangle}$$

となる．ところが分母は $\langle \boldsymbol{e}_1, \boldsymbol{a}_1\rangle = \left\langle \frac{1}{|\boldsymbol{a}_1|}\boldsymbol{a}_1, \boldsymbol{a}_1\right\rangle = \frac{1}{|\boldsymbol{a}_1|}\langle \boldsymbol{a}_1, \boldsymbol{a}_1\rangle = \frac{|\boldsymbol{a}_1|^2}{|\boldsymbol{a}_1|}$ $= |\boldsymbol{a}_1|$ だから $\boldsymbol{b}_2 = c\boldsymbol{a}_1 + \boldsymbol{a}_2 = -\frac{\langle \boldsymbol{e}_1, \boldsymbol{a}_2\rangle}{|\boldsymbol{a}_1|}\boldsymbol{a}_1 + \boldsymbol{a}_2 = -\langle \boldsymbol{e}_1, \boldsymbol{a}_2\rangle \boldsymbol{e}_1 + \boldsymbol{a}_2$ が求めるベクトルである．そこで $\boldsymbol{e}_1$ のときと同じように長さを正規化して，

$$\boldsymbol{e}_2 = \frac{1}{|\boldsymbol{b}_2|}\boldsymbol{b}_2$$

とおく．

これで，だいたい様子がわかったから，こんどは天下り的に，

$$\boldsymbol{b}_3 = -\langle \boldsymbol{e}_1, \boldsymbol{a}_3\rangle \boldsymbol{e}_1 - \langle \boldsymbol{e}_2, \boldsymbol{a}_3\rangle \boldsymbol{e}_2 + \boldsymbol{a}_3$$

とおいてみると，たしかに $\boldsymbol{b}_3$ は $\boldsymbol{a}_1, \boldsymbol{a}_2, \boldsymbol{a}_3$ の線型結合で，

$$\langle \boldsymbol{e}_1, \boldsymbol{b}_3\rangle = 0, \qquad \langle \boldsymbol{e}_2, \boldsymbol{b}_3\rangle = 0$$

をみたしている．そこで，

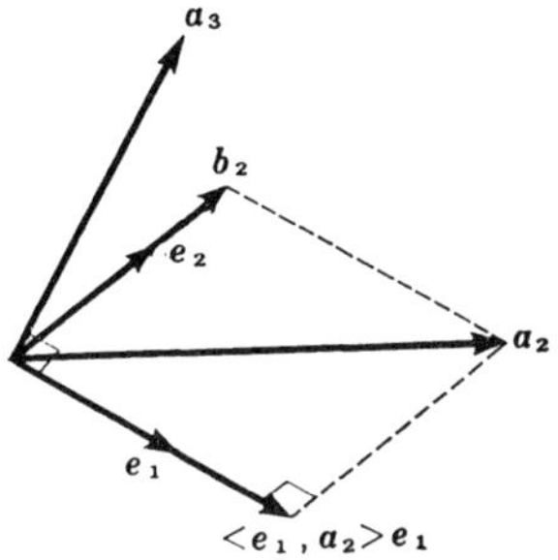

2-6 図

$$\boldsymbol{e}_3 = \frac{1}{|\boldsymbol{b}_3|}\boldsymbol{b}_3$$

とおけばよい．以下同様に，

$$\boldsymbol{b}_4 = -\langle \boldsymbol{e}_1, \boldsymbol{a}_4\rangle \boldsymbol{e}_1 - \langle \boldsymbol{e}_2, \boldsymbol{a}_4\rangle \boldsymbol{e}_2 - \langle \boldsymbol{e}_3, \boldsymbol{a}_4\rangle \boldsymbol{e}_3 + \boldsymbol{a}_4$$

$$\boldsymbol{e}_4 = \frac{1}{|\boldsymbol{b}_4|}\boldsymbol{b}_4$$

と続ける．

この手続きは $\boldsymbol{a}_1, \cdots, \boldsymbol{a}_n$ の個数だけ続けられるから（正確には，数学的帰納法を用いるとよい），証明は終わった．　証明終．

ここでちょっと疑問に思うかもしれないのは，$\boldsymbol{b}_2, \boldsymbol{b}_3, \cdots$，を正規化するとき，$\boldsymbol{b}_2, \boldsymbol{b}_3, \cdots$，が $\boldsymbol{0}$ でないか？　ということである．しかしその心配はない．たとえば $\boldsymbol{b}_3$ だと，

$$\boldsymbol{b}_3 = -\langle \boldsymbol{e}_1, \boldsymbol{a}_3\rangle \boldsymbol{e}_1 - \langle \boldsymbol{e}_2, \boldsymbol{a}_3\rangle \boldsymbol{e}_2 + \boldsymbol{a}_3$$

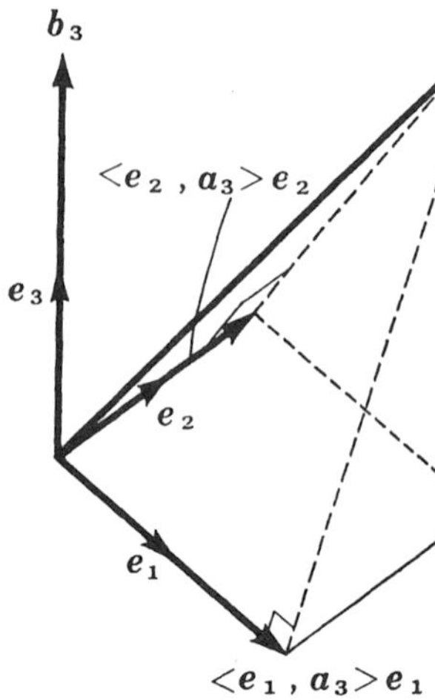

2-7 図

というぐあいに，最後の $\boldsymbol{a}_3$ の係数は1であるから，もし $\boldsymbol{b}_3=\boldsymbol{0}$ だとすると，$\boldsymbol{a}_1, \boldsymbol{a}_2, \boldsymbol{a}_3$, の線型結合で $\boldsymbol{a}_3$ の係数が0でないのに全体が $\boldsymbol{0}$ となって，これは $\boldsymbol{a}_1, \boldsymbol{a}_2, \boldsymbol{a}_3$ の線型独立性に反する．したがって，$\boldsymbol{b}_3 \neq \boldsymbol{0}$ である．

次に直交余空間について述べよう．

定理 2-8　あるベクトル $\boldsymbol{a}(\neq\boldsymbol{0})$ と直交するようなベクトルの全体は E の1つの線型部分空間をつくっている．この空間は $n-1$ 次元である．もっと一般に，E のある線型部分空間 F のどの元とも直交するようなベクトルの全体 G は，E の1つの線型部分空間をつくる．F を r 次元とすると，G は $n-r$ 次元である．

証明　$G=\{\boldsymbol{x}\,;\langle\boldsymbol{x}, F\rangle=0\}$ とかける．ここで $\langle\boldsymbol{x}, F\rangle=0$ とは，F のどんな元 $\boldsymbol{y}$ をとっても $\langle\boldsymbol{x}, \boldsymbol{y}\rangle=0$，ということを簡潔に表わしたものである．$G$ が線型部分空間であることを示そう．$\boldsymbol{x}_1, \boldsymbol{x}_2\in G$ を任意にとるとき，任意のスカラー λ_1, λ_2 に対し，

$$\langle \lambda_1 \boldsymbol{x}_1 + \lambda_2 \boldsymbol{x}_2,\ F\rangle = \langle \lambda_1 \boldsymbol{x}_1,\ F\rangle + \langle \lambda_2 \boldsymbol{x}_2,\ F\rangle$$
$$= \lambda_1 \langle \boldsymbol{x}_1,\ F\rangle + \lambda_2 \langle \boldsymbol{x}_2,\ F\rangle = 0$$

となって，$\lambda_1 \boldsymbol{x}_1 + \lambda_2 \boldsymbol{x}_2 \in G$ が得られた．したがって，G は線型部分空間である．次に F の基底を1組とり，それを $\boldsymbol{a}_1, \cdots, \boldsymbol{a}_r$ とする．これに適当に E の元 $\boldsymbol{a}_{r+1}, \cdots, \boldsymbol{a}_n$ をつけ加えて全体で E の基底にすることができる．この基底に対しシュミットの直交化を行なって得られる正規直交基底を，$\boldsymbol{e}_1, \cdots, \boldsymbol{e}_r, \boldsymbol{e}_{r+1}, \cdots, \boldsymbol{e}_n$ とする．(2-10) から明らかなように，$\boldsymbol{e}_1, \cdots, \boldsymbol{e}_r$ は F に属する．つまり F の正規直交基底になっている．次に $\boldsymbol{e}_{r+1}, \cdots, \boldsymbol{e}_n$ はすべて $\boldsymbol{e}_1, \cdots, \boldsymbol{e}_r$ に直交し，したがって F のすべての元と直交する．だから $\boldsymbol{e}_{r+1}, \cdots, \boldsymbol{e}_n$ は G に属する．これらは線型独立だから G は少なくとも $n-r$ 次元である．そこでこんどは G がちょうど $n-r$ 次元であることを示そう．G から任意の元 $\boldsymbol{x}$ をとると，$\boldsymbol{x}$ はともかく E の元なのだから，

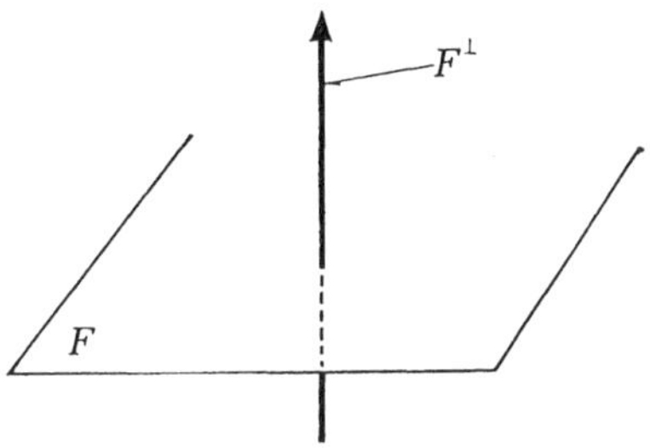

2-8 図

$$\boldsymbol{x} = c_1 \boldsymbol{e}_1 + c_2 \boldsymbol{e}_2 + \cdots + c_n \boldsymbol{e}_n$$

と表わせる．$\boldsymbol{x}$ は G の元だから F の元，とくに $\boldsymbol{e}_1, \cdots, \boldsymbol{e}_r$ と直交する．したがって，

$$\begin{aligned} 0 &= \langle \boldsymbol{e}_i,\ c_1 \boldsymbol{e}_1 + \cdots + c_n \boldsymbol{e}_n\rangle \\ &= c_1 \langle \boldsymbol{e}_i,\ \boldsymbol{e}_1\rangle + \cdots + c_n \langle \boldsymbol{e}_i,\ \boldsymbol{e}_n\rangle \\ &= c_i \langle \boldsymbol{e}_i,\ \boldsymbol{e}_i\rangle \\ &= c_i \qquad\qquad (i=1, \cdots, r) \end{aligned}$$

だから $\boldsymbol{x} = c_{r+1} \boldsymbol{e}_{r+1} + \cdots + c_n \boldsymbol{e}_n$ である．つまり G の任意の元 $\boldsymbol{x}$ は $\boldsymbol{e}_{r+1}, \cdots, \boldsymbol{e}_n$ によって張られている．これで G がちょうど $n-r$ 次元であることがわかった．

証明終．

このように，1つの線型部分空間 F が与えられたとき，それに直交するベクトル全体のつくる線型部分空間 G が1つ確定する．これを F の**直交余空間**といい，$F^{\perp}$ で表わす．上の基底のとり方から明らかなように，$\boldsymbol{e}_1, \cdots, \boldsymbol{e}_n$ を生成元とする直線を，$e_1, \cdots, e_n$ とすると，$E=e_1\dotplus\cdots\dotplus e_n=(e_1\dotplus\cdots\dotplus e_r)\dotplus(e_{r+1}\dotplus\cdots\dotplus e_n)=F\dotplus F^{\perp}$ となっている．このように，F と $F^{\perp}$ は自動的に E の直和分解を作っているので，

定義 2-9　E の線型部分空間 F に対し，$E=F\dotplus F^{\perp}$ という直和分解のことを，直交直和分解といい，

$$E=F\oplus F^{\perp}$$

で表わす．

もっと一般に，k 個の線型部分空間 $F_1, \cdots, F_k$ があって，そのうちのどの2つもたがいに直交しているとき，すなわち，どんな F_i の元 $\boldsymbol{x}_i$ とどんな F_j の元 $\boldsymbol{x}_j$ をとっても

$$\langle \boldsymbol{x}_i, \boldsymbol{x}_j\rangle=0 \qquad (i\neq j)$$

が成立しているとき，$F_1, \cdots, F_k$ は自動的に直和条件 (1-4) をみたす．なぜなら，$F_i\cap(F_1+\cdots+F_{i-1}+F_{i+1}+\cdots+F_k)\ni\boldsymbol{x}$ をとると，

$$\boldsymbol{x}=\boldsymbol{x}_i=\boldsymbol{x}_1+\cdots+\boldsymbol{x}_{i-1}+\boldsymbol{x}_{i+1}+\cdots+\boldsymbol{x}_n \quad (\boldsymbol{x}_i\in F_i,\ i=1, \cdots, k)$$

の形をしているから，

$$\begin{aligned}\langle \boldsymbol{x}, \boldsymbol{x}\rangle&=\langle \boldsymbol{x}_i, \boldsymbol{x}_1+\cdots+\boldsymbol{x}_{i-1}+\boldsymbol{x}_{i+1}+\cdots+\boldsymbol{x}_n\rangle\\&=\sum_{\substack{j=1\\ j\neq i}}^{n}\langle \boldsymbol{x}_i, \boldsymbol{x}_j\rangle\\&=0\end{aligned}$$

従って，$\boldsymbol{x}=\boldsymbol{0}$ でなければならないからである．

そこで，このような k 個の線型部分空間の和空間を

$$F_1\oplus F_2\oplus\cdots\oplus F_k$$

で表わし，$F_1, \cdots, F_k$ の**直交直和**という．

今までに線型部分空間の和を3種類考えた．すなわち，和$(+)$，直和$(\dot{+})$，直交直和$(\oplus)$であって，この順に条件の強い概念になっている．

問1. $\{\boldsymbol{e}_1, \cdots, \boldsymbol{e}_n\}$ を E の正規直交系とするとき，$\boldsymbol{a}_k = \sum_{i=1}^{k} \boldsymbol{e}_i$ からシュミットの直交化法に従って作った正規直交系はもとのものに等しいことを示せ．

問2. $2n$ 次元ユークリッド線型空間 E の正規直交系 $\{\boldsymbol{e}_1, \cdots, \boldsymbol{e}_{2n}\}$ に対し，

$$\boldsymbol{u}_{2k-1} = \sum_{i=1}^{2k} \boldsymbol{e}_i, \quad \boldsymbol{u}_{2k} = \sum_{i=1}^{k} \boldsymbol{e}_{2i-1} - \sum_{i=1}^{k} \boldsymbol{e}_{2i} \quad (k=1, \cdots, n)$$

からシュミットの方法によって正規直交系を作れ．

§4. 正　射　影

E の線型部分空間 F を1つとるとき，必ず直交直和

$$E = F \oplus F^{\perp}$$

が成立する．これは直和であるから，定理 1-21 による射影 p_1, p_2 がきまって，

$$I = p_1 + p_2, \quad p_1 \circ p_1 = p_1,$$
$$p_2 \circ p_2 = p_2, \quad p_1 \circ p_2 = 0$$

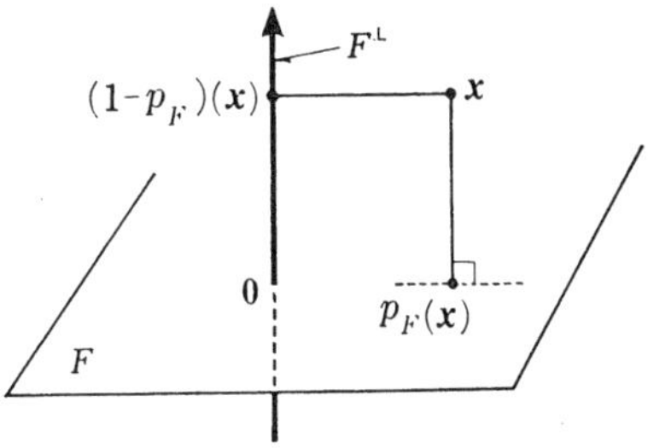

2-9 図

が成立している．直和の場合とちがって，直交直和では F の相手になる空間 $F^{\perp}$ は F から一意的にきまってしまうから，その射影 p_1 は F のみから決定される線型変換である．この写像を F への**正射影**といい，p_F で表わす．$p_2 = I - p_1 = I - p_F$ は $F^{\perp}$ への正射影である．$((F^{\perp})^{\perp} = F$ だから.)

定理 2-10　正射影 p_F は

(i)　対称写像である．すなわち，任意の $\boldsymbol{x}, \boldsymbol{y}$ につき，

$$\langle p_F(\boldsymbol{x}), \boldsymbol{y}\rangle = \langle \boldsymbol{x}, p_F(\boldsymbol{y})\rangle$$

(ii)　ベクトルの長さをのばさない．すなわち，任意の $\boldsymbol{x}$ につき，

$$|p_F(\boldsymbol{x})| \leqq |\boldsymbol{x}|$$

証明　(i)　$\boldsymbol{x}, \boldsymbol{y}$ の $F \oplus F^{\perp}$ に対応する分解を

$$\boldsymbol{x} = \boldsymbol{x}_1 + \boldsymbol{x}_2 \qquad (\boldsymbol{x}_1 \in F,\ \boldsymbol{x}_2 \in F^{\perp})$$

$$\boldsymbol{y} = \boldsymbol{y}_1 + \boldsymbol{y}_2 \qquad (\boldsymbol{y}_1 \in F,\ \boldsymbol{y}_2 \in F^{\perp})$$

とすると，$p_F(\boldsymbol{x}) = \boldsymbol{x}_1$, $p_F(\boldsymbol{y}) = \boldsymbol{y}_1$ だから，

$$\langle p_F(\boldsymbol{x}), \boldsymbol{y}\rangle = \langle \boldsymbol{x}_1, \boldsymbol{y}_1 + \boldsymbol{y}_2\rangle = \langle \boldsymbol{x}_1, \boldsymbol{y}_1\rangle$$

$$\langle \boldsymbol{x}, p_F(\boldsymbol{y})\rangle = \langle \boldsymbol{x}_1 + \boldsymbol{x}_2, \boldsymbol{y}_1\rangle = \langle \boldsymbol{x}_1, \boldsymbol{y}_1\rangle$$

従って，$\langle p_F(\boldsymbol{x}), \boldsymbol{y}\rangle = \langle \boldsymbol{x}, p_F(\boldsymbol{y})\rangle$ である．

(ii)　同じ考えで，$|\boldsymbol{x}|^2 = \langle \boldsymbol{x}, \boldsymbol{x}\rangle = \langle \boldsymbol{x}_1 + \boldsymbol{x}_2, \boldsymbol{x}_1 + \boldsymbol{x}_2\rangle = \langle \boldsymbol{x}_1, \boldsymbol{x}_1\rangle + \langle \boldsymbol{x}_1, \boldsymbol{x}_2\rangle + \langle \boldsymbol{x}_2, \boldsymbol{x}_1\rangle + \langle \boldsymbol{x}_2, \boldsymbol{x}_2\rangle = |\boldsymbol{x}_1|^2 + |\boldsymbol{x}_2|^2 \geqq |\boldsymbol{x}_1|^2 = |p_F(\boldsymbol{x})|^2$．($\boldsymbol{x}_1$ と $\boldsymbol{x}_2$ とは直交するから $\langle \boldsymbol{x}_1, \boldsymbol{x}_2\rangle = 0$ である.)　　証明終.

系　任意の $\boldsymbol{x}$ につき，$\langle p_F(\boldsymbol{x}), \boldsymbol{x}\rangle = |p_F(\boldsymbol{x})|^2 \geqq 0$.

証明　$\langle p_F(\boldsymbol{x}), \boldsymbol{x}\rangle = \langle p_F \circ p_F(\boldsymbol{x}), \boldsymbol{x}\rangle = \langle p_F(\boldsymbol{x}), p_F(\boldsymbol{x})\rangle$.　　終.

ところが，この定理はある意味で逆が成立する．すなわち，

定理 2-11　E の線型変換 p がある線型部分空間への正射影になっているための必要十分条件は，

(i)　$p \circ p = p$,

(ii)　対称写像である，すなわち任意の $\boldsymbol{x}, \boldsymbol{y}$ につき

$$\langle p(\boldsymbol{x}), \boldsymbol{y}\rangle = \langle \boldsymbol{x}, p(\boldsymbol{y})\rangle,$$

が成立することである．

証明 必要性は，射影であることと，前定理とから明らかであるから，十分性を示せばよい．

$$F=p(E)$$

とおく．そのとき，$F^{\perp}=p^{-1}(\mathbf{0})$ であることを示そう．今 $\boldsymbol{x}\in p^{-1}(\mathbf{0})$ をとると，F のどんな元 $p(\boldsymbol{y})$ をとっても，

$$\langle\boldsymbol{x}, p(\boldsymbol{y})\rangle=\langle p(\boldsymbol{x}), \boldsymbol{y}\rangle=\langle\mathbf{0}, \boldsymbol{y}\rangle=0$$

だから，$\boldsymbol{x}\in F^{\perp}$ となる．だから $p^{-1}(\mathbf{0})\subset F^{\perp}$ である．逆に $\boldsymbol{x}\in F^{\perp}$ をとると，あらゆる $p(\boldsymbol{y})\,(\boldsymbol{y}\in E)$ の形の元と直交するのだから，

$$\langle p(\boldsymbol{x}), \boldsymbol{y}\rangle=\langle\boldsymbol{x}, p(\boldsymbol{y})\rangle=0$$

となって，$p(\boldsymbol{x})$ はあらゆる元 $\boldsymbol{y}\in E$ と直交する．従って $p(\boldsymbol{x})=\mathbf{0}$．すなわち $\boldsymbol{x}\in p^{-1}(\mathbf{0})$ となり，$F^{\perp}\subset p^{-1}(\mathbf{0})$ がわかった．従って，$F^{\perp}=p^{-1}(\mathbf{0})$．これで，$E=p(E)\oplus p^{-1}(\mathbf{0})$ であることがわかった．そこで次に，$p=p_F$ であることを示そう．この直交直和分解により，E の任意の元 $\boldsymbol{x}$ は，

$$\boldsymbol{x}=p(\boldsymbol{y})+\boldsymbol{x}_2,\quad(\boldsymbol{y}\in E,\ p(\boldsymbol{x}_2)=\mathbf{0})$$

の形に一意的に分解されるが，両辺に p をほどこすと，

$$p(\boldsymbol{x})=p\circ p(\boldsymbol{y})+p(\boldsymbol{x}_2)=p(\boldsymbol{y})$$

一方，上の分解で $\boldsymbol{x}$ に $p(\boldsymbol{y})$ を対応させるのが p_F だから，

$$p_F(\boldsymbol{x})=p(\boldsymbol{y}).$$

従って，

$$p(\boldsymbol{x})=p_F(\boldsymbol{x})$$

これはどんな $\boldsymbol{x}\in E$ についても成立するから $p=p_F$．　　証明終．

定理 2-12 E の線型変換 p がある線型部分空間への正射影になっているための必要十分条件は，

(i) $p\circ p=p$,

(ii) E のすべての $\boldsymbol{x}$ について $|p(\boldsymbol{x})|\leqq|\boldsymbol{x}|$.

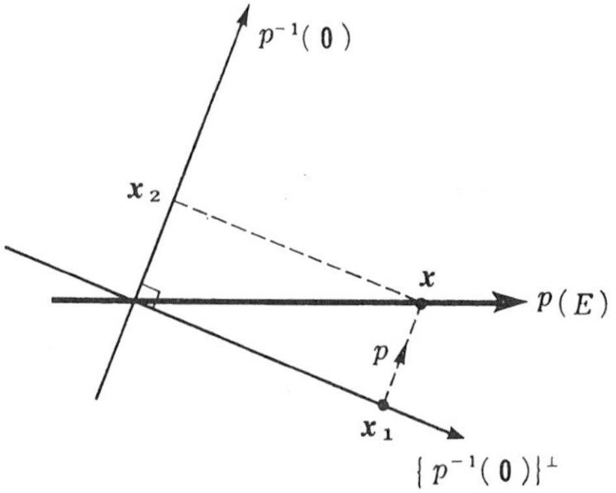

2-10 図

証明　前の定理と同様に十分性を示せばよい．$p(E)=\{p^{-1}(0)\}^{\perp}$ であることを示そう．$\boldsymbol{x}\in p(E)$ を任意にとるとき (2-10 図)，

$$\boldsymbol{x}=\boldsymbol{x}_1+\boldsymbol{x}_2,\quad \boldsymbol{x}_1\in\{p^{-1}(\boldsymbol{0})\}^{\perp},\quad \boldsymbol{x}_2\in p^{-1}(\boldsymbol{0})$$

と直交分解すると，$p(\boldsymbol{x}_2)=\boldsymbol{0}$．また，$\boldsymbol{x}$ は $p(E)$ の元だから，ある元 $\boldsymbol{y}$ によって $\boldsymbol{x}=p(\boldsymbol{y})$ の形にかける．従って $p(\boldsymbol{x})=p\circ p(\boldsymbol{y})=p(\boldsymbol{y})=\boldsymbol{x}$．だから，$p(\boldsymbol{x})=p(\boldsymbol{x}_1)+p(\boldsymbol{x}_2)$ より，$\boldsymbol{x}=p(\boldsymbol{x}_1)$ を得る．従って，

$$\begin{aligned}|\boldsymbol{x}_1|^2\geqq|p(\boldsymbol{x}_1)|^2=|\boldsymbol{x}|^2=|\boldsymbol{x}_1+\boldsymbol{x}_2|^2&=|\boldsymbol{x}_1|^2+2\langle\boldsymbol{x}_1,\boldsymbol{x}_2\rangle+|\boldsymbol{x}_2|^2\\&=|\boldsymbol{x}_1|^2+|\boldsymbol{x}_2|^2\geqq|\boldsymbol{x}_1|^2\qquad(\boldsymbol{x}_1 \text{ と } \boldsymbol{x}_2 \text{ は直交.})\end{aligned}$$

この両端が等しいから，途中は全部等号が成立し，特に最後の等式から，$|\boldsymbol{x}_2|^2=0$ がでる．従って，$\boldsymbol{x}_2=\boldsymbol{0}$．すなわち $\boldsymbol{x}=\boldsymbol{x}_1\in\{p^{-1}(\boldsymbol{0})\}^{\perp}$．これで，$p(E)\subset\{p^{-1}(\boldsymbol{0})\}^{\perp}$ がわかった．

次にこの逆を示そう．$\boldsymbol{x}\in\{p^{-1}(\boldsymbol{0})\}^{\perp}$ を任意にとる (2-11 図)．$p(\boldsymbol{x})=\boldsymbol{x}_1$，$\boldsymbol{x}-p(\boldsymbol{x})=\boldsymbol{x}_2$ とおくと，$p(\boldsymbol{x}_2)=p(\boldsymbol{x})-p\circ p(\boldsymbol{x})=p(\boldsymbol{x})-p(\boldsymbol{x})=\boldsymbol{0}$ であるから，$\boldsymbol{x}_2\in p^{-1}(\boldsymbol{0})$ となり，$\boldsymbol{x}_1=\boldsymbol{x}-\boldsymbol{x}_2$ は，$\boldsymbol{x}_1$ の $\{p^{-1}(\boldsymbol{0})\}^{\perp}\oplus p^{-1}(\boldsymbol{0})$ による直交分解である．従って，

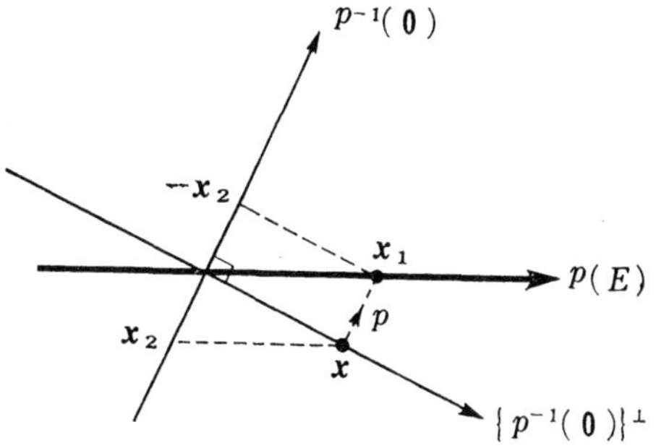

2-11 図

$$
\begin{aligned}
|\boldsymbol{x}|^2 \geqq |p(\boldsymbol{x})|^2 = |\boldsymbol{x}_1|^2 = |\boldsymbol{x}-\boldsymbol{x}_2|^2 \\
= |\boldsymbol{x}|^2 - 2\langle \boldsymbol{x}, \boldsymbol{x}_2\rangle + |\boldsymbol{x}_2|^2 \\
= |\boldsymbol{x}|^2 + |\boldsymbol{x}_2|^2 \geqq |\boldsymbol{x}|^2
\end{aligned}
$$

従って前と同様に全部等号が成立し，特に $|\boldsymbol{x}_2|^2=0$，すなわち，$\boldsymbol{x}_2=\mathbf{0}$ となる．従って，$\boldsymbol{x}=\boldsymbol{x}_1=p(\boldsymbol{x})\in p(E)$．すなわち，$\{p^{-1}(\mathbf{0})\}^{\perp}\subset p(E)$．これで $\{p^{-1}(\mathbf{0})\}^{\perp}=p(E)$ が証明された．

このことは $E=p(E)\oplus p^{-1}(\mathbf{0})$ と同じだから，(前定理の証明のときと同様に) p は $E\to p(E)$ という正射影である． 証明終．

次に，正射影間の関係を述べよう．

定理 2-13 $F_1, \cdots, F_k$ を E の線型部分空間とし，おのおのへの正射影をそれぞれ $p_1, \cdots, p_k$ とするとき，次の3つの条件は同値である．

(i) $F_1, \cdots, F_k$ が直交直和の条件

$$F_i \perp F_j \qquad (i \neq j\,;\, i, j=1, \cdots, k)$$

をみたす．

(ii) $p_1, \cdots, p_k$ が直交条件

$$p_i \circ p_j = 0 \qquad (i \neq j\,;\, i, j=1, \cdots, k)$$

をみたす．

(iii) $p_1+\cdots+p_k$ が正射影である．

証明　(i)⇒(ii)．E の任意の元 $\boldsymbol{x}, \boldsymbol{y}$ に対し，$p_i(\boldsymbol{x}) \in F_i$, $p_j(\boldsymbol{y}) \in F_j$ だから，$\langle p_i(\boldsymbol{x}), p_j(\boldsymbol{y}) \rangle = 0$ $(i \neq j)$ となる．従って $\langle \boldsymbol{x}, p_i \circ p_j(\boldsymbol{y}) \rangle = 0$．$\boldsymbol{x}$ は任意だから $p_i \circ p_j(\boldsymbol{y}) = \boldsymbol{0}$．$\boldsymbol{y}$ は任意だから $p_i \circ p_j = 0$．

(ii)⇒(iii)．$p = p_1 + \cdots + p_k$ が正射影であることをいうには，p が定理 2-11 の条件をみたすことをいえばよい．

$$\begin{aligned}\langle p(\boldsymbol{x}), \boldsymbol{y} \rangle &= \langle p_1(\boldsymbol{x}) + \cdots + p_k(\boldsymbol{x}), \boldsymbol{y} \rangle = \langle p_1(\boldsymbol{x}), \boldsymbol{y} \rangle + \cdots + \langle p_k(\boldsymbol{x}), \boldsymbol{y} \rangle \\ &= \langle \boldsymbol{x}, p_1(\boldsymbol{y}) \rangle + \cdots + \langle \boldsymbol{x}, p_k(\boldsymbol{y}) \rangle = \langle \boldsymbol{x}, p_1(\boldsymbol{y}) + \cdots + p_k(\boldsymbol{y}) \rangle \\ &= \langle \boldsymbol{x}, p(\boldsymbol{y}) \rangle.\end{aligned}$$

また $p^2 = (p_1 + \cdots + p_k)^2 = p_1{}^2 + \cdots + p_k{}^2 + \sum_{i \neq j} p_i \circ p_j = p_1 + \cdots + p_k = p$.

(iii)⇒(i)．E の任意の元 $\boldsymbol{x}$ をとり，$p_i(\boldsymbol{x}) = \boldsymbol{x}_i$ とおく．定理 2-12 から，

$$\begin{aligned}|\boldsymbol{x}_i|^2 &\geqq |(p_1 + \cdots + p_k)(\boldsymbol{x}_i)|^2 = \langle (p_1 + \cdots + p_k)(\boldsymbol{x}_i), \boldsymbol{x}_i \rangle \quad \text{（定理 2-10, 系）} \\ &= \langle p_1(\boldsymbol{x}_i), \boldsymbol{x}_i \rangle + \cdots + \langle \boldsymbol{x}_i, \boldsymbol{x}_i \rangle + \cdots + \langle p_k(\boldsymbol{x}_i), \boldsymbol{x}_i \rangle\end{aligned}$$

と，i 番目だけは $\langle \boldsymbol{x}_i, \boldsymbol{x}_i \rangle$ となる．そこで

$$\begin{aligned}&= |p_1(\boldsymbol{x}_i)|^2 + \cdots + |\boldsymbol{x}_i|^2 + \cdots + |p_k(\boldsymbol{x}_i)|^2 \\ &\geqq |\boldsymbol{x}_i|^2\end{aligned}$$

この両端が等しいので，すべて等号が成立し，従って特に，

$$|p_j(\boldsymbol{x}_i)|^2 = 0 \qquad (j \neq i,\ j = 1, \cdots, k)$$

となる．従って，$p_j(\boldsymbol{x}_i) = p_j(p_i(\boldsymbol{x})) = p_j \circ p_i(\boldsymbol{x}) = \boldsymbol{0}$．$\boldsymbol{x}$ は E の任意の元であったから，

$$p_j \circ p_i = 0 \qquad (i \neq j;\ i, j = 1, \cdots, k)$$

従って，F_i, F_j のどんな元 $\boldsymbol{x}_i, \boldsymbol{x}_j$ についても，

$$\begin{aligned}\langle \boldsymbol{x}_i, \boldsymbol{x}_j \rangle &= \langle p_i(\boldsymbol{x}_i), p_j(\boldsymbol{x}_j) \rangle = \langle \boldsymbol{x}_i, p_i \circ p_j(\boldsymbol{x}_j) \rangle \\ &= \langle \boldsymbol{x}_i, \boldsymbol{0} \rangle = 0 \qquad (i \neq j)\end{aligned}$$

すなわち，F_i と F_j は直交する．　　　　証明終．

系 1．(iii)が成立するとき，$p = p_1 + \cdots + p_k$ に対応する線型部分空間は $F_1 \oplus \cdots \oplus F_k$ である．

証明　$p(E) \subset p_1(E) + \cdots + p_k(E) = F_1 + \cdots + F_k = F_1 \oplus \cdots \oplus F_k$.

一方，$F_1 \oplus \cdots \oplus F_k \ni \boldsymbol{x}$ は $\boldsymbol{x}=\boldsymbol{x}_1+\cdots+\boldsymbol{x}_k$, $\boldsymbol{x}_i \in F_i$ $(i=1, \cdots, k)$ だから，

$p(\boldsymbol{x})=(p_1+\cdots+p_k)(\boldsymbol{x}_1+\cdots+\boldsymbol{x}_k)=p_1(\boldsymbol{x}_1)+\cdots+p_k(\boldsymbol{x}_k)=\boldsymbol{x}_1+\cdots+\boldsymbol{x}_k=\boldsymbol{x}$

となり，$\boldsymbol{x} \in p(E)$．従って $p(E)=F_1 \oplus \cdots \oplus F_k$ である．　終．

系 2.　特に，$F_1 \oplus \cdots \oplus F_k=E$ となるとき，$p_1+\cdots+p_k=I$ となる．

証明　すべての $\boldsymbol{x}$ につき，$(p_1+\cdots+p_k)(\boldsymbol{x})=\boldsymbol{x}$ をみたすから，$p_1+\cdots+p_k=I$ である．　終．

次に，必ずしも直交しない正射影の間の関係として，可換性が重要である．

定理 2-14　2 つの線型部分空間を F_1, F_2，それらの正射影をそれぞれ p_1, p_2 とするとき，

$$p_1 \circ p_2 = p_2 \circ p_1$$

が成立するための必要十分条件は，$p_1 \circ p_2$ がまた正射影となることである．

そして，このとき，$p_1 \circ p_2$ は $F_1 \cap F_2$ への正射影である．

証明　必要性．$p_1 \circ p_2 = p_2 \circ p_1$ であるとする．そのとき，

$$(p_1 \circ p_2)^2 = p_1 \circ p_2 \circ p_1 \circ p_2 = p_1 \circ p_1 \circ p_2 \circ p_2 = p_1 \circ p_2,$$

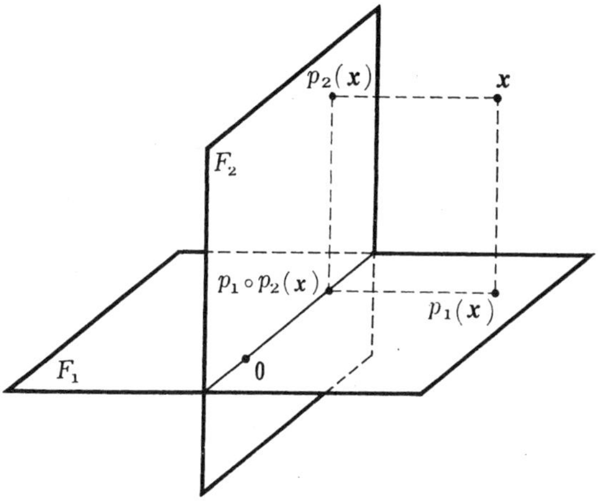

2-12 図

そして，任意の $\boldsymbol{x}$ に対し，

$$|p_1\circ p_2(\boldsymbol{x})|\leqslant|p_2(\boldsymbol{x})|\leqslant|\boldsymbol{x}|$$

が成立する．従って，$p_1\circ p_2$ は正射影である(定理 2-12)．

十分性．$p_1\circ p_2$ が正射影なら，任意の $\boldsymbol{x}, \boldsymbol{y}$ に対し，

$$\langle p_1\circ p_2(\boldsymbol{x}), \boldsymbol{y}\rangle=\langle \boldsymbol{x}, p_1\circ p_2(\boldsymbol{y})\rangle$$

が成立する(定理 2-10)．p_1, p_2 は正射影だから，この右辺は，

$$=\langle p_1(\boldsymbol{x}), p_2(\boldsymbol{y})\rangle=\langle p_2\circ p_1(\boldsymbol{x}), \boldsymbol{y}\rangle$$

に等しい．従って，任意の $\boldsymbol{x}$ に対し，

$$p_1\circ p_2(\boldsymbol{x})=p_2\circ p_1(\boldsymbol{x})$$

が成立する．すなわち，$p_1\circ p_2=p_2\circ p_1$ である．

任意の $\boldsymbol{x}$ に対し，$p_1\circ p_2(\boldsymbol{x})\in F_1$，$p_2\circ p_1(\boldsymbol{x})\in F_2$ だから，$p_1\circ p_2(\boldsymbol{x})$ は $F_1\cap F_2$ に属する．逆に，$F_1\cap F_2$ の任意の元 $\boldsymbol{x}$ に対しては，$p_1\circ p_2(\boldsymbol{x})=p_1(\boldsymbol{x})=\boldsymbol{x}$ が成立するから，$p_1\circ p_2$ は $F_1\cap F_2$ への正射影である．証明終．

系 1．（三垂線の定理）$F_1\subset F_2$ であるための必要十分条件は，

$$p_1\circ p_2=p_1.$$

証明　必要性．任意の元 $\boldsymbol{x}$ に対し，

$$\boldsymbol{x}=p_2(\boldsymbol{x})+(I-p_2)(\boldsymbol{x})=p_1\circ p_2(\boldsymbol{x})+(I-p_1)\circ p_2(\boldsymbol{x})+(I-p_2)(\boldsymbol{x}).$$

この右辺の第 2，第 3 項は F_1 の元と直交する．また第 1 項は F_1 の元だから直交分解の一意性から，$p_1\circ p_2(\boldsymbol{x})=p_1(\boldsymbol{x})$．

十分性．$p_1\circ p_2=p_1$ とすると，$p_1\circ p_2$ は正射影だから，上の定理により $F_1\cap F_2$ への正射影である．従って $F_1=p_1(E)=p_1\circ p_2(E)=F_1\cap F_2\subset F_2$．終．

系 2．$p_1\circ p_2=p_2\circ p_1$ であるとき，F_1 の中での $F_1\cap F_2$ の直交余空間を F_1' とし，また F_2 の中での $F_1\cap F_2$ の直交余空間を F_2' とすると，

$$F_1'\perp F_2,\quad F_2'\perp F_1$$

かつ，

$$F_1'\oplus(F_1\cap F_2)\oplus F_2'=F_1+F_2$$

が成立する．

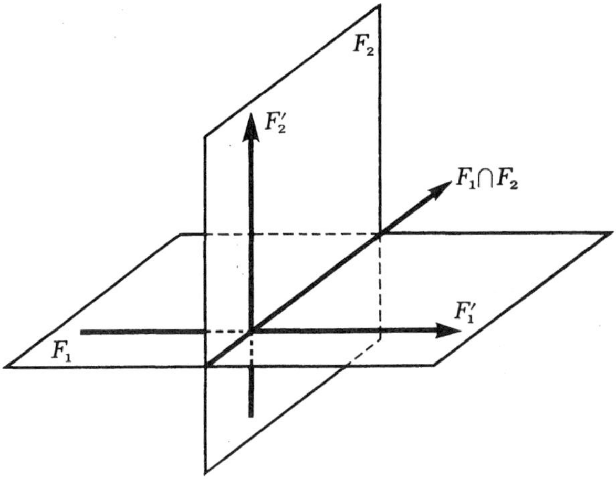

2-13 図

証明　任意のベクトル $\boldsymbol{x}$ に対し,

$$\boldsymbol{x}=p_1(\boldsymbol{x})+(I-p_1)(\boldsymbol{x})$$
$$=(I-p_2)\circ p_1(\boldsymbol{x})+p_2\circ p_1(\boldsymbol{x})+(I-p_1)(\boldsymbol{x})$$

p_1 と p_2 の可換性から第1項は F_1 の元であって, F_2 と直交している. すなわち F_1' の元である. 第2項は $F_1\cap F_2$ の元である. 第3項は F_1 と直交する. 従って, 第2, 第3項共に F_1' と直交する. 分解の一意性から, F_1' への正射影は $(I-p_2)\circ p_1$ であることがわかる. ところがこれは p_2 と直交する:

$$p_2\circ(I-p_2)\circ p_1=p_2\circ p_1-p_2\circ p_1=0$$

従って, $F_1'\perp F_2$ である. $F_2'\perp F_1$ も全く同様にしてわかる.

次に, 任意のベクトル $\boldsymbol{x}\in F_1+F_2$ をとると, $\boldsymbol{x}=\boldsymbol{x}_1+\boldsymbol{x}_2$, $\boldsymbol{x}_1\in F_1$, $\boldsymbol{x}_2\in F_2$ とかける. $\boldsymbol{x}_1=p_1(\boldsymbol{x}_1)$, $\boldsymbol{x}_2=p_2(\boldsymbol{x}_2)$ だから,

$$\boldsymbol{x}_1=(I-p_2)\circ p_1(\boldsymbol{x}_1)+p_2\circ p_1(\boldsymbol{x}_1),$$
$$\boldsymbol{x}_2=(I-p_1)\circ p_2(\boldsymbol{x}_2)+p_1\circ p_2(\boldsymbol{x}_2),$$

従って,

$$\boldsymbol{x}=\boldsymbol{x}_1+\boldsymbol{x}_2=(I-p_2)\circ p_1(\boldsymbol{x}_1)+p_2\circ p_1(\boldsymbol{x})+(I-p_1)\circ p_2(\boldsymbol{x}_2)$$

第1項は F_1' に，第2項は $F_1\cap F_2$ に，第3項は F_2' に，それぞれ属する．そして，これら3つの空間はたがいに直交している．すなわち，

$$\boldsymbol{x}\in F_1'\oplus(F_1\cap F_2)\oplus F_2'$$

従って，

$$F_1+F_2\subset F_1'\oplus(F_1\cap F_2)\oplus F_2'$$

逆の包含関係は明らかだから，

$$F_1+F_2=F_1'\oplus(F_1\cap F_2)\oplus F_2'.$$ 終.

このように，正射影の可換性は，直交性の1つの拡張になっている．すなわち，F_1 と F_2 のうち「$F_1\cap F_2$ を除いた部分」での直交性に対応するのが正射影の可換性なのである．

問1.　2つの正射影 p_1, p_2 に対し，p_1-p_2 がまた正射影になるための必要十分条件は $p_1\circ p_2=p_2$ である．そしてこのとき p_1-p_2 の値域は $p_1(E)$ の中での $p_2(E)$ の直交余空間である．これを証明せよ．

問2.　定理 2-14 系2の逆．2つの線型部分空間 F_1, F_2 があるとき，もし，$F_1\cap(F_1\cap F_2)^\perp$ と $F_2\cap(F_1\cap F_2)^\perp$ が直交するならば F_1, F_2 への正射影 p_1, p_2 は，$p_1\circ p_2=p_2\circ p_1$ をみたす．このことを示せ．

演習問題 2

1.　内積の公準 (S. 1)～(S. 3) のうち，(S. 3) の「$\langle\boldsymbol{a}, \boldsymbol{a}\rangle=0$ なら $\boldsymbol{a}=\boldsymbol{0}$」を取り除くと，どんな現象を生ずるか？

2.　R^2 において，$l(\boldsymbol{x})=\sqrt{ax^2+2bxy+cy^2}$, $(a>0, ac-b^2>0)$ はユークリッド的長さであって，対応する内積は，$\boldsymbol{x}_1=(x_1, y_1)$, $\boldsymbol{x}_2=(x_2, y_2)$ に対し，

$$\langle\boldsymbol{x}_1, \boldsymbol{x}_2\rangle=ax_1x_2+b(x_1y_2+x_2y_1)+cy_1y_2$$

であることを示せ．($l(\boldsymbol{x})$ から内積を作ること.)

3.　(1) 区間 $I=[-\pi, \pi]$ 上の連続関数の全体 $C^0(I)$ は線型空間を作る．この中に内積を $f, g\in C^0(I)$ に対し，

$$\langle f, g\rangle=\int_{-\pi}^{\pi}f(x)g(x)dx$$

と定める．これは (S. 1)～(S. 3) をみたすことを示せ．

(2) $\dfrac{1}{\sqrt{2\pi}}, \dfrac{1}{\sqrt{\pi}}\cos nx, \dfrac{1}{\sqrt{\pi}}\sin nx$ $(n=1, 2, \cdots)$ はこの内積に関し正規直交系をなすことを示せ．

(3)　任意の $f(x)\in C^0(I)$ に対し，定理 2-5 を適用することにより，

$$\frac{1}{2\pi}\langle f, 1\rangle^2+\frac{1}{\pi}\sum_{n=1}^{\infty}(\langle f, \cos nx\rangle^2+\langle f, \sin nx\rangle^2)\leqq\int_{-\pi}^{\pi}|f(x)|^2dx$$

を証明せよ.

4. $\boldsymbol{e}_1, \cdots, \boldsymbol{e}_k$ を E の正規直交系とする. E の元 $\boldsymbol{x}$ に対し,

$$|\boldsymbol{x}-\sum_{i=1}^{k}\lambda_i\boldsymbol{e}_i|$$

を最小にする係数 $\lambda_1, \cdots, \lambda_k$ のえらび方は,

$$\lambda_i=\langle\boldsymbol{x}, \boldsymbol{e}_i\rangle \qquad (i=1, \cdots, k)$$

であり, かつこれに限ることを示せ.

5. 線型変換 p が正射影であるための必要十分条件は, $p^2=p$ かつ E のすべての元 $\boldsymbol{x}$ について $\langle p(\boldsymbol{x}), \boldsymbol{x}\rangle\geqq 0$ となることである. これを証明せよ.

第 3 章　線型変換と行列

有限次元線型空間 E 上の線型変換の表現行列について基本的事項を整理しておく.（一般の線型写像は取り扱わない.）

§1. 線型変換の表現行列

E の元を座標で表現するために基底が用いられる. E の基底を1組, $\boldsymbol{e}_1, \cdots, \boldsymbol{e}_n$ ととると, 任意の元 $\boldsymbol{x}$ は,

$$\boldsymbol{x}=\alpha_1\boldsymbol{e}_1+\cdots+\alpha_n\boldsymbol{e}_n$$

とかける. この係数 $(\alpha_1, \cdots, \alpha_n)$ が $\boldsymbol{x}$ の“座標による表現”である. 本書では, これをたてに並べて,

$$\boldsymbol{x}=(\boldsymbol{e}_1, \cdots, \boldsymbol{e}_n)\begin{bmatrix}\alpha_1\\ \vdots\\ \alpha_n\end{bmatrix}$$

と, 行列のかけ算のルールをベクトルとスカラーの積の場合にも流用することにする*).

線型変換も, E の基底を1つ固定することによって, “座標による表現”が得られる. これが表現行列である.

E の基底 $\boldsymbol{e}_1, \cdots, \boldsymbol{e}_n$ を1組固定すると, $\varphi(\boldsymbol{e}_1), \cdots, \varphi(\boldsymbol{e}_n)$ もまた E の元だから, それは $\boldsymbol{e}_1, \cdots, \boldsymbol{e}_n$ の線型結合となっている. すなわち,

(3-1)　$$\varphi(\boldsymbol{e}_1)=a_{11}\boldsymbol{e}_1+a_{21}\boldsymbol{e}_2+\cdots\cdots+a_{n1}\boldsymbol{e}_n$$

---

*) 厳密にいうと, $\boldsymbol{e}_1\alpha_1+\cdots+\boldsymbol{e}_n\alpha_n$ となってしまうが, ここでは, スカラーとベクトルの積の可換性を認めることにして, これは $\alpha_1\boldsymbol{e}_1+\cdots+\alpha_n\boldsymbol{e}_n$ のことであるとみなそう.

$$\varphi(\boldsymbol{e}_2)=a_{12}\boldsymbol{e}_1+a_{22}\boldsymbol{e}_2+\cdots\cdots+a_{n2}\boldsymbol{e}_n$$
$$\cdots\cdots\cdots\cdots\cdots\cdots$$
$$\varphi(\boldsymbol{e}_n)=a_{1n}\boldsymbol{e}_1+a_{2n}\boldsymbol{e}_2+\cdots\cdots+a_{nn}\boldsymbol{e}_n$$

とかける．これらの係数 $a_{11}, \cdots, a_{nn}$ は φ と $(\boldsymbol{e}_1, \cdots, \boldsymbol{e}_n)$ によってきまる数である．これが φ の"座標による表現"であって，それを正方形に並べたものが「表現行列」である．

それを，やはり行列算を流用して，

$$(\varphi(\boldsymbol{e}_1), \cdots, \varphi(\boldsymbol{e}_n))=(\boldsymbol{e}_1, \cdots, \boldsymbol{e}_n)\begin{bmatrix} a_{11} & a_{12}\cdots a_{1n} \\ a_{21} & a_{22}\cdots a_{2n} \\ \vdots & \vdots\ \cdots\ \vdots \\ a_{n1} & a_{n2}\cdots a_{nn} \end{bmatrix}$$

とかく．表現行列の**たて**ベクトルがそれぞれ $\varphi(\boldsymbol{e}_1), \cdots, \varphi(\boldsymbol{e}_n)$ の座標表現になっていることに注意しよう．

これで基底を1組固定すると線型変換に対し1つの正方行列 A が対応していることがわかった．逆に，正方行列 A が1つ与えられたとき，どんな元 $\boldsymbol{x}$ も，

$$\boldsymbol{x}=(\boldsymbol{e}_1, \cdots, \boldsymbol{e}_n)\begin{bmatrix} \alpha_1 \\ \vdots \\ \alpha_n \end{bmatrix}$$

とかけるから，(3-1)によって $\boldsymbol{e}_1, \cdots, \boldsymbol{e}_n$ のうつる先を指定してやり，

$$\varphi(\boldsymbol{x})=(\varphi(\boldsymbol{e}_1), \cdots, \varphi(\boldsymbol{e}_n))\begin{bmatrix} \alpha_1 \\ \vdots \\ \alpha_n \end{bmatrix}$$
$$=(\boldsymbol{e}_1, \cdots, \boldsymbol{e}_n)A\begin{bmatrix} \alpha_1 \\ \vdots \\ \alpha_n \end{bmatrix}$$

と定義することによって，$\varphi(\boldsymbol{x})$ というベクトルを指定すると，これで1つの線型変換 φ がきまる．そしてこの変換の表現行列はもとの A である．

このように，E の基底を1組固定しておくと，線型変換の全体 $L(E)$ と，n 次正方行列の全体 $\boldsymbol{M}(n)$ の間に1対1の対応が成立する．この対応で重要なのは，$L(E)$ の線型環としての構造が，$\boldsymbol{M}(n)$ の線型環としての構造にうまく対応することである．すなわち，$L(E)$ での3つの演算（加法，数乗法，積）が，

その表現行列の方での同じ演算（行列算としての加法，数乗法，積）に対応している．具体的にかくと，

$$\varphi_1 \longleftrightarrow A_1, \qquad \varphi_2 \longleftrightarrow A_2$$

と対応しているならば，

$$\varphi_1+\varphi_2 \longleftrightarrow A_1+A_2$$
$$\lambda\varphi_1 \longleftrightarrow \lambda A_1$$
$$\varphi_2\circ\varphi_1 \longleftrightarrow A_2A_1$$

と対応している．特に，0写像には0行列が，恒等変換 I には単位行列 I が，そして φ の逆変換 φ^{-1} には A の逆行列 A^{-1} が対応する．その様子を概念図で示すと 3-1図 のようになる．中央の E の基底の集合から1つ基底をとって固定するとき左側の $L(E)$ の元 φ と右側の $\boldsymbol{M}(n)$ の元 A とがその基底を仲介に1対1に対応するという様子を1本の線でつないで表わしてある．

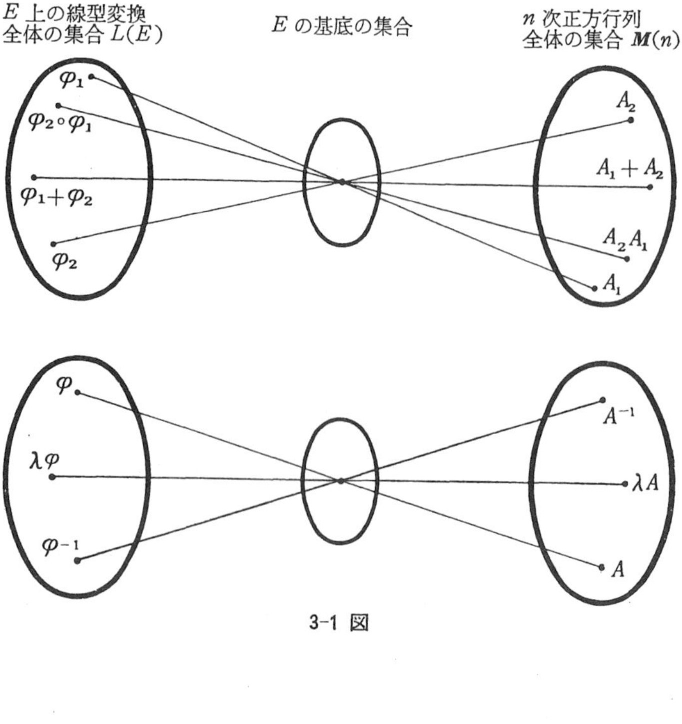

3-1 図

さて，この図で φ を $L(E)$ の中で1つ固定し，中央の E の基底をいろいろ取りかえると，当然対応する $\boldsymbol{M}(n)$ の元はいろいろ変わる．そこで，そのような行列の全体を $\mathfrak{M}_\varphi$ とかこう．すなわち，

$$\mathfrak{M}_\varphi=\{A\,;\,A\in\boldsymbol{M}(n),\ A\text{ は }\varphi\text{ の1つの表現行列}\}$$

この集合は，上の概念図でかくと，3-2図のようになっている．

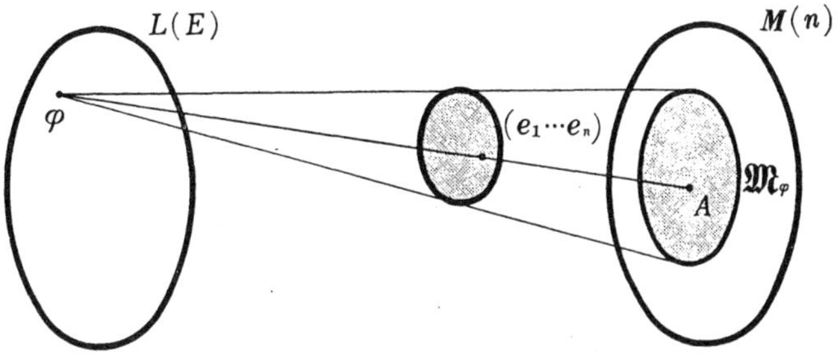

3-2 図

同じ $\mathfrak{M}_\varphi$ に属する2つの行列 A, B があるとき，A と B はいろいろよく似た性質をもっているので，**相似**であるという．相似という性質を行列だけの言葉でいい表わすと，

定理 3-1　2つの n 次正方行列 A, B が相似であるための必要十分条件は，適当な n 次正則行列 P があって，

$$B=PAP^{-1}$$

とかけることである．

一般に正方行列 A を正則行列 P ではさんで PAP^{-1} を作ることを，「A を P で変換する」というが，上の定理は，A と B が相似ということは，A と B が適当な P でたがいに変換できるというのと同値であることを示している．

定理の証明　必要性．A と B が相似であるとする．つまりある $\mathfrak{M}_\varphi$ に A, B ともにはいっているとする．すると，2組の基底 $\boldsymbol{e}_1, \cdots, \boldsymbol{e}_n$ と $\boldsymbol{e}_1', \cdots, \boldsymbol{e}_n'$ があって，それぞれ

(3-2)　$$(\varphi(\boldsymbol{e}_1), \varphi(\boldsymbol{e}_2), \cdots, \varphi(\boldsymbol{e}_n)) = (\boldsymbol{e}_1, \boldsymbol{e}_2, \cdots, \boldsymbol{e}_n)A$$

(3-3)　$$(\varphi(\boldsymbol{e}_1'), \varphi(\boldsymbol{e}_2'), \cdots, \varphi(\boldsymbol{e}_n')) = (\boldsymbol{e}_1', \boldsymbol{e}_2', \cdots, \boldsymbol{e}_n')B$$

となっている．さて，$\boldsymbol{e}_1, \cdots, \boldsymbol{e}_n$ の各ベクトルは E の元だから $\boldsymbol{e}_1', \cdots, \boldsymbol{e}_n'$ の線型結合である．だから，なにかある係数によって，

$$\boldsymbol{e}_1 = p_{11}\boldsymbol{e}_1' + p_{21}\boldsymbol{e}_2' + \cdots + p_{n1}\boldsymbol{e}_n' = \sum_{i=1}^{n} p_{i1}\boldsymbol{e}_i'$$

$$\cdots\cdots\cdots\cdots\cdots\cdots\cdots\cdots$$

$$\cdots\cdots\cdots\cdots\cdots\cdots\cdots\cdots$$

$$\boldsymbol{e}_n = p_{1n}\boldsymbol{e}_1' + p_{2n}\boldsymbol{e}_2' + \cdots + p_{nn}\boldsymbol{e}_n' = \sum_{i=1}^{n} p_{in}\boldsymbol{e}_i'$$

となっている．これらの式もまた行列のかけ算の記法を流用して表わすと，

(3-4)　$$(\boldsymbol{e}_1, \cdots, \boldsymbol{e}_n) = (\boldsymbol{e}_1', \cdots, \boldsymbol{e}_n')\begin{bmatrix} p_{11} \cdots\cdots p_{1n} \\ p_{21} \cdots\cdots p_{2n} \\ \vdots \qquad\quad \vdots \\ p_{n1} \cdots\cdots p_{nn} \end{bmatrix}$$

とかけることはすぐわかるだろう．ここに現われた行列を P とかく．これを (3-2) に代入すると，行列のかけ算規則と全く同じだから，

$$(3\text{-}2)\text{の右辺} = (\boldsymbol{e}_1', \cdots, \boldsymbol{e}_n')PA$$

$$\begin{aligned}(3\text{-}2)\text{の左辺} &= \left(\varphi\left(\sum_{i=1}^{n} p_{i1}\boldsymbol{e}_i'\right),\ \varphi\left(\sum_{i=1}^{n} p_{i2}\boldsymbol{e}_i'\right), \cdots, \varphi\left(\sum_{i=1}^{n} p_{in}\boldsymbol{e}_i'\right)\right) \\ &= (\sum p_{i1}\varphi(\boldsymbol{e}_i'),\ \sum p_{i2}\varphi(\boldsymbol{e}_i'), \cdots, \sum p_{in}\varphi(\boldsymbol{e}_i')) \\ &= (\varphi(\boldsymbol{e}_1'),\ \varphi(\boldsymbol{e}_2'), \cdots, \varphi(\boldsymbol{e}_n'))\begin{bmatrix} p_{11} \cdots\cdots p_{1n} \\ p_{21} \cdots\cdots p_{2n} \\ \vdots \qquad\quad \vdots \\ p_{n1} \cdots\cdots p_{nn} \end{bmatrix} \\ &= (\varphi(\boldsymbol{e}_1'), \varphi(\boldsymbol{e}_2'), \cdots, \varphi(\boldsymbol{e}_n'))P\end{aligned}$$

となっていることは各成分ごとに注意深く見ていけば容易にわかる．したがって (3-2) は，

(3-5)　$$(\varphi(\boldsymbol{e}_1'), \cdots, \varphi(\boldsymbol{e}_n'))P = (\boldsymbol{e}_1', \cdots, \boldsymbol{e}_n')PA$$

となる．さて，この P は正則行列であることを示そう．P は (3-4) によってきまったものだが，(3-4)は $\boldsymbol{e}_1, \cdots, \boldsymbol{e}_n$ の各ベクトルが $\boldsymbol{e}_1', \cdots, \boldsymbol{e}_n'$ によって張られていると考えてつくった式であるから，全く同様に $\boldsymbol{e}_1', \cdots, \boldsymbol{e}_n'$

の各ベクトルが $\boldsymbol{e}_1, \cdots, \boldsymbol{e}_n$ によって張られていると考えてつくった式も存在するはずで，それは，

$$(\boldsymbol{e}_1', \cdots, \boldsymbol{e}_n') = (\boldsymbol{e}_1, \cdots, \boldsymbol{e}_n)Q$$

の形にかける．ここに Q はなにかある正方行列である．この式を(3-4)に代入すると，

$$(\boldsymbol{e}_1, \cdots, \boldsymbol{e}_n) = (\boldsymbol{e}_1, \cdots, \boldsymbol{e}_n)QP$$

となる．したがって $\boldsymbol{e}_1, \cdots, \boldsymbol{e}_n$ の線型独立性から，$QP=I$ (単位行列) でなければならない．したがって，$Q=P^{-1}$ となり，P には逆行列が存在する．すなわち P は正則行列である．

そこで，(3-5)にもどって，その両辺に P^{-1} をかけると，

$$(\varphi(\boldsymbol{e}_1'), \cdots, \varphi(\boldsymbol{e}_n')) = (\boldsymbol{e}_1', \cdots, \boldsymbol{e}_n')PAP^{-1}$$

この左辺は(3-3)によって $(\boldsymbol{e}_1', \cdots, \boldsymbol{e}_n')B$ に等しいから，結局，

$$(\boldsymbol{e}_1', \cdots, \boldsymbol{e}_n')B = (\boldsymbol{e}_1', \cdots, \boldsymbol{e}_n')PAP^{-1}$$

となる．ここでもう一度 $\boldsymbol{e}_1', \cdots, \boldsymbol{e}_n'$ の線型独立性から，その係数ごとの等式，

$$B=PAP^{-1}$$

が得られる．これで必要性の証明が終わった．

十分性．$A \in \mathfrak{M}_\varphi$, $B=PAP^{-1}$ ならば $B \in \mathfrak{M}_\varphi$ を示せばよい．φ と A の対応に使われる基底を $\boldsymbol{e}_1, \cdots, \boldsymbol{e}_n$ とする．

(3-6)
$$(\varphi(\boldsymbol{e}_1), \cdots, \varphi(\boldsymbol{e}_n)) = (\boldsymbol{e}_1, \cdots, \boldsymbol{e}_n)A$$

この基底から別の基底 $\boldsymbol{e}_1', \cdots, \boldsymbol{e}_n'$ を次の式によってつくる．

(3-7)
$$(\boldsymbol{e}_1', \cdots, \boldsymbol{e}_n') = (\boldsymbol{e}_1, \cdots, \boldsymbol{e}_n)P^{-1}$$

P^{-1} は正則行列だから，$\boldsymbol{e}_1', \cdots, \boldsymbol{e}_n'$ は線型独立となり，したがって基底になっている．この式を(3-6)へ代入すると，$(\boldsymbol{e}_1, \cdots, \boldsymbol{e}_n) = (\boldsymbol{e}_1', \cdots, \boldsymbol{e}_n')P$ だから，

$$\text{(3-6)の右辺} = (\boldsymbol{e}_1', \cdots, \boldsymbol{e}_n')PA$$

$$\text{(3-6)の左辺} = \left(\varphi\left(\sum_{i=1}^n p_{i1}\boldsymbol{e}_i'\right), \cdots, \varphi\left(\sum_{i=1}^n p_{in}\boldsymbol{e}_i'\right)\right)$$

$$=(\varphi(\boldsymbol{e}_1'),\cdots,\varphi(\boldsymbol{e}_n'))P$$

となり，したがって，

$$(\varphi(\boldsymbol{e}_1'),\cdots,\varphi(\boldsymbol{e}_n'))=(\boldsymbol{e}_1',\cdots,\boldsymbol{e}_n')PAP^{-1}$$

が成立する．すなわち，φ を基底 $\boldsymbol{e}_1',\cdots,\boldsymbol{e}_n'$ によって表現すると，その表現行列は PAP^{-1} となる．したがって，$PAP^{-1}\in\mathfrak{M}_\varphi$．これで十分性の証明が終わった．　証明終．

上の定理から，次のことがわかる．

系　2つの線型変換があるとき，$\mathfrak{M}_{\varphi_1}\neq\mathfrak{M}_{\varphi_2}$ ならば $\mathfrak{M}_{\varphi_1}\cap\mathfrak{M}_{\varphi_2}=\phi$(空集合)

つまり，$\mathfrak{M}_{\varphi_1}$ と $\mathfrak{M}_{\varphi_2}$ は集合として全く一致するか共通の元を全くもたないかのどちらかである．

証明．もし $A\in\mathfrak{M}_{\varphi_1}\cap\mathfrak{M}_{\varphi_2}$ とすると，$\mathfrak{M}_{\varphi_1}$ の任意の行列 B は A と相似，したがって，ある正則行列 P によって $B=PAP^{-1}$ とかける．つぎに $\mathfrak{M}_{\varphi_2}$ の任意の行列 C もまた A と相似だから，ある正則行列 Q によって $C=QAQ^{-1}$ とかける．したがって，$A=Q^{-1}CQ$ だから，

$$B=PAP^{-1}=PQ^{-1}CQP^{-1}=(PQ^{-1})C(PQ^{-1})^{-1}$$

すなわち B と C は相似であり，$C\in\mathfrak{M}_{\varphi_1}$，$B\in\mathfrak{M}_{\varphi_2}$ となる．したがって，$\mathfrak{M}_{\varphi_1}=\mathfrak{M}_{\varphi_2}$．　終．

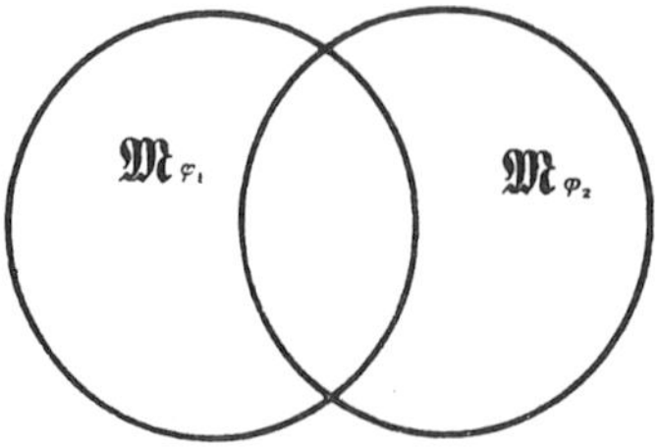

こういうことは起こらない

3-3 図

注意1．上の系は，$\varphi_1\neq\varphi_2$ なら $\mathfrak{M}_{\varphi_1}\cap\mathfrak{M}_{\varphi_2}=\phi$ といっているのでは**ない**．$\mathfrak{M}_{\varphi_1}=\mathfrak{M}_{\varphi_2}$ か $\mathfrak{M}_{\varphi_1}\cap\mathfrak{M}_{\varphi_2}=\phi$ かのどちらか一方で，3-3 図のようなことは起こらないといっているのである．では，$\varphi_1\neq\varphi_2$ でも $\mathfrak{M}_{\varphi_1}=\mathfrak{M}_{\varphi_2}$ は起こり得るのかと

いうと，それは正にその通りで，実際，1つの正方行列 A を固定して，A と対応している線型変換の全体

$$\mathcal{L}_A=\{\varphi\,;\,\varphi\in L(E),\ \varphi\ \text{の表現行列が}\ A\}$$

を考えると，$\mathcal{L}_A$ に属するどの φ もすべて $\mathfrak{M}_\varphi$ の中に共通に A をもっているから，上の系によって，集合 $\mathfrak{M}_\varphi$ は皆同じものでなければならない．

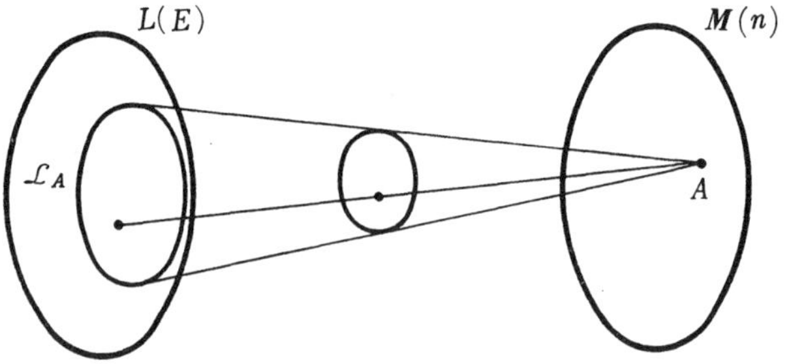

3-4 図

このように，線型変換の(あるいは正方行列の)性質のうち，座標のとり方をかえても不変な性質を調べるということは，1つの線型変換や，1つの行列の性質でなく，$\mathfrak{M}_\varphi$，あるいは $\mathcal{L}_A$ の元に共通の性質，あるいはもっとはっきりいうと，$\mathcal{L}_A \longleftrightarrow \mathfrak{M}_\varphi$ をひとまとめにして，それらに共通の性質を調べることである．

注意2．3-2 図とか 3-4 図のような概念図をかくと，基底をかえれば表現行列が**必ず**変わるような感じを持ちやすい．しかしそうではない．たとえば恒等変

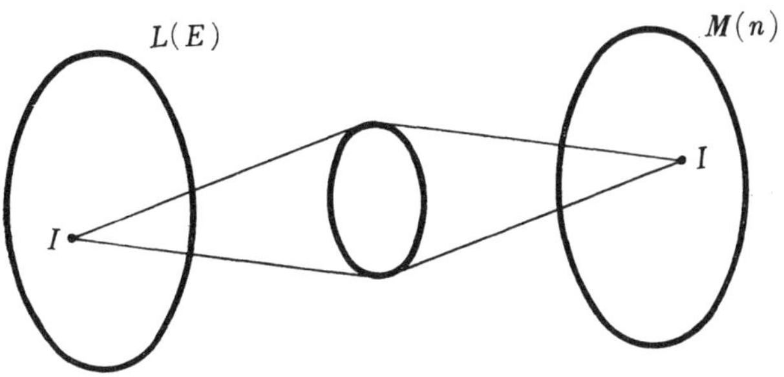

3-5 図

換 $I(\boldsymbol{x})=\boldsymbol{x}$ に対する表現行列は，**基底がどんなに変わっても**単位行列だけである．だから概念図の対応は3-5図のようになっている．図というものは説明しやすいように画いてあるだけのもので信頼できるのは図ではなく論証である．

問1.　射影 p に対し $p(E)$，$p^{-1}(0)$ からそれぞれ基底をえらんで E の基底とすると，その表現行列は

$$\begin{bmatrix} 1 & & & & \\ & \ddots & & & \\ & & 1 & & \\ & & & 0 & \\ & & & & \ddots \\ & & & & & 0 \end{bmatrix}$$

であることを示せ．

問2.　2つの数ベクトル ${}^t(a_1, \cdots, a_n)$ と $(b_1, \cdots, b_n)$ から作った行列

$$\begin{bmatrix} a_1b_1 & a_1b_2 & \cdots & a_1b_n \\ a_2b_1 & a_2b_2 & \cdots & a_2b_n \\ \cdots & \cdots & \cdots & \cdots \\ a_nb_1 & a_nb_2 & \cdots & a_nb_n \end{bmatrix} = \begin{bmatrix} a_1 \\ \vdots \\ a_n \end{bmatrix} (b_1, \cdots, b_n)$$

はどんな線型変換に対応しているか？

§2.　ユークリッド空間の場合

E に内積が入っている場合を考えよう．そのときは，基底のうちでもいろいろよい性質（たとえば定理2-6）をもった正規直交基底が存在するのであった．そこで，前節の $L(E)$ と $\boldsymbol{M}(n)$ の対応において，E の基底のうち正規直交基底全体を動かすときに，φ に対応して得られる行列全体を $\mathfrak{T}_\varphi$ とかこう．

$\mathfrak{T}_\varphi=\{A; A$ は E の正規直交基底によって φ に対応している行列$\}\subset\mathfrak{M}_\varphi$ である．A と B が同じ $\mathfrak{T}_\varphi$ の元であるときは，A と B は**合同**であるという．

定理 3-2　2つの n 次正方行列 A, B が合同であるための必要十分条件は，適当な n 次**直交**行列 L, ${}^tL=L^{-1}$ があって，

$$B=LAL^{-1}$$

とかけることである．

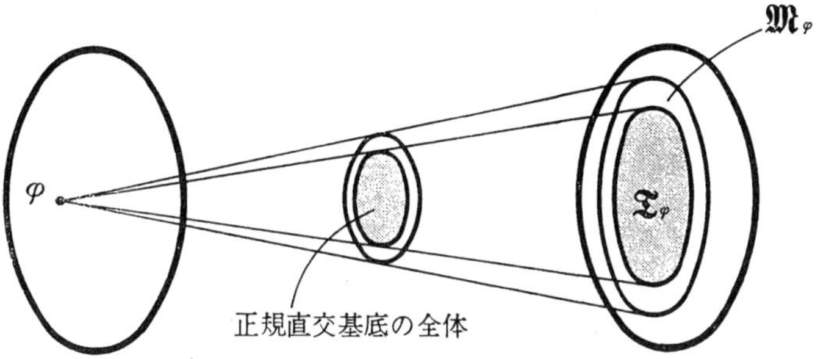

3-6 図

定理 3-2 の証明は，定理 3-1 の証明を少しずつ変えてやればよい．すなわち，必要性のところで使われる 2 組の基底が正規直交基底であるから，(3-4) の右辺に現われる行列がこんどは直交行列になることを示せばよい．$e_k=\sum_{i=1}^n p_{ik}e_i'$，$e_l=\sum_{j=1}^n p_{jl}e_j'$ $(k, l=1, \cdots, n)$ の内積を計算すると，正規直交性から $\langle e_k, e_l\rangle=\delta_{kl}$（クロネッカーのデルタ）となるから，

$$
\begin{aligned}
(3\text{-}8)\qquad \delta_{kl}=\langle e_k, e_l\rangle&=\Big\langle\sum_{i=1}^n p_{ik}e_i',\ \sum_{j=1}^n p_{jl}e_j'\Big\rangle=\sum_{i=1}^n\sum_{j=1}^n p_{ik}p_{jl}\langle e_i', e_j'\rangle\\
&=\sum_{i=1}^n p_{ik}p_{il}
\end{aligned}
$$

となる．つまり，行列 P の各列ベクトルは，

$$
(3\text{-}9)\qquad \sum_{i=1}^n p_{ik}p_{il}=\delta_{kl}\qquad (k, l=1, \cdots, n)
$$

をみたしている．これを行列の積の形でかくと，

$$
\begin{bmatrix} p_{11} & p_{21} & \cdots & p_{n1}\\ p_{12} & p_{22} & \cdots & p_{n2}\\ \cdots & \cdots & \cdots & \cdots\\ \cdots & \cdots & \cdots & \cdots\\ p_{1n} & p_{2n} & \cdots & p_{nn} \end{bmatrix}
\begin{bmatrix} p_{11} & p_{12} & \cdots & p_{1n}\\ p_{21} & p_{22} & \cdots & p_{2n}\\ \cdots & \cdots & \cdots & \cdots\\ \cdots & \cdots & \cdots & \cdots\\ p_{n1} & p_{n2} & \cdots & p_{nn} \end{bmatrix}
=\begin{bmatrix} 1 & & & \\ & 1 & & 0\\ & & \ddots & \\ & 0 & & 1 \end{bmatrix}
$$

すなわち，${}^tP\cdot P=I$ となっている．これは P が直交行列であることを示している．

また，十分性のところでも，(3-7) によって新しい基底をつくるとき，P が直交行列なら，この新しい基底もまた正規直交系になっていることを示せばよいが，これは (3-8) 式を逆にたどる形の計算によって直ちにわかる．証明終．

上の2つの定理の証明をふり返って，証明の中心になっている事実は何かを考えてみると，行列を変換することはちょうど基底を同じ行列で変換することに対応し，2組の基底が正規直交であることは，その変換に用いられる行列が直交行列であることと対応している，という事実である．これらのことは，行列論を学ぶ際の基本的な事柄なのでよく理解してもらいたい．

なお，$\mathfrak{T}_\varphi$ についても $\mathfrak{M}_\varphi$ と同じように，次の系が成立する．

系　$\mathfrak{T}_{\varphi_1} \neq \mathfrak{T}_{\varphi_2}$ ならば $\mathfrak{T}_{\varphi_1} \cap \mathfrak{T}_{\varphi_2} = \phi$.

問1.　上の系を証明せよ．

問2.　正射影 p に対し，$p(E), p^{-1}(\mathbf{0})$ からそれぞれ正規直交基底をえらんで E の正規直交基底にとると，その表現行列は

$$\begin{bmatrix} 1 & & & & \\ & \ddots & & & \\ & & 1 & & \\ & & & 0 & \\ & & & & \ddots \\ & & & & & 0 \end{bmatrix}$$

となることを示せ．

§3.　例

［1］　射　　　影

n 次元数線型空間 R^n において，線型部分空間 F_1, F_2 が与えられていて，

$$R^n = F_1 \dotplus F_2$$

とするとき，これに付随する射影 p_1, p_2 の表現行列を求めよう．ただし，基底は，標準基底 $\boldsymbol{e}_1 = {}^t(1, 0, \cdots, 0)$，…，$\boldsymbol{e}_n = {}^t(0, \cdots, 0, 1)$ とする*)．

今，F_1, F_2 の基底をそれぞれ $\boldsymbol{a}_1, \cdots, \boldsymbol{a}_k$ および $\boldsymbol{a}_{k+1}, \cdots, \boldsymbol{a}_n$ とする．$\boldsymbol{a}_1, \cdots, \boldsymbol{a}_n$ はもちろん（たての）数ベクトルだから，$\boldsymbol{a}_i = {}^t(a_{1i}, \cdots, a_{ni})$ の形をしている．これを並べて行列の形にくくると，

$$(\boldsymbol{a}_1, \cdots, \boldsymbol{a}_n) = \left[\ \boxed{\boldsymbol{a}_1} \cdots\cdots \boxed{\boldsymbol{a}_n}\ \right] = \begin{bmatrix} a_{11} & & a_{1n} \\ a_{21} & \ldots & a_{2n} \\ \vdots & & \vdots \\ a_{n1} & & a_{nn} \end{bmatrix} = A$$

---

*)　以後，n 次元数線型空間の元はたてベクトルで表わすが，印刷の都合上，よこに並べてかき，前に t をつけることにした．

となる．$\boldsymbol{a}_1, \cdots, \boldsymbol{a}_n$ は線型独立だから A は正則行列である．さて，射影 p_1, p_2 に対応する行列をそれぞれ P_1, P_2 とすると，

$$P_1\boldsymbol{a}_1=\boldsymbol{a}_1, \cdots, P_1\boldsymbol{a}_k=\boldsymbol{a}_k, P_1\boldsymbol{a}_{k+1}=\boldsymbol{0}, \cdots, P_1\boldsymbol{a}_n=\boldsymbol{0}$$

であるから，一度に並べてかくと

$$P_1(\boldsymbol{a}_1, \cdots, \boldsymbol{a}_k, \boldsymbol{a}_{k+1}, \cdots, \boldsymbol{a}_n)=(\boldsymbol{a}_1, \cdots, \boldsymbol{a}_k, \boldsymbol{0}, \cdots, \boldsymbol{0})$$

すなわち，

$$P_1A=(\boldsymbol{a}_1, \cdots, \boldsymbol{a}_k, \boldsymbol{0}, \cdots, \boldsymbol{0})$$

となる．従って

$$P_1=(\boldsymbol{a}_1, \cdots, \boldsymbol{a}_k, \boldsymbol{0}, \cdots, \boldsymbol{0})A^{-1}.$$

同様に P_2 についても

$$P_2A=(\boldsymbol{0}, \cdots, \boldsymbol{0}, \boldsymbol{a}_{k+1}, \cdots, \boldsymbol{a}_n)$$

となるから

$$P_2=(\boldsymbol{0}, \cdots, \boldsymbol{0}, \boldsymbol{a}_{k+1}, \cdots, \boldsymbol{a}_n)A^{-1}$$

となる．

なお，このようにして求めた P_1, P_2 が

$$P_1+P_2=I, \quad P_1P_2=P_2P_1=0$$

をみたすことは容易にわかる．

また，$\mathrm{rank}\,P_1=\mathrm{rank}(\boldsymbol{a}_1, \cdots, \boldsymbol{a}_k)=k$ で，P_1 のたてベクトルはすべて $\boldsymbol{a}_1, \cdots, \boldsymbol{a}_k$ の線型結合だから F_1 に属している．だから，P_1 がわかれば F_1 の基底は P_1 のたてベクトルの中から直ちにえらぶことができる．P_2 についても同様である．

例 1. $R^3=\{{}^t(x, y, z)\,;\, x, y, z\in R\}$ において，平面 $x+y+z=0$ と z 軸に付随する射影を求めよ．

平面 $x+y+z=0$ をはるベクトルとして，たとえば，

$$\boldsymbol{a}_1={}^t(1, -1, 0),$$
$$\boldsymbol{a}_2={}^t(1, 0, -1)$$

をとろう．z 軸をはるベクトルは

$$\boldsymbol{a}_3 = {}^t(0,\ 0,\ 1)$$

である．従って，

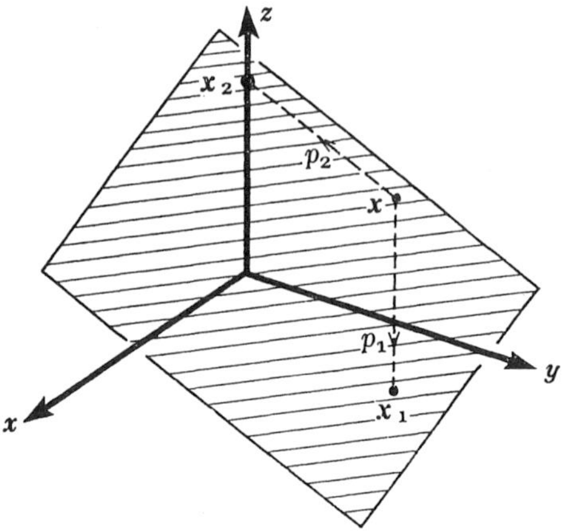

3-7 図

$$A=\begin{bmatrix} 1 & 1 & 0 \\ -1 & 0 & 0 \\ 0 & -1 & 1 \end{bmatrix},\quad A^{-1}=\begin{bmatrix} 0 & -1 & 0 \\ 1 & 1 & 0 \\ 1 & 1 & 1 \end{bmatrix}$$

だから，平面への射影 p_1 の行列 P_1 は

$$P_1=\begin{bmatrix} 1 & 1 & 0 \\ -1 & 0 & 0 \\ 0 & -1 & 0 \end{bmatrix}\begin{bmatrix} 0 & -1 & 0 \\ 1 & 1 & 0 \\ 1 & 1 & 1 \end{bmatrix}=\begin{bmatrix} 1 & 0 & 0 \\ 0 & 1 & 0 \\ -1 & -1 & 0 \end{bmatrix}$$

P_2 も同じように計算できるがむしろ，

$$P_2=I-P_1=\begin{bmatrix}0&0&0\\0&0&0\\1&1&1\end{bmatrix}$$

とした方が簡単だろう.

この2つの行列が $P_1P_2=P_2P_1=0$ をみたしていることを読者自らたしかめられたい.

[2] 正 射 影

R^n に標準的な内積：$\boldsymbol{x}={}^t(x_1, \cdots, x_n)$, $\boldsymbol{y}={}^t(y_1, \cdots, y_n)$ に対し

$$\langle \boldsymbol{x}, \boldsymbol{y}\rangle = x_1y_1+\cdots+x_ny_n,$$

を導入しておく．このとき，1つの線型部分空間 F への正射影 p の表現行列を求めよう.

といっても，正射影は射影の一種だから，$F_2=F^{\perp}$ とおいて [1] でやったようにすればできる．ただ，正射影の場合，Aとして直交行列がとれることを注意したいのである.

すなわち，F の基底として正規直交基底 $\boldsymbol{a}_1, \cdots, \boldsymbol{a}_k$ をとり，$F^{\perp}$ においても正規直交基底 $\boldsymbol{a}_{k+1}, \cdots, \boldsymbol{a}_n$ をとると，$\boldsymbol{a}_1, \cdots, \boldsymbol{a}_n$ は R^n の正規直交基底となるから，

$$A=(\boldsymbol{a}_1, \cdots, \boldsymbol{a}_n)$$

は直交行列，${}^tAA=I$, である．(実際，この左辺の行列の要素を計算すると，$\langle \boldsymbol{a}_i, \boldsymbol{a}_j\rangle=\delta_{ij}$ となっている.) 従って，正射影 P は，

$$P=(\boldsymbol{a}_1, \cdots, \boldsymbol{a}_k, \boldsymbol{0}, \cdots, \boldsymbol{0})\,{}^tA.$$

例 2. R^3 において，$x+y+z=0$ への正射影を求めよ.

この平面上の正規直交基底をえらぼう．まず，任意に1つベクトルをこの平面上にとる．たとえば，

$${}^t(1, 0, -1).$$

これを正規化して，

$$\boldsymbol{a}_1={}^t\left(\frac{1}{\sqrt{2}},\ \ 0,\ \ -\frac{1}{\sqrt{2}}\right).$$

次にこれを直交するように，平面上のベクトルをえらぶ．それには，この平面の法線方向 ${}^t(1,1,1)$ とも直交するようにとればよい．従って，${}^t(1,0,-1)$ と ${}^t(1,1,1)$ の外積を作ればよい．すなわち，

$${}^t\left(\begin{vmatrix}0 & -1\\ 1 & 1\end{vmatrix},\ \begin{vmatrix}-1 & 1\\ 1 & 1\end{vmatrix},\ \begin{vmatrix}1 & 0\\ 1 & 1\end{vmatrix}\right)={}^t(1,-2,1).$$

これを正規化して，

$$\boldsymbol{a}_2={}^t\left(\frac{1}{\sqrt{6}},\ -\frac{2}{\sqrt{6}},\ \frac{1}{\sqrt{6}}\right).$$

$\boldsymbol{a}_3$ は $F^{\perp}=\{\lambda\,{}^t(1,1,1)\}$ から長さ1のベクトルをとればよい．

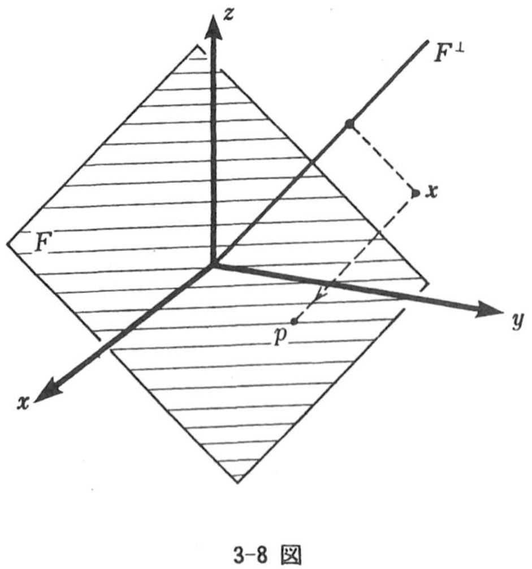

3-8 図

$$\boldsymbol{a}_3 = {}^t\!\left(\frac{1}{\sqrt{3}}, \frac{1}{\sqrt{3}}, \frac{1}{\sqrt{3}}\right).$$

従って，

$$A = \begin{bmatrix} \frac{1}{\sqrt{2}} & \frac{1}{\sqrt{6}} & \frac{1}{\sqrt{3}} \\ 0 & -\frac{2}{\sqrt{6}} & \frac{1}{\sqrt{3}} \\ -\frac{1}{\sqrt{2}} & \frac{1}{\sqrt{6}} & \frac{1}{\sqrt{3}} \end{bmatrix},$$

$$P = \begin{bmatrix} \frac{1}{\sqrt{2}} & \frac{1}{\sqrt{6}} & 0 \\ 0 & -\frac{2}{\sqrt{6}} & 0 \\ -\frac{1}{\sqrt{2}} & \frac{1}{\sqrt{6}} & 0 \end{bmatrix} \begin{bmatrix} \frac{1}{\sqrt{2}} & 0 & -\frac{1}{\sqrt{2}} \\ \frac{1}{\sqrt{6}} & -\frac{2}{\sqrt{6}} & \frac{1}{\sqrt{6}} \\ \frac{1}{\sqrt{3}} & \frac{1}{\sqrt{3}} & \frac{1}{\sqrt{3}} \end{bmatrix} = \begin{bmatrix} \frac{2}{3} & -\frac{1}{3} & -\frac{1}{3} \\ -\frac{1}{3} & \frac{2}{3} & -\frac{1}{3} \\ -\frac{1}{3} & -\frac{1}{3} & \frac{2}{3} \end{bmatrix}.$$

[3]　k 個の射影

上の2つのことは線型部分空間の個数が多くなっても同じように成立する．すなわち，$R^n = F_1 \dotplus \cdots \dotplus F_k$ とするとき，各 F_i から基底

$$\boldsymbol{a}_1^{(i)}, \cdots, \boldsymbol{a}_{m_i}^{(i)} \qquad (i=1, \cdots, k)$$

をとる．$m_i = \dim F_i$ である．するとこれらをすべて並べたものは R^n の基底になるから，$A = (\boldsymbol{a}_1^{(1)}, \cdots\cdots, \boldsymbol{a}_{m_k}^{(k)})$ は正則行列となり，

$$P_i = (\boldsymbol{0}, \cdots, \boldsymbol{0}, \boldsymbol{a}_1^{(i)}, \cdots, \boldsymbol{a}_{m_i}^{(i)}, \boldsymbol{0}, \cdots, \boldsymbol{0})A^{-1}$$

が F_i への射影に対応する行列であることが容易にわかる．また，上の直和が直交直和の場合は，基底として各 F_i における正規直交基底をえらんでおけば A は直交行列となり，従って，

$$P_i = (\boldsymbol{0}, \cdots, \boldsymbol{0}, \boldsymbol{a}_1^{(i)}, \cdots, \boldsymbol{a}_{m_i}^{(i)}, \boldsymbol{0}, \cdots, \boldsymbol{0})\,{}^tA$$

が F_i への正射影に対応する行列となる．以上のことは読者自らたしかめられたい．

[4]　回転，直交変換

実ユークリッド線型空間 E から E 自身への写像で，ベクトルの長さと角をかえないものを回転と呼ぼう*⁾．したがって，回転とは次の2つの条件をみたす写像 u のことである．

(i)　任意の $\boldsymbol{x}$ に対し　$|u(\boldsymbol{x})|=|\boldsymbol{x}|$.

(ii)　任意の $\boldsymbol{x},\boldsymbol{y}$ に対し，そのなす角を $\theta(\boldsymbol{x},\boldsymbol{y})$ とすると，

$$\theta(u(\boldsymbol{x}),u(\boldsymbol{y}))=\theta(\boldsymbol{x},\boldsymbol{y}).$$

ところが，(ii) は，$\cos\theta(u(\boldsymbol{x}),u(\boldsymbol{y}))=\cos\theta(\boldsymbol{x},\boldsymbol{y})$ だから，

$$\frac{\langle u(\boldsymbol{x}),u(\boldsymbol{y})\rangle}{|u(\boldsymbol{x})|\cdot|u(\boldsymbol{y})|}=\frac{\langle \boldsymbol{x},\boldsymbol{y}\rangle}{|\boldsymbol{x}|\cdot|\boldsymbol{y}|}$$

を意味することになる．(i) から，この分母は等しいから，結局 (ii) は

(3-10)
$$\langle u(\boldsymbol{x}),u(\boldsymbol{y})\rangle=\langle \boldsymbol{x},\boldsymbol{y}\rangle$$

と同じになる．ところが，もし (3-10) をみたす写像があれば，それは (i)と(ii) をみたすから，結局回転とは，(3-10)をみたす写像であると定義すればよい．回転のことを**直交変換**ともいう．

ところで，いままで写像といって線型写像とはいわなかった．じつは，(3-10) をみたす写像は必然的に線型であることがいえるのである．実際，任意の $\boldsymbol{x},\boldsymbol{y}$ と，任意のスカラー λ,μ に対し，$|u(\lambda\boldsymbol{x}+\mu\boldsymbol{y})-\lambda u(\boldsymbol{x})-\mu u(\boldsymbol{y})|^2$ を内積の形にかいて展開し，$\langle u(\boldsymbol{a}),u(\boldsymbol{b})\rangle$ の形の項が現われたら，(3-10) を使って $\langle \boldsymbol{a},\boldsymbol{b}\rangle$ とかき直していくと，結局全部消えて0になる．したがって，

$$u(\lambda\boldsymbol{x}+\mu\boldsymbol{y})-\lambda u(\boldsymbol{x})-\mu u(\boldsymbol{y})=\boldsymbol{0}$$

すなわち，

$$u(\lambda\boldsymbol{x}+\mu\boldsymbol{y})=\lambda u(\boldsymbol{x})+\mu u(\boldsymbol{y})$$

が成立する．

さて，回転 u の表現行列，とくに $\mathfrak{T}_u$ の元はどんな形をしているかを考えよ

---

*⁾　この定義では，いわゆる“裏返し”も回転の中に入れることになる．

う．いま，１つの正規直交基底 $\boldsymbol{e}_1, \cdots, \boldsymbol{e}_n$ をとり，これに関する u の表現行列を，

$$L=\begin{bmatrix} l_{11} & l_{12}\cdots\cdots & l_{1n} \\ \vdots & \vdots \quad \cdots & \vdots \\ \vdots & \vdots \quad \cdots & \vdots \\ l_{n1} & l_{n2}\cdots\cdots & l_{nn} \end{bmatrix}$$

とする．前節の記法でかくと，

$$(u(\boldsymbol{e}_1), \cdots, u(\boldsymbol{e}_n))=(\boldsymbol{e}_1, \cdots, \boldsymbol{e}_n)L$$

である．ところが，u は回転，つまり (3-10) をみたす写像だから，任意の i, j に対し，

$$\langle u(\boldsymbol{e}_i), u(\boldsymbol{e}_j)\rangle=\langle \boldsymbol{e}_i, \boldsymbol{e}_j\rangle=\delta_{ij}$$

が成立する．すなわち，$u(\boldsymbol{e}_1), \cdots, u(\boldsymbol{e}_n)$ もまた正規直交系をなしている．これは，長さと角度をかえないという性質からも明らかであろう．このことを L の性質として表わすと，

$$\begin{aligned}\delta_{ij}&=\langle u(\boldsymbol{e}_i), u(\boldsymbol{e}_j)\rangle=\langle \sum_{p=1}^{n} l_{pi}\boldsymbol{e}_p,\ \sum_{q=1}^{n} l_{qj}\boldsymbol{e}_q\rangle\\ &=\sum_{p=1}^{n}\sum_{q=1}^{n} l_{pi}l_{ql}\langle \boldsymbol{e}_p, \boldsymbol{e}_q\rangle\\ &=\sum_{p=1}^{n}\sum_{q=1}^{n} l_{pi}l_{qj}\,\delta_{pq}\\ &=\sum_{p=1}^{n} l_{pi}l_{pj}\end{aligned}$$

となる．これは (3-9) と同じ式であり，したがって，これを行列の形でかくと，

$${}^tL\cdot L=I$$

とかける．つまり，L は直交行列である．このように，

定理 3-3　回転 u に対する $\mathfrak{L}_u$ の元は，すべて直交行列である．

すなわち，直交行列と聞けば回転というイメージが浮かぶように，心がけてほしいものである．

[5] 対称変換

実ユークリッド線型空間 E 上の線型変換 φ が**対称**であるとは，E のどんな元 $\boldsymbol{x}, \boldsymbol{y}$ についても，

(3-11)
$$\langle\varphi(\boldsymbol{x}), \boldsymbol{y}\rangle=\langle\boldsymbol{x}, \varphi(\boldsymbol{y})\rangle$$

をみたすことである．第2章で考察したように，正射影は必ず対称である．

対称変換は，その定義式(3-11)からは，回転といった写像ほどにはその変換としてのイメージがはっきりはしない．実は，それをはっきりさせることが本書の目的の大半を占めるのである．で，結論をスローガン的にいってしまうと，対称変換とはいくつかの直交する方向への比例拡大（縮小や反転も拡大の一種と考えて）の合成である．たとえば2次元数線型空間 $R^2=\{(x, y): x, y\in R\}$ で，普通の内積を導入しておくとき，$\boldsymbol{x}=(x, y)$ に対し，$\varphi(\boldsymbol{x})=\left(\dfrac{1}{2}x, 3y\right)$ と定義すると，この写像 φ は，x 方向に $\dfrac{1}{2}$ 倍，y 方向に3倍それぞれ拡大する作用を表わしている．この φ に対し，($\boldsymbol{x}_1=(x_1, y_1)$，$\boldsymbol{x}_2=(x_2, y_2)$ として)

$$\langle\varphi(\boldsymbol{x}_1), \boldsymbol{x}_2\rangle=\frac{1}{2}x_1x_2+3y_1y_2=\langle\boldsymbol{x}_1, \varphi(\boldsymbol{x}_2)\rangle$$

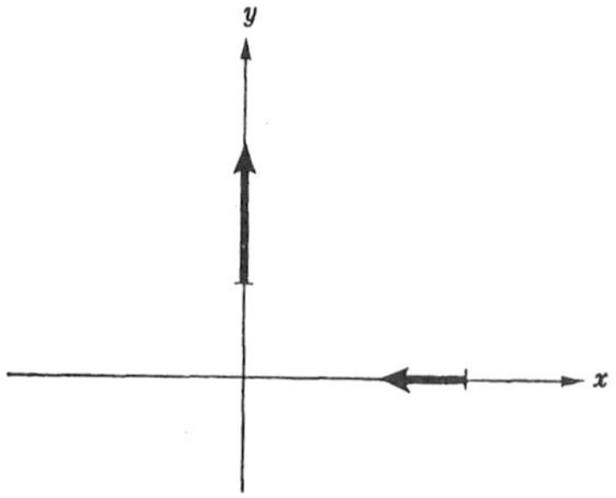

3-9 図

が成立するから，φ は対称である．これは最も簡単な対称変換の例だが，実はどんな対称変換もこんな形の変換になっているのである．それについては，次章以下，順次くわしく述べるとして，ここでは対称変換の表現行列について述べるに止めよう．

定理 3-4　対称変換 φ に対する $\mathfrak{T}_\varphi$ の元はすべて対称行列，${}^tA=A$，である．

証明　$\boldsymbol{e}_1, \cdots, \boldsymbol{e}_n$ を正規直交基底とすると，φ と $A=(a_{ij})$ の関係は，

$$\varphi(\boldsymbol{e}_i)=\sum_{j=1}^{n} a_{ji}\boldsymbol{e}_j \qquad (i=1, \cdots, n)$$

である．ところが，

$$\begin{aligned}\langle\varphi(\boldsymbol{e}_i), \boldsymbol{e}_j\rangle &= \langle\sum_{k=1}^{n} a_{ki}\boldsymbol{e}_k, \boldsymbol{e}_j\rangle \\ &= \sum_{k=1}^{n} a_{ki}\langle\boldsymbol{e}_k, \boldsymbol{e}_j\rangle \\ &= \sum_{k=1}^{n} a_{ki}\,\delta_{kj} \\ &= a_{ij}\end{aligned}$$

一方，これは φ の対称性から，$\langle\boldsymbol{e}_i, \varphi(\boldsymbol{e}_j)\rangle=\langle\varphi(\boldsymbol{e}_j), \boldsymbol{e}_i\rangle=a_{ji}$ に等しい．従って，

$$a_{ij}=a_{ji}$$

これは ${}^tA=A$ を表わしている．　証明終．

演習問題 3

1. 次の行列が直交行列になるには，□の中はどんな数でなければならないか．

(i) $\begin{bmatrix} \square & \frac{2}{3} & -\frac{2}{3} \\ -\frac{2}{3} & \square & \square \\ \frac{2}{3} & \square & \frac{1}{3} \end{bmatrix}$　(ii) $\begin{bmatrix} \frac{1}{\sqrt{2}} & \frac{1}{\sqrt{3}} & \square \\ \square & \square & \square \\ \frac{1}{\sqrt{2}} & \square & \frac{1}{\sqrt{6}} \end{bmatrix}$

2. R^3 において次の平面と直線に付随する射影行列の組を求めよ．

(i) $x-y+z=0$ と $x=-y=-z$

(ii) $2x+3y-z=0$ と y 軸

(iii) $x-z=0$ と x 軸

(iv) $x-2y+z=0$ と $\dfrac{x}{2}=\dfrac{y}{3}=-z$

3. 前問の各平面への正射影行列を求めよ．

4. R^n において，直線 l の生成元を $\boldsymbol{a}={}^t(a_1, \cdots, a_n)$ とするとき，l への正射影行列は

$$P=\frac{1}{|\boldsymbol{a}|^2}\begin{bmatrix} a_1 \\ \vdots \\ a_n \end{bmatrix}(a_1, \cdots, a_n)=\frac{1}{|\boldsymbol{a}|^2}\begin{bmatrix} a_1^2 & a_1a_2 \cdots a_1a_n \\ a_2a_1 & a_2^2 \cdots a_2a_n \\ \cdots\cdots & \cdots\cdots \\ a_na_1 & \cdots\cdots\; a_n^2 \end{bmatrix}$$

で与えられることを示せ．

5.　R^3 において，標準基底 $\boldsymbol{e}_1={}^t(1,0,0)$，$\boldsymbol{e}_2={}^t(0,1,0)$，$\boldsymbol{e}_3={}^t(0,0,1)$ について表現行列が

$$A=\begin{bmatrix} 1 & 2 & 0 \\ 2 & 1 & -1 \\ 1 & 1 & 1 \end{bmatrix}$$

であるような線型変換は，基底が $\boldsymbol{e}_1'={}^t(1,1,1)$，$\boldsymbol{e}_2'={}^t(0,-1,1)$，$\boldsymbol{e}_3'={}^t(1,1,0)$ ではどんな行列で表現されるか？

第 4 章　固有値問題

§1. 固有値問題とは

有限次元線型空間における線型変換がベクトルをどう動かしているのかを直接知る方法を考えよう．線型変換の定義だと，ただ単に

(4-1) $$\varphi(\lambda \boldsymbol{a}+\mu \boldsymbol{b})=\lambda\varphi(\boldsymbol{a})+\mu\varphi(\boldsymbol{b})$$

という性質をもつというだけなので，具体的にどんな具合にベクトルが変換されたのか必ずしもはっきりしない．もっとも，射影も線型だし，回転も線型だから，このように一見非常にちがったタイプの変換も，同じ「線型」の中に入っていて，一律に線型とはこうだとは言えないのかも知れない．しかし，何の具体的なイメージもなしに線型変換を議論しても空々莫々の感をぬぐい切れないだろうから，ひとつ具体的な例から入ってみよう．

座標系を固定すれば線型変換は正方行列で表現されるから，今，R^2 において標準的な座標ベクトル

$$\boldsymbol{e}_1={}^t(1,0),\quad \boldsymbol{e}_2={}^t(0,1)$$

をとって考える．そして，

例 1. $$A=\begin{bmatrix}1 & \alpha\\ \alpha & 1\end{bmatrix}\quad (0<\alpha<1)$$

という行列で表現される線型変換 φ は，ベクトル $\boldsymbol{x}={}^t(x,y)$ をどこへうつすかをみよう．それは，

$$\varphi(\boldsymbol{x})=\begin{bmatrix}x'\\ y'\end{bmatrix}=A\begin{bmatrix}x\\ y\end{bmatrix}=\begin{bmatrix}x+\alpha y\\ \alpha x+y\end{bmatrix}$$

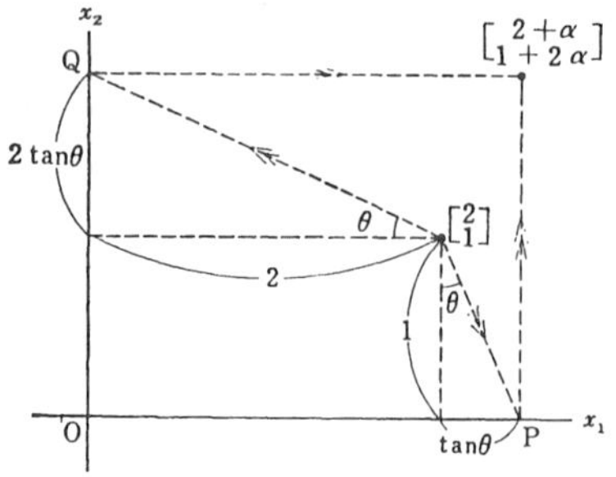

4-1 図

である．しかしこれでは平面上でどう動いたのかはっきりしないので，いくつかの具体的なベクトルについて実際にどう動いたかを見る．たとえば，第1象限上で ${}^t(2,\ 1)$ というベクトルは

$$\begin{bmatrix} x' \\ y' \end{bmatrix} = \begin{bmatrix} 2+\alpha \\ 2\alpha+1 \end{bmatrix}$$

にうつる．これを ${}^t(2, 1)$ から作図するには，4-1図のように，

$$\alpha = \tan\theta$$

となるような角 θ をとって，${}^t(2, 1)$ という点から両軸に平行な直線と角 θ をなす直線を出し，両軸と交わる点を P, Q とすると，$\mathrm{OP} = 2 + 1\cdot\tan\theta = 2+\alpha$, $\mathrm{OQ} = 1 + 2\tan\theta = 1 + 2\alpha$ となって求める点が作図できる．もうひとつ，${}^t(3,\ -2)$ について同じことを行なうと，4-2図のようになる．第2，第3象限についてもやってみると，結局4-3図のような“移動図”が得られる．

しかし，このように“サンプリング”を行なってみても，動く方向も，移動する距離もまちまちであって，取り立てていうほどの規則性は見出せない．

そこで個々のベクトルの動きを追うのをやめて，上の作図法を反省してみる．4-1図の作図で，もし ${}^t(a, a)$ という形の点の動きを見るならば，4-4図のように $x_1 = x_2$ という直線に関して対称な作図となるので，$\varphi(\boldsymbol{x})$ は $\boldsymbol{x}$ と同じ方向をとり，しかも $\boldsymbol{x}$ の $(1+\alpha)$ 倍となる．つまり $\varphi(\boldsymbol{x}) = (1+\alpha)\boldsymbol{x}$ である．これは，$x_1 = x_2$ であるような点についてはいつでも成立する現象である．このようなことが，また $x_1 = -x_2$ という直線上の各点でも起こっている

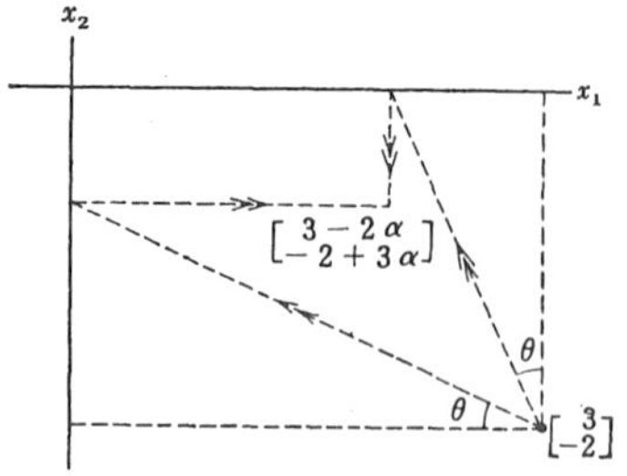

4-2 図

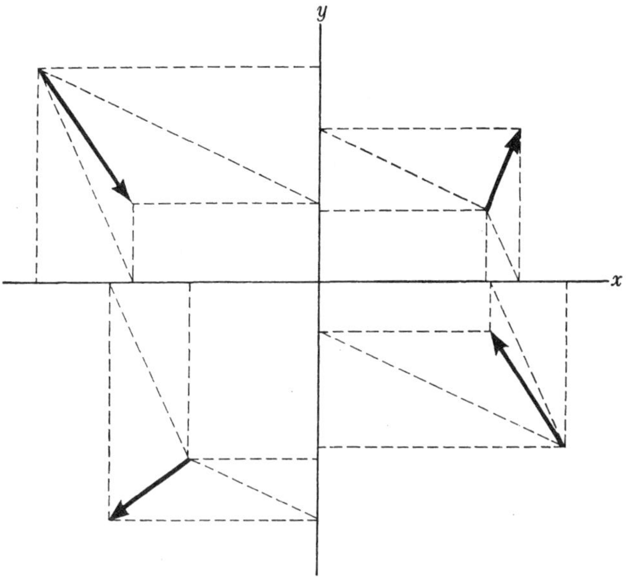

4-3 図

ことは4-2図の作図からも明らかであろう．この場合には $\varphi(\boldsymbol{x})=(1-\alpha)\boldsymbol{x}$ となっている．つまりこの2方向のベクトル $\boldsymbol{x}$ については，

$$\varphi(\boldsymbol{x})=\lambda\boldsymbol{x} \quad (\lambda \text{ はあるスカラー})$$

の形の等式が成立している．そこで今度は，任意のベクトル $\boldsymbol{x}$ をこの2方向のベクトルの和の形に分解する．

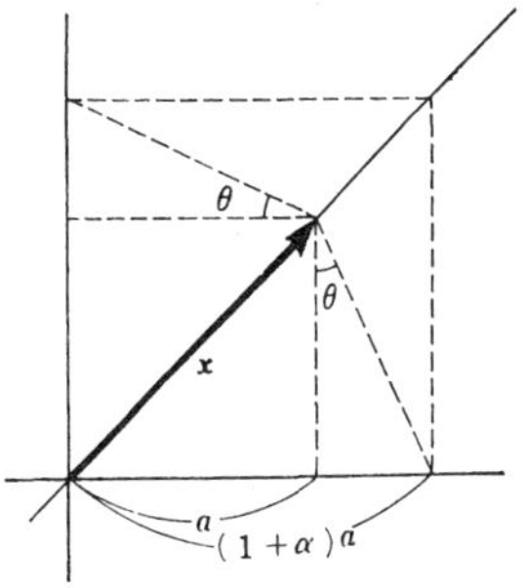

4-4 図

$$\boldsymbol{x}=\boldsymbol{y}+\boldsymbol{z}$$

すると $\varphi(\boldsymbol{y})=(1+\alpha)\boldsymbol{y}$，$\varphi(\boldsymbol{z})=(1-\alpha)\boldsymbol{z}$ だったから，

$$\varphi(\boldsymbol{x})=\varphi(\boldsymbol{y})+\varphi(\boldsymbol{z})=(1+\alpha)\boldsymbol{y}+(1-\alpha)\boldsymbol{z}$$

となり，$\varphi(\boldsymbol{x})$ の位置はかんたんに見つかる(4-5図)．この作図法の方が4-3図の作図法より数段すぐれていることは誰の目にも明らかであ

ろう．$\alpha=\tan\theta$ というめんどうな置きかえもいらないし，座標軸すらもいらない．念のため4-3図での点について新しい作図法でうつされる点を読者自ら作図されたい．このようにして各ベクトル $\boldsymbol{x}$ とそれが動いた先の点 $\varphi(\boldsymbol{x})$ とを矢印で結んだ“移動図”を作ってみると4-6図のようになる．これを見ると φ

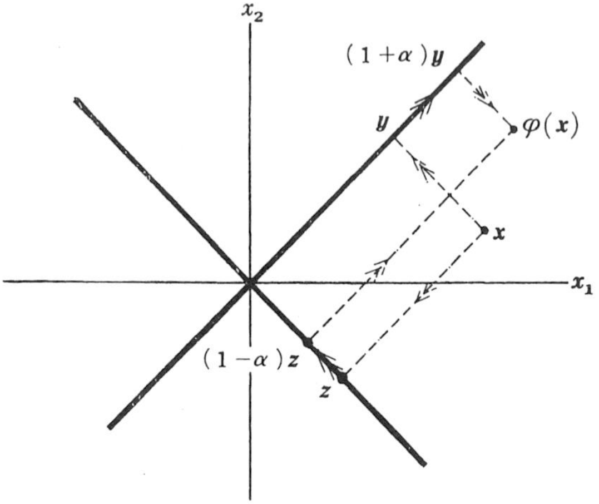

4-5 図

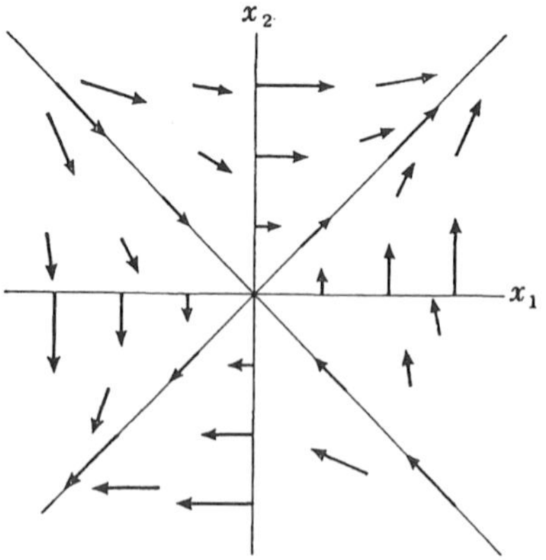

4-6 図

の特徴は一目瞭然である．すなわち，φ にとって重要なのはもとの座標軸でなく，$x_1=x_2$ および $x_1=-x_2$ という二直線の方向であって，一方には比例拡大，他方には比例縮小が行なわれ，一般のベクトルはその合成によって動いているのである．これで φ の働きは完全に分析できた．

このように，あるきまった方向に任意のベクトルを分解しておいて，その方向では φ は単に比例拡大になっているようにできるならば，その線型変換の働きはその合成として表わされて，変換としてのイメージは明瞭になる．

そこで，1つ問題が生ずる．

問題1. どんな線型変換 φ でも，$\varphi(\boldsymbol{x})=\lambda\boldsymbol{x}$ の形になっているようなベクトル $\boldsymbol{x}$ の集合の中から E の基底がえらべるか？

もしこの問題が肯定的に解かれるようなら，そのような基底を $\boldsymbol{a}_1, \cdots, \boldsymbol{a}_n$ とすると，$\varphi(\boldsymbol{a}_i)=\lambda_i\boldsymbol{a}_i$ $(i=1, \cdots, n)$ だから，任意の $\boldsymbol{x}$ に対し，

$$\boldsymbol{x}=x_1\boldsymbol{a}_1+\cdots+x_n\boldsymbol{a}_n$$

の形に分解しておけば，

$$\varphi(\boldsymbol{x})=\lambda_1x_1\boldsymbol{a}_1+\cdots+\lambda_nx_n\boldsymbol{a}_n$$

となって，φ の働きは非常に簡明となる．

ところが，実は，この問題は一般には肯定的にとけない．つまり，線型変換の中には，$\varphi(\boldsymbol{x})=\lambda\boldsymbol{x}$ となる $\boldsymbol{x}$ の集合の中から E の基底がどうしてもとれないようなものが存在するのである．そこで，少しゆずって，

問題2. 線型変換 φ にどのような条件があれば，問題1の結論が得られるか？

としてみよう．これを**固有値問題**という．従って，固有値問題がとけるためには，いろいろな条件が考えられるわけで，それについて順次考えて行き，最後に比較的簡単な必要十分条件を与えることにする．要するに，固有値問題は線型写像の構造を明らかにすることであるということを理解してほしい．

行列の固有値問題

線型変換の固有値問題について説明したが，これを，対応する表現行列の言葉で表わすと，行列の固有値問題となる．これについて説明しよう．今線型変換 φ の固有値問題がとけたとする．すなわち，$\varphi(\boldsymbol{x})=\lambda\boldsymbol{x}$ の形になっているようなベクトルばかりから成る E の基底 $\boldsymbol{l}_1, \cdots, \boldsymbol{l}_n$ があったとすると，φ のこの基底による表現行列は次のようになっている．すなわち，$\varphi(\boldsymbol{l}_i)=\lambda_i\boldsymbol{l}_i$ $(i=1,\cdots, n)$ を並べてかくと，

$$(\varphi(\boldsymbol{l}_1), \cdots, \varphi(\boldsymbol{l}_n))=(\lambda_1\boldsymbol{l}_1, \cdots, \lambda_n\boldsymbol{l}_n)$$
$$=(\boldsymbol{l}_1, \cdots, \boldsymbol{l}_n)\begin{bmatrix}\lambda_1 & & 0\\ & \ddots & \\ 0 & & \lambda_n\end{bmatrix}$$

となるから，その表現行列は，対角行列

(4-2)
$$D=\begin{bmatrix}\lambda_1 & & 0\\ & \ddots & \\ 0 & & \lambda_n\end{bmatrix}$$

である．つまり，φ の表現行列の全体 $\mathfrak{M}_\varphi$ は対角行列を含む．

逆に，$\mathfrak{M}_\varphi$ の中に対角行列が1つでもあれば，それを(4-2)だとすると，ある基底 $\boldsymbol{l}_1, \cdots, \boldsymbol{l}_n$ によって，

$$(\varphi(\boldsymbol{l}_1), \cdots, \varphi(\boldsymbol{l}_n))=(\boldsymbol{l}_1, \cdots, \boldsymbol{l}_n)D=(\lambda_1\boldsymbol{l}_1, \cdots, \lambda_n\boldsymbol{l}_n)$$

となっているはずである．従って，

$$\varphi(\boldsymbol{l}_i)=\lambda_i\boldsymbol{l}_i \quad (i=1, \cdots, n)$$

が成立し，この基底 $\boldsymbol{l}_1, \cdots, \boldsymbol{l}_n$ はすべて $\varphi(\boldsymbol{x})=\lambda\boldsymbol{x}$ の形をしたベクトルである．すなわち，φ について固有値問題はとける．

このように，φ の固有値問題がとけることと，$\mathfrak{M}_\varphi$ の中に対角行列が存在することとは同値である．そこで，正方行列 A が与えられたとき，A に相似な行列の中に対角行列が存在するかどうか，存在するとすればどうすれば求められるか，等を議論することを**行列の固有値問題**という．

先の例について上のことを調べてみると，$A=\begin{bmatrix} 1 & \alpha \\ \alpha & 1 \end{bmatrix}$ と相似な行列の中に，$D=\begin{bmatrix} 1+\alpha & 0 \\ 0 & 1-\alpha \end{bmatrix}$ という対角行列がたしかに存在するのであって，変換に要する正則行列 P は，$P=\begin{bmatrix} 1 & 1 \\ 1 & -1 \end{bmatrix}$ とすればよい．実際，この P について，

$$P^{-1}AP=D$$

が成立していることを読者自らたしかめられたい．

§2. 固有値，固有ベクトル，固有空間

[1]　線型変換の固有値，固有ベクトル，固有空間

いくつかの言葉を定義しておこう．φ を E 上の線型変換とするとき，

$$\varphi(\boldsymbol{l})=\lambda\boldsymbol{l}$$

をみたすベクトル $\boldsymbol{l}(\neq\boldsymbol{0})$ のことを φ の１つの**固有ベクトル**，このときのスカラー λ のことを $\boldsymbol{l}$ に対応する φ の**固有値**という．

$\boldsymbol{l}$ が φ の１つの固有ベクトルなら，直線 $\{\alpha\boldsymbol{l}:\alpha\in K\}$ の $\boldsymbol{0}$ でない元はすべてまた固有ベクトルである．実際，

$$\varphi(\alpha\boldsymbol{l})=\lambda(\alpha\boldsymbol{l})$$

が成立するからである．もっと一般に，

定理 4-1　φ の１つの固有値 λ に対応する固有ベクトルの全体に $\boldsymbol{0}$ をつけ加えた集合，

$$F_\lambda=\{\boldsymbol{l}\,;\,\varphi(\boldsymbol{l})=\lambda\boldsymbol{l}\}$$

は E の線型部分空間である．

証明　$\boldsymbol{x},\boldsymbol{y}\in F_\lambda$ とすると　$\varphi(\alpha\boldsymbol{x}+\beta\boldsymbol{y})=\alpha\varphi(\boldsymbol{x})+\beta\varphi(\boldsymbol{y})=\alpha\lambda\boldsymbol{x}+\beta\lambda\boldsymbol{y}=\lambda(\alpha\boldsymbol{x}+\beta\boldsymbol{y})$，従って $\alpha\boldsymbol{x}+\beta\boldsymbol{y}\in F_\lambda$ でなければならない．　証明終．

定義 4-2　上の定理によってきまる線型部分空間 F_λ を，固有値 λ に対応する φ の**固有空間**という．

さて，次に固有値について調べよう．

定理 4-3　線型変換 φ の1つの表現行列を $A=(a_{ij})$ とすると，φ の固有値は λ の n 次方程式

$$(4\text{-}3)\qquad \det(A-\lambda I)=\begin{vmatrix} a_{11}-\lambda & a_{12} & \cdots\cdots & a_{1n} \\ a_{21} & a_{22}-\lambda & \cdots\cdots & a_{2n} \\ \cdots & \cdots & \cdots & \cdots \\ a_{n1} & a_{n2} & \cdots\cdots & a_{nn}-\lambda \end{vmatrix}=0$$

の根である*)．逆に，この方程式の根のうち，E の係数体 K に入るものはすべて φ の固有値である．

注意　ここでは K は実数全体 R または複素数全体 $\boldsymbol{C}$ として話をしている，もし $K=R$ なら，上の代数方程式の根がすべて K に属するとは限らない．しかし，このようなことは不便なので，あとで，これらの根のすべてが固有値になるように工夫をする（第7章参照）．それまでしばらくは，(4-3) の根を φ の**特性根**と呼んで固有値と区別することにしよう．

定理の証明　λ_0 を1つの固有値，$\boldsymbol{l}$ をそれに対応する固有ベクトルとする．今，φ を行列 A に対応させている基底を $\boldsymbol{e}_1, \cdots, \boldsymbol{e}_n$ とし，この基底に関する $\boldsymbol{l}$ の座標を $(l_1, \cdots, l_n)$ とすると，

$$\boldsymbol{l}=l_1\boldsymbol{e}_1+\cdots+l_n\boldsymbol{e}_n$$

従って，

$$(4\text{-}4)\qquad \varphi(\boldsymbol{l})=l_1\varphi(\boldsymbol{e}_1)+\cdots+l_n\varphi(\boldsymbol{e}_n)$$
$$=(\varphi(\boldsymbol{e}_1), \cdots, \varphi(\boldsymbol{e}_n))\begin{bmatrix} l_1 \\ \vdots \\ l_n \end{bmatrix}=(\boldsymbol{e}_1, \cdots, \boldsymbol{e}_n)A\begin{bmatrix} l_1 \\ \vdots \\ l_n \end{bmatrix}$$

一方，

$$(4\text{-}5)\qquad \lambda_0\boldsymbol{l}=\lambda_0(\boldsymbol{e}_1, \cdots, \boldsymbol{e}_n)\begin{bmatrix} l_1 \\ \vdots \\ l_n \end{bmatrix}=(\boldsymbol{e}_1, \cdots, \boldsymbol{e}_n)\lambda_0\begin{bmatrix} l_1 \\ \vdots \\ l_n \end{bmatrix}$$

---

*) 行列 A の行列式を $|A|$ とかくと絶対値やノルムとまぎらわしいので本書では $\det A$ とかくことにする．

この2つは等しいから，その係数ごとの等式

$$(4\text{-}6)\qquad A\begin{bmatrix} l_1 \\ \vdots \\ l_n \end{bmatrix}=\lambda_0\begin{bmatrix} l_1 \\ \vdots \\ l_n \end{bmatrix}$$

が成立する．これは，

$$(4\text{-}7)\qquad (A-\lambda_0 I)\begin{bmatrix} l_1 \\ \vdots \\ l_n \end{bmatrix}=\begin{bmatrix} 0 \\ \vdots \\ 0 \end{bmatrix}$$

に等しいが，これを，$l_1, \cdots, l_n$ に関する n 元1次連立方程式と見るとき，すべては0でない解 $l_1, \cdots, l_n$ が存在する．従って，係数の行列式は0でなければならない．すなわち，

$$\det(A-\lambda_0 I)=0$$

これは λ_0 が代数方程式(4-3)の根であることを示している．

逆に，ある数 $\lambda_0\in K$ が(4-3)をみたせば，n 元1次連立方程式(4-7)はすべては0でない解 $l_1, \cdots, l_n$ を少なくとも1組はもち，それらを係数とするベクトル

$$\boldsymbol{l}=l_1\boldsymbol{e}_1+\cdots+l_n\boldsymbol{e}_n$$

は，(4-4)と(4-5)とが同じベクトルになるので，

$$\varphi(\boldsymbol{l})=\lambda_0\boldsymbol{l}$$

をみたすことがわかる．従って λ_0 は固有値である．　　　　証明終．

(4-3)を φ の**固有方程式**という．また λ の多項式 $\det(A-\lambda I)$ を固有多項式という．(4-3)は φ の表現行列によってきまるので，φ にとって固有のものであることは必ずしも自明ではない．

しかし，それは正しいのであって，実際，φ の表現行列を変えても固有多項式そのものは変わらない．なぜなら，今2つの表現行列 A_1, A_2 があったとすると，$A_1=P^{-1}A_2P$ となるような正則行列 P がとれるから，

$$\begin{aligned}\det(A_1-\lambda I)&=\det(P^{-1}A_2P-\lambda I)\\&=\det(P^{-1}(A_2-\lambda I)P)\\&=\det P^{-1}\cdot\det(A_2-\lambda I)\cdot\det P\end{aligned}$$

$$= \frac{1}{\det P} \cdot \det(A_2 - \lambda I) \cdot \det P$$
$$= \det(A_2 - \lambda I)$$

すなわち,

系 1. $\mathfrak{M}_\varphi$ に属するすべての行列について,(4-3) は同じ方程式になる.

なお,上の定理の証明をよく読むと,次の系が成立している.

系 2. φ の 1 つの固有値を λ_0 とすると,λ_0 に対応する固有ベクトルは,n 元 1 次連立方程式(4-7)のすべては 0 でない解 $l_1, \cdots, l_n$ によって,

$$\boldsymbol{l} = l_1\boldsymbol{e}_1 + \cdots + l_n\boldsymbol{e}_n$$

と表わされるベクトルであり,またそれに限る.

以上によって,線型変換 φ が与えられたとき,φ の固有値と固有ベクトルをすべて計算することは,代数方程式と n 元 1 次連立方程式をとくことに帰着されたわけである.

[2]　行列の固有値,固有ベクトル

線型変換 φ の表現行列 A の固有値,固有ベクトルなども,もとの φ の固有値,固有ベクトルとして定義される.すなわち,あるたてベクトル ${}^t(l_1, \cdots, l_n)$ $(\neq {}^t(0, \cdots, 0))$ によって,

$$A\begin{bmatrix} l_1 \\ \vdots \\ l_n \end{bmatrix} = \lambda_0 \begin{bmatrix} l_1 \\ \vdots \\ l_n \end{bmatrix}$$

が成立するとき,λ_0 を A の固有値,${}^t(l_1, \cdots, l_n)$ を A の固有(数)ベクトルという.A の固有値が (4-3) の根で K の元となっていることが必要十分であること,そのとき,(4-7) のすべては 0 でない解 ${}^t(l_1, \cdots, l_n)$ が A の固有ベクトルであることなどは今や明らかであろう.なお,(4-3) の根を A の特性根とも呼ぶことにしよう.

例 2.　$A = \begin{bmatrix} 0 & -1 & 1 \\ -1 & 2 & 1 \\ 1 & 1 & 2 \end{bmatrix}$ の固有値と固有ベクトルを求めよう.

$$\det(A-\lambda I)=\begin{vmatrix} -\lambda & -1 & 1 \\ -1 & 2-\lambda & 1 \\ 1 & 1 & 2-\lambda \end{vmatrix}=(3-\lambda)(2-\lambda)(-1-\lambda)=0$$

従って，$\lambda=-1, 2, 3$. これらはすべて実数だから固有値である．$\lambda=-1$ に対応する固有ベクトルは，

$$\begin{bmatrix} 1 & -1 & 1 \\ -1 & 3 & 1 \end{bmatrix}\begin{bmatrix} l_1 \\ l_2 \\ l_3 \end{bmatrix}=\begin{bmatrix} 0 \\ 0 \end{bmatrix}$$

の解として，${}^t(l_1, l_2, l_3)=c\cdot{}^t(2, 1, -1)$.

次に $\lambda=2$ に対応する固有ベクトルは，

$$\begin{bmatrix} -2 & -1 & 1 \\ -1 & 0 & 1 \end{bmatrix}\begin{bmatrix} l_1 \\ l_2 \\ l_3 \end{bmatrix}=\begin{bmatrix} 0 \\ 0 \end{bmatrix}$$

の解として，${}^t(l_1, l_2, l_3)=c\cdot{}^t(1, -1, 1)$.

最後に，$\lambda=3$ に対する固有ベクトルは，

$$\begin{bmatrix} -3 & -1 & 1 \\ -1 & -1 & 1 \end{bmatrix}\begin{bmatrix} l_1 \\ l_2 \\ l_3 \end{bmatrix}=\begin{bmatrix} 0 \\ 0 \end{bmatrix}$$

の解として，${}^t(l_1, l_2, l_3)=c\cdot{}^t(0, 1, 1)$ が得られる．(c：任意定数)

前に，行列 A の固有値問題とは，A と相似な行列の中に対角行列が存在するかどうかを見ることであるといった．そのことと，上に述べた固有値，固有ベクトルとの関係を述べよう．A と相似な対角行列 D は，

$$L^{-1}AL=D=\begin{bmatrix} \lambda_1 & & 0 \\ & \ddots & \\ 0 & & \lambda_n \end{bmatrix}$$

となっている．L を A の**対角化行列**と呼ぼう．さて，この式を，

$$AL=LD$$

とかいてみる．これはていねいにかくと，

$$\begin{bmatrix} a_{11} & a_{12}\cdots a_{1n} \\ a_{21} & a_{22}\cdots a_{2n} \\ \cdots & \cdots \\ a_{n1} & a_{n2}\cdots a_{nn} \end{bmatrix}\begin{bmatrix} l_{11} & l_{12}\cdots l_{1n} \\ l_{21} & l_{22}\cdots l_{2n} \\ \cdots & \cdots \\ l_{n1} & l_{n2}\cdots l_{nn} \end{bmatrix}=\begin{bmatrix} \lambda_1 l_{11} & \lambda_2 l_{12}\cdots \lambda_n l_{1n} \\ \lambda_1 l_{21} & \lambda_2 l_{22}\cdots \lambda_n l_{2n} \\ \cdots & \cdots \\ \lambda_1 l_{n1} & \lambda_2 l_{n2}\cdots \lambda_n l_{nn} \end{bmatrix}$$

となっている．ところで，この両辺の行列の列ベクトルを別々にかくと，それは，たとえば左辺の行列の第1列は

$$\begin{bmatrix} a_{11} & a_{12}\cdots a_{1n} \\ a_{21} & a_{22}\cdots a_{2n} \\ \cdots & \cdots \\ a_{n1} & a_{n2}\cdots a_{nn} \end{bmatrix}\begin{bmatrix} l_{11} \\ l_{21} \\ \cdots \\ l_{n1} \end{bmatrix}$$

に等しい．これが右辺の第1列に等しいのだから，$\boldsymbol{l}_1={}^t(l_{11}\,l_{21}\cdots l_{n1})$ とかくと，

$$A\boldsymbol{l}_1=\lambda_1\boldsymbol{l}_1$$

となっている．これは **L の第1列ベクトルが A の固有ベクトルで，D の対角線上第1番目の数 λ_1 がそれに対応する A の固有値である**ことを示している．他の列ベクトルについても同様だから，結局，**対角化行列 L は A の固有ベクトルの n 個の線型独立な組**（線型独立でないと，L^{-1} が存在しなくなる）**から成り**，逆に，今の論法を逆にたどれば，そのような組から行列 L を作れば，それは A の対角化行列になっていることがわかる．そして，D の対角線上の数は（重複も許して）すべて A の固有値である．ここでもやはり，A が対角化できるかどうかは，固有ベクトルから成る基底がとれるかどうかの問題であることがわかった．

例2で上のことをたしかめておこう．$\lambda=-1,2,3$ に対応する固有ベクトルはそれぞれ，${}^t(2,1,-1)$，${}^t(1,-1,1)$，${}^t(0,1,1)$ だったから，

$$L=\begin{bmatrix} 2 & 1 & 0 \\ 1 & -1 & 1 \\ -1 & 1 & 1 \end{bmatrix}$$

とおくと，$\det L=-6\neq 0$ となり，L は正則，すなわち，上の3つの列ベクトルは線型独立である．そして $L^{-1}AL$ を求めると，

$$L^{-1}AL=\frac{1}{6}\begin{bmatrix}2 & 1 & -1\\ 2 & -2 & 2\\ 0 & 3 & 3\end{bmatrix}\begin{bmatrix}0 & -1 & 1\\ -1 & 2 & 1\\ 1 & 1 & 2\end{bmatrix}\begin{bmatrix}2 & 1 & 0\\ 1 & -1 & 1\\ -1 & 1 & 1\end{bmatrix}=\begin{bmatrix}-1 & & \\ & 2 & \\ & & 3\end{bmatrix}$$

となっている．

[3]　特性根の性質

次に，A の特性根についての性質を列挙しておこう．A の特性根を（重根も並べて）$\lambda_1, \cdots, \lambda_n$ とするとき，

1°　$\det A=\lambda_1\cdots\lambda_n$

$\mathrm{tr}\, A=\lambda_1+\cdots+\lambda_n$ *)

2°　${}^tA$ の特性根もまた，$\lambda_1, \cdots, \lambda_n$ である．

3°　A^2 の特性根は $\lambda_1^2, \cdots, \lambda_n^2$ である．もっと一般に，A^k の特性根は $\lambda_1^k, \cdots, \lambda_n^k$ である．さらに一般に，多項式

$$f(x)=a_0x^k+a_1x^{k-1}+\cdots+a_k$$

が与えられたとき，行列の多項式

$$f(A)=a_0A^k+a_1A^{k-1}+\cdots+a_kI$$

が考えられるが，この行列の特性根は $f(\lambda_1), \cdots, f(\lambda_n)$ である．

4°　A が正則行列なら A^{-1} が存在するが，その特性根は $\frac{1}{\lambda_1}, \cdots, \frac{1}{\lambda_n}$ である．

証明 1°　固有方程式

$$\det(A-\lambda I)=(-1)^n\cdot\lambda^n+\mathrm{tr}A\cdot(-\lambda)^{n-1}+\cdots+\det A=0$$

の根と係数の関係から明らか．

2°　$\det({}^tA-\lambda I)=\det{}^t(A-\lambda I)=\det(A-\lambda I)$ から明らか．

3°　$f(x)$ を因数分解して，

$$f(x)=a_0(x-\mu_1)\cdots(x-\mu_k)$$

としておく．すると，1つの行列 A について積を作ったり因数分解したりすることは普通の変数の場合と同じようにできるので，

$$f(A)=a_0(A-\mu_1I)\cdots(A-\mu_kI)$$

となる．従って，

---

*)　$A=(a_{ij})$ に対し，$\mathrm{tr}(A)=a_{11}+a_{22}+\cdots+a_{nn}$ とおく．

$$\det f(A)=\det\{a_0(A-\mu_1 I)\cdots(A-\mu_k I)\}$$
$$=a_0{}^n\cdot\det(A-\mu_1 I)\cdots\det(A-\mu_k I)$$

ところで，このおのおのは，

$$\det(A-\lambda I)=(\lambda_1-\lambda)\cdots(\lambda_n-\lambda)$$

に $\lambda=\mu_j$ を代入したものなので，

$$\det f(A)=a_0{}^n[(\lambda_1-\mu_1)\cdots(\lambda_n-\mu_1)]\cdots[(\lambda_1-\mu_k)\cdots(\lambda_n-\mu_k)]$$
$$=a_0{}^n[(\lambda_1-\mu_1)\cdots(\lambda_1-\mu_k)]\cdots[(\lambda_n-\mu_1)\cdots(\lambda_n-\mu_k)]$$
$$=f(\lambda_1)\cdots f(\lambda_n)$$

このことは任意の多項式 $f(x)$ について成立するから，特に λ を別の変数として，$f(x)-\lambda$ という x の多項式について上のことを考えると，

$$\det(f(A)-\lambda I)=(f(\lambda_1)-\lambda)\cdots(f(\lambda_n)-\lambda)$$

が得られる．従って，$f(A)$ の特性根は $f(\lambda_1),\cdots,f(\lambda_n)$ である．

4°　$$\det(\mu I-A^{-1})=\det\left[\mu A^{-1}\left(A-\frac{1}{\mu}I\right)\right]=\mu^n\det A^{-1}\cdot\det\left(A-\frac{1}{\mu}I\right)$$
$$=\frac{\mu^n\det\left(A-\frac{1}{\mu}I\right)}{\det A}=\frac{\mu^n\left(\lambda_1-\frac{1}{\mu}\right)\cdots\left(\lambda_n-\frac{1}{\mu}\right)}{\lambda_1\cdots\lambda_n}$$
$$=\left(\mu-\frac{1}{\lambda_1}\right)\cdots\left(\mu-\frac{1}{\lambda_n}\right)$$

終．

注意　3°において，$A\boldsymbol{l}=\lambda_0\boldsymbol{l}$ なら $A^2\boldsymbol{l}=\lambda_0 A\boldsymbol{l}=\lambda_0{}^2\boldsymbol{l}$ となるから，A^2 の固有値 $\lambda_0{}^2$ に対応する固有ベクトルは，A の λ_0 に対応する固有ベクトルに等しい．同様に考えると $f(A)\boldsymbol{l}=f(\lambda_0)\boldsymbol{l}$ となるから，固有ベクトルの方は $f(A)$ になっても変わらない．4°でも同様である．

問1.　次の各行列の固有値と固有ベクトルを求めよ．

(i) $\begin{bmatrix}1 & \alpha\\ \alpha & 1\end{bmatrix}$　(ii) $\begin{bmatrix}2 & 5\\ 4 & 1\end{bmatrix}$　(iii) $\begin{bmatrix}1 & 1\\ 0 & 1\end{bmatrix}$　(iv) $\begin{bmatrix}0 & 1 & 1\\ 1 & 0 & 1\\ 1 & 1 & 0\end{bmatrix}$　(v) $\begin{bmatrix}0 & 0 & 1\\ 0 & 1 & 0\\ 1 & 0 & 0\end{bmatrix}$

問2.　φ,ψ を線型変換とすると，$\varphi\circ\psi$ の固有値と $\psi\circ\varphi$ の固有値は等しいことを示せ．

問3.　1つの正方行列 A に対応している線型変換の全体 $\mathcal{L}_A$ を考えると，$\mathcal{L}_A$ のすべての線型変換は同じ固有方程式をもつことをたしかめよ．

§3. 線型部分空間と固有値問題

E 上の線型変換 φ をある線型部分空間の上だけで考えねばならない場合が起こる．そこで，

定義 4-4　E 上の線型変換 φ に対し，線型部分空間 F が **φ-不変である**とは，

$$\varphi(F) \subset F$$

が成立することである．

このとき，φ は F 上の線型変換と考えられる．従って，φ の F 上の固有値，固有ベクトル等の概念が考えられるが，

定理 4-5　F が φ-不変な線型部分空間なら，φ の F 上の固有値は E 上の固有値であり，F 上の固有ベクトルは E 上の固有ベクトルである．

証明　$\varphi(\boldsymbol{l}) = \lambda \boldsymbol{l}$ が，F のある元 $\boldsymbol{l}(\neq \boldsymbol{0})$ について成立しているなら，それは E での現象でもある．　証明終．

従って φ を F 上で考えるとき，新しい固有値や固有ベクトルは出てこない．次に，

定理 4-6　$E = F_1 \dotplus F_2$，かつ F_1, F_2 は共に φ-不変であるとする．そのとき，φ の E 上の固有値は，F_1 上か F_2 上かのいずれかの固有値になる．

証明　λ_0 を E 上の固有値とすると，あるベクトル $\boldsymbol{l}(\neq \boldsymbol{0})$ があって，

$$\varphi(\boldsymbol{l}) = \lambda_0 \boldsymbol{l}$$

となる．$\boldsymbol{l}$ の $F_1 \dotplus F_2$ への分解を

$$\boldsymbol{l} = \boldsymbol{l}_1 + \boldsymbol{l}_2, \quad (\boldsymbol{l}_1 \in F_1,\ \boldsymbol{l}_2 \in F_2)$$

とすると，

$$\varphi(\boldsymbol{l}) = \varphi(\boldsymbol{l}_1) + \varphi(\boldsymbol{l}_2)$$

となるが，仮定により，$\varphi(\boldsymbol{l}_1)\in F_1$, $\varphi(\boldsymbol{l}_2)\in F_2$ だから，これは $\varphi(\boldsymbol{l})$ の $F_1\dot{+}F_2$ への分解である．ところがこの左辺は

$$\text{左辺}=\lambda_0\boldsymbol{l}=\lambda_0\boldsymbol{l}_1+\lambda_0\boldsymbol{l}_2$$

に等しい．従って分解の一意性から，

$$\varphi(\boldsymbol{l}_1)=\lambda_0\boldsymbol{l}_1,\ \varphi(\boldsymbol{l}_2)=\lambda_0\boldsymbol{l}_2$$

でなければならない．$\boldsymbol{l}_1$ と $\boldsymbol{l}_2$ のどちらかは $\boldsymbol{0}$ でないから，これは λ_0 が F_1 上か F_2 上かのどちらかで固有値になっていることを示している．

証明終．

この定理は線型部分空間の個数がふえても成立することは容易にわかる．すなわち，

系　$F_1, \cdots, F_r$ はすべて φ-不変な線型部分空間とする．もし，$E=F_1\dot{+}\cdots\dot{+}F_r$ なら，φ の E 上の固有値はある F_i 上の固有値である．

ところで，φ の固有空間はすべて φ-不変である．実際，φ によって固有ベクトルは定数倍されるだけだからである．さらに，

定理 4-7　線型変換 φ の異なる固有値を $\lambda_1, \cdots, \lambda_r$ とすると，それらに対応する φ の固有空間 $F_{\lambda_1}, \cdots, F_{\lambda_r}$ は直和条件 (1-4) を満足する．

証明　$F_{\lambda_i}\cap(F_{\lambda_1}+\overset{\overset{i}{\vee}}{\cdots\cdots}+F_{\lambda_r})$ の元 $\boldsymbol{l}_i$ をとると，$\boldsymbol{l}_i\in F_{\lambda_i}$ かつ，

$$\boldsymbol{l}_i=\boldsymbol{l}_1+\overset{\overset{i}{\vee}}{\cdots\cdots}+\boldsymbol{l}_r,\quad (\boldsymbol{l}_j\in F_{\lambda j},\ j=1, \cdots, r)$$

とかける．もし $\boldsymbol{l}_i\neq\boldsymbol{0}$ なら，これは $\boldsymbol{l}_1, \cdots, \boldsymbol{l}_r$ が線型従属であることを表わしている．従って，次の補題を証明すれば $\boldsymbol{l}_i=\boldsymbol{0}$ でなければならなくなり，(1-4) が示せたことになる．

補題 4-8　線型変換 φ の異なる固有値を $\lambda_1, \cdots, \lambda_r$ とし，それらに対応する固有ベクトルを１つずつとって，$\boldsymbol{l}_1, \cdots, \boldsymbol{l}_r$ とすると，これらは線型独立である．

証明　もし線型従属であるとすると，$\boldsymbol{l}_1$ から順次えらんでいって，$\boldsymbol{l}_1, \cdots, \boldsymbol{l}_{i-1}$ までは線型独立だが，$\boldsymbol{l}_1, \cdots, \boldsymbol{l}_i$ はもはや線型従属になってしまうという番号 i が見つかるはずである．そのとき，

$$\boldsymbol{l}_i = \alpha_1\boldsymbol{l}_1 + \cdots + \alpha_{i-1}\boldsymbol{l}_{i-1} \tag{4-8}$$

とかけるが，この両辺に φ をほどこすと，$\varphi(\boldsymbol{l}_j) = \lambda_j\boldsymbol{l}_j$ $(j=1, \cdots, r)$ なので，

$$\lambda_i\boldsymbol{l}_i = \alpha_1\lambda_1\boldsymbol{l}_1 + \cdots + \alpha_{i-1}\lambda_{i-1}\boldsymbol{l}_{i-1}$$

となる．一方，(4-8) の両辺に λ_i をかけると，

$$\lambda_i\boldsymbol{l}_i = \alpha_1\lambda_i\boldsymbol{l}_1 + \cdots + \alpha_{i-1}\lambda_i\boldsymbol{l}_{i-1},$$

従って，引き算して，

$$\mathbf{0} = \alpha_1(\lambda_1 - \lambda_i)\boldsymbol{l}_1 + \cdots + \alpha_{i-1}(\lambda_{i-1} - \lambda_i)\boldsymbol{l}_{i-1},$$

$\boldsymbol{l}_1, \cdots, \boldsymbol{l}_{i-1}$ は線型独立だから，

$$\alpha_j(\lambda_j - \lambda_i) = 0 \quad (j=1, \cdots, i-1)$$

$\lambda_j \neq \lambda_i$ なので，これは

$$\alpha_j = 0 \quad (j=1, \cdots, i-1)$$

を意味する．従って，(4-8) から，

$$\boldsymbol{l}_i = \mathbf{0}$$

となるが，これは $\boldsymbol{l}_i$ が固有ベクトルで，$\boldsymbol{l}_i \neq \mathbf{0}$ であることに反する．従って，$\boldsymbol{l}_1, \cdots, \boldsymbol{l}_r$ は線型従属ではあり得ない．　証明終．

そこで，φ のあらゆる固有値を並べてそれを $\lambda_1, \cdots, \lambda_r$ $(\lambda_i \neq \lambda_j)$ とする．そして，それに対応する固有空間 $F_{\lambda_1}, \cdots, F_{\lambda_r}$ の直和を作ってみる．そのとき，$F_{\lambda_1} \dotplus \cdots \dotplus F_{\lambda_r} \subset E$ だが，もっと強く，

$$F_{\lambda_1} \dotplus \cdots \dotplus F_{\lambda_r} = E$$

が成立するだろうか？　正にこの等式が成立することが，固有値問題がとけるということである．すなわち，E のあらゆる元が固有ベクトルの和に分解できるということである．

定理 4-9　φ の固有値問題がとけることと，

(4-9)
$$F_{\lambda_1}\dot{+}\cdots\dot{+}F_{\lambda_r}=E$$

が成立することは同値である．

さて，E の直和分解があれば，それに付随して，射影が存在するのであった(定理 1-22)．だから，もし (4-9) が成立すれば，それに付随して射影 $p_1, \cdots, p_r$ がきまる．(1-16) から，

$$I=p_1+\cdots+p_r$$

であるが，この両辺に φ をかけると，

$$\varphi=\varphi\circ p_1+\cdots+\varphi\circ p_r,$$

ところが，$\varphi\circ p_i$ は F_{λ_i} 上での φ を表わすから，それは定数倍をする作用にすぎない．従って，$\varphi\circ p_i=\lambda_i p_i$. すなわち，

(4-10)
$$\varphi=\lambda_1 p_1+\cdots+\lambda_r p_r$$

となる．これを φ の**スペクトル分解**（または**射影分解**）という．

逆に φ が (1-16)～(1-18) をみたす射影の組 $p_1, \cdots, p_r$ によって (4-10) の形に表わせるならば，射影の性質 (1-17), (1-18) から

$$\varphi\circ p_i=\lambda_1 p_1\circ p_i+\cdots+\lambda_r p_r\circ p_i=\lambda_i p_i$$

となって，φ は $p_i(E)$ の上では定数倍する作用にしかすぎない．すなわち $p_i(E)$ は λ_i に対応する固有空間である．そして，それらの直和が E となる(定理 1-22) のだから，φ の固有値問題はとけたことになる．以上により，

定理 4-10　φ の固有値問題がとけることと，φ がある射影の組 $p_1, \cdots, p_r$ によって (4-10) の形にスペクトル分解できることは同値である．

これで固有値問題は明瞭な形をもつに至った．すなわち，射影の線型結合になっているような線型変換，それが固有値問題がとけるようなタイプの変換なのであり，逆にそれ以外のタイプのものは固有値問題はとけないのである．ま

た定理 4-10 は固有値問題の最初の問題意識,「いくつかの比例拡大の合成で線型変換を表わすこと」への回帰でもある．それを射影の言葉でいい表わしたのが定理 4-10 である．そこで,

定義 4-11 φ が (1-16)～(1-18) をみたす射影の組 $p_1, \cdots, p_r$ によって

$$\varphi=\lambda_1 p_1+\cdots+\lambda_r p_r$$

と表わされるとき, φ を**半単純**という．

なお, 射影 $p_1, \cdots, p_r$ は, φ から直接計算で求めることができる．

$$\varphi=\lambda_1 p_1+\cdots+\lambda_r p_r$$

とすると,

$$\begin{aligned}\varphi^2&=(\lambda_1 p_1+\cdots+\lambda_r p_r)^2\\&=\lambda_1^2 p_1^2+\cdots+\lambda_r^2 p_r^2+\sum_{i\neq j}\lambda_i\lambda_j p_i\circ p_j\\&=\lambda_1^2 p_1+\cdots+\lambda_r^2 p_r\end{aligned}$$

となる．以下同様に, 一般に,

$$\varphi^k=\lambda_1^k p_1+\cdots+\lambda_r^k p_r$$

従って, ある多項式 $f(\lambda)$ が与えられたとき, $f(\varphi)$ という線型変換が $I, \varphi, \cdots, \varphi^k$ の線型結合として考えられるが, 上式から明らかに

$$f(\varphi)=f(\lambda_1)p_1+\cdots+f(\lambda_r)p_r$$

が成立している．従って, 特に,

$$f(\lambda_1)=1,\quad f(\lambda_2)=\cdots=f(\lambda_r)=0$$

となるような多項式を取ってくれば,

$$f(\varphi)=p_1$$

となる．そのような多項式は

$$f(\lambda)=\frac{(\lambda-\lambda_2)\cdots(\lambda-\lambda_r)}{(\lambda_1-\lambda_2)\cdots(\lambda_1-\lambda_r)}$$

とおけばよい．$p_2, \cdots, p_r$ についても同じ考えで,

$$p_i=f_i(\varphi),\quad f_i(\lambda)=\frac{\prod_{\substack{j=1\\j\neq i}}^{r}(\lambda-\lambda_j)}{\prod_{\substack{j=1\\j\neq i}}^{r}(\lambda_i-\lambda_j)}$$

となっている．すなわち，次の定理が得られた．

定理 4-12　半単純変換 φ に対応する射影の組を $p_1, \cdots, p_r$ とすると，p_i は φ の多項式で表わされる．その多項式は，

$$\lambda_i \longleftrightarrow p_i \longleftrightarrow f_i(\lambda)=\frac{(\lambda-\lambda_1)\overset{\overset{i}{\vee}}{\cdots\cdots}(\lambda-\lambda_r)}{(\lambda_i-\lambda_1)\underset{}{\overset{\overset{i}{\vee}}{\cdots\cdots}}(\lambda_i-\lambda_r)}$$

で与えられる．

例1 で考えた $A=\begin{pmatrix}1 & \alpha\\ \alpha & 1\end{pmatrix}$ について射影を計算すると，固有値は $1+\alpha$ と $1-\alpha$ であったから $f_1(\lambda)=\dfrac{\lambda-(1-\alpha)}{1+\alpha-(1-\alpha)}=\dfrac{1}{2\alpha}(\lambda-(1-\alpha))$，従って $P_1=\dfrac{1}{2\alpha}(A-(1-\alpha)I)=\dfrac{1}{2}\begin{pmatrix}1 & 1\\ 1 & 1\end{pmatrix}$．$f_2(\lambda)=\dfrac{\lambda-(1+\alpha)}{1-\alpha-(1+\alpha)}=-\dfrac{1}{2\alpha}(\lambda-(1+\alpha))$，従って，$P_2=-\dfrac{1}{2\alpha}(A-(1+\alpha)I)=\dfrac{1}{2}\begin{pmatrix}1 & -1\\ -1 & 1\end{pmatrix}$ となる．

最後に，少し話がもとへもどるが，φ-不変線型部分空間と φ の表現行列の関係を述べておこう．

今 F を φ-不変な線型部分空間とするとき，F の基底 $\boldsymbol{e}_1, \cdots, \boldsymbol{e}_k$ をとり，それに E の適当な元 $\boldsymbol{e}_{k+1}, \cdots, \boldsymbol{e}_n$ をつけ加えて E の基底にすることができる．この基底に関する φ の表現行列は，

$$(4\text{-}11)\qquad (\varphi(\boldsymbol{e}_1), \cdots, \varphi(\boldsymbol{e}_n))=(\boldsymbol{e}_1, \cdots, \boldsymbol{e}_n)\left[\begin{array}{c|c}A_k & C\\ \hline 0 & B\end{array}\right]$$

の形をしている．ここに A_k は F 上での φ の $\boldsymbol{e}_1, \cdots, \boldsymbol{e}_k$ による表現行列である．実際，$\varphi(\boldsymbol{e}_1), \cdots, \varphi(\boldsymbol{e}_k)$ はまた F の元であるから，$\boldsymbol{e}_1, \cdots, \boldsymbol{e}_k$ のみの線型結合で表わされ，$\boldsymbol{e}_{k+1}, \cdots, \boldsymbol{e}_n$ の係数は0だからである．このことから

定理 4-13 F を φ-不変とすると，φ の F 上の固有多項式は，φ の E 上での固有多項式を割り切る．

証明 (4-11) の行列を A とすると，φ の E 上での固有多項式は

$$(4\text{-}12)\quad \det(A-\lambda I)=\begin{vmatrix} A_k-\lambda I & C \\ 0 & B-\lambda I \end{vmatrix}=\det(A_k-\lambda I)\cdot\det(B-\lambda I)$$

となる． 証明終．

系 1. F_1, F_2 が φ-不変で $E=F_1\dot{+}F_2$ ならば，φ の E 上の固有多項式は，F_1, F_2 上の固有多項式の積に等しい．

証明 この場合，$\boldsymbol{e}_1, \cdots, \boldsymbol{e}_k$ を F_1 から，$\boldsymbol{e}_{k+1}, \cdots, \boldsymbol{e}_n$ を F_2 からえらぶと，(4-11) の表現行列は B が F_2 上の φ の表現行列となり，$C=0$ となる．従って，(4-12) から，結論が得られる． 終．

定理 4-13 において，特に F として φ の 1 つの固有空間をとり，その次元を k とすると，(4-11) から明らかなように，

$$A_k=\begin{bmatrix} \lambda_i & & 0 \\ & \ddots & \\ 0 & & \lambda_i \end{bmatrix}\quad ((k, k)\text{-行列})$$

であるから，$\det(A_k-\lambda I)=(\lambda_i-\lambda)^k$ となるが，これが $\det(A-\lambda I)$ を割り切るから，

系 2. φ の固有空間の次元は対応する固有値の代数的重複度をこえない．

特に φ の特性根がすべて固有値のときは，定理 4-9 から直ちに

系 3. φ が半単純であるための必要十分条件は，φ のすべての固有空間の次元が対応する固有値の代数的重複度に等しいことである．

固有値を固有方程式の根として求めても，それが重根であるときには，(4-7) をといて固有ベクトル ${}^t(l_1, \cdots, l_n)$ を求めるときの“自由度”が根の重複度に

等しいほど多くはない．たとえば λ_0 が3重根であったとすると，(4-7) の線型独立な解ベクトルは高々3本であるが，一般には2本しかとれないこともあるし，1本だけという場合もある．

例3．

$$A=\begin{bmatrix} 0 & 1 & 0 \\ 0 & 0 & 1 \\ 0 & 0 & 0 \end{bmatrix}$$

この固有値は $\det(A-\lambda I)=(-\lambda)^3=0$ から，$\lambda=0$（3重）だけであるが，この固有値に対応する固有ベクトルは

$$(A-0I)\boldsymbol{l}=\begin{bmatrix} 0 & 1 & 0 \\ 0 & 0 & 1 \\ 0 & 0 & 0 \end{bmatrix}\begin{bmatrix} l_1 \\ l_2 \\ l_3 \end{bmatrix}=\begin{bmatrix} 0 \\ 0 \\ 0 \end{bmatrix}$$

より，$l_2=l_3=0$ となり，$\boldsymbol{l}=c\cdot{}^t(1, 0, 0)$ の形のベクトルだけが解である．すなわち，$\lambda=0$ に対する固有空間は1次元でしかない．(従って，もちろん固有値問題はとけない．)

このように，固有値の重複度にくらべて，固有空間の次元の方が小さいと，固有値問題はとけないのである．

しかし，1つの固有値に対して，少なくとも1つは固有ベクトルがあるから，その固有値が単根の場合には，上のような心配は起こらない．

定理 4-14　φ の特性根がすべて K の元で単根ならば，φ は半単純である．そのとき，各固有空間はすべて1次元である．

証明　φ の特性根がすべて異なる K の元だから，それらはすべて固有値である．その個数は E の次元に等しく n 個だから，それらに対応して n 個の固有ベクトル $\boldsymbol{l}_1, \cdots, \boldsymbol{l}_n$ が存在するが，それらは線型独立である(補題 4-8)．従って，E の基底を作っている．　証明終．

固有値が単根である場合は問題は簡単である．固有値問題がめんどうなのは重根が生ずる場合である．

例 4.

$$A=\begin{bmatrix} 1 & 3 & -3 \\ 1 & 3 & -1 \\ -2 & 2 & 0 \end{bmatrix} \text{ は半単純か？}$$

$$\det(A-\lambda I)=\begin{vmatrix} 1-\lambda & 3 & -3 \\ 1 & 3-\lambda & -1 \\ -2 & 2 & -\lambda \end{vmatrix}=(-2-\lambda)(2-\lambda)(4-\lambda)$$

固有値がすべて単根だから，A は半単純である．A の固有空間への射影を求めよう．

$$A+2I=\begin{bmatrix} 3 & 3 & -3 \\ 1 & 5 & -1 \\ -2 & 2 & 2 \end{bmatrix},\ A-2I=\begin{bmatrix} -1 & 3 & -3 \\ 1 & 1 & -1 \\ -2 & 2 & -2 \end{bmatrix},\ A-4I=\begin{bmatrix} -3 & 3 & -3 \\ 1 & -1 & -1 \\ -2 & 2 & -4 \end{bmatrix}$$

だから，定理 4–12 より

$$\lambda=-2 \longleftrightarrow P_1=\frac{(A-2I)(A-4I)}{(-2-2)(-2-4)}$$

$$=\frac{1}{24}\begin{bmatrix} 12 & -12 & 12 \\ 0 & 0 & 0 \\ 12 & -12 & 12 \end{bmatrix}=\frac{1}{2}\begin{bmatrix} 1 & -1 & 1 \\ 0 & 0 & 0 \\ 1 & -1 & 1 \end{bmatrix}$$

$$\lambda=2 \longleftrightarrow P_2=\frac{(A+2I)(A-4I)}{(2+2)(2-4)}$$

$$=-\frac{1}{8}\begin{bmatrix} 0 & 0 & 0 \\ 4 & -4 & -4 \\ 4 & -4 & -4 \end{bmatrix}=\frac{1}{2}\begin{bmatrix} 0 & 0 & 0 \\ -1 & 1 & 1 \\ -1 & 1 & 1 \end{bmatrix}$$

$$\lambda=4 \longleftrightarrow P_3=\frac{(A+2I)(A-2I)}{(4+2)(4-2)}$$

$$=\frac{1}{12}\begin{bmatrix} 6 & 6 & -6 \\ 6 & 6 & -6 \\ 0 & 0 & 0 \end{bmatrix}=\frac{1}{2}\begin{bmatrix} 1 & 1 & -1 \\ 1 & 1 & -1 \\ 0 & 0 & 0 \end{bmatrix}$$

すなわち，$A=-2P_1+2P_2+4P_3$ である．対角化行列は P_1, P_2, P_3 のたてベクトルから１本ずつとってくればよい．すなわち，

$$T=\begin{bmatrix} 1 & 0 & 1 \\ 0 & 1 & 1 \\ 1 & 1 & 0 \end{bmatrix}$$

とおけばよい．すると，

$$T^{-1}AT=\begin{bmatrix} -2 & & \\ & 2 & \\ & & 4 \end{bmatrix}$$

が得られる．

例5．

$$A=\begin{bmatrix} -\frac{1}{2} & -4 & -\frac{11}{2} \\ 3 & 9 & 11 \\ -\frac{3}{2} & -4 & -\frac{9}{2} \end{bmatrix}$$ の固有値問題はとけるか？

$$\det(A-\lambda I)=\begin{vmatrix} -\frac{1}{2}-\lambda & -4 & -\frac{11}{2} \\ 3 & 9-\lambda & 11 \\ -\frac{3}{2} & -4 & -\frac{9}{2}-\lambda \end{vmatrix}=(1-\lambda)^2(2-\lambda).$$ この場合 $\lambda=1$ は重根だから，$\lambda=1$, $\lambda=2$ に対する固有空間 F_1, F_2 の次元を調べるため，$A-I$, $A-2I$ を求めると，

$$A-I=\begin{bmatrix} -\frac{3}{2} & -4 & -\frac{11}{2} \\ 3 & 8 & 11 \\ -\frac{3}{2} & -4 & -\frac{11}{2} \end{bmatrix},\quad A-2I=\begin{bmatrix} -\frac{5}{2} & -4 & -\frac{11}{2} \\ 3 & 7 & 11 \\ -\frac{3}{2} & -4 & -\frac{13}{2} \end{bmatrix}$$

$\mathrm{rank}(A-I)=1$, $\mathrm{rank}(A-2I)=2$ だから，$\dim F_1=3-1=2$, $\dim F_2=3-2=1$ となって，A は半単純であることがわかる（定理 4-14, 系3）．

固有空間への射影は，定理 4-12 より

$$1 \longleftrightarrow P_1=\frac{(A-2I)}{(1-2)}=\begin{bmatrix} \frac{5}{2} & 4 & \frac{11}{2} \\ -3 & -7 & -11 \\ \frac{3}{2} & 4 & \frac{13}{2} \end{bmatrix}$$

$$2 \longleftrightarrow P_2=\frac{(A-I)}{(2-1)}=\begin{bmatrix} -\frac{3}{2} & -4 & -\frac{11}{2} \\ 3 & 8 & 11 \\ -\frac{3}{2} & -4 & -\frac{11}{2} \end{bmatrix}$$

このとき，$A=P_1+2P_2$ で，A の対角化行列は，P_1 から線型独立なたてベクトルを２本と，P_2 からたてベクトルを１本とってくればよい．すなわち，

$$T=\begin{bmatrix} \frac{5}{2} & 4 & 1 \\ -3 & -7 & -2 \\ \frac{3}{2} & 4 & 1 \end{bmatrix}$$

ととると，

$$T^{-1}AT=\begin{bmatrix} 1 & & \\ & 1 & \\ & & 2 \end{bmatrix}$$

となる．

なお，半単純行列 A から対応する射影行列を計算するのに定理 4–12 を用いたが，射影行列は次のようにしても計算できる．A の対角化行列を T とすると，

$$T^{-1}AT=D$$

であるから，

$$A=TDT^{-1}$$

であるが，

$$D=\lambda_1\begin{bmatrix} 1 & & & \\ & 0 & & \\ & & \ddots & \\ & & & 0 \end{bmatrix}+\lambda_2\begin{bmatrix} 0 & & & \\ & 1 & & \\ & & \ddots & \\ & & & 0 \end{bmatrix}+\cdots+\lambda_n\begin{bmatrix} 0 & & & \\ & \ddots & & \\ & & 0 & \\ & & & 1 \end{bmatrix}$$

であるから，

$$\begin{aligned} A&=T\left\{\lambda_1\begin{bmatrix} 1 & & & \\ & 0 & & \\ & & \ddots & \\ & & & 0 \end{bmatrix}+\cdots+\lambda_n\begin{bmatrix} 0 & & & \\ & \ddots & & \\ & & 0 & \\ & & & 1 \end{bmatrix}\right\}T^{-1} \\ &=\lambda_1 T\begin{bmatrix} 1 & & & \\ & 0 & & \\ & & \ddots & \\ & & & 0 \end{bmatrix}T^{-1}+\cdots+\lambda_n T\begin{bmatrix} 0 & & & \\ & \ddots & & \\ & & 0 & \\ & & & 1 \end{bmatrix}T^{-1}. \end{aligned}$$

そこで，

$$P_i=T\begin{bmatrix}0 & & & & \\ & \ddots & & & \\ & & \overset{i}{1} & & \\ & & & \ddots & \\ & & & & 0\end{bmatrix}T^{-1} \qquad (i=1,\cdots,n)$$

とおくと，これが A に対応する射影行列である．実際，

$$P_1+P_2+\cdots+P_n=T\begin{bmatrix}1 & & & \\ & 1 & & \\ & & \ddots & \\ & & & 1\end{bmatrix}T^{-1}=I$$

であり，$i\neq j$ なら

$$P_i\cdot P_j=T\begin{bmatrix}0 & & & & \\ & \ddots & & & \\ & & \overset{i}{1} & & \\ & & & \ddots & \\ & & & & 0\end{bmatrix}T^{-1}T\begin{bmatrix}0 & & & & \\ & \ddots & & & \\ & & \overset{j}{1} & & \\ & & & \ddots & \\ & & & & 0\end{bmatrix}T^{-1}=T\begin{bmatrix}0 & & \\ & \ddots & \\ & & 0\end{bmatrix}T^{-1}=0,$$

また $i=j$ なら

$$P_i^{\,2}=T\begin{bmatrix}0 & & & & \\ & \ddots & & & \\ & & 1 & & \\ & & & \ddots & \\ & & & & 0\end{bmatrix}^2T^{-1}=T\begin{bmatrix}0 & & & & \\ & \ddots & & & \\ & & 1 & & \\ & & & \ddots & \\ & & & & 0\end{bmatrix}T^{-1}=P_i\,,$$

そして明らかに

$$A=\lambda_1P_1+\cdots+\lambda_nP_n$$

となる．なお，重根が生じて，たとえば $\lambda_1=\lambda_2$ となっている場合は，

$$P_1+P_2=T\begin{bmatrix}1 & & & & \\ & 1 & & & \\ & & 0 & & \\ & & & \ddots & \\ & & & & 0\end{bmatrix}T^{-1}$$

をあらためて P_1 とおけばよい．

さて，この射影行列 $P_1, \cdots, P_n$ は次の形でかける．

$$T=\begin{bmatrix} l_{11} & l_{12} & \cdots & l_{1n} \\ l_{21} & l_{22} & \cdots & l_{2n} \\ & \cdots & & \\ l_{n1} & l_{n2} & \cdots & l_{nn} \end{bmatrix},\quad T^{-1}=\begin{bmatrix} l_{11}' & l_{12}' & \cdots & l_{1n}' \\ l_{21}' & l_{22}' & \cdots & l_{2n}' \\ & \cdots & & \\ l_{n1}' & l_{n2}' & \cdots & l_{nn}' \end{bmatrix}$$

とすると，

$$P_1=\begin{bmatrix} l_{11} & l_{12} & \cdots & l_{1n} \\ l_{21} & l_{22} & \cdots & l_{2n} \\ & \cdots & & \\ l_{n1} & l_{n2} & \cdots & l_{nn} \end{bmatrix}\begin{bmatrix} 1 & & & \\ & 0 & & \\ & & \ddots & \\ & & & 0 \end{bmatrix}\begin{bmatrix} l_{11}' & l_{12}' & \cdots & l_{1n}' \\ l_{21}' & l_{22}' & \cdots & l_{2n}' \\ & \cdots & & \\ l_{n1}' & l_{n2}' & \cdots & l_{nn}' \end{bmatrix}$$

$$=\begin{bmatrix} l_{11} & 0 & \cdots & 0 \\ l_{21} & 0 & \cdots & 0 \\ \vdots & & & \\ l_{n1} & 0 & \cdots & 0 \end{bmatrix}\begin{bmatrix} l_{11}' & l_{12}' & \cdots & l_{1n}' \\ 0 & 0 & \cdots & 0 \\ & & \cdots & \\ 0 & 0 & \cdots & 0 \end{bmatrix}$$

$$=\begin{bmatrix} l_{11}l_{11}' & l_{11}l_{12}' & \cdots & l_{11}l_{1n}' \\ l_{21}l_{11}' & l_{21}l_{12}' & \cdots & l_{21}l_{1n}' \\ & \cdots & & \\ l_{n1}l_{11}' & l_{n1}l_{12}' & \cdots & l_{n1}l_{1n}' \end{bmatrix}=\begin{bmatrix} l_{11} \\ l_{21} \\ \vdots \\ l_{n1} \end{bmatrix}\begin{bmatrix} l_{11}' & l_{12}' & \cdots & l_{1n}' \end{bmatrix}$$

つまり，P_1 は T の第1列ベクトルと T^{-1} の第1行ベクトルのみによってきまる．他の P_i についても同様である．

ただ，P_i のこの計算法は，T^{-1} の計算を経なければならない．これは普通は定理 4–12 の方法よりずっと複雑な計算となる．

たとえば例5の場合を考えよう．

$$A=\frac{1}{2}\begin{bmatrix} -1 & -8 & -11 \\ 6 & 18 & 22 \\ -3 & -8 & -9 \end{bmatrix}$$ の固有値は $\lambda=1$（重根），$\lambda=2$ であった．

対角化行列 T を求めるため，A の固有ベクトルを計算する．$\lambda=1$ に対応する固有ベクトル $\boldsymbol{l}={}^t(l, m, n)$ は

$$(A-I)\boldsymbol{l}=\begin{bmatrix} -\frac{3}{2} & -4 & -\frac{11}{2} \\ 3 & 8 & 11 \\ -\frac{3}{2} & -4 & -\frac{11}{2} \end{bmatrix}\begin{bmatrix} l \\ m \\ n \end{bmatrix}=\mathbf{0} \longleftrightarrow 3l+8m+11n=0$$

となるから，線型独立なベクトル2本を適当に，たとえば

$${}^t(l, m, n)={}^t(8, -3, 0),\quad {}^t(11, 0, -3)$$

ととろう．また，$\lambda=2$ に対応する固有ベクトルは

$$(A-2I)\boldsymbol{l}=\begin{bmatrix} -\frac{5}{2} & -4 & -\frac{11}{2} \\ 3 & 7 & 11 \\ -\frac{3}{2} & -4 & -\frac{13}{2} \end{bmatrix}\begin{bmatrix} l \\ m \\ n \end{bmatrix}=\mathbf{0} \longleftrightarrow \begin{bmatrix} l \\ m \\ n \end{bmatrix}=c\begin{bmatrix} 1 \\ -2 \\ 1 \end{bmatrix}$$

となるから，

$$T=\begin{bmatrix} 8 & 11 & 1 \\ -3 & 0 & -2 \\ 0 & -3 & 1 \end{bmatrix}$$

ととれる．すると，(計算はめんどうになるので結果だけかくと)

$$T^{-1}=\frac{1}{6}\begin{bmatrix} 6 & 14 & 22 \\ -3 & -8 & -13 \\ -9 & -24 & -33 \end{bmatrix}$$

となる．これから，$\lambda=1$ に対応する射影は（重根であることに注意して）

$$P_1=\begin{bmatrix} 8 & 11 \\ -3 & 0 \\ 0 & -3 \end{bmatrix}\frac{1}{6}\begin{bmatrix} 6 & 14 & 22 \\ -3 & -8 & -13 \end{bmatrix}=\frac{1}{6}\begin{bmatrix} 15 & 24 & 33 \\ -18 & -42 & -66 \\ 9 & 24 & 39 \end{bmatrix}=\begin{bmatrix} \frac{5}{2} & 4 & \frac{11}{2} \\ -3 & -7 & -11 \\ \frac{3}{2} & 4 & \frac{13}{2} \end{bmatrix}$$

また $\lambda=2$ に対応する射影は

$$P_2=\begin{bmatrix} 1 \\ -2 \\ 1 \end{bmatrix}\frac{1}{6}\begin{bmatrix} -9 & -24 & -33 \end{bmatrix}=\frac{1}{6}\begin{bmatrix} -9 & -24 & -33 \\ 18 & 48 & 66 \\ -9 & -24 & -33 \end{bmatrix}=\begin{bmatrix} -\frac{3}{2} & -4 & -\frac{11}{2} \\ 3 & 8 & 11 \\ -\frac{3}{2} & -4 & -\frac{11}{2} \end{bmatrix}$$

となる．定理4–12を用いるのにくらべて，いかに複雑になるかがわかるだろう．

この節の最後に，あとで用いるので，次の定理を証明しておこう．

定理 4-15 2つの半単純変換 φ_1, φ_2 に対し，

$$\varphi_1\circ\varphi_2=\varphi_2\circ\varphi_1$$

が成立するための必要十分条件は，(1-16)～(1-18) をみたす射影の組 $p_1, \cdots, p_m$ があって，同時に

$$\varphi_1=\lambda_1 p_1+\cdots+\lambda_m p_m$$

$$\varphi_2=\mu_1 p_1+\cdots+\mu_m p_m$$

と表わされることである．ここで $\lambda_1, \cdots, \lambda_m$ や $\mu_1, \cdots, \mu_m$ は必ずしも異ならない．

証明 十分性は明らかだから，必要性を示そう．φ_1, φ_2 の射影分解を

$$\varphi_1=\lambda_1 p_1+\cdots+\lambda_r p_r$$

$$\varphi_2=\mu_1 q_1+\cdots+\mu_s q_s$$

とする．φ_1 と φ_2 が可換なら，その多項式も可換だから，特に p_i と q_j も可換である．そこで

$$\varphi_1=\lambda_1 p_1\circ(q_1+\cdots+q_s)+\cdots+\lambda_r p_r\circ(q_1+\cdots+q_s)$$

$$\varphi_2=\mu_1 q_1\circ(p_1+\cdots+p_r)+\cdots+\mu_s q_s\circ(p_1+\cdots+p_r)$$

とかいてみると，これは $p_i\circ q_j$ $(i=1, \cdots, r,\ j=1, \cdots, s)$ による線型結合である．ところが $p_i\circ q_j$ は射影であって，(1-16)～(1-18) をみたす．実際，(1-16)は，

$$\sum_{i=1}^{r}\sum_{j=1}^{s} p_i\circ q_j=\left(\sum_{i=1}^{r} p_i\right)\circ\left(\sum_{j=1}^{s} q_j\right)=I\circ I=I$$

次に，

$$(p_i\circ q_j)^2=p_i\circ q_j\circ p_i\circ q_j=p_i\circ p_i\circ q_j\circ q_j=p_i\circ q_j$$

また $i\neq k$, $j\neq l$ のどちらかが起これば，

$$(p_i\circ q_j)\circ(p_k\circ q_l)=p_i\circ p_k\circ q_j\circ q_l=0.$$

証明終．

系　2つの半単純変換 φ_1, φ_2 が可換なら，$\varphi_1+\varphi_2$, $\varphi_1\circ\varphi_2$ はまた半単純である．

証明　上の定理により，

$$\varphi_1=\lambda_1 p_1+\cdots+\lambda_m p_m$$

$$\varphi_2=\mu_1 p_1+\cdots+\mu_m p_m$$

と表わせるから，

$$\varphi_1+\varphi_2=(\lambda_1+\mu_1)p_1+\cdots+(\lambda_m+\mu_m)p_m$$

これは $\varphi_1+\varphi_2$ が半単純であることを示している．同様に，

$$\varphi_1\circ\varphi_2=\lambda_1\mu_1 p_1+\cdots+\lambda_m\mu_m p_m$$

だから，$\varphi_1\circ\varphi_2$ も半単純である．　終．

問1． §2 の問1に挙げた行列は半単純かどうかを判定し，もし半単純なら，その固有空間への射影を求めよ．

問2． 2次正方行列 $A=\begin{bmatrix} a & b \\ c & d \end{bmatrix}$ が半単純になるための必要十分条件を a, b, c, d によって表わせ．

演習問題 4

1. n 次正方行列 A の小行列式がその主対角線を A の主対角線と共有するとき，**主小行列式**という．$A=(a_{ij})$ に対し，

$$\begin{vmatrix} a_{11} & a_{12} \\ a_{21} & a_{22} \end{vmatrix}, \quad \begin{vmatrix} a_{22} & a_{24} \\ a_{42} & a_{44} \end{vmatrix}, \quad \begin{vmatrix} a_{11} & a_{13} \\ a_{31} & a_{33} \end{vmatrix}$$

などは2次の主小行列式である．特に n 次主小行列式は $\det A$ に等しい．

k 次の主小行列式すべての和を D_k とおくと，

$$\det(A-\lambda I)=D_n+D_{n-1}(-\lambda)+D_{n-2}(-\lambda)^2+\cdots+D_1(-\lambda)^{n-1}+(-\lambda)^n$$

であることを示せ．

なおこのことと，根と係数の関係から，D_k は A の n 個の特性根の k 次基本対称式に等しいことがわかる．

2. A を3次の直交行列とし $\det A>0$ とすると，$\lambda=1$ は A の固有値である．すなわち A には不動点 $A\boldsymbol{x}=\boldsymbol{x}\,(\neq\boldsymbol{0})$ が存在する．またそのとき $\lambda=-1$ が A の特性根なら -1 は重根である．これを証明せよ．

3. φ の表現行列を A とするとき，$\mathrm{tr}\,\varphi=\mathrm{tr}\,A$ によって φ のトレースを定義する．表現行列をかえても $\mathrm{tr}\,\varphi$ は不変であることを示せ．

4. n 次正方行列 A の特性根を $\lambda_1, \cdots, \lambda_n$ とするとき，任意の整数 k につき

$$\mathrm{tr}(A^k)=\lambda_1{}^k+\lambda_2{}^k+\cdots+\lambda_n{}^k$$

であることを示せ．($k<0$ のときは A は正則と仮定する．)

第 5 章　対称変換の固有値問題とその応用

この章では，線型変換のうちで最も応用範囲の広い対称変換について，固有値問題とその応用を調べることにする．

§1. 対称変換，対称行列の固有値問題

E をユークリッド線型空間とする．E 上の線型変換 φ が対称であるとは，任意の $\boldsymbol{x}, \boldsymbol{y}$ につき，

$$\langle\varphi(\boldsymbol{x}), \boldsymbol{y}\rangle=\langle\boldsymbol{x}, \varphi(\boldsymbol{y})\rangle$$

をみたすことであった．これに関し，次の定理が成立する．

定理 5-1　対称変換の特性根はすべて実数である．（従って，それらはすべて固有値である．）

証明[*]　A として，正規直交基底による表現行列をとると，A は対称行列になる．固有方程式

$$\det(A-\lambda I)=0$$

の根の 1 つ λ_0 をとる．λ_0 は今はまだ複素数かも知れない．この λ_0 を代入した n 元 1 次連立方程式

$$(A-\lambda_0 I)\begin{bmatrix} l_1 \\ \vdots \\ l_n \end{bmatrix}=\begin{bmatrix} 0 \\ \vdots \\ 0 \end{bmatrix} \tag{5-1}$$

を $l_1, \cdots, l_n$ についてとくと，解は一般に複素数になるが，とにかく求めら

---

*) この証明はもっと簡単にできる．（定理 8-1 参照）

れる．その解 ${}^t(l_1, \cdots, l_n)$ $(\neq {}^t(0, \cdots, 0))$ を使って，(5-1) をかきかえると，

$$A\begin{bmatrix} l_1 \\ \vdots \\ l_n \end{bmatrix} = \lambda_0 \begin{bmatrix} l_1 \\ \vdots \\ l_n \end{bmatrix}$$

となるが，共役複素数 $\bar{l}_1, \cdots, \bar{l}_n$ を使って，

(5-2)
$$(\bar{l}_1, \cdots, \bar{l}_n) A \begin{bmatrix} l_1 \\ \vdots \\ l_n \end{bmatrix} = (\bar{l}_1, \cdots, \bar{l}_n) \lambda_0 \begin{bmatrix} l_1 \\ \vdots \\ l_n \end{bmatrix}$$

としてみると，これは１行１列の行列，つまり唯１つの数（ここでは複素数）であるから，両辺の転置行列をとってもその値は変わらない．従って，

$$(l_1, \cdots, l_n)\,{}^tA \begin{bmatrix} \bar{l}_1 \\ \vdots \\ \bar{l}_n \end{bmatrix} = \lambda_0 (l_1, \cdots, l_n) \begin{bmatrix} \bar{l}_1 \\ \vdots \\ \bar{l}_n \end{bmatrix}$$

この両辺の共役複素数をとると，${}^tA = A$ は実数行列だから，

$$(\bar{l}_1, \cdots, \bar{l}_n) A \begin{bmatrix} l_1 \\ \vdots \\ l_n \end{bmatrix} = \bar{\lambda}_0 (\bar{l}_1, \cdots, \bar{l}_n) \begin{bmatrix} l_1 \\ \vdots \\ l_n \end{bmatrix}$$

この式と (5-2) とは左辺が等しいから，右辺も等しく，

$$\lambda_0 (\bar{l}_1, \cdots, \bar{l}_n) \begin{bmatrix} l_1 \\ \vdots \\ l_n \end{bmatrix} = \bar{\lambda}_0 (\bar{l}_1, \cdots, \bar{l}_n) \begin{bmatrix} l_1 \\ \vdots \\ l_n \end{bmatrix}$$

すなわち，すべて左辺へ移項すると，

$$(\lambda_0 - \bar{\lambda}_0)\{l_1\bar{l}_1 + \cdots + l_n\bar{l}_n\} = 0$$

この $\{\ \ \}$ の中は $|l_1|^2 + \cdots + |l_n|^2 \neq 0$ であるから，

$$\lambda_0 - \bar{\lambda}_0 = 0.$$

従って，

$$\lambda_0 = \bar{\lambda}_0$$

でなければならない．よって，λ_0 は実数である．　証明終．

次に，対称変換の固有ベクトルについては，

定理 5-2　対称変換 φ の異なる固有値を λ_1, λ_2 とすると，それらに対応する固有ベクトル $\boldsymbol{l}_1, \boldsymbol{l}_2$ は互いに直交する．

証明

$$\langle \varphi(\boldsymbol{l}_1), \boldsymbol{l}_2 \rangle = \langle \lambda_1 \boldsymbol{l}_1, \boldsymbol{l}_2 \rangle = \lambda_1 \langle \boldsymbol{l}_1, \boldsymbol{l}_2 \rangle$$

$$\langle \boldsymbol{l}_1, \varphi(\boldsymbol{l}_2) \rangle = \langle \boldsymbol{l}_1, \lambda_2 \boldsymbol{l}_2 \rangle = \lambda_2 \langle \boldsymbol{l}_1, \boldsymbol{l}_2 \rangle$$

この最左辺は φ の対称性によって等しいから，

$$\lambda_1 \langle \boldsymbol{l}_1, \boldsymbol{l}_2 \rangle = \lambda_2 \langle \boldsymbol{l}_1, \boldsymbol{l}_2 \rangle$$

従って，$(\lambda_1 - \lambda_2)\langle \boldsymbol{l}_1, \boldsymbol{l}_2 \rangle = 0$ となるが，$\lambda_1 - \lambda_2 \neq 0$ なので，

$$\langle \boldsymbol{l}_1, \boldsymbol{l}_2 \rangle = 0$$

でなければならない．すなわち，$\boldsymbol{l}_1$ と $\boldsymbol{l}_2$ は直交する．　証明終．

系　異なる固有値 λ_1, λ_2 に対応する φ の固有空間 $F_{\lambda_1}, F_{\lambda_2}$ は直交する．

このことから，φ の異なる固有値を全部で $\lambda_1, \cdots, \lambda_r$ とすると，それらに対応する固有空間 $F_1, \cdots, F_r$ は互いに直交するから，それらの直和は直交直和になる．問題は，

$$F_1 \oplus \cdots \oplus F_r = E$$

となるかどうかであるが，対称変換ではこれは常に成立する．これを示すため，

定理 5-3　φ を対称変換とする．ある線型部分空間 F が φ-不変なら，$F^{\perp}$ もまた φ-不変でなければならない．

証明　$\boldsymbol{y} \in F^{\perp}$ を任意にとるとき，$\varphi(\boldsymbol{y}) \in F^{\perp}$ をいえばよい．そこで，任意の $\boldsymbol{x} \in F$ につき，$\langle \boldsymbol{x}, \varphi(\boldsymbol{y}) \rangle = \langle \varphi(\boldsymbol{x}), \boldsymbol{y} \rangle$ であるが，$\varphi(\boldsymbol{x}) \in F$ だから，この値は 0 である．すなわち，$\varphi(\boldsymbol{y})$ は F のあらゆる元と直交する．従って $\varphi(\boldsymbol{y}) \in F^{\perp}$．　証明終．

このことを用いて，

定理 5-4　対称変換について

(5-3)
$$E=F_{\lambda_1}\oplus\cdots\oplus F_{\lambda_r}$$

が成立する．従って，対称変換は半単純である．

証明　$F_{\lambda_1}\oplus\cdots\oplus F_{\lambda_r}=E_1$ とおく．今 $E_1\neq E$ と仮定すると，$E_1{}^{\perp}\neq\{0\}$．つまり，$\dim E_1{}^{\perp}\geqq 1$ である．そして $E_1\oplus E_1{}^{\perp}=E$．定理5-3により $E_1{}^{\perp}$ も φ-不変だから，φ は $E_1{}^{\perp}$ 上の線型変換として固有値と固有ベクトルをもつ．それをそれぞれ μ, $\boldsymbol{a}(\neq\boldsymbol{0})$ としよう．$\varphi(\boldsymbol{a})=\mu\boldsymbol{a}$, $(\boldsymbol{a}\in E_1{}^{\perp})$ であるが，この式は E での式でもあるので，μ は $\lambda_1,\cdots,\lambda_r$ のいずれかに等しく，また $\boldsymbol{a}$ は $F_{\lambda_1},\cdots,F_{\lambda_r}$ のいずれかに属する．これは $\boldsymbol{a}\in F_{\lambda_1}\oplus\cdots\oplus F_{\lambda_r}=E_1$ を意味し，$\boldsymbol{a}\in E_1\cap E_1{}^{\perp}=\{\boldsymbol{0}\}$ より，$\boldsymbol{a}=\boldsymbol{0}$ となってしまう．この矛盾は $E_1\neq E$ と仮定したことにより生じたから，$E_1=E$ でなければならない．　証明終．

系 1.　各 F_i の次元は λ_i の代数的重複度に等しい．

証明　λ_i の固有方程式の根としての代数的重複度を m_i $(i=1,\cdots,r)$ とすると，

$$n=m_1+\cdots+m_r\geqslant\dim F_1+\cdots+\dim F_r=\dim E=n$$

となり（定理 4-13, 系 2），従って，等号が成立しなければならない．従って，

$$m_i=\dim F_i\qquad(i=1,\cdots,r)$$
終．

系 2.　対称変換 φ に対して，正射影の組 $p_1,\cdots,p_r$ があって，

$$\varphi=\lambda_1 p_1+\cdots+\lambda_r p_r$$

と表わすことができる．

これは定理 4-10 の特殊な場合で，特に固有空間が直交直和の形で E を張っているので，対応する射影の組も正射影になるのである．

系 3. 任意の対称変換 φ に対し，φ の固有ベクトルから成る正規直交基底が存在する．

証明　各 F_i の中での正規直交基底を Schmidt の直交化法で作ってやると，全体で E の正規直交基底になっている．　終．

この定理を行列の言葉でいい表わすと，

定理 5-5　実対称行列は，直交行列を対角化行列として対角化できる．

証明　Aを実の対称行列とする．系3でやったように，各固有空間での正規直交基底を，

$$\boldsymbol{l}_1^{(1)}, \cdots, \boldsymbol{l}_{m_1}^{(1)} \qquad (F_1 \text{ の正規直交基底})$$

$$\boldsymbol{l}_1^{(2)}, \cdots, \boldsymbol{l}_{m_2}^{(2)} \qquad (F_2 \text{ の正規直交基底})$$

$$\cdots\cdots\cdots\cdots\cdots\cdots$$

$$\boldsymbol{l}_1^{(r)}, \cdots, \boldsymbol{l}_{m_r}^{(r)} \qquad (F_r \text{ の正規直交基底})$$

とえらぶと，定理5-4から $m_1+\cdots+m_r=n$ であり，しかも，これらのどの2つのベクトルも直交していて，長さは1である．すなわちこれら全体で E の正規直交基底になっている．従って，これら n 個の列ベクトルを並べて作った行列

$$L=(\boldsymbol{l}_1^{(1)}, \cdots, \boldsymbol{l}_{m_1}^{(1)}, \boldsymbol{l}_1^{(2)}, \cdots, \boldsymbol{l}_{m_r}^{(r)})=\begin{bmatrix} l_{11} & l_{12} & \vdots & l_{n2} \\ \vdots & \vdots & \vdots & \vdots \\ l_{1n} & l_{n1} & \vdots & l_{nn} \end{bmatrix}$$

は直交行列で，第4章で考察したように，

$$L^{-1}AL=D$$

が成立している．　証明終．

系　実対称行列 A に対し，正射影行列の組 $P_1, \cdots, P_r$ が存在して，

$$A=\lambda_1 P_1+\cdots\cdots+\lambda_r P_r$$

と表わされる．

これを行列 A の**スペクトル**分解という．$P_1, \cdots, P_r$ は正射影だから対称行列である．(定理 2–11)

例 1．

$$A=\begin{bmatrix} 0 & 1 & 1 \\ 1 & 0 & 1 \\ 1 & 1 & 0 \end{bmatrix}.$$

これは対称行列だから直交行列によって対角化できるはずである．$\det(A-\lambda I)=(2-\lambda)(-1-\lambda)^2$ となるから，$\lambda=2$ が単根，$\lambda=-1$ は 2 重根である．$\lambda=2$ に対応する固有空間は 1 次元で，それは

$$(A-2I)\boldsymbol{l}=\begin{bmatrix} -2 & 1 & 1 \\ 1 & -2 & 1 \\ 1 & 1 & -2 \end{bmatrix}\begin{bmatrix} l_1 \\ l_2 \\ l_3 \end{bmatrix}=\mathbf{0}$$

をとくことにより，$\boldsymbol{l}=c\cdot {}^t(1,1,1)$ を生成元とすることがわかる．このうち長さ 1 のベクトルは $c=\dfrac{\pm 1}{\sqrt{3}}$ ととらねばならないから，$\boldsymbol{l}_1$ として，

$$\boldsymbol{l}_1={}^t\left[\frac{1}{\sqrt{3}},\ \frac{1}{\sqrt{3}},\ \frac{1}{\sqrt{3}}\right]$$

とおこう．

次に，$\lambda=-1$ に対応する固有空間の中から，互いに直交する 2 つのベクトルがえらべる．それは，

$$(A+I)\boldsymbol{l}=\begin{bmatrix} 1 & 1 & 1 \\ 1 & 1 & 1 \\ 1 & 1 & 1 \end{bmatrix}\begin{bmatrix} l_1 \\ l_2 \\ l_3 \end{bmatrix}=\mathbf{0}$$

をとけばよい．たとえば，$\boldsymbol{l}_2=c\cdot {}^t(1,-1,0)$ とでもとろう．するともう 1 つのベクトルは $\boldsymbol{l}_1$ とも $\boldsymbol{l}_2$ とも直交するのだから，$\boldsymbol{l}_3=c\cdot {}^t(1,1,-2)$ となる．これらを正規化して，

$$\boldsymbol{l}_2={}^t\left[\frac{1}{\sqrt{2}},\ -\frac{1}{\sqrt{2}},\ 0\right],$$

$$\boldsymbol{l}_3={}^t\left[\frac{1}{\sqrt{6}},\ \frac{1}{\sqrt{6}},\ -\frac{2}{\sqrt{6}}\right]$$

とおこう．すると，

$$L=(\boldsymbol{l}_1,\ \boldsymbol{l}_2,\ \boldsymbol{l}_3)=\begin{bmatrix} \frac{1}{\sqrt{3}} & \frac{1}{\sqrt{2}} & \frac{1}{\sqrt{6}} \\ \frac{1}{\sqrt{3}} & -\frac{1}{\sqrt{2}} & \frac{1}{\sqrt{6}} \\ \frac{1}{\sqrt{3}} & 0 & -\frac{2}{\sqrt{6}} \end{bmatrix}$$

これは直交行列なので $L^{-1}={}^tL$ となり逆行列は直ちにわかる．そして，

$$L^{-1}AL={}^tLAL=\begin{bmatrix} \frac{1}{\sqrt{3}} & \frac{1}{\sqrt{3}} & \frac{1}{\sqrt{3}} \\ \frac{1}{\sqrt{2}} & -\frac{1}{\sqrt{2}} & 0 \\ \frac{1}{\sqrt{6}} & \frac{1}{\sqrt{6}} & -\frac{2}{\sqrt{6}} \end{bmatrix}\begin{bmatrix} 0 & 1 & 1 \\ 1 & 0 & 1 \\ 1 & 1 & 0 \end{bmatrix}\begin{bmatrix} \frac{1}{\sqrt{3}} & \frac{1}{\sqrt{2}} & \frac{1}{\sqrt{6}} \\ \frac{1}{\sqrt{3}} & -\frac{1}{\sqrt{2}} & \frac{1}{\sqrt{6}} \\ \frac{1}{\sqrt{3}} & 0 & -\frac{2}{\sqrt{6}} \end{bmatrix}$$

$$=\begin{bmatrix} 2 & & \\ & -1 & \\ & & -1 \end{bmatrix}$$

が成立している．

注意1． L の固有ベクトルの順と対角行列の中に現れる固有値の順は，それぞれ対応するようにしなければならない．よく間違えるので念のため．

注意2． $\boldsymbol{l}_2=c\cdot{}^t(1,-1,0)$ というベクトルは $l_1+l_2+l_3=0$ をみたすように任意にとったのであるから，他をえらんでもよい．だから L の作り方は一意的ではない．しかし対角化された行列 D は（固有値の順序を別にすれば）一意的である．

次に，A のスペクトル分解を求めよう．

$$f_1(\lambda)=\frac{\lambda-(-1)}{2-(-1)}=\frac{1}{3}(\lambda+1)$$

だから，

$$P_1=\frac{1}{3}(A+I)=\frac{1}{3}\begin{bmatrix} 1 & 1 & 1 \\ 1 & 1 & 1 \\ 1 & 1 & 1 \end{bmatrix}$$

同様に，

$$f_2(\lambda)=\frac{\lambda-2}{-1-2}=-\frac{1}{3}(\lambda-2)$$

だから，

$$P_2=-\frac{1}{3}(A-2I)=-\frac{1}{3}\begin{bmatrix}-2 & 1 & 1\\ 1 & -2 & 1\\ 1 & 1 & -2\end{bmatrix}$$

である．これらについて，

$$P_1{}^2=P_1,\quad P_2{}^2=P_2,\quad P_1P_2=0,\quad P_1+P_2=I$$

および，

$$A=2P_1+(-1)\cdot P_2$$

が成立することは容易にたしかめられる．もちろん，第4章でやったように，まず A のスペクトル分解を求めておいて，その射影行列から固有ベクトルをとり出す方が一般に近道である．

問 1. 次の行列を対角化せよ．また，スペクトル分解を求めよ．

(i) $\begin{bmatrix}1 & 0 & 1\\ 0 & 1 & 0\\ 1 & 0 & 1\end{bmatrix}$ (ii) $\begin{bmatrix}0 & 1 & 0\\ 1 & 0 & 1\\ 0 & 1 & 0\end{bmatrix}$ (iii) $\begin{bmatrix}1 & -2 & -3\\ -2 & 4 & 6\\ -3 & 6 & 9\end{bmatrix}$

問 2. φ と ψ が対称変換なら $\varphi+\psi$，$\varphi\circ\psi+\psi\circ\varphi$ はまた対称であることを示せ．

§2. 二 次 曲 面

対称行列の固有値問題の1つの応用として，ユークリッド線型空間での二次曲面の分類，いわゆる主軸問題について述べよう．

n 次元ユークリッド線型空間で二次曲面というのは，直交座標 $x_1, \cdots, x_n$ に関する2次方程式

(5-4) $$a_{11}x_1{}^2+a_{12}x_1x_2+\cdots+a_{nn}x_n{}^2+2b_1x_1+\cdots+2b_nx_n+c=0$$

が与えられたとき，これをみたす点の全体のことである．

例 2． 1次元二次曲面とは，座標 x（1つだけ）に関する2次方程式

$$ax^2+2bx+c=0$$

5-1 図

をみたす点(x)の全体のこと．従って，それは2点から成るか，1点に重なるか，空集合となるか，の3種類の二次曲面があるだけである．（2点から成る点集合がナンデ曲面ナンヤ？　という質問をときどき受ける．しかし「曲面とは曲った面である」というのは文学的表現であって，数学的には何も言ったことになっていない．というのは，面とは何か，曲ったとは何か，が定義されていないからである．数学では，「二次曲面とは，(5-4)をみたす点の全体のことなり」と言っているだけで，点集合が“曲って”いようといまいと，空集合であろうと，全然カマワナイのである．つまり曲面という言葉が発散するニュアンスと，数学としての約束事とが，いくらかけ離れても，そんなことはキニシナイ.）

例3．2次元二次曲面．これは x, y に関する2次方程式

$$a_{11}x^2+2a_{12}xy+a_{22}y^2+2(b_1x+b_2y)+c=0$$

をみたす点(x, y)の全体である．例えば，$x^2+y^2-1=0$（円）とか $2x^2-y+1=0$（放物線）などである．2次元二次曲面を，単に二次曲線ということが多い．

例4．3次元二次曲面．これは x, y, z に関する2次方程式

$$a_{11}x^2+a_{22}y^2+a_{33}z^2+2a_{12}xy+2a_{23}yz+2a_{31}zx+2b_1x+2b_2y+2b_3z+c=0$$

をみたす点(x, y, z)の全体，例えば $x^2+y^2+z^2-1=0$（球面），$x^2+y^2-z^2=0$（円錐面）など．

さてそこで，一般に二次曲面というものはどのくらいの種類があるのかを調べよう．例えば，上に述べたように「1次元二次曲面は3種類しかない」といったたぐいのことがもっと高次元ではどうなっているかを見ようというのである．

n次元二次曲面の方程式の一般形は，

$$\begin{aligned} & a_{11}x_1{}^2+a_{12}x_1x_2+\cdots+a_{1n}x_1x_n \\ & +a_{21}x_2x_1+a_{22}x_2{}^2+\cdots+a_{2n}x_2x_n \\ & +\cdots\cdots\cdots\cdots\cdots\cdots \end{aligned} \tag{5-5}$$

$$+a_{n1}x_nx_1+a_{n2}x_nx_2+\cdots+a_{nn}x_n^2$$
$$+2(b_1x_1+b_2x_2+\cdots+b_nx_n)+c=0$$

と大へん長たらしい．ただ，2次元や3次元の例でもわかるように，x_ix_j と x_jx_i とは実は同類項で，a_{ij} と a_{ji} は別々に意味があるのでなく，$a_{ij}+a_{ji}$ として意味があるのであるから，丁度半分ずつに分けておいてやると，$a_{ij}=a_{ji}$ と仮定してよい．

(5-5) は長いので，行列を使って短くかくことを工夫しよう．(5-5) の2次式の部分は，

$$\begin{aligned}
&x_1(a_{11}x_1+a_{12}x_2+\cdots+a_{1n}x_n)\\
&+x_2(a_{21}x_1+a_{22}x_2+\cdots+a_{2n}x_n)\\
&+\cdots\cdots\cdots\cdots\cdots\cdots\cdots\cdots\cdots\cdots\cdots\\
&+x_n(a_{n1}x_1+a_{n2}x_2+\cdots+a_{nn}x_n)
\end{aligned}$$

$$=(x_1,\cdots,x_n)\begin{bmatrix} a_{11}x_1+\cdots+a_{1n}x_n \\ a_{21}x_1+\cdots+a_{2n}x_n \\ \cdots\cdots\cdots\cdots\cdots\cdots \\ a_{n1}x_1+\cdots+a_{nn}x_n \end{bmatrix}$$

$$=(x_1,\cdots,x_n)\begin{bmatrix} a_{11}\cdots a_{1n} \\ a_{21}\cdots a_{2n} \\ \cdots\cdots\cdots \\ a_{n1}\cdots a_{nn} \end{bmatrix}\begin{bmatrix} x_1 \\ \vdots \\ x_n \end{bmatrix}$$

となる．この中央の n 次正方行列を A，右側のタテベクトルを $\boldsymbol{x}$ とかくことにすると，この式は，

$$={}^t\boldsymbol{x}\cdot A\boldsymbol{x}$$

となっている．ここで $a_{ij}=a_{ji}$ だから，A は対称行列である．

次に，(5-5) の1次式の部分も同じ考えで，

$$2(b_1x_1+\cdots+b_nx_n)=2(b_1,\cdots,b_n)\begin{bmatrix} x_1 \\ \vdots \\ x_n \end{bmatrix}=2{}^t\boldsymbol{b}\cdot\boldsymbol{x}$$

とかくことにする．(ベクトル $\boldsymbol{b}$ はたてベクトルを表わしている.) すると (5-5) は，

(5-6) $${}^t\boldsymbol{x}A\boldsymbol{x}+2{}^t\boldsymbol{b}\cdot\boldsymbol{x}+c=0$$

と，大へん短くなって便利である．なお，こうかくと，1次元の2次方程式

(5-7) $$ax^2+2bx+c=0$$

と非常によく似ていることに気がつくだろう．(5-7) では，a, b はスカラーだが，n 次元では，a は行列，b はベクトルになるわけである．

[1]　有心二次曲面

方程式 (5-6) で定義された二次曲面は，空間のどの辺にどんな形で位置しているだろうか？　という問題を考えるのだが，その方法としては，座標軸の平行移動と回転をなるべくうまく行なって，(5-6) の形を単純化して行く，ということが考えられる．平行移動は，式でかくと，

(5-8) $$\boldsymbol{x}=\boldsymbol{x}'+\boldsymbol{x}_0$$

であり，(古い座標 $\boldsymbol{x}$ ではかって $\boldsymbol{x}_0$ である点が新しい座標 $\boldsymbol{x}'$ では原点となる）また回転とは，**直交行列** T による線型変換

$$\boldsymbol{x}=T\boldsymbol{x}'$$

を意味する．

ここで，最も簡単な，1次元の場合を見よう．平行移動 $x=x'+x_0$ によって，古い座標 x から新しい座標 x' にのりかえると，(5-7) は，

$$a(x'+x_0)^2+2b(x'+x_0)+c=0$$

つまり，

$$ax'^2+2(ax_0+b)x'+(ax_0^2+2bx_0+c)=0$$

となる．ここで，もし1次式の部分 $2(ax_0+b)x'$ が消えれば，

$$x'^2=-\frac{ax_0^2+2bx_0+c}{a}$$

となり，従って $x'=\pm\sqrt{-\dfrac{1}{a}(ax_0^2+2bx_0+c)}$ で万事解決する．だから $ax_0+b=0$ となるような x_0 が求められればよい．これは ($a\neq 0$ のとき) $x_0=-\dfrac{b}{a}$ と簡単に求められる．

この x_0 は，平行移動するときに新しい座標原点となる点を表わし，x' の2

つの値は，この新原点から両側へどれだけへだたった所に解の2点があるかを示している．つまり，x_0 は1次元二次曲面の対称の中心である．

なお，このとき，

$$
\begin{aligned}
ax_0{}^2+2bx_0+c&=(ax_0+2b)x_0+c\\
&=bx_0+c=-\frac{b^2}{a}+c\\
&=\frac{1}{a}\begin{vmatrix} a & b \\ b & c \end{vmatrix}
\end{aligned}
$$

となり，新座標による方程式の形は，

$$ax'^2+\frac{1}{a}\begin{vmatrix} a & b \\ b & c \end{vmatrix}=0$$

であることに注意しよう．

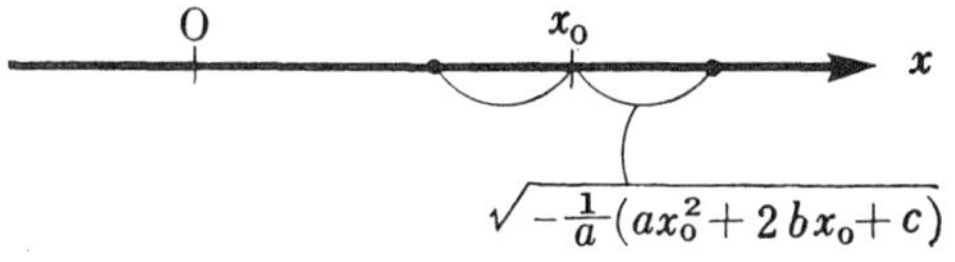

5-2 図

高次元の場合も，これと同じことを考えればよい．平行移動 (5-8) を行なうと，(5-6) は，

$${}^t(\boldsymbol{x}'+\boldsymbol{x}_0)A(\boldsymbol{x}'+\boldsymbol{x}_0)+2{}^t\boldsymbol{b}(\boldsymbol{x}'+\boldsymbol{x}_0)+c=0$$

すなわち，

$${}^t\boldsymbol{x}'\cdot A\boldsymbol{x}'+2{}^t(A\boldsymbol{x}_0+\boldsymbol{b})\cdot\boldsymbol{x}'+({}^t\boldsymbol{x}_0A\boldsymbol{x}_0+2{}^t\boldsymbol{b}\cdot\boldsymbol{x}_0+c)=0$$

となる．この式の中の $\boldsymbol{x}'$ に関する1次式の部分 $2{}^t(A\boldsymbol{x}_0+\boldsymbol{b})\cdot\boldsymbol{x}'$ が消えるように $\boldsymbol{x}_0$ をきめよう．それには，

$$A\boldsymbol{x}_0+\boldsymbol{b}=\boldsymbol{0} \tag{5-9}$$

をみたす $\boldsymbol{x}_0={}^t(\xi_1,\cdots,\xi_n)$ が求められればよい．もしそのような $\boldsymbol{x}_0$ が1つでも見つかれば，平行移動 (5-8) によって方程式は，

$${}^t\boldsymbol{x}'A\boldsymbol{x}'+d=0,\qquad (d={}^t\boldsymbol{x}_0A\boldsymbol{x}_0+2{}^t\boldsymbol{b}\cdot\boldsymbol{x}_0+c) \tag{5-10}$$

となる．これは新原点に関し点対称である．なぜなら，$\boldsymbol{x}'$ の所に $-\boldsymbol{x}'$ を代入しても全体として不変だから．そこで，

定義 5-6　点対称の中心が存在するような二次曲面を，**有心二次曲面**という．また，そうでない二次曲面を，**無心二次曲面**という．

特に，$\det A \neq 0$ であれば，(5-9) は必ず解 $\boldsymbol{x}_0 = -A^{-1}\boldsymbol{b}$ を (唯 1 つ) もつから，有心である．

まず有心の場合を考えよう．すでに(5-10)の形まではきたわけである．ここで，A の固有値問題をとく．すなわち，適当に直交行列 T をえらんで，

$$T^{-1}AT = D = \begin{bmatrix} \lambda_1 & & \\ & \ddots & \\ & & \lambda_n \end{bmatrix}$$

と対角化する．T は直交行列だから，$T^{-1} = {}^tT$ である．そこで，$\boldsymbol{x}' = T\boldsymbol{y}$ と回転すると，(5-10) は，

$${}^t\boldsymbol{y}\,{}^tTAT\boldsymbol{y} + d = 0$$

すなわち，

$${}^t\boldsymbol{y}D\boldsymbol{y} + d = 0$$

となる．これは，

(5-11)
$$\lambda_1 y_1^2 + \cdots + \lambda_n y_n^2 + d = 0$$

である．このように A の固有ベクトルの方向（それが新座標 $\boldsymbol{y}$ の座標軸の方向であった）が，この二次曲面にとって最も主要な方向であって，それらを座標軸にえらぶと，方程式は(5-11)という非常に簡単な式になる．そこで，A の固有ベクトルの方向を，この二次曲面の**主軸**といい，(5-11)をこの曲面の方程式の標準形という．

ここで，$\det A \neq 0$ なら，固有値はすべて 0 でないことを注意しよう．なぜなら，$\det A = \lambda_1 \cdots \lambda_n \neq 0$ であるから．

また，(5-11) における d の値は，$\det A \neq 0$ のとき，次のようにしても求められる．

$$B=\begin{bmatrix} a_{11} & \cdots\cdots & a_{1n} & b_1 \\ a_{21} & \cdots\cdots & a_{2n} & b_2 \\ \cdots & \cdots & \cdots & \vdots \\ a_{n1} & \cdots\cdots & a_{nn} & b_n \\ b_1 & \cdots\cdots & b_n & c \end{bmatrix} \tag{5-12}$$

とおくとき,

$$d=\frac{\det B}{\det A}$$ [*]

証明 $\boldsymbol{x}_0$ の座標を最後列に並べた $n+1$ 次正方行列

$$M=\begin{bmatrix} 1 & & 0 & \xi_1 \\ & \ddots & & \vdots \\ 0 & & 1 & \xi_n \\ & & & 1 \end{bmatrix}$$

を B の右からかけると, $A\boldsymbol{x}_0+\boldsymbol{b}=\boldsymbol{0}$ であることから, $n+1$ 列目に 0 が並んで,

$$BM=\begin{bmatrix} a_{11} & \cdots & a_{1n} & 0 \\ a_{21} & \cdots & a_{2n} & 0 \\ \cdots & \cdots & \cdots & \vdots \\ a_{n1} & \cdots & a_{nn} & 0 \\ b_1 & \cdots & b_n & {}^t\boldsymbol{b}\cdot\boldsymbol{x}_0+c \end{bmatrix}$$

となる. ここで, 両辺の行列式を求める. $\det M=1$ だから,

$$\det B=\det A\times({}^t\boldsymbol{b}\cdot\boldsymbol{x}_0+c)$$

ところが $d={}^t\boldsymbol{x}_0A\boldsymbol{x}_0+2\,{}^t\boldsymbol{b}\cdot\boldsymbol{x}_0+c={}^t(A\boldsymbol{x}_0+2\boldsymbol{b})\boldsymbol{x}_0+c={}^t\boldsymbol{b}\cdot\boldsymbol{x}_0+c$ だから,

$\det B=\det A\times d$, すなわち,

$$d=\frac{\det B}{\det A}$$

証明終.

以上のことを整理すると,

定理 5-7 二次曲面 (5-6) において, (5-9) をみたす $\boldsymbol{x}_0$ が存在するならば, $\boldsymbol{x}_0$ が原点となるように平行移動 (5-8) を行ない, 次に A を対角化するような直交変換 (すなわち回転) を行なえば, 方程式は標準化され,

[*] 1次元の場合と比較してみること.

$$\lambda_1 y_1{}^2+\cdots+\lambda_n y_n{}^2+d=0 \qquad (d={}^t\boldsymbol{b}\cdot\boldsymbol{x}_0+c)$$

となる．ここに $\lambda_1, \cdots, \lambda_n$ は A の固有値である．特に $\det A \neq 0$ のとき $\boldsymbol{x}_0$は唯１つ存在し，$\lambda_1, \cdots, \lambda_n \neq 0$で，$d=\dfrac{\det B}{\det A}$ と表わされる．

注意　$\det A=0$ のときは，$\lambda_1\cdots\lambda_n=0$ なので，$\lambda_1, \cdots, \lambda_n$ のうちのいくつかは0である．そこで，$\lambda_1, \cdots, \lambda_r \neq 0$, $\lambda_{r+1}=\cdots=\lambda_n=0$ とすると，標準形は，

(5-13)
$$\lambda_1 y_1{}^2+\cdots+\lambda_r y_r{}^2+d=0$$

となり，$y_{r+1}, \cdots, y_n$ を含まない r 次元の二次曲面の方程式となる．これを n 次元空間の中で考えるということは，つまり $y_{r+1}, \cdots, y_n$ は自由にとってよろしい，という意味であるから，$(y_1, \cdots, y_n)$ 座標において，$(y_1, \cdots, y_r)$ 面でそのグラフを画き，これを $(y_{r+1}, \cdots, y_n)$ 方向へひきのばせばよい (5-3図)．

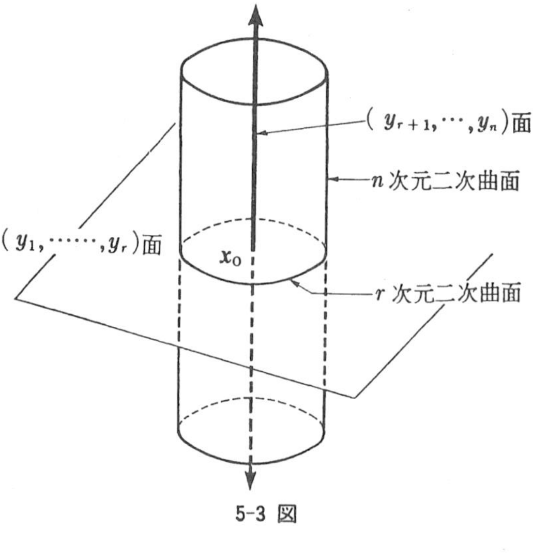

5-3 図

例5．$x^2+2xy-y^2+2x-2y-3=0$ という二次曲線を画け．

これは，$(x, y)\begin{bmatrix}1 & 1\\ 1 & -1\end{bmatrix}\begin{bmatrix}x\\ y\end{bmatrix}+2(1, -1)\begin{bmatrix}x\\ y\end{bmatrix}-3=0$

である．$\boldsymbol{x}_0={}^t(\xi, \eta)$ は，

$$\begin{bmatrix} 1 & 1 \\ 1 & -1 \end{bmatrix}\begin{bmatrix} \xi \\ \eta \end{bmatrix}+\begin{bmatrix} 1 \\ -1 \end{bmatrix}=\begin{bmatrix} 0 \\ 0 \end{bmatrix}$$

から，$\xi=0$, $\eta=-1$. また固有値は $(1-\lambda)(-1-\lambda)-1=\lambda^2-2=0$ から $\lambda_1=\sqrt{2}$, $\lambda_2=-\sqrt{2}$.

$d={}^t\boldsymbol{b}\cdot\boldsymbol{x}_0-3=1-3=-2$. 新座標軸の方向，つまり固有ベクトルの方向は，$\lambda_1$ に対しては ${}^t(1, \sqrt{2}-1)$, λ_2 に対しては ${}^t(1-\sqrt{2}, 1)$. だから標準形は，

$$\sqrt{2}\,x'^2-\sqrt{2}\,y'^2-2=0.$$

これは双曲線

$$\frac{x'^2}{\sqrt{2}}-\frac{y'^2}{\sqrt{2}}=1$$

である (5-4 図).

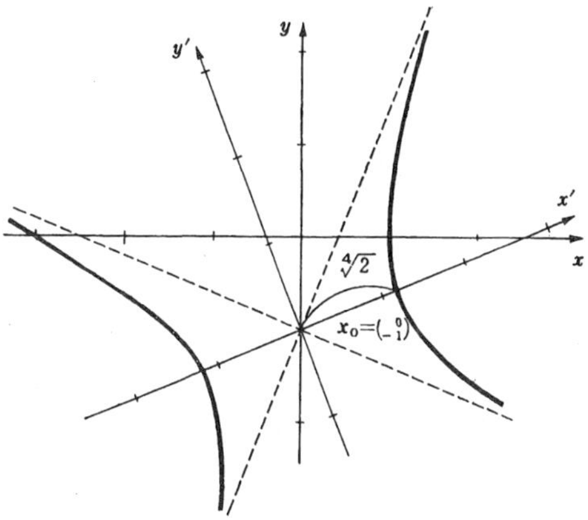

5-4 図

なお固有ベクトルの方向を求めるのに A のスペクトル分解を求めておくと便利である．$\lambda_1=\sqrt{2}$ に対する射影は定理 4–12 より

$$P_1=\frac{A+\sqrt{2}\,I}{\sqrt{2}+\sqrt{2}}=\frac{1}{2\sqrt{2}}\begin{bmatrix} 1+\sqrt{2} & 1 \\ 1 & -1+\sqrt{2} \end{bmatrix}$$

また $\lambda_2=-\sqrt{2}$ に対する射影は

$$P_2=\frac{A-\sqrt{2}\,I}{-\sqrt{2}-\sqrt{2}}=-\frac{1}{2\sqrt{2}}\begin{bmatrix} 1-\sqrt{2} & 1 \\ 1 & -1-\sqrt{2} \end{bmatrix}$$

この中のたてベクトルとして ${}^t(1, \sqrt{2}-1)$, ${}^t(1-\sqrt{2}, 1)$ がとれるわけである．また，上の計算は $A=\sqrt{2}\,P_1-\sqrt{2}\,P_2$ によって

$$\begin{aligned} {}^t\boldsymbol{x}A\boldsymbol{x} &= \sqrt{2}\,{}^t\boldsymbol{x}P_1\boldsymbol{x}-\sqrt{2}\,{}^t\boldsymbol{x}P_2\boldsymbol{x} \\ &= \sqrt{2}\,|P_1\boldsymbol{x}|^2-\sqrt{2}\,|P_2\boldsymbol{x}|^2 \end{aligned}$$

という変形を行なっているのである．

例6． $x^2+y^2+z^2+yz+zx+xy+x-y-1=0$ という二次曲面の主軸問題をとけ．

$$(x,\ y,\ z)\begin{bmatrix}2&1&1\\1&2&1\\1&1&2\end{bmatrix}\begin{bmatrix}x\\y\\z\end{bmatrix}+2(1,\ -1,\ 0)\begin{bmatrix}x\\y\\z\end{bmatrix}-2=0$$

この行列の固有方程式は $(\lambda-1)^2(\lambda-4)=0$ で有心．その中心は

$$\begin{bmatrix}2&1&1\\1&2&1\\1&1&2\end{bmatrix}\begin{bmatrix}\xi\\\eta\\\zeta\end{bmatrix}+\begin{bmatrix}1\\-1\\0\end{bmatrix}=\mathbf{0}\ \text{から}\ \begin{bmatrix}\xi\\\eta\\\zeta\end{bmatrix}=\begin{bmatrix}-1\\1\\0\end{bmatrix}$$

従って $d=-2-2=-4$. すなわち標準形は

$$4x'^2+y'^2+z'^2-4=0$$

主軸を求めるため，A をスペクトル分解しよう．$\lambda=1$ に対する正射影は

$$P_1=\frac{A-4I}{1-4}=-\frac{1}{3}\begin{bmatrix}-2&1&1\\1&-2&1\\1&1&-2\end{bmatrix}$$

$\lambda=4$ に対する正射影は，

$$P_2=\frac{A-I}{4-1}=\frac{1}{3}\begin{bmatrix}1&1&1\\1&1&1\\1&1&1\end{bmatrix}$$

従って，$\lambda=4$ に対する固有ベクトルは ${}^t(1,1,1)$ である．$\lambda=1$ に対する固有ベクトルは P_1 のたてベクトルの中からとればよい．この曲面は楕円面である．

[2]　無心二次曲面

(5-9) をみたす $\boldsymbol{x}_0$ が存在しない場合を考えよう．そのときは必ず $\det A=0$ である．そこで前と同様，A の固有値のうち $\lambda_1, \cdots, \lambda_r \neq 0$, $\lambda_{r+1}=\cdots=\lambda_n=0$ としよう．

今度は点対称の中心はないのだから，平行移動は考えないで，直接2次式の部分を標準化する．すなわち (5-7) において $\boldsymbol{x}=T\boldsymbol{y}$ とおいて $\boldsymbol{x}$ から $\boldsymbol{y}$ に変

換すると，同じようにして，

$$ {}^t\boldsymbol{y}\cdot D\boldsymbol{y}+2\,{}^t\boldsymbol{b}\cdot T\boldsymbol{y}+c=0 $$

これは，

(5-14) $$\lambda_1 y_1^2+\cdots+\lambda_r y_r^2+2(b_1' y_1+\cdots+b_n' y_n)+c=0$$

の形をしている．ところでこの場合は，$b_{r+1}', \cdots, b_n'$ の中に 0 でないものが少なくとも 1 つはある．なぜなら，もし $b_{r+1}'=\cdots=b_n'=0$ なら，上式は $(y_1, \cdots, y_r)$ 面での方程式でどの固有値も 0 でない場合に帰着されるが，それは有心二次曲面となってしまうから．

そこで $b_{r+1}' y_{r+1}+\cdots+b_n' y_n$ をひとまとめにして，

$$ y_{r+1}'=\frac{1}{p}(b_{r+1}' y_{r+1}+\cdots+b_n' y_n), \qquad (p=\sqrt{b_{r+1}'^2+\cdots+b_n'^2}\neq 0) $$

とおき，これを含む新直交座標 $(y_{r+1}', \cdots, y_n')$ を任意に 1 つとる．他方 $(y_1, \cdots, y_r)$ は，それぞれ

$$ \lambda_i y_i^2+2b_i' y_i=\lambda_i\left(y_i+\frac{b_i'}{\lambda_i}\right)^2-\frac{b_i'^2}{\lambda_i} \qquad (i=1, \cdots, r) $$

と変形して，$y_i'=y_i+\dfrac{b_i'}{\lambda_i}$ と平行移動すれば，1 次の項が皆消える．従って (5-14) は，

$$ \lambda_1 y_1'^2+\cdots+\lambda_r y_r'^2+2py_{r+1}'+d=0 \qquad \left(d=c-\frac{b_1'^2}{\lambda_1}-\cdots-\frac{b_r'^2}{\lambda_r}\right) $$

となる．y_{r+1}' を平行移動すれば d も消し去ることができるから，結局，

(5-15) $$\lambda_1 y_1'^2+\cdots+\lambda_r y_r'^2+2py_{r+1}''=0$$

これが無心二次曲面の標準形である．これで二次曲面は (5-11) か (5-15) の形であることがわかった．

例 7. $x^2+2xy+y^2+2x-2y-4=0$ の標準形を求め，グラフを画け．

これは，

$$ (x, y)\begin{bmatrix}1 & 1\\ 1 & 1\end{bmatrix}\begin{bmatrix}x\\ y\end{bmatrix}+2(1, -1)\begin{bmatrix}x\\ y\end{bmatrix}-4=0 $$

である．中心の方程式

$$ \begin{bmatrix}1 & 1\\ 1 & 1\end{bmatrix}\begin{bmatrix}\xi\\ \eta\end{bmatrix}+\begin{bmatrix}1\\ -1\end{bmatrix}=0 $$

はとけない．（$\xi+\eta=1$，$\xi+\eta=-1$ を同時にみたす ξ，η は存在しない．）従ってこの曲線は無心である．

$A=\begin{bmatrix}1 & 1\\ 1 & 1\end{bmatrix}$ の固有値を求める．$\begin{vmatrix}1-\lambda & 1\\ 1 & 1-\lambda\end{vmatrix}=\lambda(\lambda-2)=0$ より，$\lambda=2,\ 0$ である．また，固有ベクトルはそれぞれ ${}^t(1,1)$，${}^t(-1,1)$ で，このベクトルの方向を x'－軸，y'－軸にとると，直交行列　$T=\frac{1}{\sqrt{2}}\begin{bmatrix}1 & -1\\ 1 & 1\end{bmatrix}$ によって，$\boldsymbol{x}=T\boldsymbol{x}'$ と変換することになる．すると，

$$2x'^2-2\sqrt{2}\,y'-4=0$$

を得る．これは放物線

$$y'=\frac{1}{\sqrt{2}}x'^2-\sqrt{2}$$

である．(5–5 図)

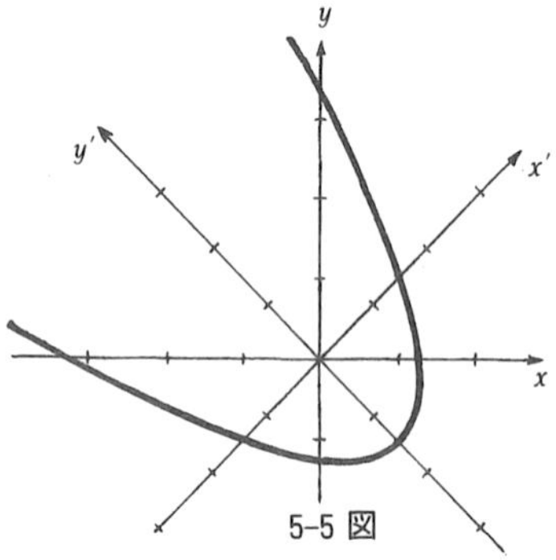

5–5 図

[3]　二次曲面の分類（2次元と3次元の場合）

これまでに述べてきたことをもとに，二次曲面の分類を考えよう．まず，2次元空間の二次曲面，すなわち二次曲線であるが，これは，

$$\lambda_1 x^2+\lambda_2 y^2+d=0 \quad (\text{有心})$$

$$\lambda_1 x^2+2py=0 \qquad (\text{無心，} p\neq 0)$$

の２通りの標準形がある．これらの係数が正，負，０となるに従って種々の曲線ができる．それを表にすると，

	λ_1	λ_2	d	方　程　式	名　　称
有心	$+$	$+$	$+$	$\dfrac{x^2}{a^2}+\dfrac{y^2}{b^2}+1=0$	（空集合）
	$+$	$+$	$-$	$\dfrac{x^2}{a^2}+\dfrac{y^2}{b^2}=1$	楕　円
	$+$	$+$	0	$\dfrac{x^2}{a^2}+\dfrac{y^2}{b^2}=0$	（１点）
	$+$	$-$	$\pm$	$\dfrac{x^2}{a^2}-\dfrac{y^2}{b^2}=1$	双曲線
	$+$	$-$	0	$\dfrac{x^2}{a^2}-\dfrac{y^2}{b^2}=0$	交わる２直線
	$+$	0	$+$	$\dfrac{x^2}{a^2}+1=0$	（空集合）
	$+$	0	$-$	$\dfrac{x^2}{a^2}=1$	平行２直線
	$+$	0	0	$x^2=0$	重なった２直線
無心				$x^2=2ay$	放物線

これでわかるように，直線を２つ合わせたのだとか，空になってしまうとかいう“変な場合”を除けば，二次曲線は楕円，双曲線，放物線の３種しかない．この３つを「本来の二次曲線」という．

次に，３次元の場合を考えよう．標準形は，

$$\lambda_1x^2+\lambda_2y^2+\lambda_3z^2+d=0 \quad \text{（有心）}$$

$$\lambda_1x^2+\lambda_2y^2+2pz=0 \qquad \text{（無心，}p\neq 0\text{）}$$

であるから，２次元の場合と同じような表を作ってみると，

	λ_1	λ_2	λ_3	d	方　程　式	名　称
有心	+	+	+	+	$\frac{x^2}{a^2}+\frac{y^2}{b^2}+\frac{z^2}{c^2}+1=0$	(空集合)
	+	+	+	−	$\frac{x^2}{a^2}+\frac{y^2}{b^2}+\frac{z^2}{c^2}=1$	楕円面
	+	+	+	0	$\frac{x^2}{a^2}+\frac{y^2}{b^2}+\frac{z^2}{c^2}=0$	(1点)
	+	+	−	+	$\frac{x^2}{a^2}-\frac{y^2}{b^2}-\frac{z^2}{c^2}=1$	二葉双曲面
	+	+	−	−	$\frac{x^2}{a^2}+\frac{y^2}{b^2}-\frac{z^2}{c^2}=1$	一葉双曲面
	+	+	−	0	$\frac{x^2}{a^2}+\frac{y^2}{b^2}-\frac{z^2}{c^2}=0$	楕円錐面
	+	+	0	+	$\frac{x^2}{a^2}+\frac{y^2}{b^2}+1=0$	(空集合)
	+	+	0	−	$\frac{x^2}{a^2}+\frac{y^2}{b^2}=1$	楕円柱面
	+	+	0	0	$\frac{x^2}{a^2}+\frac{y^2}{b^2}=0$	1直線
	+	−	0	±	$\frac{x^2}{a^2}-\frac{y^2}{b^2}=1$	双曲柱面
	+	−	0	0	$\frac{x^2}{a^2}-\frac{y^2}{b^2}=0$	交わる2平面
	+	0	0	+	$\frac{x^2}{a^2}+1=0$	(空集合)
	+	0	0	−	$\frac{x^2}{a^2}=1$	平行2平面
	+	0	0	0	$x^2=0$	重なった2平面

	λ_1	λ_2		p	方　程　式	名　称
無心	+	+		±	$z=\pm\left(\frac{x^2}{a^2}+\frac{y^2}{b^2}\right)$	楕円放物面
	+	−		±	$z=\frac{x^2}{a^2}-\frac{y^2}{b^2}$	双曲放物面
	+	0		±	$z=\pm\frac{x^2}{a^2}$	放物柱面

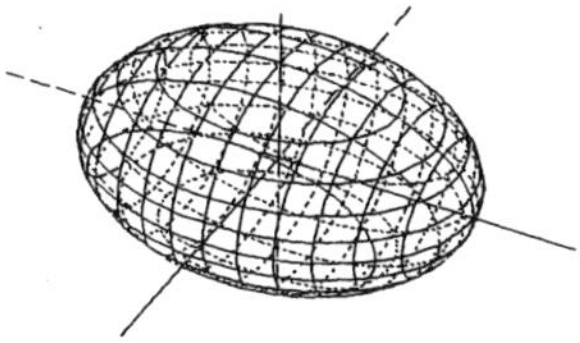

楕円面

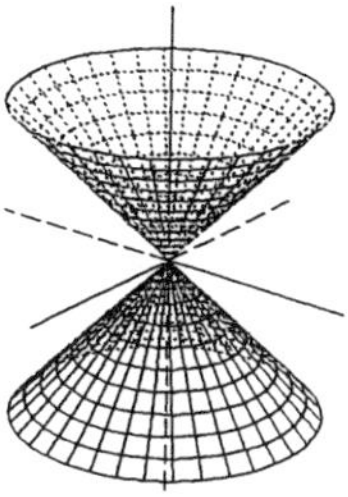

楕円錐面

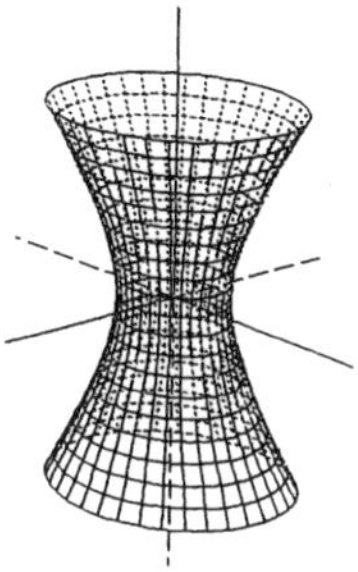

一葉双曲面

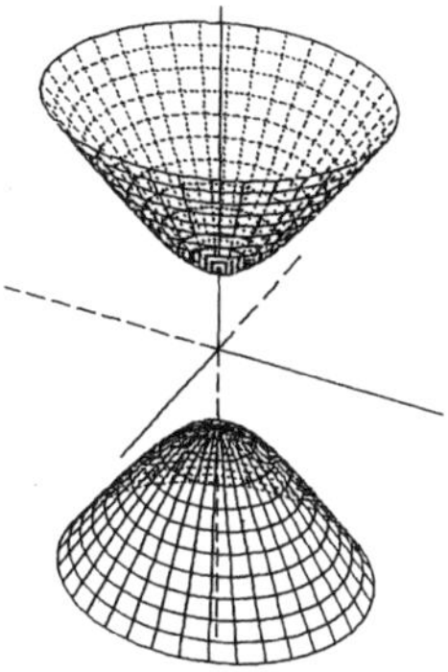

二葉双曲面

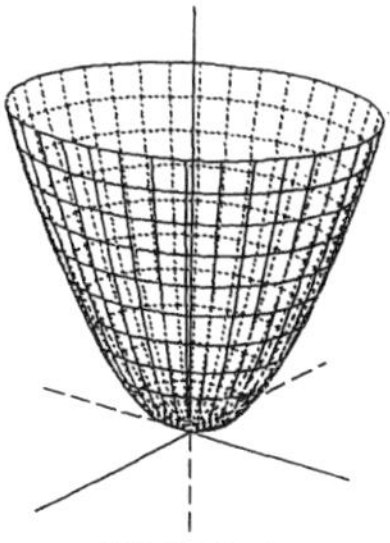

楕円放物面

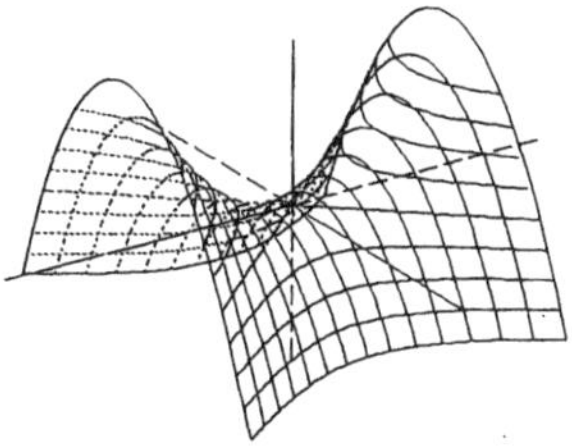

双曲放物面

5-6 図

このうち，楕円面，一葉双曲面，二葉双曲面，楕円放物面，双曲放物面の 5 つの曲面を「本来の二次曲面」という (5-6図)．

問 1. 上に述べた分類において本来の二次曲面では (5-12) の行列 B は正則となることを示せ．

問2. 次の二次曲線の標準形を求め，それはどんな曲線かを述べよ．またグラフの概形を画け．

(i)　$x^2-4xy+4y^2+6x+10y+3=0$

(ii)　$x^2-4xy-2y^2+8x+20y-32=0$

(iii)　$5x^2+4xy+8y^2-16x+8y-16=0$

演習問題 5

1.　$A=\begin{bmatrix} a & b & c \\ b & c & a \\ c & a & b \end{bmatrix}$,　$B=\begin{bmatrix} b & c & a \\ c & a & b \\ a & b & c \end{bmatrix}$,　$C=\begin{bmatrix} c & a & b \\ a & b & c \\ b & c & a \end{bmatrix}$

は同じ固有方程式をもつことを示せ．次に，このどれか2つが可換なら，固有値のうち2つは0であることを示せ．

2.　$\varphi_1, \cdots, \varphi_k$ を対称変換とし，

$$\varphi_1{}^2+\cdots+\varphi_k{}^2=0$$

とすると，

$$\varphi_1=\cdots=\varphi_k=0$$

でなければならない．これを証明せよ．

3.　次の二次曲面（3次元）の主軸問題をとき，曲面の概形を画け．

(i)　$x^2+3y^2+3z^2-2yz+2x+2y-6z-1=0$

(ii)　$x^2+y^2+2yz+2zx+2x-2y-4z-1=0$

(iii)　$x^2+z^2-2xy-2yz-4zx+2x+4y-10z+20=0$

(iv)　$4x^2+y^2+z^2+yz-2zx+2xy+2x+2y-4z-6=0$

(v)　$2x^2+2y^2-4z^2-5xy-2yz-2zx+2x+2y+z+1=0$

(vi)　$x^2+4y^2+z^2-4xy+4yz-2zx+2x-y-2z+1=0$

4.　R^3 において，二次曲面と平面との交わりは二次曲線であることを示せ．

5.　二次曲面の標準形を用いて，一葉双曲面と双曲放物面には2組の直線族がのっていることを示せ．

6.　楕円錐面上の1点と頂点とを結ぶ直線を，この錐面の母線という．母線の直交余空間の全体の包絡面はまた楕円錐面となる．このことを示し，その錐面の方程式をもとの錐面から導け．これをもとの錐面の共役錐面という．共役錐面の共役錐面はもとの錐面に一致することを示せ．

7.　楕円錐面の3本の母線が互いに直交するようにとれるときは，その方程式の2次の部分の行列 A は $\mathrm{tr}A=0$ であることを示せ．

第 6 章　二次形式

前章で調べた二次曲面において主要な役割を果たしたのは，方程式の２次の部分 $\sum_{i,j=1}^{n} a_{ij}x_i x_j$ であった．これは，線型空間 E から実数体への“２次関数”と考えられる．このことをもっと一般的に調べることにしよう．

§1. 一次形式，双一次形式，二次形式

E をユークリッド線型空間とする．

定義 6-1　E 上の**一次形式**とは，E から係数体 K（今のところ実数体としているが，定義としてはどんな体でもよい）への線型写像をいう．

すなわち，$f(\boldsymbol{x})$ が一次形式であるというのは，$f: E \to K$ であって，

$$f(\alpha\boldsymbol{x}+\beta\boldsymbol{y})=\alpha f(\boldsymbol{x})+\beta f(\boldsymbol{y})$$

が任意の $\boldsymbol{x}, \boldsymbol{y} \in E$ と任意の $\alpha, \beta \in K$ について成立することである．

これについて，

定理 6-2　E 上の一次形式 $f(\boldsymbol{x})$ に対し，E の元 $\boldsymbol{y}$ が一意的にきまって，

(6-1)　$$f(\boldsymbol{x})=\langle \boldsymbol{x}, \boldsymbol{y} \rangle$$

が成立する．

いいかえると，(6-1) の形の関数以外に一次形式は存在しない．

証明　f の核 $f^{-1}(0)$ を F とおく．もし f が E のすべての元を０にうつ

す関数なら $F=E$ となるが，そのときは $\boldsymbol{y}=\boldsymbol{0}$ ととればよい．$f(\boldsymbol{x})\neq 0$ の場合を考えよう．そのときは $F\neq E$ であるから $F^{\perp}\neq\{0\}$ となり，$\boldsymbol{y}_0\in F^{\perp}$ で，$\boldsymbol{y}_0\neq\boldsymbol{0}$ となる元 $\boldsymbol{y}_0$ が存在する．長さを正規化して，$|\boldsymbol{y}_0|=1$ として一般性を失わない．そして，$f(\boldsymbol{y}_0)\neq 0$ である．そこで

$$\boldsymbol{y}=f(\boldsymbol{y}_0)\cdot\boldsymbol{y}_0$$

とおく．すると，任意の $\boldsymbol{x}\in E$ に対し，

$$f\left(\boldsymbol{x}-\frac{f(\boldsymbol{x})}{f(\boldsymbol{y}_0)}\cdot\boldsymbol{y}_0\right)=f(\boldsymbol{x})-f(\boldsymbol{x})\cdot\frac{f(\boldsymbol{y}_0)}{f(\boldsymbol{y}_0)}=0$$

すなわち，

$$\boldsymbol{x}-\frac{f(\boldsymbol{x})}{f(\boldsymbol{y}_0)}\cdot\boldsymbol{y}_0\in F$$

従って，この元は $\boldsymbol{y}$ と直交する．

$$\left\langle\boldsymbol{x}-\frac{f(\boldsymbol{x})}{f(\boldsymbol{y}_0)}\cdot\boldsymbol{y}_0,\ \boldsymbol{y}\right\rangle=0$$

よって，

$$\begin{aligned}\langle\boldsymbol{x},\ \boldsymbol{y}\rangle&=\left\langle\frac{f(\boldsymbol{x})}{f(\boldsymbol{y}_0)}\cdot\boldsymbol{y}_0,\ f(\boldsymbol{y}_0)\boldsymbol{y}_0\right\rangle\\&=f(\boldsymbol{x})\cdot\frac{f(\boldsymbol{y}_0)}{f(\boldsymbol{y}_0)}\langle\boldsymbol{y}_0,\ \boldsymbol{y}_0\rangle\\&=f(\boldsymbol{x})\end{aligned}$$

$\boldsymbol{x}$ は任意であったから，(6-1) をみたす元 $\boldsymbol{y}$ の存在が証明された．

そのような $\boldsymbol{y}$ が1つしかないことは，もし $\boldsymbol{y}_1, \boldsymbol{y}_2$ が (6-1) をみたせば，

$$f(\boldsymbol{x})=\langle\boldsymbol{x},\ \boldsymbol{y}_1\rangle=\langle\boldsymbol{x},\ \boldsymbol{y}_2\rangle$$

より，任意の $\boldsymbol{x}$ につき，

$$\langle\boldsymbol{x},\ \boldsymbol{y}_1-\boldsymbol{y}_2\rangle=0$$

が成立し，従って，$\boldsymbol{y}_1-\boldsymbol{y}_2=\boldsymbol{0}$ でなければならないことからわかる．

証明終．

系　0でない一次形式の核は $n-1$ 次元である．

次に，E から K への "2変数" の1次関数 $f(\boldsymbol{x}, \boldsymbol{y})$ を考えよう．

定義 6-3 E 上の双一次形式とは，E の元 $\boldsymbol{x}, \boldsymbol{y}$ に対し，K の元を対応させる関数 $f(\boldsymbol{x}, \boldsymbol{y})$ で，$\boldsymbol{x}$ についても，$\boldsymbol{y}$ についても線型であるものをいう．

すなわち，

$$f(\alpha\boldsymbol{x}_1+\beta\boldsymbol{x}_2, \boldsymbol{y})=\alpha f(\boldsymbol{x}_1, \boldsymbol{y})+\beta f(\boldsymbol{x}_2, \boldsymbol{y}),$$
$$f(\boldsymbol{x}, \alpha\boldsymbol{y}_1+\beta\boldsymbol{y}_2)=\alpha f(\boldsymbol{x}, \boldsymbol{y}_1)+\beta f(\boldsymbol{x}, \boldsymbol{y}_2)$$

をみたすスカラー値関数のことである．これについては，

定理 6-4 E 上の双一次形式 $f(\boldsymbol{x}, \boldsymbol{y})$ に対し，E 上の線型変換 φ が一意的にきまって，

(6-2) $$f(\boldsymbol{x}, \boldsymbol{y})=\langle\boldsymbol{x}, \varphi(\boldsymbol{y})\rangle$$

が成立する．

証明 $\boldsymbol{y}$ を固定するごとに，$f(\boldsymbol{x}, \boldsymbol{y})$ は $\boldsymbol{x}$ に関する一次形式だから，定理 6-2 によって，E の元 $\boldsymbol{z}$ が一意的にきまって，

$$f(\boldsymbol{x}, \boldsymbol{y})=\langle\boldsymbol{x}, \boldsymbol{z}\rangle$$

とかける．この $\boldsymbol{z}$ は $\boldsymbol{y}$ によってきまるものだから，これを $\varphi(\boldsymbol{y})$ とおくと，

$$f(\boldsymbol{x}, \boldsymbol{y})=\langle\boldsymbol{x}, \varphi(\boldsymbol{y})\rangle$$

となっている．この対応

$$\varphi : \boldsymbol{y} \longmapsto \boldsymbol{z}$$

が線型であることを示そう．今，

$$f(\boldsymbol{x}, \boldsymbol{y}_1)=\langle\boldsymbol{x}, \varphi(\boldsymbol{y}_1)\rangle$$
$$f(\boldsymbol{x}, \boldsymbol{y}_2)=\langle\boldsymbol{x}, \varphi(\boldsymbol{y}_2)\rangle$$

とすると，

$$f(\boldsymbol{x}, \alpha\boldsymbol{y}_1+\beta\boldsymbol{y}_2)=\alpha f(\boldsymbol{x}, \boldsymbol{y}_1)+\beta f(\boldsymbol{x}, \boldsymbol{y}_2)$$

であるが，この式は，

$$\langle \boldsymbol{x}, \varphi(\alpha \boldsymbol{y}_1+\beta \boldsymbol{y}_2)\rangle=\alpha\langle \boldsymbol{x}, \varphi(\boldsymbol{y}_1)\rangle+\beta\langle \boldsymbol{x}, \varphi(\boldsymbol{y}_2)\rangle$$

に等しい．これらをすべて左辺に移項して

$$\langle \boldsymbol{x}, \varphi(\alpha \boldsymbol{y}_1+\beta \boldsymbol{y}_2)-\alpha\varphi(\boldsymbol{y}_1)-\beta\varphi(\boldsymbol{y}_2)\rangle=0$$

これが任意の $\boldsymbol{x}$ について成立するから，

$$\varphi(\alpha \boldsymbol{y}_1+\beta \boldsymbol{y}_2)=\alpha\varphi(\boldsymbol{y}_1)+\beta\varphi(\boldsymbol{y}_2)$$

でなければならない．従って φ は線型である．

φ の一意性は，もし φ_1, φ_2 が共に (6-2) を満足するならば，

$$\langle \boldsymbol{x}, \varphi_1(\boldsymbol{y})-\varphi_2(\boldsymbol{y})\rangle=0$$

が任意の $\boldsymbol{x}$ について成立する．従って，

$$\varphi_1(\boldsymbol{y})=\varphi_2(\boldsymbol{y})$$

$\boldsymbol{y}$ は任意だから，写像として，

$$\varphi_1=\varphi_2$$

である．　証明終．

定理 6-4 の 1 つの応用として，線型変換 φ の転置変換について述べよう．今，任意の線型変換 φ をとり，

$$f(\boldsymbol{x}, \boldsymbol{y})=\langle\varphi(\boldsymbol{x}), \boldsymbol{y}\rangle$$

とおく．するとこの $f(\boldsymbol{x}, \boldsymbol{y})$ は明らかに双一次形式だから，定理 6-4 によって，

$$f(\boldsymbol{x}, \boldsymbol{y})=\langle \boldsymbol{x}, {}^t\varphi(\boldsymbol{y})\rangle$$

をみたす線型変換 ${}^t\varphi$ が唯 1 つ存在する．この ${}^t\varphi$ を φ の**転置変換**と呼ぶ．明らかに，${}^t\varphi=\varphi$ は φ が対称変換であることを示している．

さて，双一次形式 $f(\boldsymbol{x}, \boldsymbol{y})$ が**対称性**：

「任意の $\boldsymbol{x}, \boldsymbol{y}$ につき，$f(\boldsymbol{x}, \boldsymbol{y})=f(\boldsymbol{y}, \boldsymbol{x})$」

をみたすとき，対称双一次形式という．

定理 6-5　$f(\boldsymbol{x}, \boldsymbol{y})$ が対称双一次形式であるための必要十分条件は，定理 6-4 で対応している線型変換 φ が，対称変換であることである．

証明　$f(\boldsymbol{x}, \boldsymbol{y})=f(\boldsymbol{y}, \boldsymbol{x})$ をかき直すと，

$$\langle \boldsymbol{x}, \varphi(\boldsymbol{y})\rangle=\langle \boldsymbol{y}, \varphi(\boldsymbol{x})\rangle$$

だが，右辺は内積の対称性から

$$=\langle \varphi(\boldsymbol{x}), \boldsymbol{y}\rangle$$

に等しい．従って，$f(\boldsymbol{x}, \boldsymbol{y})$ の対称性は φ の対称性と同値である．

証明終．

全く同様にして，反対称双一次形式

「任意の $\boldsymbol{x}, \boldsymbol{y}$ につき $f(\boldsymbol{x}, \boldsymbol{y})=-f(\boldsymbol{y}, \boldsymbol{x})$」

についても，

定理 6-6　$f(\boldsymbol{x}, \boldsymbol{y})$ が反対称であるための必要十分条件は，それに対応する線型変換 φ が反対称，

$$\langle \boldsymbol{x}, \varphi(\boldsymbol{y})\rangle=\langle -\varphi(\boldsymbol{x}), \boldsymbol{y}\rangle$$

をみたすことである．

証明は簡単だから省略する．

ところが一般に，

定理 6-7　任意の双一次形式は対称双一次形式と反対称双一次形式の和の形に一意的にかける．

証明　任意の双一次形式 $f(\boldsymbol{x}, \boldsymbol{y})$ に対し，

$$f_1(\boldsymbol{x}, \boldsymbol{y})=\frac{1}{2}(f(\boldsymbol{x}, \boldsymbol{y})+f(\boldsymbol{y}, \boldsymbol{x}))$$

$$f_2(\boldsymbol{x}, \boldsymbol{y})=\frac{1}{2}(f(\boldsymbol{x}, \boldsymbol{y})-f(\boldsymbol{y}, \boldsymbol{x}))$$

とおくと，これらは明らかに双一次形式で，f_1 は対称，f_2 は反対称であって，$f(\boldsymbol{x}, \boldsymbol{y})=f_1(\boldsymbol{x}, \boldsymbol{y})+f_2(\boldsymbol{x}, \boldsymbol{y})$ が成立することは明らか．一意性は，定義によって，対称かつ反対称なら 0 しかないことから明らかである．

証明終．

同様に任意の線型変換は，対称変換と反対称変換の和に一意的にかける．

そこで，上の分解の対称の部分を，$f(\boldsymbol{x}, \boldsymbol{y})$ の対称部分，反対称の方を反対称部分という．

いよいよ，二次形式に移ろう．

定義 6-8　E 上の双一次形式 $f(\boldsymbol{x}, \boldsymbol{y})$ において，$\boldsymbol{x}=\boldsymbol{y}$ としたものを E 上の二次形式という．

すなわち，二次形式とは $f(\boldsymbol{x}, \boldsymbol{x})$ の形のスカラー値関数である．定理6-4から，それは，

$$f(\boldsymbol{x}, \boldsymbol{x})=\langle \boldsymbol{x}, \varphi(\boldsymbol{x})\rangle$$

の形のものに限ることがわかる．

さて，二次形式が与えられたとき，それは唯１つの双一次形式からきまるものだろうか．実はそうはならない．すなわち今度は，

$$f(\boldsymbol{x}, \boldsymbol{x})=f_1(\boldsymbol{x}, \boldsymbol{y})\big|_{\boldsymbol{x}=\boldsymbol{y}}=f_2(\boldsymbol{x}, \boldsymbol{y})\big|_{\boldsymbol{x}=\boldsymbol{y}}$$

をみたす異なる双一次形式 f_1, f_2 が存在する．しかし，

定理 6-9　2つの双一次形式 $f_1(\boldsymbol{x}, \boldsymbol{y})$，$f_2(\boldsymbol{x}, \boldsymbol{y})$ が同じ二次形式を定義するための必要十分条件は，

$$h(\boldsymbol{x}, \boldsymbol{y})=f_1(\boldsymbol{x}, \boldsymbol{y})-f_2(\boldsymbol{x}, \boldsymbol{y})$$

が反対称双一次形式であることである．

証明　必要性．f_1 と f_2 が同じ二次形式を定義すれば，任意の $\boldsymbol{x}$ に対し，

$$h(\boldsymbol{x}, \boldsymbol{x})=f_1(\boldsymbol{x}, \boldsymbol{x})-f_2(\boldsymbol{x}, \boldsymbol{x})=0$$

となる．そこで，任意の $\boldsymbol{x}, \boldsymbol{y}$ に対し，

$$\begin{aligned}0&=h(\boldsymbol{x}+\boldsymbol{y}, \boldsymbol{x}+\boldsymbol{y})=h(\boldsymbol{x}, \boldsymbol{x})+h(\boldsymbol{x}, \boldsymbol{y})+h(\boldsymbol{y}, \boldsymbol{x})+h(\boldsymbol{y}, \boldsymbol{y})\\&=h(\boldsymbol{x}, \boldsymbol{y})+h(\boldsymbol{y}, \boldsymbol{x})\end{aligned}$$

すなわち，h は反対称である．

十分性．h が反対称なら，$h(\boldsymbol{y}, \boldsymbol{x})=-h(\boldsymbol{x}, \boldsymbol{y})$ において $\boldsymbol{x}=\boldsymbol{y}$ とおく

と，$2h(\boldsymbol{x}, \boldsymbol{x})=0$ となり，従って $f_1(\boldsymbol{x}, \boldsymbol{x})=f_2(\boldsymbol{x}, \boldsymbol{x})$ が成立する．

証明終．

系　二次形式 $f(\boldsymbol{x}, \boldsymbol{x})$ を定義する双一次形式のうちで対称双一次形式が唯1つ存在する．

証明　$f(\boldsymbol{x}, \boldsymbol{x})$ を定義する双一次形式 $f(\boldsymbol{x}, \boldsymbol{y})$ の対称部分を $g(\boldsymbol{x}, \boldsymbol{y})$，反対称部分を $h(\boldsymbol{x}, \boldsymbol{y})$ とすると，

$$f(\boldsymbol{x}, \boldsymbol{y})=g(\boldsymbol{x}, \boldsymbol{y})+h(\boldsymbol{x}, \boldsymbol{y})$$

ところが，$h(\boldsymbol{x}, \boldsymbol{x})=0$ だから，

$$f(\boldsymbol{x}, \boldsymbol{x})=g(\boldsymbol{x}, \boldsymbol{x})$$

すなわち，$f(\boldsymbol{x}, \boldsymbol{x})$ は $g(\boldsymbol{x}, \boldsymbol{y})$ から定義される．

一意性は，定理6-9から，2つあったとするとその差は対称かつ反対称となり，従って恒等的に0しかない．　終．

この対称双一次形式をもとの二次形式の**極形式**という．

この系によって，どんな二次形式にも**対称変換** φ が一意的に対応して，

$$f(\boldsymbol{x}, \boldsymbol{x})=\langle \boldsymbol{x}, \varphi(\boldsymbol{x})\rangle$$

とかけることがわかった．

§2. 座　標　表　示

E に基底 $\boldsymbol{e}_1, \cdots, \boldsymbol{e}_n$ を固定して，これによって，一次形式，双一次形式，二次形式の座標表示を考える．

まず一次形式は，$\boldsymbol{x}=x_1\boldsymbol{e}_1+\cdots+x_n\boldsymbol{e}_n$ とすると，

$$f(\boldsymbol{x})=\langle \boldsymbol{x}, \boldsymbol{y}\rangle=\langle \sum_{i=1}^{n} x_i\boldsymbol{e}_i, \boldsymbol{y}\rangle=\sum_{i=1}^{n}\langle \boldsymbol{e}_i, \boldsymbol{y}\rangle x_i$$

と，$\boldsymbol{x}$ の座標 $x_1, \cdots, x_n$ の斉1次式となる．なお，$\{\boldsymbol{e}_i\}$ が正規直交基底の場合は $\langle \boldsymbol{e}_i, \boldsymbol{y}\rangle$ $(i=1, \cdots, n)$ は $\boldsymbol{y}$ の座標となる（定理 2-6）．

次に，双一次形式は，$\boldsymbol{x}=x_1\boldsymbol{e}_1+\cdots+x_n\boldsymbol{e}_n$，$\boldsymbol{y}=y_1\boldsymbol{e}_1+\cdots+y_n\boldsymbol{e}_n$ とすると，

$$f(\boldsymbol{x}, \boldsymbol{y})=f(\sum_{i=1}^{n} x_i\boldsymbol{e}_i, \sum_{j=1}^{n} y_j\boldsymbol{e}_j)$$

$$= \sum_{i,j=1}^{n} f(\boldsymbol{e}_i, \boldsymbol{e}_j) x_i y_j$$

そこで，$f(\boldsymbol{e}_i, \boldsymbol{e}_j)$ $(i, j=1, \cdots, n)$ を要素とする行列を A とすると，

(6-3)
$$f(\boldsymbol{x}, \boldsymbol{y}) = (x_1, \cdots, x_n) A \begin{bmatrix} y_1 \\ \vdots \\ y_n \end{bmatrix}$$

と表わされることがわかる．このように双一次形式は E の基底を1組とる毎に，正方行列 $A=(f(\boldsymbol{e}_i, \boldsymbol{e}_j))$ が対応する．逆に，任意の正方行列 A と，1組の基底を与えると (6-3) によって1つの双一次形式がきまる．

ここで1つの疑問が起こる．先に双一次形式と線型変換の対応を見た．その線型変換とこの行列との関係はどうなるであろうか．つまり今までの話から

$$A \underset{(6\text{-}3)}{\longleftrightarrow} f(\boldsymbol{x}, \boldsymbol{y}) \underset{\text{定理 } 6\text{-}4}{\longleftrightarrow} \varphi \underset{(3\text{-}1)}{\longleftrightarrow} B$$

の対応が存在するのだが，両端の行列は等しいのだろうか．

もともと，(6-3) と (3-1) は E に内積が定義されているかどうかとは全く無関係にきまる対応であるが，定理 6-4 による f と φ の関係は，E の内積を介してきまっている．だから，A と B の関係も内積を介してきまるのであって，次の定理が成立する．

定理 6-10　E の基底 $\boldsymbol{e}_1, \cdots, \boldsymbol{e}_n$ によって，

$$f(\boldsymbol{x}, \boldsymbol{y}) = (x_1, \cdots, x_n) A \begin{bmatrix} y_1 \\ \vdots \\ y_n \end{bmatrix},$$

(6-4)
$$(\varphi(\boldsymbol{e}_1), \cdots, \varphi(\boldsymbol{e}_n)) = (\boldsymbol{e}_1, \cdots, \boldsymbol{e}_n) B$$

であるとする．もし

(6-5)
$$f(\boldsymbol{x}, \boldsymbol{y}) = \langle \boldsymbol{x}, \varphi(\boldsymbol{y}) \rangle$$

ならば，

$$A = (\langle \boldsymbol{e}_i, \boldsymbol{e}_j \rangle) \cdot B$$

が成立する．

証明　$A=(f(\boldsymbol{e}_i, \boldsymbol{e}_k))=(\langle \boldsymbol{e}_i, \varphi(\boldsymbol{e}_k)\rangle)=(\langle \boldsymbol{e}_i, \sum_{j=1}^{n} b_{jk}\boldsymbol{e}_j\rangle)$

$$=(\sum_{j=1}^{n}\langle \boldsymbol{e}_i, \boldsymbol{e}_j\rangle b_{jk})=(\langle \boldsymbol{e}_i, \boldsymbol{e}_j\rangle)\cdot B$$

証明終.

系　任意の f について $A=B$ であるための必要十分条件は基底 $\boldsymbol{e}_1, \cdots, \boldsymbol{e}_n$ が**正規直交基底**であることである.

応用例として φ を線型変換, ${}^t\varphi$ をその転置変換とする. すなわち,

$$\langle \varphi(\boldsymbol{x}), \boldsymbol{y}\rangle=\langle \boldsymbol{x}, {}^t\varphi(\boldsymbol{y})\rangle$$

この両辺を**正規直交基底**によって座標表示すると,

$$\langle \varphi(\boldsymbol{x}), \boldsymbol{y}\rangle=\langle \boldsymbol{y}, \varphi(\boldsymbol{x})\rangle=(y_1, \cdots, y_n)A\begin{bmatrix} x_1 \\ \vdots \\ x_n \end{bmatrix}$$

$$=(x_1, \cdots, x_n){}^tA\begin{bmatrix} y_1 \\ \vdots \\ y_n \end{bmatrix}=\langle \boldsymbol{x}, {}^t\varphi(\boldsymbol{y})\rangle$$

が成立するから, ${}^t\varphi$ の表現行列は ${}^tA$ である.

最後に二次形式の座標表示を調べよう. これは, 双一次形式において $\boldsymbol{x}=\boldsymbol{y}$ とおいたものだから,

(6-6)　$$f(\boldsymbol{x}, \boldsymbol{x})=(x_1, \cdots, x_n)A\begin{bmatrix} x_1 \\ \vdots \\ x_n \end{bmatrix}=\sum_{i,j=1}^{n} a_{ij}x_ix_j$$

となっているが, 特に f として対称双一次形式が (一意的に) えらべるから, そのようにとっておくと, $f(\boldsymbol{e}_i, \boldsymbol{e}_j)=f(\boldsymbol{e}_j, \boldsymbol{e}_i)$ だから A は対称行列になる. 一方, (6-5) によって f に対応する線型変換 φ は対称変換だが, 基底が任意であれば, φ の表現行列 B は対称にならない. B がつねに対称になるのは (6-4) における $\boldsymbol{e}_1, \cdots, \boldsymbol{e}_n$ が正規直交基底の場合だけである (定理 3-4). そしてもし $\boldsymbol{e}_1, \cdots, \boldsymbol{e}_n$ が正規直交基底なら定理 6-10 によって φ の表現行列は A に等しい.

このように二次形式を $\langle \boldsymbol{x}, \varphi(\boldsymbol{x})\rangle$ の形で調べる際には, 基底として正規直交基底をえらんでおくと何かと便利であることがわかる.

以後, 二次形式 $f(\boldsymbol{x}, \boldsymbol{x})$ という場合は, $f(\boldsymbol{x}, \boldsymbol{y})$ は対称双一次形式である

と仮定して話を進めよう.

注意　普通，二次形式という場合，$y=\sum_{i,j=1}^{n} a_{ij}x_i x_j$ の形の斉次2次式から出発することが多い．しかし，線型空間上の二次形式という場合，それはもともと座標系と無関係な概念なのであって，従って，まず最初線型空間上の関数という設定が不可欠であり，次にその座標表示としての斉次2次式を考えることになったのである.

問. $A=\begin{bmatrix} 0 & \nu & -\mu \\ -\nu & 0 & \lambda \\ \mu & -\lambda & 0 \end{bmatrix}$ は R^3 上の反対称双一次形式を定義することを示せ.

また $\boldsymbol{x}={}^t(x_1,\ x_2,\ x_3)$，$\boldsymbol{y}={}^t(y_1,\ y_2,\ y_3)$ に対し，双一次形式の値は

$$^t\boldsymbol{x}A\boldsymbol{y}=\det\begin{bmatrix} \lambda & \mu & \nu \\ x_1 & x_2 & x_3 \\ y_1 & y_2 & y_3 \end{bmatrix}$$

であることを示せ.

§3. 二次形式の標準形

二次形式の座標表示 (6-6) のうち，その形が最も見やすいものとして標準形がある.

すなわち，(6-6) の表わし方のうち，$a_{ij}=0\ (i\neq j)$ をみたすものを，$f(\boldsymbol{x},\boldsymbol{x})$ の標準形という．いいかえると，基底 $\boldsymbol{e}_1,\cdots,\boldsymbol{e}_n$ による $f(\boldsymbol{x},\boldsymbol{x})$ の座標表示が $x_i x_j$ $(i\neq j)$ の形の項を含まず,

$$f(\boldsymbol{x},\boldsymbol{x})=d_1x_1^2+\cdots+d_nx_n^2$$

となることである．これは二次曲面の時に出て来た標準形と同じ種類のものである.

さて，一般に，(6-6) からわかるように，$a_{ij}=f(\boldsymbol{e}_i,\boldsymbol{e}_j)$ であるから，次の定義が標準形を考察する上で便利である.

定義 6-11　基底 $\boldsymbol{e}_1,\cdots,\boldsymbol{e}_n$ が

(6-7)　$$f(\boldsymbol{e}_i,\boldsymbol{e}_j)=0\quad (i\neq j;\ i,j=1,\cdots,n)$$

をみたすとき，$\boldsymbol{e}_1, \cdots, \boldsymbol{e}_n$ は二次形式 $f(\boldsymbol{x}, \boldsymbol{x})$ に関して**共役系**をなすという．

この言葉を用いると，二次形式が標準形をとるためにはその基底が共役系をなすことが必要十分である．

共役系は少なくとも1組は存在する．実際，定理6-9系によって，$f(\boldsymbol{x}, \boldsymbol{x})$ には対称線型変換 φ が対応している．この φ の固有ベクトルから成る正規直交基底 $\boldsymbol{e}_1, \cdots, \boldsymbol{e}_n$ が存在する（定理 5-4）から，これによる $f(\boldsymbol{x}, \boldsymbol{x})$ の座標表示を考えると，

(6-8)
$$f(\boldsymbol{x}, \boldsymbol{x}) = \langle \boldsymbol{x}, \varphi(\boldsymbol{x}) \rangle = \langle \sum_{i=1}^{n} x_i \boldsymbol{e}_i,\ \sum_{j=1}^{n} x_j \varphi(\boldsymbol{e}_j) \rangle$$
$$= \langle \sum_{i=1}^{n} x_i \boldsymbol{e}_i,\ \sum_{j=1}^{n} \lambda_j x_j \boldsymbol{e}_j \rangle$$
$$= \sum_{i,j=1}^{n} \lambda_j \langle \boldsymbol{e}_i, \boldsymbol{e}_j \rangle x_i x_j = \sum_{j=1}^{n} \lambda_j x_j^2 \quad (\lambda_j \text{ は } \varphi \text{ の固有値})$$

と，標準形になっている．従って，この $\boldsymbol{e}_1, \cdots, \boldsymbol{e}_n$ は1組の共役系である．

しかし，共役系はこの他にも一般に無数にたくさんある．一般に，共役系を作るには，まず，任意のベクトル $\boldsymbol{e}_1$ をとり，

$$f(\boldsymbol{e}_2, \boldsymbol{e}_1) = 0$$

を $\boldsymbol{e}_2$ に関する1次方程式と見て，これをとく．E が n 次元なら，$\boldsymbol{e}_2$ のとり方は $n-1$ 次元分だけあるから，そのうちの1つを固定する．次に，

$$f(\boldsymbol{e}_3, \boldsymbol{e}_1) = 0$$
$$f(\boldsymbol{e}_3, \boldsymbol{e}_2) = 0$$

を $\boldsymbol{e}_3$ に関する連立方程式としてとく．この解の自由度は一般に $n-2$ 次元である．このようにして，次々に $\boldsymbol{e}_3, \cdots, \boldsymbol{e}_n$ をきめていけばよい．

例1．R^2 上の二次形式 $3x^2-2xy+3y^2$ の共役系．

これは，$\boldsymbol{x} = {}^t(x, y)$ として，$f(\boldsymbol{x}, \boldsymbol{x}) = (x, y)\begin{bmatrix} 3 & -1 \\ -1 & 3 \end{bmatrix}\begin{bmatrix} x \\ y \end{bmatrix} = {}^t\boldsymbol{x}A\boldsymbol{x}$ と座標表示されたものと考えられる．$\boldsymbol{e}_1$ として任意のベクトル，たとえば $\boldsymbol{e}_1 =$

${}^t(1, 0)$ ととると，これと共役なベクトル $\boldsymbol{e}_2$ は，

$$f(\boldsymbol{e}_1, \boldsymbol{e}_2)=(1, 0)\begin{bmatrix} 3 & -1 \\ -1 & 3 \end{bmatrix}\begin{bmatrix} l \\ m \end{bmatrix}=0$$

すなわち，

$$3l-m=0$$

をみたすようにとらねばならないから，$\boldsymbol{e}_2={}^t(1, 3)$ となる．これらは線型独立だから，${}^t(1, 0)$，${}^t(1, 3)$ は1組の共役系をなす．

一般に R^n での二次形式

$$y=\sum_{i,j=1}^{n} a_{ij}x_i x_j=(x_1, \cdots, x_n)A\begin{bmatrix} x_1 \\ \vdots \\ x_n \end{bmatrix}={}^t\boldsymbol{x}\cdot A\cdot \boldsymbol{x}$$

の標準形を作ることは，ある正則行列 T によって，

$$\boldsymbol{x}=T\boldsymbol{x}'$$

と変換したとき，

$$y={}^t\boldsymbol{x}'\,{}^tTAT\boldsymbol{x}'={}^t\boldsymbol{x}'D\boldsymbol{x}'$$

となって得られる行列

$$D={}^tTAT$$

が対角行列であるようにすることを意味する．上に述べたように，1組の共役系が得られたとき，それらを列ベクトルとする正方行列を T とおけば，上の D は対角行列になる．逆に正則な行列 T が ${}^tTAT$ を対角行列にするならば，T の列ベクトルの組は共役系をなす．

ここで，注意すべきことは，A の固有値問題は

$$T^{-1}AT=D$$

を対角行列にすることであり，A による二次形式の標準化問題は

$${}^tTAT=D$$

を対角行列にすることである．どちらも A が対称行列の場合可能であるが，後者の場合の方がはるかに T の作り方の自由度は多い．そして，どちらをも同時に一挙に解決する行列としては，

$${}^tT=T^{-1}$$

すなわち，直交行列がある．

もう１つ，例を挙げておこう．

例２． R^3 上の二次形式

$$4x^2+y^2+z^2+yz-2zx+2xy$$

に関する共役系．

これは，

$$f(\boldsymbol{x},\boldsymbol{x})=(x,y,z)\begin{bmatrix}4 & 1 & -1\\ 1 & 1 & \frac{1}{2}\\ -1 & \frac{1}{2} & 1\end{bmatrix}\begin{bmatrix}x\\ y\\ z\end{bmatrix} \tag{6-9}$$

とかける．$\boldsymbol{e}_1={}^t(1,0,0)$ととってみると，$\boldsymbol{e}_2$ は，

$$(1,0,0)\begin{bmatrix}4 & 1 & -1\\ 1 & 1 & \frac{1}{2}\\ -1 & \frac{1}{2} & 1\end{bmatrix}\begin{bmatrix}l\\ m\\ n\end{bmatrix}=0$$

の解，すなわち

$$4l+m-n=0 \tag{6-10}$$

という平面上にのるベクトルである．これは２次元であるが，そのうちの１つたとえば，

$$\boldsymbol{e}_2={}^t(0,1,1)$$

ととる．すると，最後の $\boldsymbol{e}_3$ は，(6-10) と

$$(0,1,1)\begin{bmatrix}4 & 1 & -1\\ 1 & 1 & \frac{1}{2}\\ -1 & \frac{1}{2} & 1\end{bmatrix}\begin{bmatrix}l\\ m\\ n\end{bmatrix}=0$$

すなわち，

$$m+n=0 \tag{6-11}$$

を同時にみたさねばならない．従って今度は自由度は１で，

$$e_3={}^t(1,\ -2,\ 2)$$

ときまってしまう．（勿論，スカラー倍する自由度は残る．）このようにして作ったベクトル e_1, e_2, e_3 は線型独立だから，共役系をなしている．この基底に関するもとの二次形式の座標表示は，

$$\begin{bmatrix} x \\ y \\ z \end{bmatrix}=\begin{bmatrix} 1 & 0 & 1 \\ 0 & 1 & -2 \\ 0 & 1 & 2 \end{bmatrix}\begin{bmatrix} x' \\ y' \\ z' \end{bmatrix}$$

を (6-9) に代入して，

$$f(\boldsymbol{x},\boldsymbol{x})=(x',\ y',\ z')\begin{bmatrix} 4 & 0 & 0 \\ 0 & 3 & 0 \\ 0 & 0 & 0 \end{bmatrix}\begin{bmatrix} x' \\ y' \\ z' \end{bmatrix}=4x'^2+3y'^2$$

となる．

注意　e_1 は勝手にとってよいといっても，$f(e_1, e_1)=0$ となるようなものから出発すると，一般に共役系は作れない．たとえば，R^2 上の二次形式

$$2xy$$

の共役系を作ろうとして，$e_1={}^t(1,0)$ から出発しても，

$$(1,0)\begin{bmatrix} 0 & 1 \\ 1 & 0 \end{bmatrix}\begin{bmatrix} l \\ m \end{bmatrix}=0$$

をとくと，$m=0$ となり，$e_2={}^t(1,0)=e_1$ となってしまう．

これに関しては次の定理が成立する．

定理 6-12　ベクトル $e_1, \cdots, e_k$ $(k\leqq n)$ が，

$$\text{(6-12)}\qquad \begin{aligned} &f(e_i,\ e_j)=0\quad (i\neq j) \\ &f(e_i,\ e_i)\neq 0 \end{aligned}$$

をみたせば，線型独立である．

証明　今，$c_1e_1+\cdots+c_ke_k=\mathbf{0}$ が実現したとしよう．すると，任意の e_i に対し，

$$0=f(\boldsymbol{e}_i, \sum_{j=1}^{k} c_j \boldsymbol{e}_j)=\sum_{j=1}^{k} c_j f(\boldsymbol{e}_i, \boldsymbol{e}_j)=c_i f(\boldsymbol{e}_i, \boldsymbol{e}_i)$$

となる．$f(\boldsymbol{e}_i, \boldsymbol{e}_i)\neq 0$ だから $c_i=0$ $(i=1, \cdots, k)$．　証明終．

系　n 個のベクトル $\boldsymbol{e}_1, \cdots, \boldsymbol{e}_n$ が (6-12) をみたせば，それらは基底である．従って共役系である．

しかし，勿論この逆は成立しない．すなわち共役系がすべて (6-12) の第2式をみたすとは限らない．

次に，慣性律について述べよう．上に述べたように，一般に二次形式の標準形を与える方法は無数にあるが，どのようにとっても，

$$f(\boldsymbol{x}, \boldsymbol{x})=d_1x_1^2+\cdots+d_nx_n^2$$

の係数 $d_1, \cdots, d_n$ の中の正の数の個数，負の数の個数および0の個数は，それぞれ一定であって，どんな表わし方をしても変わらない．これが**慣性律**である．定理の形で述べると，

定理 6-13　(Sylvester) 二次形式 $f(\boldsymbol{x}, \boldsymbol{x})$ を2通りの方法で標準形に表わして，

(6-13)　$f(\boldsymbol{x}, \boldsymbol{x})=d_1x_1^2+\cdots+d_sx_s^2-d_{s+1}x_{s+1}^2-\cdots-d_rx_r^2$　$(d_i>0)$

(6-14)　$f(\boldsymbol{x}, \boldsymbol{x})=e_1x_1'^2+\cdots+e_tx_t'^2-e_{t+1}x_{t+1}'^2-\cdots-e_px_p'^2$　$(e_i>0)$

となったとすると，

$$r=p, \quad s=t.$$

証明　(6-13), (6-14) と表わすのに用いた共役系をそれぞれ

$$\boldsymbol{e}_1, \cdots, \boldsymbol{e}_n,$$
$$\boldsymbol{e}_1', \cdots, \boldsymbol{e}_n',$$

としよう．すると，標準形の定義から，

(6-15)
$$\begin{aligned} &f(\boldsymbol{e}_i, \boldsymbol{e}_j)=0 \quad (i\neq j),\\ &f(\boldsymbol{e}_i, \boldsymbol{e}_i)=d_i \quad (1\leqq i\leqq s)\\ &f(\boldsymbol{e}_i, \boldsymbol{e}_i)=-d_i \quad (s+1\leqq i\leqq r)\\ &f(\boldsymbol{e}_i, \boldsymbol{e}_i)=0 \quad (r+1\leqq i\leqq n)\end{aligned}$$

となっている．

二次形式を内積の形で表わそう．

$$f(\boldsymbol{x}, \boldsymbol{x}) = \langle \boldsymbol{x}, \varphi(\boldsymbol{x}) \rangle$$

このとき，$r = \operatorname{rank}\varphi = \dim\varphi(E)$ であることを示せば，r が座標のえらび方に無関係な数であることがわかる．まず，$\varphi(\boldsymbol{e}_{r+1}), \cdots, \varphi(\boldsymbol{e}_n)$ を考えよう．

これらのベクトルは，(6-15) の第1，第4の式からすべての $\boldsymbol{e}_i (i=1, \cdots, n)$ と直交している．従って，($\boldsymbol{e}_1, \cdots, \boldsymbol{e}_n$ は E の基底だから) E のすべての元と直交しなければならない．だから，

$$\varphi(\boldsymbol{e}_{r+1}) = \cdots = \varphi(\boldsymbol{e}_n) = \boldsymbol{0}$$

でなければならない．従って $\boldsymbol{e}_{r+1}, \cdots, \boldsymbol{e}_n \in \varphi^{-1}(\boldsymbol{0})$ である．

一方，$\varphi(\boldsymbol{e}_1), \cdots, \varphi(\boldsymbol{e}_r)$ は線型独立である．実際，

$$c_1\varphi(\boldsymbol{e}_1) + \cdots + c_r\varphi(\boldsymbol{e}_r) = \boldsymbol{0}$$

が実現したとすると，任意の $\boldsymbol{e}_i (1 \leqslant i \leqslant r)$ との内積は，

$$0 = \langle \boldsymbol{e}_i, \sum_{j=1}^{r} c_j \varphi(\boldsymbol{e}_j) \rangle = \sum_{j=1}^{r} c_j \langle \boldsymbol{e}_i, \varphi(\boldsymbol{e}_j) \rangle$$

$$= \sum_{j=1}^{r} c_j f(\boldsymbol{e}_i, \boldsymbol{e}_j) = c_i f(\boldsymbol{e}_i, \boldsymbol{e}_i)$$

従って，$f(\boldsymbol{e}_i, \boldsymbol{e}_i) \neq 0$ より，$c_i = 0$ $(1 \leqslant i \leqslant r)$ でなければならない．すなわち，$\varphi(\boldsymbol{e}_1), \cdots, \varphi(\boldsymbol{e}_r)$ は線型独立である．

これらのことから，

$$\dim\varphi^{-1}(\boldsymbol{0}) \geqslant n - r, \ \dim\varphi(E) \geqslant r$$

一方次元定理 (定理 1-19) により，$\dim\varphi^{-1}(\boldsymbol{0}) + \dim\varphi(E) = n$ でなければならないから，

$$\dim\varphi^{-1}(\boldsymbol{0}) = n - r, \ \dim\varphi(E) = r$$

が成立する．これで $r = \operatorname{rank}\varphi$ は標準形の表わし方によらないことがわかった．

次に $s=t$ を証明しよう．今 $s<t$ と仮定すると，$t-s \geqslant 1$ である．

$$\boldsymbol{e}_{s+1},\ \cdots,\ \boldsymbol{e}_n$$

で張られる線型部分空間を E_1 とし，

$$\boldsymbol{e}_1',\ \cdots,\ \boldsymbol{e}_t',\quad \boldsymbol{e}_{r+1}',\ \cdots,\ \boldsymbol{e}_n'$$

で張られる線型部分空間を E_2 とすると，

$$\dim E_1 = n-s,\quad \dim E_2 = n-(r-t)$$

だから，

$$\dim E_1 + \dim E_2 = 2n-r+(t-s) \geqq 2n-r+1$$

である．従って，定理 1-11 系 2 により，

(6-16) $$\dim(E_1 \cap E_2) \geqq n-r+1$$

であることがわかる．ところが $E_1 \cap E_2$ の任意の元 $\boldsymbol{x}$ をとると，$\boldsymbol{x} \in E_1$ だから，(6-13) から，

$$f(\boldsymbol{x},\ \boldsymbol{x}) = -d_{s+1}x_{s+1}{}^2 - \cdots - d_r x_r{}^2 \leqq 0$$

一方，$\boldsymbol{x} \in E_2$ でもあるから，

$$f(\boldsymbol{x},\ \boldsymbol{x}) = e_1 x_1'^2 + \cdots + e_t x_t'^2 \geqq 0$$

となり，従って，

$$f(\boldsymbol{x},\ \boldsymbol{x}) = 0$$

でなければならない．従って $\boldsymbol{x}$ の座標は，

$$x_{s+1} = \cdots = x_r = 0,\quad x_1' = \cdots = x_t' = 0$$

となり，$\boldsymbol{x}$ は $\boldsymbol{e}_{r+1},\ \cdots,\ \boldsymbol{e}_n$ の線型結合で表わされる．これは $E_1 \cap E_2$ の任意の元について成立することだから，結局，$E_1 \cap E_2$ は $\boldsymbol{e}_{r+1},\ \cdots,\ \boldsymbol{e}_n$ で張られていることがわかる．すなわち，$\dim(E_1 \cap E_2) \leqq n-r$．これは(6-16)に反する．だから $s<t$ という仮定は矛盾を生じてしまう．従って，$s \geqq t$ でなければならない．ところが $s>t$ と仮定しても上と全く同じ議論で矛盾が生じるから，結局 $s=t$ でなければならない．　　　　証明終．

定義 6-14　二次形式 $f(\boldsymbol{x},\ \boldsymbol{x})$ を標準形

(6-17) $$f(\boldsymbol{x},\ \boldsymbol{x}) = d_1 x_1{}^2 + \cdots + d_p x_p{}^2 - d_{p+1} x_{p+1}{}^2 - \cdots - d_{p+q} x_{p+q}{}^2 \quad (d_i > 0)$$

で表わしたとき，整数の対 (p, q) のことを $f(\boldsymbol{x}, \boldsymbol{x})$ の**符号数**，$p+q=r$ のことを $f(\boldsymbol{x}, \boldsymbol{x})$ の**階数**という．

注意　$d_1, \cdots, d_r$ の値には固有値のようなはっきりした意味はない．ただその符号だけが二次形式にとって不変な（従って本質的な）量なのである．実際，(6-17) を表示する E の基底を $\boldsymbol{e}_1, \cdots, \boldsymbol{e}_n$ とするとき，

$$\frac{1}{\sqrt{d_1}}\boldsymbol{e}_1, \cdots, \frac{1}{\sqrt{d_r}}\boldsymbol{e}_r, \boldsymbol{e}_{r+1}, \cdots, \boldsymbol{e}_n$$

もまた基底となる．そして，

$$f\left(\frac{1}{\sqrt{d_i}}\boldsymbol{e}_i, \frac{1}{\sqrt{d_i}}\boldsymbol{e}_i\right)=\frac{1}{d_i}f(\boldsymbol{e}_i, \boldsymbol{e}_i)=\pm\frac{1}{d_i}\cdot d_i=\pm 1\quad(i=1, \cdots, r)$$

であるから，この基底による $f(\boldsymbol{x}, \boldsymbol{x})$ の座標表示は，

(6-18)
$$f(\boldsymbol{x}, \boldsymbol{x})=x_1{}^2+\cdots+x_p{}^2-x_{p+1}{}^2-\cdots-x_r{}^2$$

の形をとる．

なお，(6-8) からもわかるように，f に対応する対称変換 φ の固有値を $\lambda_1, \cdots, \lambda_n$ とするとき，その正負の符号の数は $f(\boldsymbol{x}, \boldsymbol{x})$ の符号数と一致する．だから，φ の固有値がわかれば f の符号数はわかってしまう．

今度は2つの二次形式の同値性について考えよう．2つの二次形式 $f(\boldsymbol{x}, \boldsymbol{x})$ と $g(\boldsymbol{x}, \boldsymbol{x})$ が**同値**であるとは，E 上の正則変換 ψ が存在して，

$$f(\boldsymbol{x}, \boldsymbol{x})=g(\psi(\boldsymbol{x}), \psi(\boldsymbol{x}))$$

が成立することをいう．このとき，

定理 6-15　2つの二次形式が同値であるための必要十分条件は，符号数が一致することである．

証明　$f(\boldsymbol{x}, \boldsymbol{x})=g(\psi(\boldsymbol{x}), \psi(\boldsymbol{x}))$ がある正則な ψ によって成立したとしよう．$f(\boldsymbol{x}, \boldsymbol{x})$ をある共役系 $\boldsymbol{e}_1, \cdots, \boldsymbol{e}_n$ によって

$$f(\boldsymbol{x}, \boldsymbol{x})=d_1x_1{}^2+\cdots+d_px_p{}^2-d_{p+1}x_{p+1}{}^2-\cdots-d_rx_r{}^2\quad(d_i>0)$$

と表わしたとする．このとき，

$$\psi(\boldsymbol{e}_1),\ \cdots,\ \psi(\boldsymbol{e}_n)$$

はまた E の基底であるから E の任意の元 $\boldsymbol{y}$ に対し，$\psi^{-1}(\boldsymbol{y})$ を $\boldsymbol{e}_1, \cdots, \boldsymbol{e}_n$ の線型結合で表わして，

$$\boldsymbol{x}=\psi^{-1}(\boldsymbol{y})=x_1\boldsymbol{e}_1+\cdots+x_n\boldsymbol{e}_n$$

となったとすると，

$$\boldsymbol{y}=x_1\psi(\boldsymbol{e}_1)+\cdots+x_n\psi(\boldsymbol{e}_n)$$

である．従って，$g(\boldsymbol{y}, \boldsymbol{y})$ の $\psi(\boldsymbol{e}_1), \cdots, \psi(\boldsymbol{e}_n)$ による座標表示は，

$$\begin{aligned}g(\boldsymbol{y}, \boldsymbol{y})&=g(\psi(\boldsymbol{x}),\ \psi(\boldsymbol{x}))=f(\boldsymbol{x}, \boldsymbol{x})\\&=d_1x_1^2+\cdots+d_px_p^2-d_{p+1}x_{p+1}^2-\cdots-d_rx_r^2 \quad (d_i>0)\end{aligned}$$

すなわち，g の符号数は $(p, r-p)$ で，f の符号数に一致する．

逆に，$f(\boldsymbol{x}, \boldsymbol{x})$ と $g(\boldsymbol{x}, \boldsymbol{x})$ の符号数が一致したとすると，どちらもある共役系（それらをそれぞれ $\boldsymbol{e}_1, \cdots, \boldsymbol{e}_n$；$\boldsymbol{e}_1', \cdots, \boldsymbol{e}_n'$ とする）によって標準形に表示される．基底ベクトルの長さを適当に調節して，その標準形が共に (6-18) の形であるとしてよい．このとき，ψ という変換を，まず基底については，

$$\psi(\boldsymbol{e}_i)=\boldsymbol{e}_i' \quad (i=1, \cdots, n)$$

によって定義し，一般の元 $\boldsymbol{x}=x_1\boldsymbol{e}_1+\cdots+x_n\boldsymbol{e}_n$ については

$$\begin{aligned}\psi(\boldsymbol{x})&=x_1\psi(\boldsymbol{e}_1)+\cdots+x_n\psi(\boldsymbol{e}_n)\\&=x_1\boldsymbol{e}_1'+\cdots+x_n\boldsymbol{e}_n'\end{aligned}$$

によって定義すると，これが線型であってかつ全単射であることはほとんど明らかである．そして，符号数が一致することから，

$$g(\psi(\boldsymbol{e}_i),\ \psi(\boldsymbol{e}_i))=g(\boldsymbol{e}_i', \boldsymbol{e}_i')=f(\boldsymbol{e}_i, \boldsymbol{e}_i) \quad (i=1, \cdots, n)$$

$$g(\psi(\boldsymbol{e}_i),\ \psi(\boldsymbol{e}_j))=g(\boldsymbol{e}_i', \boldsymbol{e}_j')=0=f(\boldsymbol{e}_i, \boldsymbol{e}_j) \quad (i\neq j)$$

が成立するから，任意の $\boldsymbol{x}$ に対し

$$\begin{aligned}g(\psi(\boldsymbol{x}),\ \psi(\boldsymbol{x}))&=g\Bigl(\sum_{i=1}^{n}x_i\psi(\boldsymbol{e}_i),\ \sum_{j=1}^{n}x_j\psi(\boldsymbol{e}_j)\Bigr)\\&=\sum_{i,j=1}^{n}g(\psi(\boldsymbol{e}_i),\ \psi(\boldsymbol{e}_j))x_ix_j\end{aligned}$$

$$=\sum_{i,j=1}^{n} f(\boldsymbol{e}_i, \boldsymbol{e}_j) x_i x_j$$
$$=f(\boldsymbol{x}, \boldsymbol{x})$$

が成立する.　　　　　　　　　　　　　　　　　　　　　　　証明終.

問 1.　次の二次形式を，あとに指定したベクトルを含む適当な共役系によって標準化せよ.

(i)　$x^2+y^2-z^2-2xy-2yz-2zx$,　$\boldsymbol{l}={}^t(1, 0, 0)$

(ii)　$3x^2+5y^2+3z^2+2xy+2yz+2zx$,　$\boldsymbol{l}={}^t(0, 1, 0)$

問 2.　次の二次形式の符号数を求めよ.

(i)　$xy+yz+zx$

(ii)　$x^2+2y^2+z^2-xy-yz+2zx$

問 3.　2つの二次形式 $f(\boldsymbol{x}, \boldsymbol{x})$, $g(\boldsymbol{x}, \boldsymbol{x})$ がある回転 u によって,

$$f(\boldsymbol{x}, \boldsymbol{x})=g(u(\boldsymbol{x}), u(\boldsymbol{x}))$$

とかけるための必要十分条件は，それぞれに対応している対称変換が同じ固有値をもつことである．これを示せ.

§4. 二次形式の値

[1]　最大最小

$y=f(\boldsymbol{x}, \boldsymbol{x})$ のとる値について調べよう．まずその増減の状態を調べるため，ある1点 $\boldsymbol{x}_0$ を固定し，その近傍で y の値がどう変動するかを見よう．それには，$\boldsymbol{x}$ の所に $\boldsymbol{x}_0+t\boldsymbol{x}$ を代入し，$t=0$ の近くでの y の値の動きを見ればよい.

$$y=f(\boldsymbol{x}_0+t\boldsymbol{x}, \boldsymbol{x}_0+t\boldsymbol{x})=f(\boldsymbol{x}_0, \boldsymbol{x}_0)+2f(\boldsymbol{x}, \boldsymbol{x}_0)t+f(\boldsymbol{x}, \boldsymbol{x})t^2$$ *)

この t の2次関数が $t=0$ で極値になるには,

$$f(\boldsymbol{x}, \boldsymbol{x}_0)=0 \quad (\text{任意の } \boldsymbol{x}\in E \text{ について})$$

が成立しなければならない.

$$f(\boldsymbol{x}, \boldsymbol{x}_0)=\langle \boldsymbol{x}, \varphi(\boldsymbol{x}_0)\rangle \quad (\varphi \text{ は対称変換})$$

だから，上の条件は,

$$\varphi(\boldsymbol{x}_0)=\boldsymbol{0}$$

と同値である．すなわち

---

*) $f(\boldsymbol{x}, \boldsymbol{y})$ は対称双一次形式としておく.

定理 6-16　二次形式が極値をとるようなベクトルは φ の核に入らねばならない．

そこで，φ の核の元を，この二次形式の**停留点**ということにしよう．

まず，φ の核が $\mathbf{0}$ だけの場合を調べよう．このときは，$f(\boldsymbol{x}, \boldsymbol{x})$ の符号数は $(p, n-p)$ の形をしていて，標準形は

$$f(\boldsymbol{x}, \boldsymbol{x})=d_1 x_1{}^2+\cdots+d_p x_p{}^2-d_{p+1} x_{p+1}{}^2-\cdots-d_n x_n{}^2 \quad (d_i>0)$$

となる．従って停留点 $\mathbf{0}$ は，もし $p=n$ なら最小点(6-1 図 (a))，$p=0$ なら最大点，そして $1\leqslant p\leqslant n-1$ の場合は，極値点でない (6-1 図 (b))．

次に，$\varphi^{-1}(\mathbf{0})\neq\{\mathbf{0}\}$ の場合は，$\operatorname{rank}\varphi=\dim\varphi(E)=r\leqslant n-1$ なので，符号数 (p, q) は $p+q=r\leqslant n-1$，従って標準形は，

$$f(\boldsymbol{x}, \boldsymbol{x})=d_1 \boldsymbol{x}_1{}^2+\cdots+d_p x_p{}^2-d_{p+1} x_{p+1}{}^2-\cdots-d_r x_r{}^2$$

となる．従って，もし $p=r$ なら，すべての停留点は (広い意味の) 最小点となり (6-1 図 (c))，また $p=0$ ならすべての停留点は (広い意味の) 最大点となる．そして $1\leqslant p\leqslant r-1$ の場合は，極値点とはならない．

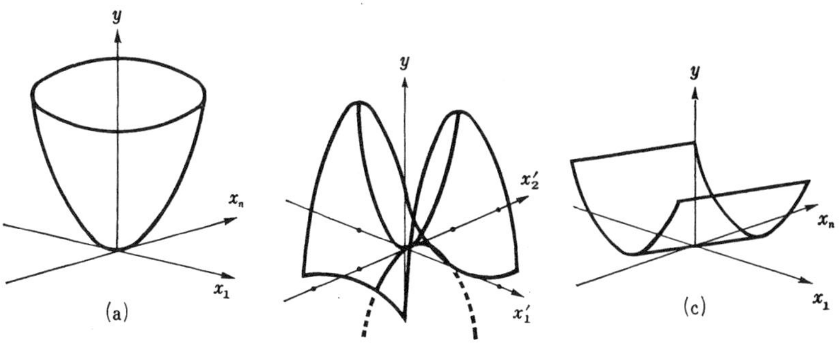

(b)

6-1 図

このように停留点が極値点になっているかどうかは符号数だけで判定できることがわかる．

[2]　正定値二次形式

定義 6-17　二次形式が原点以外では常に正の値をとるとき，その二次形式は，**正定値**であるという．このとき，対応する対称行列も正定値という．

定義から直ちに，

定理 6-18　二次形式が正定値であるための必要十分条件は符号数が$(n, 0)$であることである．

証明　符号数が $(n, 0)$ であることは，f が

$$f(\boldsymbol{x}, \boldsymbol{x})=d_1x_1^2+\cdots+d_nx_n^2 \quad (d_i>0)$$

とかけることを意味する．すなわち f は正定値である．符号数が (p, q) $(p<n,\ q\geqq 0)$ のときは，

$$f(\boldsymbol{x}, \boldsymbol{x})=d_1x_1^2+\cdots+d_px_p^2-d_{p+1}x_{p+1}^2-\cdots-d_{p+q}x_{p+q}^2 \quad (d_i>0)$$

となるので，$x_1=\cdots=x_p=0$. $x_{p+1}\neq 0$ となるような $\boldsymbol{x}$ をとれば $f(\boldsymbol{x}, \boldsymbol{x})\leqq 0$ となるから，f は正定値でない．　　証明終．

系 1.　二次形式が正定値であることと，それに対応する対称変換の固有値がすべて正であることとは同値である．

系 2.　二次形式 $f(\boldsymbol{x}, \boldsymbol{x})$ を正規直交基底 $\boldsymbol{e}_1, \cdots, \boldsymbol{e}_n$ によって座標表示して，

$$f(\boldsymbol{x}, \boldsymbol{x})=(x_1, \cdots, x_n)A\begin{bmatrix} x_1 \\ \vdots \\ x_n \end{bmatrix} \tag{6-19}$$

とする．A は対称行列であるが，もし $f(\boldsymbol{x}, \boldsymbol{x})$ が正定値なら，$\det A>0$. 実際，$\det A=\lambda_1\cdots\lambda_n$ $(\lambda_1, \cdots, \lambda_n$ は A の固有値) だからである．　　終．

この逆の命題は成立しないだろうか. $\det A=\lambda_1\cdots\lambda_n>0$ でも，λ_i のおのおのは正であるとは限らないから，そのまま逆が成立するとは思えない．しかし，

$$(x_1, \cdots, x_{n-1}, 0)A\begin{bmatrix} x_1 \\ \vdots \\ x_{n-1} \\ 0 \end{bmatrix}=(x_1, \cdots, x_{n-1})\begin{bmatrix} a_{11}\cdots\cdots a_{1n-1} \\ a_{21}\cdots\cdots a_{1n-1} \\ \cdots\cdots\cdots\cdots \\ a_{n-11}\cdots a_{n-1n-1} \end{bmatrix}\begin{bmatrix} x_1 \\ \vdots \\ x_{n-1} \end{bmatrix}$$

と，1次元減らした二次形式を考えると，これはもとの n 次元空間の中で $\boldsymbol{e}_1, \cdots, \boldsymbol{e}_{n-1}$ によって張られる $n-1$ 次元線型部分空間上の二次形式で，それは勿論正定値だから，系2から，

$$\det\begin{bmatrix} a_{11}\cdots\cdots\cdots a_{1n-1} \\ \cdots\cdots\cdots\cdots\cdots\cdots \\ a_{n-11}\cdots a_{n-1n-1} \end{bmatrix}>0$$

が成立しなければならない．このことはもっと次元を減らしても成立するから，行列 A の左上隅から r 行 r 列をとり出して作った行列を

$$A_r=\begin{bmatrix} a_{11}\cdots a_{1r} \\ a_{21}\cdots a_{2r} \\ \cdots\cdots\cdots \\ a_{r1}\cdots a_{rr} \end{bmatrix}$$

とおくとき，

$$\det A_r>0 \quad (r=1, \cdots, n)$$

が同時に成立する．この条件は逆に十分条件にもなっていて，

定理 6-19　二次形式 (6-19) が正定値であるための必要十分条件は，

$$\det A_r>0 \quad (r=1, \cdots, n).$$

証明　必要性はすでに示したから，十分性だけを証明する．n に関する数学的帰納法を用いる．$n=1$ のとき，二次形式はすべて

$$y=ax^2$$

の形のものだけであるから，$a>0$ ならこの二次形式は正定値である．従って，$n=1$ のとき定理は正しい．次に，$n-1$ 次元空間上の二次形式についてこの定理が成立すると仮定しよう．そして

$$\det A_r>0 \quad (r=1, \cdots, n)$$

が成立するにも拘らず，(6-19) が正定値でないとすれば矛盾が起ることを示せばよい．そこで (6-19) が正定値でないとすると，A の固有値（それは f に対応する対称変換 φ の固有値である）のうち負の値をもつものが存在する．ところが $\det A=\lambda_1\cdots\lambda_n>0$ だから，負の固有値の個数は偶

数個でなければならない．今負の固有値のうちの2つを μ, ν とする．そしてそれらに対応する固有ベクトルをそれぞれ $\boldsymbol{a}, \boldsymbol{b}$ とすると，

$$\varphi(\boldsymbol{a}) = \mu \boldsymbol{a}, \quad \varphi(\boldsymbol{b}) = \nu \boldsymbol{b}$$

である．そして，φ は対称変換だから，$\boldsymbol{a}$ と $\boldsymbol{b}$ は直交するとしてよい．さて，この $\boldsymbol{a}, \boldsymbol{b}$ で張られる2次元線型部分空間 E_1 上では，f の値は，

$$\begin{aligned} f(\boldsymbol{x}, \boldsymbol{x}) &= \langle c_1 \boldsymbol{a} + c_2 \boldsymbol{b},\ \varphi(c_1 \boldsymbol{a} + c_2 \boldsymbol{b}) \rangle \\ &= \langle c_1 \boldsymbol{a} + c_2 \boldsymbol{b},\ c_1 \mu \boldsymbol{a} + c_2 \nu \boldsymbol{b} \rangle \\ &= c_1^2 \mu |\boldsymbol{a}|^2 + c_2^2 \nu |\boldsymbol{b}|^2 < 0 \end{aligned}$$

一方，(6-19) という座標表示に用いた基底を $\boldsymbol{e}_1, \cdots, \boldsymbol{e}_n$ とするとき，そのうちの $\boldsymbol{e}_1, \cdots, \boldsymbol{e}_{n-1}$ の張る $n-1$ 次元線型部分空間 E_2 上では f は

$$f(\boldsymbol{x}, \boldsymbol{x}) = (x_1, \cdots, x_{n-1}) A_{n-1} \begin{bmatrix} x_1 \\ \vdots \\ x_{n-1} \end{bmatrix}$$

と表わされていて，

$$\det A_r > 0 \quad (r = 1, \cdots, n-1)$$

が成立するから，帰納法の仮定により，f はこの空間上では正定値である．ところが，

$$\dim E_1 + \dim E_2 = 2 + (n-1) = n+1$$

であるから，定理 1-11 系 2 から，

$$\dim(E_1 \cap E_2) \geqq 1$$

でなければならず，従って，$E_1 \cap E_2$ は $\boldsymbol{0}$ 以外のベクトルを含まねばならない．それを $\boldsymbol{x}_0$ とすると，$\boldsymbol{x}_0$ は一方からは E_1 の元として，

$$f(\boldsymbol{x}_0, \boldsymbol{x}_0) < 0$$

でなければならず，他方 E_2 の元として

$$f(\boldsymbol{x}_0, \boldsymbol{x}_0) > 0$$

でなければならない．この矛盾は f が正定値でないとしたことから起こったのだから，$f(\boldsymbol{x}, \boldsymbol{x})$ は正定値でなければならない．　　　　証明終．

[3]　対称変換の数域

対称変換 φ が与えられたとき，E の**単位球面**

$$S=\{\boldsymbol{x}:|\boldsymbol{x}|=1\}$$

上の

$$\langle\boldsymbol{x},\varphi(\boldsymbol{x})\rangle \tag{6-20}$$

の値の集合のことを φ の**数域**といい，$W(\varphi)$ とかく．

$$W(\varphi)=\{\langle\boldsymbol{x},\varphi(\boldsymbol{x})\rangle:|\boldsymbol{x}|=1\}$$

これはとりも直さず (6-20) で与えられる二次形式の S 上の値の集合であるから，二次形式にとっても大切な概念である．

さて，φ の数域に関しては次の定理が基本的である．

定理 6-20　$W(\varphi)$ は実数体での閉区間であって，その両端はそれぞれ φ の最小および最大の固有値である．そして，その両端の値をとるような $\langle\boldsymbol{x},\varphi(\boldsymbol{x})\rangle$ における $\boldsymbol{x}$ は，それぞれの固有値に対応する固有ベクトルである．

証明　φ の固有ベクトルから成る正規直交基底を $\boldsymbol{e}_1,\cdots,\boldsymbol{e}_n$ とすると，任意の

$$\boldsymbol{x}=x_1\boldsymbol{e}_1+\cdots+x_n\boldsymbol{e}_n$$

に対し，

$$\begin{aligned}\langle\boldsymbol{x},\varphi(\boldsymbol{x})\rangle&=\langle\sum_{i=1}^{n}x_i\boldsymbol{e}_i,\ \sum_{j=1}^{n}x_j\lambda_j\boldsymbol{e}_j\rangle\\&=\sum_{i,j=1}^{n}\lambda_jx_ix_j\langle\boldsymbol{e}_i,\boldsymbol{e}_j\rangle\\&=\sum_{i=1}^{n}\lambda_ix_i^2\end{aligned}$$

が成立する．ところで，$\boldsymbol{e}_1,\cdots,\boldsymbol{e}_n$ の正規直交性から，

$$x_i=\langle\boldsymbol{x},\boldsymbol{e}_i\rangle$$

であるから，上式は，

$$\langle\boldsymbol{x},\varphi(\boldsymbol{x})\rangle=\sum_{i=1}^{n}\lambda_i\langle\boldsymbol{x},\boldsymbol{e}_i\rangle^2 \tag{6-21}$$

とかける．これは，二次形式 $\langle \boldsymbol{x}, \varphi(\boldsymbol{x})\rangle$ が $\boldsymbol{x}$ の連続関数であることを示している．この連続関数が連結領域 S*) 上でとる値の全体はまた連結であるからこれは区間でなければならない．

次に，固有値の最大のものを $\lambda_{\max}$，最小のものを $\lambda_{\min}$ とすると，

$$\lambda_{\min}\langle \boldsymbol{x}, \boldsymbol{e}_i\rangle^2 \leqq \lambda_i\langle \boldsymbol{x}, \boldsymbol{e}_i\rangle^2 \leqq \lambda_{\max}\langle \boldsymbol{x}, \boldsymbol{e}_i\rangle^2$$

i について集めて，$\sum_{i=1}^{n}\langle \boldsymbol{x}, \boldsymbol{e}_i\rangle^2 = |\boldsymbol{x}|^2$（定理 2-6）に注意すると，

$$\lambda_{\min}|\boldsymbol{x}|^2 \leqq \langle \boldsymbol{x}, \varphi(\boldsymbol{x})\rangle \leqq \lambda_{\max}|\boldsymbol{x}|^2$$

となるが，$\boldsymbol{x}\in S$ ととると，$|\boldsymbol{x}|=1$ なので

$$\lambda_{\min} \leqq \langle \boldsymbol{x}, \varphi(\boldsymbol{x})\rangle \leqq \lambda_{\max} \quad (\boldsymbol{x}\in S)$$

が成立する．すなわち $W(\varphi)\subset[\lambda_{\min}, \lambda_{\max}]$ が示された．

次に，これが $\subset$ でなくて $=$ であることを示そう．$\boldsymbol{x}$ として $\lambda_{\min}, \lambda_{\max}$ に対応する固有ベクトル $\boldsymbol{l}_1, \boldsymbol{l}_2$ をとり，長さを1に調節しておくと，

$$\varphi(\boldsymbol{l}_1)=\lambda_{\min}\boldsymbol{l}_1, \quad \varphi(\boldsymbol{l}_2)=\lambda_{\max}\boldsymbol{l}_2, \quad (\boldsymbol{l}_1, \boldsymbol{l}_2\in S)$$

だから，

$$\langle \boldsymbol{l}_1, \varphi(\boldsymbol{l}_1)\rangle=\langle \boldsymbol{l}_1, \lambda_{\min}\boldsymbol{l}_1\rangle=\lambda_{\min}|\boldsymbol{l}_1|^2=\lambda_{\min}$$

$$\langle \boldsymbol{l}_2, \varphi(\boldsymbol{l}_2)\rangle=\langle \boldsymbol{l}_2, \lambda_{\max}\boldsymbol{l}_2\rangle=\lambda_{\max}|\boldsymbol{l}_2|^2=\lambda_{\max}$$

従って $W(\varphi)\ni\lambda_{\min}, \lambda_{\max}$. すなわち区間 $W(\varphi)$ は区間 $[\lambda_{\min}\ \lambda_{\max}]$ を含む．だから，

$$W(\varphi)=[\lambda_{\min}, \lambda_{\max}]$$

が成立する．と同時に，この両端の値は，それぞれ固有ベクトル $\boldsymbol{l}_1, \boldsymbol{l}_2$ によってとられた $\langle \boldsymbol{x}, \varphi(\boldsymbol{x})\rangle$ の値であるから，定理の最後の事柄も証明された．　　　　　　　　　　　　　　　　　　　　　　　　　　　　証明終．

---

*) S が連結であることは，$\boldsymbol{x}, \boldsymbol{y}\in S$ とすると，パラメータ $0\leqq\lambda\leqq1$ について，$\dfrac{\lambda\boldsymbol{x}+(1-\lambda)\boldsymbol{y}}{|\lambda\boldsymbol{x}+(1-\lambda)\boldsymbol{y}|}\in S$ であって，これが S 内を連続的に動くことからわかる．例外として，$\boldsymbol{x}=-\boldsymbol{y}$ なら，分母が $\lambda=\dfrac{1}{2}$ のとき0となるが，この場合は，その他に任意に $\boldsymbol{z}$ というベクトルを S からえらんで，$\boldsymbol{x}\sim\boldsymbol{z}$, $\boldsymbol{z}\sim\boldsymbol{y}$ の連結性を上の論法によって示せばよい．そのような $\boldsymbol{z}$ は $n=1$ のときはとれない．実際，$n=1$ のときは S は連結でない．しかし，このとき $W(\varphi)$ は1点となり，定理は自明である．

この定理は R^n の場合，次のような幾何学的意味をもっている．簡単のために，2次元の場合で説明しよう．単位円 S を画いておいて，

$$y={}^t\boldsymbol{x}A\boldsymbol{x}=c \quad (\text{一定})$$

という二次曲線を，c にいろいろな値を入れていくつか画いてみる．今，例として，

例3．$y=x_1{}^2-x_1x_2+x_2{}^2$ を考えよう（6-2 図）．この場合，

$$x_1{}^2-x_1x_2+x_2{}^2=c$$

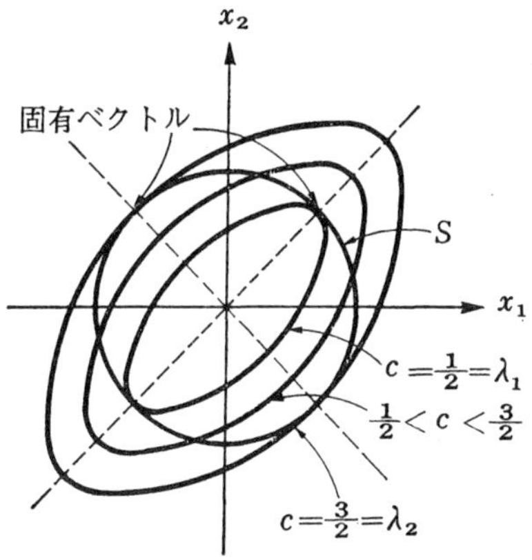

6-2 図

は楕円なので，c を0からだんだん大きくして行くと，まず単位円に内接し，次に4点で交わり，次に外接し，遂には離れて大きくなっていってしまう．今単位円上に1点 $\boldsymbol{x}_0$ をとって ${}^t\boldsymbol{x}_0A\boldsymbol{x}_0$ の値はいくらになるかを考えると，それは $\boldsymbol{x}_0$ を通る楕円の方程式における c の値に等しい．だから c の値が最大となる $\boldsymbol{x}_0$ の位置は楕円が単位円に外接するときの外接点で，それはまさに短軸の方向，つまり固有ベクトルの方向を示している．そして，そのときの楕円の方程式の**標準形**は，

$$\lambda_1x_1'^2+\lambda_2x_2'^2=c \quad (\lambda_1, \lambda_2 \text{ は固有値，} \lambda_1\leqq\lambda_2 \text{ とする})$$

つまり，

$$\frac{x_1'^2}{\frac{c}{\lambda_1}}+\frac{x_2'^2}{\frac{c}{\lambda_2}}=1$$

であるが，$\frac{c}{\lambda_2}\leqq\frac{c}{\lambda_1}$ だから，短径は $\sqrt{\frac{c}{\lambda_2}}$ である．これが1に等しい（単位円に外接すること）というのだから，$c=\lambda_2$（最大の固有値）でなければならない．同様に，単位円上で ${}^t\boldsymbol{x}A\boldsymbol{x}$ の値が最小となる $\boldsymbol{x}$ の位置は，楕円が単位円に内接するときの接点に等しく，そのときの ${}^t\boldsymbol{x}A\boldsymbol{x}$ の値は最小の固有値に等しい．

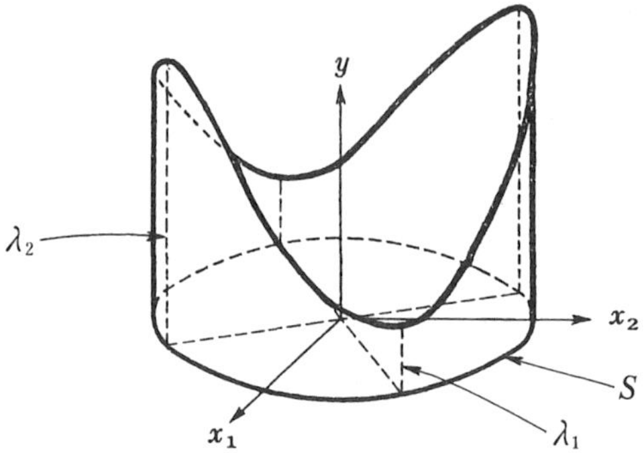

6-3 図

定理 6-20 は次のように拡張できる．これを Courant のミニマックス定理という．

定理 6-21　対称変換 φ の固有値を $\lambda_1\leqq\lambda_2\leqq\cdots\leqq\lambda_n$ とする．任意の線型部分空間 F に対し

(6-22)
$$\mu(F)=\sup_{x\in F\cap S}\langle \boldsymbol{x},\varphi(\boldsymbol{x})\rangle$$

とおくとき，

(6-23)
$$\lambda_k=\inf_{\dim F=k}\mu(F)\quad(k=1,\cdots,n)$$

が成立する．*)

証明　φ の固有ベクトルから成る正規直交基底を $\boldsymbol{e}_1,\cdots,\boldsymbol{e}_n$ とする．一般

*) この sup, inf を max, min としてよいことは以下の証明から明らかである．ミニマックス定理の呼び名はそこからきている．

性を失うことなく，

$$\varphi(\boldsymbol{e}_i)=\lambda_i\boldsymbol{e}_i \quad (i=1, \cdots, n)$$

であるとしてよい．今，

$$\boldsymbol{e}_k, \boldsymbol{e}_{k+1}, \cdots, \boldsymbol{e}_n$$

という $n-k+1$ 個のベクトルで張られる線型部分空間を E_{n-k+1} とおくと，

$$\dim E_{n-k+1}=n-k+1$$

だから，任意の k 次元線型部分空間 F と必ず $\mathbf{0}$ 以外の元を共有する（定理 1-11 系 2）．その共通元を $\boldsymbol{x}$ とする．$|\boldsymbol{x}|=1$ としてよい．

$$\boldsymbol{x}=x_k\boldsymbol{e}_k+\cdots+x_n\boldsymbol{e}_n$$

とかけるから，

$$\begin{aligned}\langle\boldsymbol{x}, \varphi(\boldsymbol{x})\rangle&=\lambda_k x_k^2+\cdots+\lambda_n x_n^2\\&\geqq\lambda_k(x_k^2+\cdots+x_n^2)\\&=\lambda_k|\boldsymbol{x}|^2=\lambda_k\end{aligned}$$

従って，

$$\mu(F)=\sup_{\boldsymbol{x}\in F\cap S}\langle\boldsymbol{x}, \varphi(\boldsymbol{x})\rangle\geqq\lambda_k$$

F として k 次元線型部分空間をいろいろとりかえて考えてもこの式が成立するのだから，

$$\inf_{\dim F=k}\mu(F)\geqq\lambda_k.$$

一方，$\boldsymbol{e}_1, \cdots, \boldsymbol{e}_k$ によって張られる線型部分空間 F_k はたしかに k 次元で，任意の $\boldsymbol{x}\in F\cap S$ をとるとき，$\boldsymbol{x}=x_1\boldsymbol{e}_1+\cdots+x_k\boldsymbol{e}_k$ であるとすると

$$\begin{aligned}\langle\boldsymbol{x}, \varphi(\boldsymbol{x})\rangle&=\lambda_1 x_1^2+\cdots+\lambda_k x_k^2\\&\leqq\lambda_k(x_1^2+\cdots+x_k^2)\\&=\lambda_k|\boldsymbol{x}|^2=\lambda_k\end{aligned}$$

すなわち，

$$\mu(F_k)\leqq\lambda_k$$

となる．従って，

$$\inf_{\dim F=k} \mu(F)=\lambda_k$$

でなければならない.　証明終.

[4]　固有値の数値計算への応用

定理 6-20 は, 対称行列 A の固有値を求めるのによく使われる. というのは, 行列の次数が高いと, 固有方程式が代数的にとけない場合が多いので, 近似計算によって, いくらでも高い精度で, 固有値の近似値を求められないかという問題が生じるわけである.

まず, A は**正定値**対称行列としよう. 任意のベクトル $\boldsymbol{x}(\neq\boldsymbol{0})$ を A の固有空間へ直和分解したものを,

$$\boldsymbol{x}=\boldsymbol{x}_1+\cdots+\boldsymbol{x}_p$$

とする. すると,

$$A\boldsymbol{x}=\lambda_1\boldsymbol{x}_1+\cdots+\lambda_p\boldsymbol{x}_p \quad (\lambda_1, \cdots, \lambda_p \text{ は } A \text{ の異なる固有値とする})$$

同じことを m 回くり返すと,

$$A^m\boldsymbol{x}=\lambda_1{}^m\boldsymbol{x}_1+\cdots+\lambda_p{}^m\boldsymbol{x}_p$$

今, λ_1 を最大の固有値とすると, $0<\lambda_2/\lambda_1<1, \cdots, 0<\lambda_p/\lambda_1<1$ だから,

$$A^m\boldsymbol{x}=\lambda_1{}^m\left(\boldsymbol{x}_1+\left(\frac{\lambda_2}{\lambda_1}\right)^m\boldsymbol{x}_2+\cdots+\left(\frac{\lambda_p}{\lambda_1}\right)^m\boldsymbol{x}_p\right) \tag{6-24}$$

で, m を大きくしさえすれば, $(\lambda_2/\lambda_1)^m, \cdots, (\lambda_p/\lambda_1)^m$ はいくらでも小さくできるから, $A^m\boldsymbol{x}$ の方向は大体 $\boldsymbol{x}_1$ の方向に等しい.*) そこで, $A^m\boldsymbol{x}$ の方向の単位ベクトルを, 最大の固有値に対する固有ベクトル $\boldsymbol{x}_1$ の代用品として使うことにする. つまり,

$$\boldsymbol{v}_m=\frac{1}{|A^m\boldsymbol{x}|}A^m\boldsymbol{x}$$

で, m を十分大きくしておけば ${}^t\boldsymbol{v}_m A\boldsymbol{v}_m \fallingdotseq \lambda_1$ となる. この式は, かき直すと,

$$\lambda_1 \fallingdotseq \frac{{}^t(A^m\boldsymbol{x})A^{m+1}\boldsymbol{x}}{|A^m\boldsymbol{x}|^2} \tag{6-25}$$

となる. だから, $A\boldsymbol{x}, A^2\boldsymbol{x}, \cdots, A^m\boldsymbol{x}, \cdots$ を次々に求めておいて, 表にすれば

---

*) $\boldsymbol{x}_1=\boldsymbol{0}$ のときは困るが, 数値計算では誤差を伴うので $A^m\boldsymbol{x}$ は $\boldsymbol{x}_1$ 方向の成分を含むようになるから, そう気にしなくてよい. ただ, 収束はおそくなる.

近似値は比較的簡単に求められる．

A が正定値でないときは，十分大きい数 β をとって $A+\beta I$ (I は単位行列) という行列が正定値になるようにしておいて，最大固有値を求め，あとで β だけ引き算しておけばよい．

例 4．$A=\begin{bmatrix} 1 & 1 \\ 1 & 2 \end{bmatrix}$ の最大固有値を求めよう.*) 最初の $\boldsymbol{x}(\neq \boldsymbol{0})$ は何でもよいのだから，例えば，$\boldsymbol{x}=\begin{bmatrix} 1 \\ 0 \end{bmatrix}$ ととると，次のように，次々に計算できる．

m	0	1	2	3	4	5	6
$A^m\boldsymbol{x}$	$\begin{bmatrix} 1 \\ 0 \end{bmatrix}$	$\begin{bmatrix} 1 \\ 1 \end{bmatrix}$	$\begin{bmatrix} 2 \\ 3 \end{bmatrix}$	$\begin{bmatrix} 5 \\ 8 \end{bmatrix}$	$\begin{bmatrix} 13 \\ 21 \end{bmatrix}$	$\begin{bmatrix} 34 \\ 55 \end{bmatrix}$	$\begin{bmatrix} 89 \\ 144 \end{bmatrix}$
$\lvert A^m\boldsymbol{x}\rvert^2$	1	2	13	89	610	4181	
${}^t(A^m\boldsymbol{x})(A^{m+1}\boldsymbol{x})$	1	5	34	233	1597	10946	
λ_1 の近似値	1	2.5	2.615	2.6179	2.6180	2.6180	

λ_1 の実際の値は，固有方程式 $(1-\lambda)(2-\lambda)-1=\lambda^2-3\lambda+1=0$ の根の大きい方，

$$\lambda_1=\frac{3+\sqrt{5}}{2}=\frac{3+2.2360}{2}=2.6180$$

だから，m がそんなに大きくなくても，十分精密な近似値を上の近似計算が与えていることがわかる．

問 1. 次の二次形式は正定値であることを示せ．

(i) $2x_1{}^2+x_2{}^2+\cdots+x_n{}^2-x_1x_2-x_2x_3-\cdots-x_nx_1$

(ii) $(x_1, \cdots, x_n)\begin{bmatrix} 1 & 1 & 1 & \cdots & 1 \\ 1 & 2 & 2 & \cdots & 2 \\ 1 & 2 & 3 & \cdots & 3 \\ \vdots & \vdots & \vdots & \ddots & \vdots \\ 1 & 2 & 3 & \cdots & n \end{bmatrix}\begin{bmatrix} x_1 \\ \vdots \\ \vdots \\ x_n \end{bmatrix}$

問 2. $A=\begin{bmatrix} -1 & 1 \\ 1 & 3 \end{bmatrix}$ の最大固有値の近似計算を行ない，真の値と比較せよ．

---

*) A が正定値であることは，定理 6-19 からわかる．

§5. 二次曲面と共役系

R^n における二次曲面

$$F(\boldsymbol{x}) = {}^t\boldsymbol{x}\cdot A\cdot\boldsymbol{x} + 2\,{}^t\boldsymbol{b}\cdot\boldsymbol{x} + c = 0 \tag{6-26}$$

と，A に関する共役系との関係を調べよう．それには極形式について述べねばならない．この二次曲面に対する**極形式**とは，

$$P(\boldsymbol{x}, \boldsymbol{y}) = {}^t\boldsymbol{x}\cdot A\cdot\boldsymbol{y} + {}^t\boldsymbol{b}(\boldsymbol{x}+\boldsymbol{y}) + c \tag{6-27}$$

をいう．これは $\boldsymbol{x}$ や $\boldsymbol{y}$ について線型ではないが，「線型項＋定数項」の形をしている．その意味で，$\boldsymbol{x}$ と $\boldsymbol{y}$ について1次関数ではある．この極形式に関しては次の性質がある．

(i)　$F(\boldsymbol{x})=0$ の上の点は $P(\boldsymbol{x}, \boldsymbol{x})=0$ をみたす．

これは定義から明らかである．

(ii)　$\boldsymbol{y}$ を1つ固定するごとに $P(\boldsymbol{x}, \boldsymbol{y})=0$ は ($\boldsymbol{x}$ を変数として) 1つの超平面の方程式となる．*) この超平面を(6-26)に関する $\boldsymbol{y}$ の**極面**，$\boldsymbol{y}$ をその**極**という．

(iii)　$\boldsymbol{y}$ の極面上に任意に1点 $\boldsymbol{x}$ をとると，$\boldsymbol{x}$ の極面は $\boldsymbol{y}$ を通る．

なぜなら，$P(\boldsymbol{x}, \boldsymbol{y}) = P(\boldsymbol{y}, \boldsymbol{x})$ だから，$\boldsymbol{x}$ の極面は ($\boldsymbol{y}$ を変数として) $P(\boldsymbol{x}, \boldsymbol{y})=0$ だからである．

(iv)　点 $\boldsymbol{x}_0$ が $F(\boldsymbol{x})=0$ の上にあれば，$\boldsymbol{x}_0$ の極面は $\boldsymbol{x}_0$ を通る．

なぜなら，$P(\boldsymbol{x}_0, \boldsymbol{x}_0)=0$ だからである．

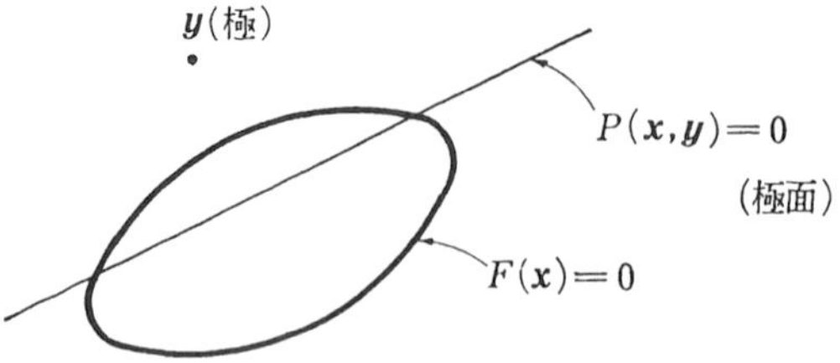

6-4 図

*) やかましくいうと，$\boldsymbol{y}$ は $A\boldsymbol{y}+\boldsymbol{b}\neq\boldsymbol{0}$ でないといけない．このような例外をなくすには射影空間が必要となる．

(v)　点 $\boldsymbol{x}_0$ が $F(\boldsymbol{x})=0$ の上にあれば，$\boldsymbol{x}_0$ の極面は $\boldsymbol{x}_0$ における $F(\boldsymbol{x})=0$ の接平面である．

この証明をするには，$\boldsymbol{x}_0$ における接平面の方程式を求めてみるとよい．(6-26) の全微分を求めるとそれが接平面だから，

$$^t(d\boldsymbol{x})A\boldsymbol{x}_0+{}^t\boldsymbol{x}_0A(d\boldsymbol{x})+2\,{}^t\boldsymbol{b}(d\boldsymbol{x})=0$$

A は対称行列だから，

$$2\,{}^t\boldsymbol{x}_0Ad\boldsymbol{x}+2\,{}^t\boldsymbol{b}\cdot d\boldsymbol{x}=0$$

$d\boldsymbol{x}$ は $\boldsymbol{x}_0$ を原点とする接平面上の流通座標だから，

$$d\boldsymbol{x}=\boldsymbol{x}-\boldsymbol{x}_0$$

とかき直すと，

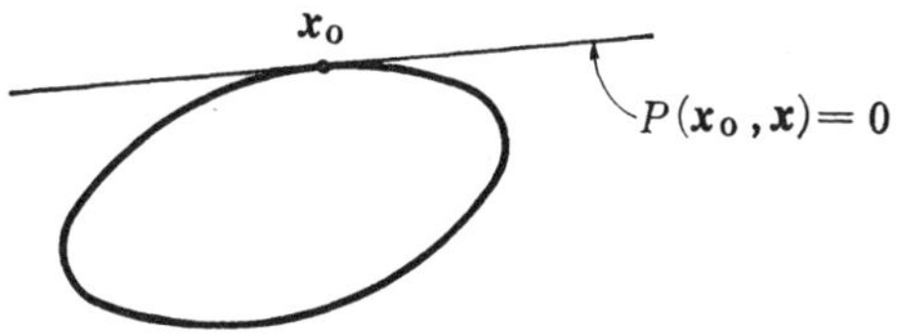

6-5 図

$$^t\boldsymbol{x}_0A(\boldsymbol{x}-\boldsymbol{x}_0)+{}^t\boldsymbol{b}(\boldsymbol{x}-\boldsymbol{x}_0)=0$$

すなわち，

$$^t\boldsymbol{x}_0A\boldsymbol{x}+{}^t\boldsymbol{b}\cdot\boldsymbol{x}-({}^t\boldsymbol{x}_0A\boldsymbol{x}_0+{}^t\boldsymbol{b}\cdot\boldsymbol{x}_0)=0$$

ところが $\boldsymbol{x}_0$ は $F(\boldsymbol{x})=0$ 上の1点だから

$$-({}^t\boldsymbol{x}_0A\boldsymbol{x}_0+{}^t\boldsymbol{b}\cdot\boldsymbol{x}_0)={}^t\boldsymbol{b}\cdot\boldsymbol{x}_0+c$$

従って接平面の方程式は

$$^t\boldsymbol{x}_0A\boldsymbol{x}+{}^t\boldsymbol{b}(\boldsymbol{x}+\boldsymbol{x}_0)+c=0$$

つまり極形式を用いると

$$P(\boldsymbol{x}_0,\boldsymbol{x})=0$$

と表わされる．これで証明がすんだ．

(vi)　二次曲面 (6-26) 上にない点 $\boldsymbol{y}_1$ を通る直線 $\{\boldsymbol{y}_1+t\boldsymbol{l}\}$ が $F(\boldsymbol{x})=0$ と交わる点を $\boldsymbol{x}_1, \boldsymbol{x}_2$ とし，また $\boldsymbol{y}_1$ の極面 $P(\boldsymbol{x}, \boldsymbol{y}_1)=0$ と交わる点を $\boldsymbol{y}_2$ とすると，この直線上，

(6-28)
$$\boldsymbol{y}_1, \boldsymbol{y}_2, \boldsymbol{x}_1, \boldsymbol{x}_2$$

は調和列点をなす．但し ${}^t\boldsymbol{l}A\boldsymbol{l}\neq 0$ とする．

ここで，有向直線上の 4 点 A, B, P, Q が調和列点をなすというのは，PとQが A, B を同じ比に内分および外分することをいう．(6-28) が調和列点であることを式で表わそう．これらの点はすべて直線 $\{\boldsymbol{y}_1+t\boldsymbol{l}\}$ の上の点だから，今，

(6-29)
$$\boldsymbol{y}_2=\boldsymbol{y}_1+y_2\boldsymbol{l},\ \boldsymbol{x}_1=\boldsymbol{y}_1+x_1\boldsymbol{l},\ \boldsymbol{x}_2=\boldsymbol{y}_1+x_2\boldsymbol{l}$$

とすると，

$$\frac{y_2-x_1}{x_1}=\frac{x_2-y_2}{x_2}$$

となる．これは，

$$\frac{1}{x_1}+\frac{1}{x_2}=\frac{2}{y_2}$$

と同値である．つまり，x_1, x_2 の調和平均が y_2 である．

さて，(6-28) がこの式をみたすことを示そう．仮定により，

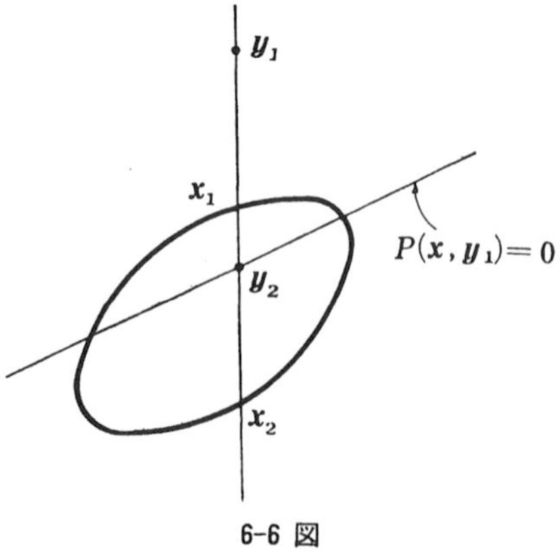

6-6 図

$$P(\boldsymbol{x}_1, \boldsymbol{x}_1)=0,\ P(\boldsymbol{x}_2, \boldsymbol{x}_2)=0,\ P(\boldsymbol{y}_1, \boldsymbol{y}_2)=0$$

が成立する．これらに，(6-29) を代入すると，x_1, x_2 は t の 2 次方程式

$$ {}^t(\boldsymbol{y}_1+t\boldsymbol{l})A(\boldsymbol{y}_1+t\boldsymbol{l})+2{}^t\boldsymbol{b}(\boldsymbol{y}_1+t\boldsymbol{l})+c=0 $$

すなわち，

$$ {}^t\boldsymbol{l}A\boldsymbol{l}\cdot t^2+2{}^t(A\boldsymbol{y}_1+\boldsymbol{b})\boldsymbol{l}\cdot t+F(\boldsymbol{y}_1)=0 $$

の2根である．この逆数方程式は明らかに

$$ F(\boldsymbol{y}_1)t^2+2{}^t(A\boldsymbol{y}_1+\boldsymbol{b})\boldsymbol{l}\cdot t+{}^t\boldsymbol{l}A\boldsymbol{l}=0 $$

で，この2根の和は，根と係数との関係から，

$$ \frac{1}{x_1}+\frac{1}{x_2}=-\frac{2{}^t(A\boldsymbol{y}_1+\boldsymbol{b})\boldsymbol{l}}{F(\boldsymbol{y}_1)} $$

一方 $P(\boldsymbol{y}_1,\boldsymbol{y}_2)=0$ をかき直すと，

$$ {}^t\boldsymbol{y}_1A(\boldsymbol{y}_1+y_2\boldsymbol{l})+{}^t\boldsymbol{b}(\boldsymbol{y}_1+\boldsymbol{y}_1+y_2\boldsymbol{l})+c=0 $$

すなわち，

$$ F(\boldsymbol{y}_1)+{}^t(A\boldsymbol{y}_1+\boldsymbol{b})\cdot\boldsymbol{l}\,y_2=0 $$

となる．従って

$$ \frac{1}{y_2}=-\frac{{}^t(A\boldsymbol{y}_1+\boldsymbol{b})\boldsymbol{l}}{F(\boldsymbol{y}_1)} $$

すなわち，x_1, x_2, y_2 の関係は

$$ \frac{1}{x_1}+\frac{1}{x_2}=\frac{2}{y_2} $$

でなければならない．これで(vi)の証明が終わった．

(vii) $\boldsymbol{y}_1$ を通る直線が $F(\boldsymbol{x})=0$ に接するとき，その接点は $\boldsymbol{y}_1$ の極面上にある．

実際，上の x_1，x_2，y_2 の関係式において，$x_1=x_2$ ならば $y_2=x_1=x_2$ となるから，$\boldsymbol{y}_2$ は接点である．

(viii) R^n における二次形式

$$ {}^t\boldsymbol{x}A\boldsymbol{x}=(x_1,\cdots,x_n)A\begin{bmatrix}x_1\\ \vdots\\ x_n\end{bmatrix} $$

の共役系と，これが定義する二次曲面

(6-30) $$ {}^t\boldsymbol{x}A\boldsymbol{x}=1^{*)} $$

との関係は次の定理によって示される．

---

*) 右辺の1に特別の意味はない．0以外の数なら何でもよい．

定理 6-22　A が正則なら (6-30) に関する一組の共役系 $\boldsymbol{e}_1, \cdots, \boldsymbol{e}_n$ について次のことが成立する．$\boldsymbol{e}_i$ の極面は，$\boldsymbol{e}_1, \overset{i}{\check{\cdots\cdots}}, \boldsymbol{e}_n$ ($\boldsymbol{e}_i$ を除く $n-1$ 個) で張られる超平面に平行である．特に $\boldsymbol{e}_i$ が (6-30) 上にあるとき，$\boldsymbol{e}_i$ での接平面は上の超平面に平行である．

証明　$\boldsymbol{e}_1, \overset{i}{\check{\cdots\cdots}}, \boldsymbol{e}_n$ で張られる超平面の方程式を求めよう，共役系の性質から，

$$^t\boldsymbol{e}_jA\boldsymbol{e}_i=0 \quad (j\neq i,\ 1\leqslant j\leqslant n)$$

が成立するから，任意の係数 c_j につき

$$^t(\sum_{j\neq i} c_j\boldsymbol{e}_j)A\boldsymbol{e}_i=0$$

となる．つまり，$\boldsymbol{e}_1, \overset{i}{\check{\cdots\cdots}}, \boldsymbol{e}_n$ で張られる任意のベクトル $\boldsymbol{x}$ は

$$^t\boldsymbol{x}A\boldsymbol{e}_i=0$$

をみたす．ところがこれは1つの超平面の方程式である（A が正則だから $A\boldsymbol{e}_i\neq\boldsymbol{0}$）．そして2つの超平面 $^t\boldsymbol{x}A\boldsymbol{e}_i=0$ と $^t\boldsymbol{x}A\boldsymbol{e}_i=1$ は，同じ法線ベクトル $A\boldsymbol{e}_i$ をもつから平行である．定理の後半は(v)から明らか．

証明終．

ここで，二次曲線の共役直径という概念を思い出そう．たとえば1つの楕円があったとき，その中心を通って任意の直径を引き，楕円との交点で接線を引く．これは2本あるがそれらは平行で，中心を通ってこれら接線に平行線を引くとき，その楕円との交点での接線はもとの直径に平行である．このように，2つの直径のそれぞれ両端での接線が他の直径と平行であるときこれらの直径を共役直径という．

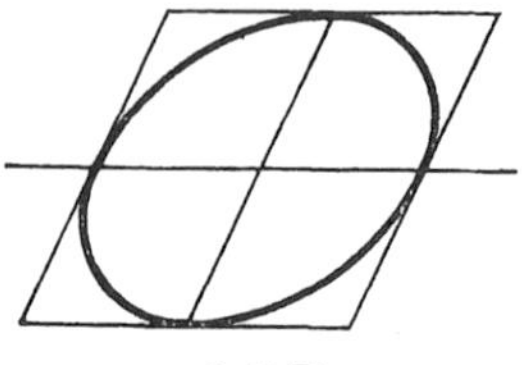

6-7 図

高次元になってもこれらのことは成立するのであって，有心二次曲面ではその共役系がちょうどその役目を果している，というのが定理 6-22 の意味である．

問 本来の二次曲線に1点から接線を引くのに，直線だけ用いて接点を求めよ．

§6. 双対空間*)

ユークリッド線型空間では，一次形式はすべてベクトルとの内積の形で表わされるのであった（定理 6-2）．内積の入っていない一般の線型空間ではこのようなことは考えられないが，一次形式の全体を1つの集合と見るとき，もう1つの線型空間が現われてくる．すなわち，

定義 6-23 線型空間 E 上のすべての一次形式を考え，それら全体のなす集合を E' とかく．そして E の**双対空間**という．

E' の元の間に線型写像としての和および数乗法が定義される．すなわち

1° $l_1, l_2 \in E'$ に対し，

$$(l_1+l_2)(\boldsymbol{x})=l_1(\boldsymbol{x})+l_2(\boldsymbol{x}) \quad (\boldsymbol{x}\in E)$$

2° $l\in E'$ に対し

$$(\lambda l)(\boldsymbol{x})=\lambda\cdot l(\boldsymbol{x}) \quad (\lambda：スカラー,\ \boldsymbol{x}\in E)$$

である．この演算により，E' が線型空間になっていることは容易にわかる．

双対空間の構造を調べよう．まず，

補題 6-24 E を n 次元線型空間とすると，E の任意の基底 $\boldsymbol{e}_1, \cdots, \boldsymbol{e}_n$ と任意の1組のスカラー $\alpha_1, \cdots, \alpha_n$ に対し，

$$l(\boldsymbol{e}_i)=\alpha_i \quad (i=1, \cdots, n) \tag{6-31}$$

をみたす E 上の一次形式が唯1つ存在する．

証明 E の任意の元 $\boldsymbol{x}$ は $\boldsymbol{x}=x_1\boldsymbol{e}_1+\cdots+x_n\boldsymbol{e}_n$ と一意的に表わされる．そ

*) この節は，この本のあとの部分に関係しない．従ってとばして読んでもよい．

こで，一次形式 l として，

$$l(\boldsymbol{x})=x_1\alpha_1+\cdots+x_n\alpha_n$$

と定義しよう．すると明らかに l は線型で (6-31) はみたされている．もしそのような一次形式が別にあったとして，それを l' とすると，$l''=l-l'$ はまた一次形式で

$$l''(\boldsymbol{e}_i)=0 \quad (i=1, \cdots, n)$$

となる．従って，あらゆる元 $\boldsymbol{x}$ に対し，

$$l''(\boldsymbol{x})=x_1 l''(\boldsymbol{e}_1)+\cdots+x_n l''(\boldsymbol{e}_n)=0$$

すなわち，$l''=0$ である．　証明終．

定義 6-25　E の基底 $\boldsymbol{e}_1, \cdots, \boldsymbol{e}_n$ に対し，

(6-32)
$$l_i(\boldsymbol{e}_j)=\delta_{ij} \quad (i, j=1, \cdots, n)$$

をみたす E' の元の組 $l_1, \cdots, l_n$ を $\boldsymbol{e}_1, \cdots, \boldsymbol{e}_n$ の**双対基底**という．

定理 6-26　E の任意の基底に対し，その双対基底が唯 1 組存在する．双対基底は E' の基底である．

証明　E の任意の基底 $\boldsymbol{e}_1, \cdots, \boldsymbol{e}_n$ と，スカラーの組 1, 0, ⋯, 0 に対し，補題 6-24 を適用すると，l_1 が得られる．同様に，スカラーの組を 0, 1, 0, ⋯, 0 とすると l_2 が得られる．このようにして次々に $l_1, l_2, \cdots, l_n$ を決めていけばよい．一意性も上の補題から明らか．次に，$l_1, \cdots, l_n$ は線型独立であることを示そう．今，

$$c_1 l_1+c_2 l_2+\cdots+c_n l_n=0$$

が実現したとする．この左辺の一次形式を $\boldsymbol{e}_j$ $(j=1, \cdots, n)$ に作用させると，

$$c_j l_j(\boldsymbol{e}_j)=0 \quad (j=1, \cdots, n)$$

となる．$l_j(\boldsymbol{e}_j)=1$ だから，$c_j=0$ $(j=1, \cdots, n)$ でなければならない．

今度は，E' のすべての元が $l_1, \cdots, l_n$ の線型結合で表わせることを示そう．l を E' の任意の元とする．

$$l(\boldsymbol{e}_j)=\alpha_j \quad (j=1, \cdots, n)$$

とおく．すると E の任意の元 $\boldsymbol{x}$ に対し，

$$\boldsymbol{x}=x_1\boldsymbol{e}_1+\cdots+x_n\boldsymbol{e}_n$$

だから，

(6-33)
$$\begin{aligned} l(\boldsymbol{x}) &= x_1 l(\boldsymbol{e}_1)+\cdots+x_n l(\boldsymbol{e}_n) \\ &= x_1\alpha_1+\cdots+x_n\alpha_n \end{aligned}$$

一方，$l_1, \cdots, l_n$ は (6-32) から，

$$\begin{aligned} l_i(\boldsymbol{x}) &= x_1 l_i(\boldsymbol{e}_1)+\cdots+x_n l_i(\boldsymbol{e}_n) \\ &= x_i l_i(\boldsymbol{e}_i) \\ &= x_i \end{aligned}$$

をみたす．これを (6-33) へ代入すると，

$$\begin{aligned} l(\boldsymbol{x}) &= \alpha_1 l_1(\boldsymbol{x})+\alpha_2 l_2(\boldsymbol{x})+\cdots+\alpha_n l_n(\boldsymbol{x}) \\ &= (\alpha_1 l_1+\cdots+\alpha_n l_n)(\boldsymbol{x}) \end{aligned}$$

これは E のすべての元 $\boldsymbol{x}$ について成立する式だから，

$$l=\alpha_1 l_1+\cdots+\alpha_n l_n$$

これで $l_1, \cdots, l_n$ が E' の基底であることがわかった． 証明終.

系　E が n 次元なら，E' も n 次元である*)．

E' が n 次元線型空間であることがわかったから，E' の双対空間が考えられるはずである．ところが，それについては，

定理 6-27　E の元 $\boldsymbol{x}$ は

(6-34)
$$X(l)=l(\boldsymbol{x}) \quad (l\in E')$$

によって，E' 上の一次形式 X を定める．逆に，E' 上の任意の一次形式 X に対し，(6-34) をみたす E の元 $\boldsymbol{x}$ が唯 1 つ存在する．

証明　$\boldsymbol{x}$ を固定して l をいろいろ動かすとき，$l(\boldsymbol{x})$ が E' 上の一次形式になっていることは明らかであろう．そこで逆に，E' 上の任意の一次形式

---

*) E が無限次元なら，E' も無限次元となる．

X が (6-34) の形にかけることを示そう．E の基底 $\boldsymbol{e}_1, \cdots, \boldsymbol{e}_n$ をとり，その双対基底を $l_1, \cdots, l_n$ とする．$l_1, \cdots, l_n$ の $(E')'$ の中での双対基底を $X_1, \cdots, X_n$ とすると，

$$l_i(\boldsymbol{e}_j)=\delta_{ij}=X_j(l_i) \quad (i, j=1, \cdots, n)$$

そこで，

$$X_j \longrightarrow \boldsymbol{e}_j \quad (j=1, \cdots, n)$$

という対応を考える．この対応を拡げて，$(E')'\to E$ の対応として，

$$X=\sum_{j=1}^{n} x_j X_j \longrightarrow \boldsymbol{x}=\sum_{j=1}^{n} x_j \boldsymbol{e}_j$$

を考えると，

$$X(l_i)=\sum_{j=1}^{n} x_j X_j(l_i)=x_i l_i(\boldsymbol{e}_i)=x_i$$

$$l_i(\boldsymbol{x})=\sum_{j=1}^{n} x_j l_i(\boldsymbol{e}_j)=x_i l_i(\boldsymbol{e}_i)=x_i$$

となり，$l_1, \cdots, l_n$ についてこの2つは同じ値をとる．従って E' のすべての元 l についても同じ値をとる．すなわち (6-34) が成立する．

X に対し，(6-34) をみたす E の元が $\boldsymbol{x}_1, \boldsymbol{x}_2$ と2つあったとすると，その差 $\boldsymbol{x}_3=\boldsymbol{x}_1-\boldsymbol{x}_2$ は E' のすべての元 l につき

$$l(\boldsymbol{x}_3)=0$$

となる．今，$\boldsymbol{x}_3=a_1\boldsymbol{e}_1+\cdots+a_n\boldsymbol{e}_n$ とすると，$l_1, \cdots, l_n$ をほどこして，

$$0=l_i(\boldsymbol{x}_3)=a_i l_i(\boldsymbol{e}_i)=a_i \quad (i=1, \cdots, n)$$

だから，$\boldsymbol{x}_3=\boldsymbol{0}+\cdots+\boldsymbol{0}=\boldsymbol{0}$ でなければならない．従って，$\boldsymbol{x}_1=\boldsymbol{x}_2$.

証明終．

系　対応 (6-34) によって $(E')'$ と E を同一視することができる．すなわち，

$$(E')'=E. \text{ *)}$$

なお，今まで，一次形式を $l(\boldsymbol{x})$ の形にかいてきたが，以上の議論をみていると，このかき方はあまりよくない．$\boldsymbol{x}$ はベクトルであると同時に E' 上の一

*)　無限次元の空間ではこれは成立しない．

次形式でもある．逆に l は E 上の一次形式であると同時に E' のベクトルでもある．そこで，E' の元を $\boldsymbol{x}'$ のようにベクトル的にかき表わし，それが E の元 $\boldsymbol{x}$ に作用することを，

$$\langle \boldsymbol{x}, \boldsymbol{x}' \rangle$$

と，$\boldsymbol{x}$ のうしろに内積のようにかくことにしよう．そうすることによって，E と E' の双対性がますますはっきりするのである．

次に，"直交性" について述べよう．

定義 6-28 E の集合 A に対し，

$$A^{\perp} = \{\boldsymbol{x}' \,;\, \boldsymbol{x}' \in E',\ \text{すべての}\ \boldsymbol{x} \in A\ \text{について}\ \langle \boldsymbol{x}, \boldsymbol{x}' \rangle = 0\}$$

を A の直交空間という．

今までの直交性は１つのユークリッド線型空間内での話であったが，今度はちがう空間の間での概念である．直交空間については次の定理が成立する．

定理 6-29 (i) $A^{\perp}$ は E' の線型部分空間である．

(ii) $A \subset B$ なら $A^{\perp} \supset B^{\perp}$．

(iii) $F(A)$ を A から張られる E の線型部分空間とすると，

$$A^{\perp} = F(A)^{\perp}.$$

(iv) E_1, E_2 を E の線型部分空間とすると，

$$(E_1 + E_2)^{\perp} = E_1^{\perp} \cap E_2^{\perp}.$$

(v) E_1 を E の m 次元線型部分空間とすると，$E_1^{\perp}$ は E' の $n-m$ 次元線型部分空間である．

(vi) E_1 を E の線型部分空間とすると，

$$(E_1^{\perp})^{\perp} = E_1.$$

証明 (i) $\boldsymbol{x}', \boldsymbol{y}' \in A^{\perp}$ とすると，任意の $\boldsymbol{x} \in A$ に対し

$$\langle \boldsymbol{x}, \lambda \boldsymbol{x}' + \mu \boldsymbol{y}' \rangle = \lambda \langle \boldsymbol{x}, \boldsymbol{x}' \rangle + \mu \langle \boldsymbol{x}, \boldsymbol{y}' \rangle = 0.$$

(ii) $\boldsymbol{x}' \in B^{\perp}$ とすると，任意の $\boldsymbol{x} \in B$ につき，

$$\langle \boldsymbol{x}, \boldsymbol{x}' \rangle = 0.$$

特に，任意の $\boldsymbol{x} \in A$ について $\langle \boldsymbol{x}, \boldsymbol{x}' \rangle = 0$．従って $\boldsymbol{x}' \in A^{\perp}$．

(iii)　$F(A) \supset A$ だから $F(A)^{\perp} \subset A^{\perp}$ は明らか．$\boldsymbol{x}' \in A^{\perp}$ とすると，任意の $F(A)$ の元 $\boldsymbol{x} = \alpha_1 \boldsymbol{x}_1 + \cdots + \alpha_k \boldsymbol{x}_k$ $(\boldsymbol{x}_1, \cdots, \boldsymbol{x}_k \in A)$ に対し，

$$\langle \boldsymbol{x}, \boldsymbol{x}' \rangle = \alpha_1 \langle \boldsymbol{x}_1, \boldsymbol{x}' \rangle + \cdots + \alpha_k \langle \boldsymbol{x}_k, \boldsymbol{x}' \rangle = 0.$$

従って，$\boldsymbol{x}' \in F(A)^{\perp}$．すなわち $A^{\perp} \subset F(A)^{\perp}$．

(iv)　$E_1 + E_2$ は E_1 も E_2 も含むから $(E_1 + E_2)^{\perp} \subset E_1^{\perp}, E_2^{\perp}$．すなわち

$$(E_1 + E_2)^{\perp} \subset E_1^{\perp} \cap E_2^{\perp}.$$

逆に，$\boldsymbol{x}' \in E_1^{\perp} \cap E_2^{\perp}$ とすると，$E_1 + E_2$ の任意の元 $\boldsymbol{x} = \boldsymbol{x}_1 + \boldsymbol{x}_2$ $(\boldsymbol{x}_1 \in E_1, \boldsymbol{x}_2 \in E_2)$ に対し，$\langle \boldsymbol{x}, \boldsymbol{x}' \rangle = \langle \boldsymbol{x}_1, \boldsymbol{x}' \rangle + \langle \boldsymbol{x}_2, \boldsymbol{x}' \rangle = 0$．従って，$\boldsymbol{x}' \in (E_1 + E_2)^{\perp}$，すなわち $E_1^{\perp} \cap E_2^{\perp} \subset (E_1 + E_2)^{\perp}$．

(v)　E_1 の基底 $\boldsymbol{e}_1, \cdots, \boldsymbol{e}_m$ を1組えらび，これにつけ加えて E の基底になるように $\boldsymbol{e}_{m+1}, \cdots, \boldsymbol{e}_n$ を E からえらぶ．$\boldsymbol{e}_1, \cdots, \boldsymbol{e}_n$ の双対基底を $\boldsymbol{e}_1', \cdots, \boldsymbol{e}_n'$ とすると，$\boldsymbol{e}_{m+1}', \cdots, \boldsymbol{e}_n' \in E_1^{\perp}$．今 $E_1^{\perp}$ の任意の元 $\boldsymbol{e}'$ をとり，

$$\boldsymbol{e}' = \alpha_1 \boldsymbol{e}_1' + \cdots + \alpha_n \boldsymbol{e}_n'$$

と線型結合で表わしておく．これを $\boldsymbol{e}_1, \cdots, \boldsymbol{e}_m$ にほどこすと，

$$0 = \langle \boldsymbol{e}_i, \boldsymbol{e}' \rangle = \alpha_i \langle \boldsymbol{e}_i, \boldsymbol{e}_i' \rangle = \alpha_i \quad (i = 1, \cdots, m)$$

となり，

$$\boldsymbol{e}' = \alpha_{m+1} \boldsymbol{e}_{m+1}' + \cdots + \alpha_n \boldsymbol{e}_n'$$

と，$\boldsymbol{e}_{m+1}', \cdots, \boldsymbol{e}_n'$ の線型結合で表わされていることがわかる．従って $E_1^{\perp}$ は $n-m$ 次元である．

(vi)　E_1 の元は $E_1^{\perp}$ の元とかけて0になるから，$E_1 \subset (E_1^{\perp})^{\perp}$ である．ところが $(E_1^{\perp})^{\perp}$ は $n-(n-m) = m$ 次元だから，E_1 に一致しなければならない．　　　　証明終．

今度は，E 上の線型変換と E' 上の線型変換の関係を調べよう．

定義 6-30　E 上の線型変換 φ と E' 上の線型変換 ψ に対し，

$$\langle \varphi(\boldsymbol{x}), \boldsymbol{x}' \rangle = \langle \boldsymbol{x}, \psi(\boldsymbol{x}') \rangle$$

がすべての $\boldsymbol{x}\in E$ と $\boldsymbol{x}'\in E'$ について成立するとき，ψ は φ の**転置変換**といい，$\psi={}^t\varphi$ とかく．

定理 6-31 E 上の任意の線型変換 φ に対し，その転置変換 ${}^t\varphi$ はつねに唯1つ存在する．双対基底の1組を与えるとき，これらによる $\varphi, {}^t\varphi$ の表現行列はたがいに他の転置行列である．

証明 線型変換 φ が与えられたとき，E' の各元 $\boldsymbol{x}'$ に対し，

$$l(\boldsymbol{x})=\langle\varphi(\boldsymbol{x}), \boldsymbol{x}'\rangle$$

を考える．これはたしかに E 上の一次形式だから，それを $\boldsymbol{y}'$ とかくと，

$$\langle\varphi(\boldsymbol{x}), \boldsymbol{x}'\rangle=\langle\boldsymbol{x}, \boldsymbol{y}'\rangle$$

すなわち $\boldsymbol{x}'\longmapsto\boldsymbol{y}'$ という E' 上の変換が得られた．これは，容易にわかるように線型な写像である．そこでこれを ψ とおこう．すると，

$$\langle\varphi(\boldsymbol{x}), \boldsymbol{x}'\rangle=\langle\boldsymbol{x}, \psi(\boldsymbol{x}')\rangle$$

がすべての $\boldsymbol{x}\in E$ と $\boldsymbol{x}'\in E'$ について成立する．従って $\psi={}^t\varphi$ である．そのような ψ は唯1つしかない．実際，もし別に ψ' が同じ条件をみたすとすると，すべての $\boldsymbol{x}\in E$ と $\boldsymbol{x}'\in E'$ につき

$$\langle\boldsymbol{x}, \psi(\boldsymbol{x}')\rangle=\langle\boldsymbol{x}, \psi'(\boldsymbol{x}')\rangle$$

が成立し，これは一次形式として，$\psi(\boldsymbol{x}')=\psi'(\boldsymbol{x}')$ であることを意味するから，$\psi=\psi'$ となる．

双対基底の1組 $\boldsymbol{e}_1, \cdots, \boldsymbol{e}_n$；$\boldsymbol{e}_1', \cdots, \boldsymbol{e}_n'$ を与えるとき，それらによる φ, ${}^t\varphi$ の表現行列をそれぞれ $A=(a_{ij})$, $A'=(a_{ij}')$ とすると，

$$(\varphi(\boldsymbol{e}_1), \cdots, \varphi(\boldsymbol{e}_n))=(\boldsymbol{e}_1, \cdots, \boldsymbol{e}_n)A,$$

$$({}^t\varphi(\boldsymbol{e}_1'), \cdots, {}^t\varphi(\boldsymbol{e}_n'))=(\boldsymbol{e}_1', \cdots, \boldsymbol{e}_n')A'$$

だから，

$$\langle\varphi(\boldsymbol{e}_i), \boldsymbol{e}_j'\rangle=\langle\boldsymbol{e}_i, {}^t\varphi(\boldsymbol{e}_j')\rangle$$

の両辺をかきかえると，

$$\langle \varphi(\boldsymbol{e}_i),\ \boldsymbol{e}_j'\rangle = \langle \sum_{k=1}^{n} a_{ki}\boldsymbol{e}_k,\ \boldsymbol{e}_j'\rangle = \sum_{k=1}^{n} a_{ki}\langle \boldsymbol{e}_k,\ \boldsymbol{e}_j'\rangle$$
$$= a_{ji}$$

$$\langle \boldsymbol{e}_i,\ {}^t\varphi(\boldsymbol{e}_j')\rangle = \langle \boldsymbol{e}_i,\ \sum_{k=1}^{n} a_{kj}'\boldsymbol{e}_k'\rangle = \sum_{k=1}^{n} a_{kj}'\langle \boldsymbol{e}_i,\ \boldsymbol{e}_k'\rangle$$
$$= a_{ij}'$$

従って，A と A' の間には

$$a_{ij}' = a_{ji}$$

という関係がある．これは，

$$A' = {}^tA$$

に他ならない．　　　　　　　　　　　　　　　　　　　　証明終．

系　φ と ${}^t\varphi$ の固有方程式は同じである．従って，特性根，固有値も一致する．φ が正則なら ${}^t\varphi$ も正則であり，逆も成立する．

問1.　E_1, E_2 を E の線型部分空間とすると

$$(E_1 \cap E_2)^{\perp} = E_1^{\perp} + E_2^{\perp}$$

であることを示せ．

問2.　方程式 $\varphi(\boldsymbol{x}) = \boldsymbol{y}$ が解 $\boldsymbol{x}$ をもつための必要十分条件は $\boldsymbol{y} \in ({}^t\varphi^{-1}(\boldsymbol{0}))^{\perp}$ であることを示せ．

演習問題 6

1．R^n での二次形式 $\sum_{i,j=1}^{n} a_{ij}x_ix_j$ に対し，まずこれを x_1 の2次式と見て完全平方形 $a_{11}(x_1 + \sum_{k=2}^{n} \alpha_k x_k)^2$ をくくり出し，のこりは $n-1$ 次元の二次形式だから，同じ操作を次々に $x_2, x_3, \cdots$ について行なうと，結局

$$c_1(x_1 + \sum_{k \geqq 2} \alpha_{k1} x_k)^2 + c_2(x_2 + \sum_{k \geqq 3} \alpha_{k2} x_k)^2 + \cdots + c_n x_n^2$$

となる．そこで，変数変換

$$x_1' = x_1 + \sum_{k \geqq 2} \alpha_{k1} x_k$$
$$x_2' = x_2 + \sum_{k \geqq 3} \alpha_{k2} x_k$$
$$\cdots\cdots\cdots$$
$$x_n' = x_n$$

を行なうと，標準形

$$c_1 x_1'^2 + \cdots + c_n x_n'^2$$

が得られる．

この方法はどんな形の共役系を作っていることになるか？　また，この方法は x_1^2 の係数 a_{11} が0のときはうまくいかない．そのときはどうすればよいか．

2. 次の二次形式の符号数を求めよ．

(i) $x_1 x_2 + x_2 x_3 + \cdots + x_{2n-1} x_{2n}$

(ii) $x_1^2 + x_2^2 + x_3^2 + x_4^2 + x_1 x_2 + x_1 x_3 + x_1 x_4 + x_2 x_3 + x_2 x_4 + x_3 x_4$

3. 次の二次形式が正定値になるような a の範囲を求めよ．

(i) $x^2 + 2y^2 + 3z^2 + 2xy + 4ayz + 2azx$

(ii) $a(x^2 + y^2 + z^2) - xy - yz - zx$

4. (i) 正定値二次形式 $f(\boldsymbol{x}, \boldsymbol{x})$ に対し，対称双一次形式 $f(\boldsymbol{x}, \boldsymbol{y})$ は1つの内積を定義していることを示せ．

(ii) このとき，$f(\boldsymbol{x}, \boldsymbol{x})$ の共役ベクトル系はこの内積に関する直交ベクトル系であることを示せ．

(iii) このとき，与えられた線型独立なベクトルの系 $\boldsymbol{a}_1, \cdots, \boldsymbol{a}_n$ から次々に

$$\boldsymbol{l}_1 = \lambda_{11} \boldsymbol{a}_1$$
$$\boldsymbol{l}_2 = \lambda_{21} \boldsymbol{a}_1 + \lambda_{22} \boldsymbol{a}_2$$
$$\cdots\cdots\cdots\cdots$$
$$\boldsymbol{l}_n = \lambda_{n1} \boldsymbol{a}_1 + \lambda_{n2} \boldsymbol{a}_2 + \cdots + \lambda_{nn} \boldsymbol{a}_n$$

の形の共役ベクトル系が作れることを示せ．

5. 2つの二次形式 $f_1(\boldsymbol{x}, \boldsymbol{x})$, $f_2(\boldsymbol{x}, \boldsymbol{x})$ があって，f_1 は正定値であるとする．そのとき，これらに共通の共役系がとれることを示せ．「片方が正定値」という条件を落とすと，もはやこのことは成立しない．例を考えよ．

6. $A = (a_{ij})$ を対称行列とするとその対角線上の元 a_{ii} の値は A の数域に入っていることを示せ．

7. 2つの二次形式 $f_1(\boldsymbol{x}, \boldsymbol{x})$, $f_2(\boldsymbol{x}, \boldsymbol{x})$ があるとき，もし任意の $\boldsymbol{x}$ につき

$$f_1(\boldsymbol{x}, \boldsymbol{x}) \leqslant f_2(\boldsymbol{x}, \boldsymbol{x})$$

が成立するなら，$f_1 \leqslant f_2$ とかく．$f_1 \leqslant f_2$ ならば，f_1, f_2 に対応する対称変換 φ_1, φ_2 の固有値 $\lambda_1 \leqslant \cdots \leqslant \lambda_n$ と $\mu_1 \leqslant \cdots \leqslant \mu_n$ の間に

$$\lambda_i \leqslant \mu_i \quad (i = 1, \cdots, n)$$

が成立する．これを示せ．逆は成立しない．反例を考えよ．

第 7 章　複　素　化

固有値問題での最初の課題は固有値の決定であるが，考えている線型変換が対称でない一般の場合には，その固有方程式の根は実数とは限らないので困ってしまう．そこで係数体を拡げて，代数的閉体*) にしておくと便利である．実数全体を含む代数的閉体として複素数体があることはガウスの基本定理の教える所だから，複素係数の線型空間を考える必要があることがわかる．

このように理論のわく組みを拡げて議論しておくと，いろいろ便利なだけでなく，広い視野から見ると今までの実数係数の理論も大へん見通しよく理解できるようになるのである．

§1. 線型空間の複素化

定理 7-1　E を実数係数の線型空間とする．E に対し，複素数係数の線型空間 E_c を作って，

$$E \subset E_c$$

かつ，E_c での加法および実数との積を E の上だけで考えると，もとの E の演算に等しくなっているようにできる．E が n 次元なら E_c も n 次元にできる．

証明　まず，E のあらゆる元に，虚数 i をくっつけて，$i \circ \boldsymbol{x}$ の形のものを考え，その全体を $\tilde{E}$ としよう．この記号 $\circ$ には何の意味もない．ただ i

---

*) その体の元を係数とするあらゆる代数方程式の根がまたその体に含まれるような体のこと．

と $\boldsymbol{x}$ を並べてかくだけでいいのだが，間に何かかいておかないとくっついた感じがしないので，何でもいいからある記号を間にかいておくのである．次に，E の元と $\tilde{E}$ の元を任意に1つずつくっつけて

$$\boldsymbol{x}\oplus(i\circ\boldsymbol{y}),\qquad \boldsymbol{x}\in E,\qquad i\circ\boldsymbol{y}\in\tilde{E}$$

の形のものを考え，その全体を E_c とかく．ここでもまた，$\oplus$ は何の意味もない．並べたものにマをもたせるためにつけた記号にすぎないことは $\circ$ と同様である．だから，結局の所，$\boldsymbol{x}\oplus(i\circ\boldsymbol{y})$ などと仰々しくかいても，これは単に E の2つの元 $\boldsymbol{x},\boldsymbol{y}$ の（順序のついた）組 $(\boldsymbol{x},\boldsymbol{y})$ を考えるのと同じである．従って，E_c はいわゆる直積集合

$$E\times E=\{(\boldsymbol{x},\boldsymbol{y}):\boldsymbol{x},\boldsymbol{y}\in E\}$$

と同じである．だから，たとえば

$$\boldsymbol{x}_1\oplus(i\circ\boldsymbol{y}_1)=\boldsymbol{x}_2\oplus(i\circ\boldsymbol{y}_2)$$

とは，$\boldsymbol{x}_1=\boldsymbol{x}_2$, $\boldsymbol{y}_1=\boldsymbol{y}_2$ を意味する．

さて，そこで E_c の元に加法と，複素数との積を定義しよう．任意の2つの元 $\boldsymbol{x}_1\oplus(i\circ\boldsymbol{y}_1)$, $\boldsymbol{x}_2\oplus(i\circ\boldsymbol{y}_2)$ に対し，加法を

(7-1) $$\boldsymbol{x}_1\oplus(i\circ\boldsymbol{y}_1)+\boldsymbol{x}_2\oplus(i\circ\boldsymbol{y}_2)=(\boldsymbol{x}_1+\boldsymbol{x}_2)\oplus(i\circ(\boldsymbol{y}_1+\boldsymbol{y}_2))$$

とし，また，$\boldsymbol{x}\oplus(i\circ\boldsymbol{y})$ と複素数 $a+ib(a,b$ は実数) との積を

(7-2) $$(a+ib)\cdot(\boldsymbol{x}\oplus(i\circ\boldsymbol{y}))=(a\boldsymbol{x}-b\boldsymbol{y})\oplus(i\circ(b\boldsymbol{x}+a\boldsymbol{y}))$$

と定義する．(7-1) で注意しなければならないことは，左辺のまん中にある + と，右辺の各ベクトルの間にある + とは意味がちがう，ということである．右辺の方のはすでに E においてきまっている演算 + であるが，左辺のはこれからきめようという E_c での演算 + である．

この + と・によって，E_c が複素数体を係数体とする線型空間になっていることはたやすく験証できる．第1章 §1 で述べた線型空間の公準をこの演算がみたしていることを読者自らたしかめられたい．なお E_c でのゼロは，$\mathbf{0}\oplus(i\circ\mathbf{0})$ であることを注意しておこう．

とくに，(7-1) で $\boldsymbol{x}_1=\boldsymbol{x}$, $\boldsymbol{x}_2=\mathbf{0}$, $\boldsymbol{y}_1=\mathbf{0}$, $\boldsymbol{y}_2=\boldsymbol{y}$ とおくと

(7-3)
$$\boldsymbol{x}\oplus(i\circ\boldsymbol{0})+\boldsymbol{0}\oplus(i\circ\boldsymbol{y})=\boldsymbol{x}\oplus(i\circ\boldsymbol{y})$$

となる．これは，$\boldsymbol{x}\oplus(i\circ\boldsymbol{y})$ はいつでも $\boldsymbol{x}\oplus(i\circ\boldsymbol{0})$ と $\boldsymbol{0}\oplus(i\circ\boldsymbol{y})$ の形の2つの元の和に分解できることを表わしている．このうちの $\boldsymbol{x}\oplus(i\circ\boldsymbol{0})$ の形の元の全体は

$$\boldsymbol{x}_1\oplus(i\circ\boldsymbol{0})+\boldsymbol{x}_2\oplus(i\circ\boldsymbol{0})=(\boldsymbol{x}_1+\boldsymbol{x}_2)\oplus(i\circ\boldsymbol{0}),$$

$$a\cdot(\boldsymbol{x}\oplus(i\circ\boldsymbol{0}))=(a\boldsymbol{x})\oplus(i\circ\boldsymbol{0}),\quad (a\ \text{は実数})$$

からわかるように，ベクトル空間の構造としてはもとの E と全く同じものである．そこで，

(7-4)
$$\boldsymbol{x}\oplus(i\circ\boldsymbol{0})\ \text{を，単に}\ \boldsymbol{x}\ \text{とかく}$$

ことにしよう．そして，これをもう E の元 $\boldsymbol{x}$ と同じものと考えることにする．すると，これによって，E での演算 $+$，$\cdot$ と，E_c での演算 $+$，$\cdot$ を E の上で区別する必要がなくなってしまう．いいかえると，(7-1), (7-2) は E での演算 $+$，$\cdot$ を E_c に自然に拡張したもの，ということができる．だから今度は $\boldsymbol{x}\in E$ に i をかけることができるのであって，(7-2) から，($a=0$, $b=1$, $\boldsymbol{y}=\boldsymbol{0}$ とおくと)

$$i\cdot\boldsymbol{x}=i(\boldsymbol{x}\oplus(i\circ\boldsymbol{0}))=\boldsymbol{0}\oplus(i\circ\boldsymbol{x})$$

が成立する．つまり，(7-3) の分解の第2の形の元 $\boldsymbol{0}\oplus(i\circ\boldsymbol{y})$ は (7-4) の記法を用いると

$$\boldsymbol{0}\oplus(i\circ\boldsymbol{y})=i\cdot\boldsymbol{y}$$

とかける．従って (7-3) は

$$\boldsymbol{x}\oplus(i\circ\boldsymbol{y})=\boldsymbol{x}+i\cdot\boldsymbol{y}$$

となる．このように (7-4) の記法に従うと，$+$ と $\oplus$，$\cdot$ と $\circ$，もまた，それぞれ区別しなくてよいことがわかる．これで，E を複素係数のベクトル空間 E_c に“埋め込む”ことができた．

このようにして作った E_c が，E と同じ次元をもつことを示そう．ただ，ここで注意しておきたいのは，複素係数で考えた次元と，実数係数で考えた次元とはちがうということである．たとえば，複素数の全体 $\boldsymbol{C}$ は，複素

係数で考えれば1次元線型空間だが，実数係数で考えると2次元である．というのは，線型独立の意味が，両方で**異なる**からである．実際，1とiは複素係数で考えると

$$1\cdot 1+i\cdot i=0$$

となって線型従属だが，実数係数で考えると

$$a\cdot 1+b\cdot i=0 \qquad (a, b：\text{実数}) \quad \text{ならば} \quad a=0,\ b=0$$

が成立するから，線型独立である．

ここで証明したいのは，E が実 n 次元なら E_c は複素 n 次元である，という命題なのである．さて，このことをいうには，次の補題を示せばよい．

補題 7-2　E での基底は，E_c で考えても基底である．

つまり，E での基底 $\boldsymbol{e}_1, \cdots, \boldsymbol{e}_n$ をとると，これらの実数係数の線型結合の全体は E に等しくなるのだが，複素係数の線型結合の全体を考えると，それは E_c に等しくなる，というのである．

証明　まず $\boldsymbol{e}_1, \cdots, \boldsymbol{e}_n$ は E_c で考えても線型独立であることを示そう．今，ある複素数 $c_j=\alpha_j+i\beta_j (j=1, \cdots, n)$ によって

$$c_1\boldsymbol{e}_1+\cdots+c_n\boldsymbol{e}_n=\boldsymbol{0}$$

が実現したとしよう．これは

$$\alpha_1\boldsymbol{e}_1+\cdots+\alpha_n\boldsymbol{e}_n+i(\beta_1\boldsymbol{e}_1+\cdots+\beta_n\boldsymbol{e}_n)=\boldsymbol{0}$$

であるが，本式にかくならば，(7-4) から

$$(\alpha_1\boldsymbol{e}_1+\cdots+\alpha_n\boldsymbol{e}_n)\oplus(i\circ(\beta_1\boldsymbol{e}_1+\cdots+\beta_n\boldsymbol{e}_n))=\boldsymbol{0}\oplus(i\circ\boldsymbol{0})$$

これは，E において

$$\alpha_1\boldsymbol{e}_1+\cdots+\alpha_n\boldsymbol{e}_n=\boldsymbol{0}, \quad \beta_1\boldsymbol{e}_1+\cdots+\beta_n\boldsymbol{e}_n=\boldsymbol{0}$$

が同時に成立することと同じである．$\boldsymbol{e}_1, \cdots, \boldsymbol{e}_n$ は E で線型独立だから，$\alpha_j=\beta_j=0\ (j=1, \cdots, n)$，すなわち $c_j=0\ (j=1, \cdots, n)$ でなければならない．従って $\boldsymbol{e}_1, \cdots, \boldsymbol{e}_n$ は E_c で線型独立である．

次に，E_c の任意の元が $\boldsymbol{e}_1, \cdots, \boldsymbol{e}_n$ の複素係数の線型結合でかけることを示そう．E_c の任意の元は $\boldsymbol{x}+i\boldsymbol{y}$, $\boldsymbol{x}\in E$, $\boldsymbol{y}\in E$ の形にかける．$\boldsymbol{x}, \boldsymbol{y}$ は $\boldsymbol{e}_1, \cdots, \boldsymbol{e}_n$ の実数係数の線型結合で表わされるから

$$\boldsymbol{x}=x_1\boldsymbol{e}_1+\cdots+x_n\boldsymbol{e}_n,\quad \boldsymbol{y}=y_1\boldsymbol{e}_1+\cdots+y_n\boldsymbol{e}_n\quad (x_j, y_j \text{ は実数})$$

従って

$$\boldsymbol{x}+i\boldsymbol{y}=(x_1+iy_1)\boldsymbol{e}_1+\cdots+(x_n+iy_n)\boldsymbol{e}_n$$

証明終．

注意1.　この式からもわかるように，基底 $\boldsymbol{e}_1, \cdots, \boldsymbol{e}_n$ に関する座標が ${}^t(x_1, \cdots, x_n)$, ${}^t(y_1, \cdots, y_n)$ であるようなベクトル $\boldsymbol{x}$, $\boldsymbol{y}$ から $\boldsymbol{x}+i\boldsymbol{y}$ を作ると，その座標は，${}^t(x_1+iy_1, \cdots, x_n+iy_n)$ となっているわけである．

特に，E が実の数線型空間 $R^n=\{{}^t(x_1, \cdots, x_n)\,;\, x_j$ は実数$\}$ の場合には，$x_1, \cdots, x_n$ は標準基底 $\boldsymbol{e}_1={}^t(1, 0, \cdots, 0)$, $\cdots$, $\boldsymbol{e}_n={}^t(0, \cdots, 0, 1)$ に関する座標であるから，E_c は $(x_1+iy_1)\boldsymbol{e}_1+\cdots+(x_n+iy_n)\boldsymbol{e}_n$ の形の元の全体，すなわち，複素係数の数線型空間 $\boldsymbol{C}^n=\{{}^t(z_1, \cdots, z_n)\,;\, z_j$ は複素数$\}$ に一致する．

注意2.　$E\subset E_c$ であるといっても，E は E_c の線型部分空間では**ない**．

ここで E_c の線型部分空間というのは，その集合の元の**複素係数**の線型結合がまたその集合に属することを意味する．ところが E の元の複素係数の線型結合は E_c 全体になってしまうのである．

問1.　1変数 x の実係数多項式全体の作る線型空間の複素化は複素係数多項式全体の作る線型空間になることをたしかめよ．

問2.　$\boldsymbol{e}_1, \cdots, \boldsymbol{e}_n$ が実線型空間 E の基底とするとき，$\boldsymbol{e}_1'=\boldsymbol{e}_1+i\boldsymbol{e}_2$, $\boldsymbol{e}_2'=\boldsymbol{e}_2+i\boldsymbol{e}_3$, $\cdots$, $\boldsymbol{e}_{n-1}'=\boldsymbol{e}_{n-1}+i\boldsymbol{e}_n$, $\boldsymbol{e}_n'=\boldsymbol{e}_n$ は複素化 E_c 上の基底であることを示せ．

§2. 複素ユークリッド線型空間

複素線型空間で，内積や長さの概念を考えることができる．まず，複素線型空間での内積は，次の3つの条件をみたすものとする．

(S. 1)　$\langle \boldsymbol{a}_1+\boldsymbol{a}_2, \boldsymbol{b}\rangle=\langle \boldsymbol{a}_1, \boldsymbol{b}\rangle+\langle \boldsymbol{a}_2, \boldsymbol{b}\rangle$

$$\langle \lambda\boldsymbol{a}, \boldsymbol{b}\rangle=\lambda\langle \boldsymbol{a}, \boldsymbol{b}\rangle$$

(S. 2)　$\langle \boldsymbol{b}, \boldsymbol{a}\rangle=\overline{\langle \boldsymbol{a}, \boldsymbol{b}\rangle}$

(S. 3) $\langle \boldsymbol{a}, \boldsymbol{a} \rangle \geqq 0$. かつ, $\langle \boldsymbol{a}, \boldsymbol{a} \rangle = 0$ は $\boldsymbol{a} = \boldsymbol{0}$ のときにのみ成立する.

ここでちょっと変なのは (S. 2) である. 実数の内積では

(S. 2)′ $\langle \boldsymbol{b}, \boldsymbol{a} \rangle = \langle \boldsymbol{a}, \boldsymbol{b} \rangle$

であったのに, どうして複素内積ではこうなるのだろうか? その理由は, (S. 1), (S. 2)′, (S. 3) は同時に成立しない条件なのである. 実際, もし (S. 1), (S. 2)′, (S. 3) が成立するような内積が E_c に定義できたとすると, (S. 1) と (S. 2)′ から, $\langle \boldsymbol{a}, \lambda \boldsymbol{b} \rangle = \lambda \langle \boldsymbol{a}, \boldsymbol{b} \rangle$ が成立する. 従って特に

$$\langle i\boldsymbol{a}, i\boldsymbol{a} \rangle = i^2 \langle \boldsymbol{a}, \boldsymbol{a} \rangle = -\langle \boldsymbol{a}, \boldsymbol{a} \rangle$$

が任意のベクトル $\boldsymbol{a}$ について成立しなければならない. (S. 3) から $\langle i\boldsymbol{a}, i\boldsymbol{a} \rangle \geqq 0$, $\langle \boldsymbol{a}, \boldsymbol{a} \rangle \geqq 0$ だから, 結局共に 0 でなければならない. よって $\boldsymbol{a} = \boldsymbol{0}$, つまり E_c が $\boldsymbol{0}$ だけから成る線型空間でない限り (S. 1), (S. 2)′, (S. 3) を同時にみたす内積は定義できないのである.

なお, (S. 1), (S. 2), (S. 3) をみたすならば, 直ちに

(S. 1)′ $\langle \boldsymbol{a}, \boldsymbol{b}_1 + \boldsymbol{b}_2 \rangle = \langle \boldsymbol{a}, \boldsymbol{b}_1 \rangle + \langle \boldsymbol{a}, \boldsymbol{b}_2 \rangle$

$\langle \boldsymbol{a}, \lambda \boldsymbol{b} \rangle = \bar{\lambda} \langle \boldsymbol{a}, \boldsymbol{b} \rangle$

が成立することがわかる.

このような内積の入った空間を**複素ユークリッド線型空間**という.

定理 7-3 複素ユークリッド線型空間において, ベクトルの長さを,

$$|\boldsymbol{a}| = \sqrt{\langle \boldsymbol{a}, \boldsymbol{a} \rangle}$$

で定義してやると, $|\boldsymbol{a}|$ はユークリッド的長さの公準:

(L. 1) $|\boldsymbol{a}| \geqq 0$. かつ, $|\boldsymbol{a}| = 0$ は $\boldsymbol{a} = \boldsymbol{0}$ のときのみ成立する.

(L. 2) $|\lambda \boldsymbol{a}| = |\lambda| \cdot |\boldsymbol{a}|$

(L. 3) $|\boldsymbol{a} + \boldsymbol{b}| \leqq |\boldsymbol{a}| + |\boldsymbol{b}|$

(L. 4) $2(|\boldsymbol{a}|^2 + |\boldsymbol{b}|^2) = |\boldsymbol{a} + \boldsymbol{b}|^2 + |\boldsymbol{a} - \boldsymbol{b}|^2$

をみたす.

証明 (L. 1) と (L. 2) は (S. 3) と定義から明らかであろう. (L. 3) は

Schwarz の不等式

$$|\langle \boldsymbol{a}, \boldsymbol{b}\rangle| \leqq |\boldsymbol{a}|\cdot|\boldsymbol{b}|$$

を証明しておけば，

$$\begin{aligned}|\boldsymbol{a}+\boldsymbol{b}|^2 &= \langle \boldsymbol{a}+\boldsymbol{b}, \boldsymbol{a}+\boldsymbol{b}\rangle = \langle \boldsymbol{a}, \boldsymbol{a}\rangle + \langle \boldsymbol{a}, \boldsymbol{b}\rangle + \langle \boldsymbol{b}, \boldsymbol{a}\rangle + \langle \boldsymbol{b}, \boldsymbol{b}\rangle \\ &= |\boldsymbol{a}|^2 + \langle \boldsymbol{a}, \boldsymbol{b}\rangle + \overline{\langle \boldsymbol{a}, \boldsymbol{b}\rangle} + |\boldsymbol{b}|^2 \\ &= |\boldsymbol{a}|^2 + 2\,\mathrm{Re}\langle \boldsymbol{a}, \boldsymbol{b}\rangle + |\boldsymbol{b}|^2 \\ &\leqq |\boldsymbol{a}|^2 + 2|\boldsymbol{a}|\cdot|\boldsymbol{b}| + |\boldsymbol{b}|^2 \\ &= (|\boldsymbol{a}|+|\boldsymbol{b}|)^2\end{aligned}$$

となって証明できる．さて Schwarz の不等式は，第2章 定理 2-2 の (2-4) の証明の所と同じ考えで，

$$\begin{aligned}0 \leqq \left|\boldsymbol{a} - \frac{\langle \boldsymbol{a}, \boldsymbol{b}\rangle}{|\boldsymbol{b}|^2}\cdot\boldsymbol{b}\right|^2 &= \left\langle \boldsymbol{a} - \frac{\langle \boldsymbol{a}, \boldsymbol{b}\rangle}{|\boldsymbol{b}|^2}\cdot\boldsymbol{b},\ \boldsymbol{a} - \frac{\langle \boldsymbol{a}, \boldsymbol{b}\rangle}{|\boldsymbol{b}|^2}\cdot\boldsymbol{b}\right\rangle \\ &= \langle \boldsymbol{a}, \boldsymbol{a}\rangle - \left\langle \boldsymbol{a}, \frac{\langle \boldsymbol{a}, \boldsymbol{b}\rangle}{|\boldsymbol{b}|^2}\cdot\boldsymbol{b}\right\rangle - \left\langle \frac{\langle \boldsymbol{a}, \boldsymbol{b}\rangle}{|\boldsymbol{b}|^2}\cdot\boldsymbol{b}, \boldsymbol{a}\right\rangle \\ &\qquad + \left\langle \frac{\langle \boldsymbol{a}, \boldsymbol{b}\rangle}{|\boldsymbol{b}|^2}\cdot\boldsymbol{b}, \frac{\langle \boldsymbol{a}, \boldsymbol{b}\rangle}{|\boldsymbol{b}|^2}\cdot\boldsymbol{b}\right\rangle \\ &= |\boldsymbol{a}|^2 - \frac{\overline{\langle \boldsymbol{a}, \boldsymbol{b}\rangle}}{|\boldsymbol{b}|^2}\cdot\langle \boldsymbol{a}, \boldsymbol{b}\rangle - \frac{\langle \boldsymbol{a}, \boldsymbol{b}\rangle}{|\boldsymbol{b}|^2}\cdot\langle \boldsymbol{b}, \boldsymbol{a}\rangle \\ &\qquad + \frac{\langle \boldsymbol{a}, \boldsymbol{b}\rangle\overline{\langle \boldsymbol{a}, \boldsymbol{b}\rangle}}{|\boldsymbol{b}|^4}\cdot\langle \boldsymbol{b}, \boldsymbol{b}\rangle \\ &= |\boldsymbol{a}|^2 - \frac{|\langle \boldsymbol{a}, \boldsymbol{b}\rangle|^2}{|\boldsymbol{b}|^2} - \frac{|\langle \boldsymbol{a}, \boldsymbol{b}\rangle|^2}{|\boldsymbol{b}|^2} + \frac{|\langle \boldsymbol{a}, \boldsymbol{b}\rangle|^2}{|\boldsymbol{b}|^2} \\ &= \frac{|\boldsymbol{a}|^2\cdot|\boldsymbol{b}|^2 - |\langle \boldsymbol{a}, \boldsymbol{b}\rangle|^2}{|\boldsymbol{b}|^2}\end{aligned}$$

から，

$$|\langle \boldsymbol{a}, \boldsymbol{b}\rangle|^2 \leqq |\boldsymbol{a}|^2\cdot|\boldsymbol{b}|^2$$

を得る．(L. 4) の証明は定理 2-2 と全く同様にできる．　　　　証明終．

次に，前と同じように，この定理の逆が成立することを示そう．

定理 7-4　複素線型空間において，(L. 1)～(L. 4) をみたす長さ $|\boldsymbol{a}|$ が定

義されているとき，

(7-5) $$\langle \boldsymbol{a}, \boldsymbol{b}\rangle=\left|\frac{\boldsymbol{a}+\boldsymbol{b}}{2}\right|^2-\left|\frac{\boldsymbol{a}-\boldsymbol{b}}{2}\right|^2+i\left\{\left|\frac{\boldsymbol{a}+i\boldsymbol{b}}{2}\right|^2-\left|\frac{\boldsymbol{a}-i\boldsymbol{b}}{2}\right|^2\right\}$$

とおくと，これは複素内積の公準 (S. 1), (S. 2), (S. 3) をみたし，かつ，

(7-6) $$|\boldsymbol{a}|=\sqrt{\langle \boldsymbol{a}, \boldsymbol{a}\rangle}$$

が成立する．

証明 (S. 2) は，

$$\begin{aligned}\langle \boldsymbol{b}, \boldsymbol{a}\rangle&=\left|\frac{\boldsymbol{b}+\boldsymbol{a}}{2}\right|^2-\left|\frac{\boldsymbol{b}-\boldsymbol{a}}{2}\right|^2+i\left\{\left|\frac{\boldsymbol{b}+i\boldsymbol{a}}{2}\right|^2-\left|\frac{\boldsymbol{b}-i\boldsymbol{a}}{2}\right|^2\right\}\\&=\left|\frac{\boldsymbol{a}+\boldsymbol{b}}{2}\right|^2-\left|\frac{\boldsymbol{a}-\boldsymbol{b}}{2}\right|^2+i\left\{\left|\frac{i(\boldsymbol{a}-i\boldsymbol{b})}{2}\right|^2-\left|\frac{-i(\boldsymbol{a}+i\boldsymbol{b})}{2}\right|^2\right\}\\&=\left|\frac{\boldsymbol{a}+\boldsymbol{b}}{2}\right|^2-\left|\frac{\boldsymbol{a}-\boldsymbol{b}}{2}\right|^2+i\left\{\left|\frac{\boldsymbol{a}-i\boldsymbol{b}}{2}\right|^2-\left|\frac{\boldsymbol{a}+i\boldsymbol{b}}{2}\right|^2\right\}\\&=\left|\frac{\boldsymbol{a}+\boldsymbol{b}}{2}\right|^2-\left|\frac{\boldsymbol{a}-\boldsymbol{b}}{2}\right|^2-i\left\{\left|\frac{\boldsymbol{a}+i\boldsymbol{b}}{2}\right|^2-\left|\frac{\boldsymbol{a}-i\boldsymbol{b}}{2}\right|^2\right\}\\&=\overline{\langle \boldsymbol{a}, \boldsymbol{b}\rangle}\end{aligned}$$

また (S. 3) は，

$$\begin{aligned}\langle \boldsymbol{a}, \boldsymbol{a}\rangle&=\left|\frac{\boldsymbol{a}+\boldsymbol{a}}{2}\right|^2-\left|\frac{\boldsymbol{a}-\boldsymbol{a}}{2}\right|^2+i\left\{\left|\frac{\boldsymbol{a}+i\boldsymbol{a}}{2}\right|^2-\left|\frac{\boldsymbol{a}-i\boldsymbol{a}}{2}\right|^2\right\}\\&=|\boldsymbol{a}|^2+i\left\{\left|\frac{1+i}{2}\right|^2-\left|\frac{1-i}{2}\right|^2\right\}|\boldsymbol{a}|^2\\&=|\boldsymbol{a}|^2\geqq 0.\end{aligned}$$

と，容易に証明できる．同時に (7-6) も示された．

(S. 1) を示そう．今，

$$\langle \boldsymbol{a}, \boldsymbol{b}\rangle_0=\left|\frac{\boldsymbol{a}+\boldsymbol{b}}{2}\right|^2-\left|\frac{\boldsymbol{a}-\boldsymbol{b}}{2}\right|^2$$

とおくと，これについては定理 2-2 の証明がそのまま成立するから，

$$\langle \boldsymbol{a}_1+\boldsymbol{a}_2, \boldsymbol{b}\rangle_0=\langle \boldsymbol{a}_1, \boldsymbol{b}\rangle_0+\langle \boldsymbol{a}_2, \boldsymbol{b}\rangle_0$$

$$\langle \lambda\boldsymbol{a}, \boldsymbol{b}\rangle_0=\lambda\langle \boldsymbol{a}, \boldsymbol{b}\rangle_0 \qquad (\lambda:\text{実数})$$

であることがわかる．ところが，(7-5) は，

$$\langle \boldsymbol{a}, \boldsymbol{b}\rangle=\langle \boldsymbol{a}, \boldsymbol{b}\rangle_0+i\langle \boldsymbol{a}, i\boldsymbol{b}\rangle_0$$

であるから，(S.1) の第1式が成立することは直ちにわかる．第2式も，λ が実数の場合は成立する．i については，

$$\begin{aligned}\langle i\boldsymbol{a}, \boldsymbol{b}\rangle&=\langle i\boldsymbol{a}, \boldsymbol{b}\rangle_0+i\langle i\boldsymbol{a}, i\boldsymbol{b}\rangle_0\\&=\left|\frac{i\boldsymbol{a}+\boldsymbol{b}}{2}\right|^2-\left|\frac{i\boldsymbol{a}-\boldsymbol{b}}{2}\right|^2+i\left\{\left|\frac{i\boldsymbol{a}+i\boldsymbol{b}}{2}\right|^2-\left|\frac{i\boldsymbol{a}-i\boldsymbol{b}}{2}\right|^2\right\}\\&=\left|\frac{i(\boldsymbol{a}-i\boldsymbol{b})}{2}\right|^2-\left|\frac{i(\boldsymbol{a}+i\boldsymbol{b})}{2}\right|^2+i\left\{\left|\frac{i(\boldsymbol{a}+\boldsymbol{b})}{2}\right|^2-\left|\frac{i(\boldsymbol{a}-\boldsymbol{b})}{2}\right|^2\right\}\\&=i\left[\left|\frac{\boldsymbol{a}+\boldsymbol{b}}{2}\right|^2-\left|\frac{\boldsymbol{a}-\boldsymbol{b}}{2}\right|^2+i\left\{\left|\frac{\boldsymbol{a}+i\boldsymbol{b}}{2}\right|^2-\left|\frac{\boldsymbol{a}-i\boldsymbol{b}}{2}\right|^2\right\}\right]\\&=i\langle \boldsymbol{a}, \boldsymbol{b}\rangle\end{aligned}$$

とやはりよい．そこで，任意の複素数 $\lambda=\mu+i\nu$ について

$$\begin{aligned}\langle \lambda\boldsymbol{a}, \boldsymbol{b}\rangle=\langle \mu\boldsymbol{a}+i\nu\boldsymbol{a}, \boldsymbol{b}\rangle&=\langle \mu\boldsymbol{a}, \boldsymbol{b}\rangle+\langle i\nu\boldsymbol{a}, \boldsymbol{b}\rangle\\&=\mu\langle \boldsymbol{a}, \boldsymbol{b}\rangle+i\nu\langle \boldsymbol{a}, \boldsymbol{b}\rangle\\&=(\mu+i\nu)\langle \boldsymbol{a}, \boldsymbol{b}\rangle\\&=\lambda\langle \boldsymbol{a}, \boldsymbol{b}\rangle\end{aligned}$$

となって (S.2) の第2式も証明された．　　証明終．

複素ユークリッド線型空間では，実数空間の場合と全く同じ議論が成立する．すなわち，直交性を

$$\langle \boldsymbol{a}, \boldsymbol{b}\rangle=0$$

によって定義しておくと，Schmidt の直交化法や，実数空間で最も大切な定理 2-6 などがそのまま成立する．ただ，内積が順序に関して可換でなく，従って，うしろのベクトルの係数は外へ出すと共役複素数となる．その点がすべてに影響して，定理 2-6 は次のようになる．

定理 7-5　E を複素ユークリッド線型空間，$\boldsymbol{e}_1, \cdots, \boldsymbol{e}_n$ を正規直交系とする．そのとき次の5つの条件はたがいに同値である．

(i) $\boldsymbol{e}_1, \cdots, \boldsymbol{e}_n$ は E の基底である.

(ii) E のどんな元 $\boldsymbol{x}$ も $\boldsymbol{x}=\langle\boldsymbol{x}, \boldsymbol{e}_1\rangle\boldsymbol{e}_1+\cdots+\langle\boldsymbol{x}, \boldsymbol{e}_n\rangle\boldsymbol{e}_n$ とかける.

(iii) E のどんな元 $\boldsymbol{x}, \boldsymbol{y}$ についても, $\langle\boldsymbol{x}, \boldsymbol{e}_i\rangle=\alpha_i$, $\langle\boldsymbol{y}, \boldsymbol{e}_i\rangle=\beta_i$ $(i=1, \cdots, n)$ とおくとき,

$$\langle\boldsymbol{x}, \boldsymbol{y}\rangle=\alpha_1\bar{\beta}_1+\cdots+\alpha_n\bar{\beta}_n$$

が成立する.

(iv) E のどんな元 $\boldsymbol{x}$ についても $\langle\boldsymbol{x}, \boldsymbol{e}_i\rangle=\alpha_i$ $(i=1, \cdots, n)$ とおくとき

$$|\boldsymbol{x}|^2=|\alpha_1|^2+\cdots+|\alpha_n|^2$$

が成立する.

(v) すべての $\boldsymbol{e}_i$ $(i=1, \cdots, n)$ と直交するベクトルは $\boldsymbol{0}$ に限る.

このように実数の場合だと $\alpha_i\beta_i$ とか α_i^2 の形になる所が複素数の場合は $\alpha_i\bar{\beta}_i$, $\alpha_i\bar{\alpha}_i=|\alpha_i|^2$ となって, 片方に共役数が現われるが, かえってこの方が都合がよいのである.

次に, 内積の複素化を考えよう.

定理 7-6 実ユークリッド線型空間 E が与えられたならば, 必ずその複素化 E_c の中に複素内積をうまく定義して, それが E での実数の内積の拡張であるようにできる. また, そのような拡張は一意的である.

証明 E_c の2つの元

$$\boldsymbol{z}_1=\boldsymbol{x}_1+i\boldsymbol{y}_1, \qquad \boldsymbol{z}_2=\boldsymbol{x}_2+i\boldsymbol{y}_2$$

に対し, その内積を

$$(7\text{-}7) \qquad \begin{aligned}\langle\boldsymbol{z}_1, \boldsymbol{z}_2\rangle_c&=\langle\boldsymbol{x}_1+i\boldsymbol{y}_1, \boldsymbol{x}_2+i\boldsymbol{y}_2\rangle_c\\&=\langle\boldsymbol{x}_1, \boldsymbol{x}_2\rangle+\langle\boldsymbol{y}_1, \boldsymbol{y}_2\rangle+i\{\langle\boldsymbol{y}_1, \boldsymbol{x}_2\rangle-\langle\boldsymbol{x}_1, \boldsymbol{y}_2\rangle\}\end{aligned}$$

で定義しよう. この定義に使った右辺の内積はすべて E での (すでにある所の) 内積である.

これを見ると「定義するといっても, 左辺を内積の規則に従って分解す

ると右辺になるじゃないか，これは定義でなくて定理だ」と思う読者があるかも知れない．しかし，「内積の規則」は，E での内積では通用するが E_c での内積（それはまだきまっていない）について通用するだろうか？そう，正に通用するように (7-7) によって，内積をきめようというのだから，(7-7) はやはり「取り決め」つまり定義である．

(7-7) による内積が (S. 1), (S. 2), (S. 3) をみたすことはかんたんにわかる．少しめんどうなのは $\langle \lambda \boldsymbol{z}_1, \boldsymbol{z}_2 \rangle_c = \lambda \langle \boldsymbol{z}_1, \boldsymbol{z}_2 \rangle_c$ の証明である．これは，λ が実数の場合には

$$\begin{aligned}\langle \lambda \boldsymbol{z}_1, \boldsymbol{z}_2 \rangle_c &= \langle \lambda \boldsymbol{x}_1 + i\lambda \boldsymbol{y}_1, \boldsymbol{x}_2 + i\boldsymbol{y}_2 \rangle_c \\ &= \langle \lambda \boldsymbol{x}_1, \boldsymbol{x}_2 \rangle + \langle \lambda \boldsymbol{y}_1, \boldsymbol{y}_2 \rangle + i\{\langle \lambda \boldsymbol{y}_1, \boldsymbol{x}_2 \rangle - \langle \lambda \boldsymbol{x}_1, \boldsymbol{y}_2 \rangle\} \\ &= \lambda[\langle \boldsymbol{x}_1, \boldsymbol{x}_2 \rangle + \langle \boldsymbol{y}_1, \boldsymbol{y}_2 \rangle + i\{\langle \boldsymbol{y}_1, \boldsymbol{x}_2 \rangle - \langle \boldsymbol{x}_1, \boldsymbol{y}_2 \rangle\}] \\ &= \lambda \langle \boldsymbol{z}_1, \boldsymbol{z}_2 \rangle_c\end{aligned}$$

$\lambda = i$ のときは

$$\begin{aligned}\langle i\boldsymbol{z}_1, \boldsymbol{z}_2 \rangle_c &= \langle -\boldsymbol{y}_1 + i\boldsymbol{x}_1, \boldsymbol{x}_2 + i\boldsymbol{y}_2 \rangle_c \\ &= \langle -\boldsymbol{y}_1, \boldsymbol{x}_2 \rangle + \langle \boldsymbol{x}_1, \boldsymbol{y}_2 \rangle + i\{\langle \boldsymbol{x}_1, \boldsymbol{x}_2 \rangle - \langle -\boldsymbol{y}_1, \boldsymbol{y}_2 \rangle\} \\ &= i[\langle \boldsymbol{x}_1, \boldsymbol{x}_2 \rangle + \langle \boldsymbol{y}_1, \boldsymbol{y}_2 \rangle + i\{\langle \boldsymbol{y}_1, \boldsymbol{x}_2 \rangle - \langle \boldsymbol{x}_1, \boldsymbol{y}_2 \rangle\}] \\ &= i\langle \boldsymbol{z}_1, \boldsymbol{z}_2 \rangle_c\end{aligned}$$

従って $\lambda = a + ib$（a, b は実数）のときは

$$\begin{aligned}\langle \lambda \boldsymbol{z}_1, \boldsymbol{z}_2 \rangle_c &= \langle a\boldsymbol{z}_1 + ib\boldsymbol{z}_1, \boldsymbol{z}_2 \rangle_c \\ &= a\langle \boldsymbol{z}_1, \boldsymbol{z}_2 \rangle_c + ib\langle \boldsymbol{z}_1, \boldsymbol{z}_2 \rangle_c \\ &= (a+ib)\langle \boldsymbol{z}_1, \boldsymbol{z}_2 \rangle_c \\ &= \lambda \langle \boldsymbol{z}_1, \boldsymbol{z}_2 \rangle_c\end{aligned}$$

(7-7) において，$\boldsymbol{y}_1 = \boldsymbol{y}_2 = \boldsymbol{0}$ の場合は E における内積に等しくなるから，(7-7) はたしかに E での内積を E_c に拡張したものである．このような拡張の方法は唯 1 つしかない．というのは，もし別にあったとしても，それを (S. 1)～(S. 3) に従って，分解していくと，(7-7) と同じ等式が成立することがわかるからである．　　　　証明終．

E_c での内積を $\langle\ ,\ \rangle$ で表わしても混乱のおそれはないから，以後 $\langle\ ,\ \rangle_c$ の記号は使わないことにする．

問 $\boldsymbol{C}^3$ の元 $\boldsymbol{a}={}^t\!\left(1+i, \dfrac{1}{i}, 2\right)$ と $\boldsymbol{b}={}^t(1+i, 2i, 1-3i)$ の内積を求めよ．

§3. 線型変換の複素化

実線型空間 E 上の線型変換 φ が与えられたとき，複素化 E_c 上の（複素係数）の線型写像 φ_c を作って，φ_c を E の上だけで考えるとちょうど φ に等しくなっているようにできることを示そう．これを線型写像の複素化という．これは簡単で，$\boldsymbol{z}=\boldsymbol{x}+i\boldsymbol{y}$ に対し，

(7-8)
$$\varphi_c(\boldsymbol{z})=\varphi(\boldsymbol{x})+i\varphi(\boldsymbol{y})$$

とおけばよい．すると，

$$\varphi_c(i\boldsymbol{z})=\varphi_c(-\boldsymbol{y}+i\boldsymbol{x})=-\varphi(\boldsymbol{y})+i\varphi(\boldsymbol{x})$$
$$=i\{\varphi(\boldsymbol{x})+i\varphi(\boldsymbol{y})\}=i\varphi_c(\boldsymbol{z})$$

だから，任意の複素数 λ につき，

$$\varphi_c(\lambda\boldsymbol{z})=\lambda\varphi_c(\boldsymbol{z})$$

が成立することがわかる．加法性 $\varphi_c(\boldsymbol{z}_1+\boldsymbol{z}_2)=\varphi_c(\boldsymbol{z}_1)+\varphi_c(\boldsymbol{z}_2)$ は明らかだから φ_c は E_c 上の線型変換で，$\boldsymbol{y}=\boldsymbol{0}$ のとき (7-8) は

$$\varphi_c(\boldsymbol{x})=\varphi(\boldsymbol{x})$$

だから，φ_c は φ の拡張である．拡張が一意的であることも明らかであろう．

このように，E 上の線型変換はつねに拡張できるが，逆に E_c 上の任意の線型変換を E 上へ制限したものは E 上の線型変換かというと，そうではない．つまり E の元をうつした先は一般にもはや E の元ではない．たとえば実数空間 R^1 の複素化である所の1次元複素線型空間 $\boldsymbol{C}^1$ において，$z\in\boldsymbol{C}^1$ に対し，

$$\varphi(z)=iz$$

とおくと，これはたしかに線型であるが，$z=x$ が実数のときは

$$\varphi(x)=ix$$

となって $\varphi(x)\in R^1$ とならない．

次に，φ の複素化 φ_c の表現行列について調べよう．E の基底は補題 7-2 によって E_c の基底でもあるから，E の基底を1組 $\boldsymbol{e}_1, \cdots, \boldsymbol{e}_n$ ととると，これによる表現行列は

$$(\varphi_c(\boldsymbol{e}_1), \cdots, \varphi_c(\boldsymbol{e}_n)) = (\varphi(\boldsymbol{e}_1), \cdots, \varphi(\boldsymbol{e}_n)) = (\boldsymbol{e}_1, \cdots, \boldsymbol{e}_n)A$$

となって，この A は E における φ の表現行列である．従って実数行列である．

すなわち，

定理 7-7　線型写像を複素化しても，E の基底を E_c の基底として採用する限り，表現行列は変わらない．

注意　勿論，E_c の基底として E に入らないベクトルから成るものをとれば表現行列は変わってしまう．その変わり方は，第3章 §1 で述べたように

$$B = PAP^{-1}$$

となるが，E_c は複素線型空間だから，正則行列 P が複素数から成る行列となるため，A が実行列でも B は一般に複素行列となるのである．しかし，2つの行列が相似であるという概念など，第3章 §1 で述べたことはすべて複素線型空間でも成立する．

系　線型変換を複素化しても固有方程式は変わらない．従って，φ の固有値，固有ベクトルはそのまま φ_c の固有値，固有ベクトルである．

証明　φ_c の固有方程式はその表現行列 A によって

$$\det(A - \lambda I) = 0$$

とかけるが，この A として φ の表現行列がとれるからである．　終．

問　射影の複素化はまた射影である．これを示せ．

§4. エルミート変換とユニタリ変換

次にいくつかの例について線型変換の複素化をやってみよう．

定理 7-8　φ を E 上の対称変換とすると，その複素化 φ_c は，次の性質をみたす．E_c の任意の元 $\boldsymbol{z}_1, \boldsymbol{z}_2$ について

(7-9)
$$\langle \varphi_c(\boldsymbol{z}_1), \boldsymbol{z}_2 \rangle = \langle \boldsymbol{z}_1, \varphi_c(\boldsymbol{z}_2) \rangle.$$

証明　$\boldsymbol{z}_1 = \boldsymbol{x}_1 + i\boldsymbol{y}_1$, $\boldsymbol{z}_2 = \boldsymbol{x}_2 + i\boldsymbol{y}_2$　$(\boldsymbol{x}_1, \boldsymbol{x}_2, \boldsymbol{y}_1, \boldsymbol{y}_2 \in E)$ とすると，

$$\begin{aligned}\langle \varphi_c(\boldsymbol{z}_1), \boldsymbol{z}_2 \rangle &= \langle \varphi(\boldsymbol{x}_1) + i\varphi(\boldsymbol{y}_1), \boldsymbol{x}_2 + i\boldsymbol{y}_2 \rangle \\ &= \langle \varphi(\boldsymbol{x}_1), \boldsymbol{x}_2 \rangle + \langle \varphi(\boldsymbol{y}_1), \boldsymbol{y}_2 \rangle + i\{\langle \varphi(\boldsymbol{y}_1), \boldsymbol{x}_2 \rangle - \langle \varphi(\boldsymbol{x}_1), \boldsymbol{y}_2 \rangle\}\end{aligned}$$

φ は対称であるから，$\langle \varphi(\boldsymbol{x}), \boldsymbol{y} \rangle = \langle \boldsymbol{x}, \varphi(\boldsymbol{y}) \rangle$ が成立する．従って，

$$\begin{aligned}&= \langle \boldsymbol{x}_1, \varphi(\boldsymbol{x}_2) \rangle + \langle \boldsymbol{y}_1, \varphi(\boldsymbol{y}_2) \rangle + i\{\langle \boldsymbol{y}_1, \varphi(\boldsymbol{x}_2) \rangle - \langle \boldsymbol{x}_1, \varphi(\boldsymbol{y}_2) \rangle\} \\ &= \langle \boldsymbol{x}_1 + i\boldsymbol{y}_1, \varphi(\boldsymbol{x}_2) + i\varphi(\boldsymbol{y}_2) \rangle \\ &= \langle \boldsymbol{z}_1, \varphi_c(\boldsymbol{z}_2) \rangle\end{aligned}$$

証明終．

そこで，

定義 7-9　複素ユークリッド線型空間において，(7-9) をみたす線型変換を**エルミート変換**という．

定理 7-10　φ を E 上の直交変換とすると，その複素化 φ_c は次の性質をもつ．E_c の任意の元 $\boldsymbol{z}_1, \boldsymbol{z}_2$ について

(7-10)
$$\langle \varphi_c(\boldsymbol{z}_1), \varphi_c(\boldsymbol{z}_2) \rangle = \langle \boldsymbol{z}_1, \boldsymbol{z}_2 \rangle$$

証明　φ は E 上の直交変換だから，任意の $\boldsymbol{x}, \boldsymbol{y} \in E$ につき

$$\langle \varphi(\boldsymbol{x}), \varphi(\boldsymbol{y}) \rangle = \langle \boldsymbol{x}, \boldsymbol{y} \rangle$$

が成立する．従って，$\boldsymbol{z}_1 = \boldsymbol{x}_1 + i\boldsymbol{y}_1$, $\boldsymbol{z}_2 = \boldsymbol{x}_2 + i\boldsymbol{y}_2$ とすると

$$\begin{aligned}\langle \varphi_c(\boldsymbol{z}_1), \varphi_c(\boldsymbol{z}_2) \rangle &= \langle \varphi(\boldsymbol{x}_1) + i\varphi(\boldsymbol{y}_1), \varphi(\boldsymbol{x}_2) + i\varphi(\boldsymbol{y}_2) \rangle \\ &= \langle \varphi(\boldsymbol{x}_1), \varphi(\boldsymbol{x}_2) \rangle + \langle \varphi(\boldsymbol{y}_1), \varphi(\boldsymbol{y}_2) \rangle \\ &\quad + i\{\langle \varphi(\boldsymbol{y}_1), \varphi(\boldsymbol{x}_2) \rangle - \langle \varphi(\boldsymbol{x}_1), \varphi(\boldsymbol{y}_2) \rangle\} \\ &= \langle \boldsymbol{x}_1, \boldsymbol{x}_2 \rangle + \langle \boldsymbol{y}_1, \boldsymbol{y}_2 \rangle + i\{\langle \boldsymbol{y}_1, \boldsymbol{x}_2 \rangle - \langle \boldsymbol{x}_1, \boldsymbol{y}_2 \rangle\} \\ &= \langle \boldsymbol{x}_1 + i\boldsymbol{y}_1, \boldsymbol{x}_2 + i\boldsymbol{y}_2 \rangle\end{aligned}$$

$$=\langle \boldsymbol{z}_1, \boldsymbol{z}_2\rangle$$ 証明終．

そこで，

定義 7-11　複素ユークリッド線型空間において，(7-10) をみたす線型変換を**ユニタリ**変換という．

(7-9), (7-10) をそれぞれ，(3-11), (3-10) と比較してみるとわかるように，エルミート変換，ユニタリ変換は実数係数の線型空間で対称変換，直交変換が果たしているのとちょうど同じ役目を複素線型空間で果たしているのである．たとえば，複素ユークリッド線型空間 E において，1つの線型部分空間 F を考えるとき，実係数の時と同様に直交分解

$$E=F\oplus F^{\perp}$$

を生ずるが，このとき F への正射影を p とすると，p はエルミート変換である．

実際，E の任意の $\boldsymbol{x}, \boldsymbol{y}$ に対し，上の直交分解に対応する分解を

$$\boldsymbol{x}=\boldsymbol{x}_1+\boldsymbol{x}_2,\quad \boldsymbol{y}=\boldsymbol{y}_1+\boldsymbol{y}_2 \qquad (\boldsymbol{x}_1, \boldsymbol{y}_1\in F,\ \boldsymbol{x}_2, \boldsymbol{y}_2\in F^{\perp})$$

とすると，$p(\boldsymbol{x})=\boldsymbol{x}_1$, $p(\boldsymbol{y})=\boldsymbol{y}_1$ であるから，

$$\begin{aligned}\langle p(\boldsymbol{x}), \boldsymbol{y}\rangle &=\langle p(\boldsymbol{x}), \boldsymbol{y}_1\rangle+\langle p(\boldsymbol{x}), \boldsymbol{y}_2\rangle\\ &=\langle p(\boldsymbol{x}), \boldsymbol{y}_1\rangle\\ &=\langle p(\boldsymbol{x}), p(\boldsymbol{y})\rangle\end{aligned}$$

また，

$$\begin{aligned}\langle x, p(\boldsymbol{y})\rangle &=\langle \boldsymbol{x}_1, p(\boldsymbol{y})\rangle+\langle \boldsymbol{x}_2, p(\boldsymbol{y})\rangle\\ &=\langle \boldsymbol{x}_1, p(\boldsymbol{y})\rangle\\ &=\langle p(\boldsymbol{x}), p(\boldsymbol{y})\rangle\end{aligned}$$

となって，$\langle p(\boldsymbol{x}), \boldsymbol{y}\rangle=\langle \boldsymbol{x}, p(\boldsymbol{y})\rangle$ が成立する．

なお，ある線型変換がエルミートであるとかユニタリであるとかを判別する方法として次の定理は有用である．

定理 7-12 複素ユークリッド線型空間において

(i) φ がエルミートであるための必要十分条件は，任意のベクトル $\boldsymbol{x}$ に対し，$\langle \boldsymbol{x}, \varphi(\boldsymbol{x})\rangle$ が実数であることである．

(ii) φ がユニタリであるための必要十分条件は，任意のベクトル $\boldsymbol{x}$ に対し

$$|\varphi(\boldsymbol{x})|=|\boldsymbol{x}|$$

が成立することである．

注意 この条件(i)は「任意のベクトル $\boldsymbol{x}$ に対し，

$$\langle \boldsymbol{x}, \varphi(\boldsymbol{x})\rangle=\langle \varphi(\boldsymbol{x}), \boldsymbol{x}\rangle」$$

と表わせる．また条件(ii)は，「任意のベクトル $\boldsymbol{x}$ に対し，

$$\langle \varphi(\boldsymbol{x}), \varphi(\boldsymbol{x})\rangle=\langle \boldsymbol{x}, \boldsymbol{x}\rangle」$$

と表わせる．すなわち，(7-9)，(7-10) のように，別々のベクトル $\boldsymbol{z}_1$，$\boldsymbol{z}_2$ についての式が成立することを見るのはやっかいなことが多いので，それを同じ1つのベクトル $\boldsymbol{x}$ についてやっておけばよいというのが定理 7-12 なのである．

証明 両方とも必要なことは定義から明らかなので十分であることをいえばよい．

(i) 任意のベクトル $\boldsymbol{x}, \boldsymbol{y}$ に対し，

$$\langle \varphi(\boldsymbol{x}+\boldsymbol{y}), \boldsymbol{x}+\boldsymbol{y}\rangle=\langle \boldsymbol{x}+\boldsymbol{y}, \varphi(\boldsymbol{x}+\boldsymbol{y})\rangle$$

これを分解して，$\langle \varphi(\boldsymbol{x}), \boldsymbol{x}\rangle=\langle \boldsymbol{x}, \varphi(\boldsymbol{x})\rangle$，$\langle \varphi(\boldsymbol{y}), \boldsymbol{y}\rangle=\langle \boldsymbol{y}, \varphi(\boldsymbol{y})\rangle$ を用いると，

$$\langle \varphi(\boldsymbol{x}), \boldsymbol{y}\rangle+\langle \varphi(\boldsymbol{y}), \boldsymbol{x}\rangle=\langle \boldsymbol{x}, \varphi(\boldsymbol{y})\rangle+\langle \boldsymbol{y}, \varphi(\boldsymbol{x})\rangle$$

を得る．$\langle \boldsymbol{y}, \varphi(\boldsymbol{x})\rangle=\overline{\langle \varphi(\boldsymbol{x}), \boldsymbol{y}\rangle}$ などを用いて整頓すると，

(7-11) $$\langle \varphi(\boldsymbol{x}), \boldsymbol{y}\rangle-\overline{\langle \varphi(\boldsymbol{x}), \boldsymbol{y}\rangle}=\langle \boldsymbol{x}, \varphi(\boldsymbol{y})\rangle-\overline{\langle \boldsymbol{x}, \varphi(\boldsymbol{y})\rangle}$$

共役複素数の差は虚数部分の2倍であるから，

(7-12) $$2\,\mathrm{Im}\langle \varphi(\boldsymbol{x}), \boldsymbol{y}\rangle=2\,\mathrm{Im}\langle \boldsymbol{x}, \varphi(\boldsymbol{y})\rangle$$

今までのことを $i\boldsymbol{x}$ と $\boldsymbol{y}$ についてもう一度行なうと，(7-11) は，

$$i\langle \varphi(\boldsymbol{x}), \boldsymbol{y}\rangle+i\overline{\langle \varphi(\boldsymbol{x}), \boldsymbol{y}\rangle}=i\langle \boldsymbol{x}, \varphi(\boldsymbol{y})\rangle+i\overline{\langle \boldsymbol{x}, \varphi(\boldsymbol{y})\rangle}$$

両辺から i を消すと，共役複素数の和となるから，それは実数部分の2倍

である．すなわち，

$$2\,\mathrm{Re}\langle\varphi(\boldsymbol{x}),\boldsymbol{y}\rangle=2\,\mathrm{Re}\langle\boldsymbol{x},\varphi(\boldsymbol{y})\rangle$$

これと (7-12) を合わせて，

$$\langle\varphi(\boldsymbol{x}),\boldsymbol{y}\rangle=\langle\boldsymbol{x},\varphi(\boldsymbol{y})\rangle$$

すなわち，φ はエルミートである．

(ii) の証明も全く同じやり方でできる．$\langle\varphi(\boldsymbol{x}+\boldsymbol{y}),\ \varphi(\boldsymbol{x}+\boldsymbol{y})\rangle=\langle\boldsymbol{x}+\boldsymbol{y},\boldsymbol{x}+\boldsymbol{y}\rangle$ を分解して，

$$\langle\varphi(\boldsymbol{x}),\varphi(\boldsymbol{y})\rangle+\langle\varphi(\boldsymbol{y}),\varphi(\boldsymbol{x})\rangle=\langle\boldsymbol{x},\boldsymbol{y}\rangle+\langle\boldsymbol{y},\boldsymbol{x}\rangle$$

を得るから，これから，

$$\mathrm{Re}\langle\varphi(\boldsymbol{x}),\ \varphi(\boldsymbol{y})\rangle=\mathrm{Re}\langle\boldsymbol{x},\boldsymbol{y}\rangle$$

が出る．同じことを $i\boldsymbol{x}$ と $\boldsymbol{y}$ について行なうと，

$$i\{\langle\varphi(\boldsymbol{x}),\ \varphi(\boldsymbol{y})\rangle-\langle\varphi(\boldsymbol{y}),\ \varphi(\boldsymbol{x})\rangle\}=i\{\langle\boldsymbol{x},\boldsymbol{y}\rangle-\langle\boldsymbol{y},\boldsymbol{x}\rangle\}$$

すなわち今度は，

$$\mathrm{Im}\langle\varphi(\boldsymbol{x}),\ \varphi(\boldsymbol{y})\rangle=\mathrm{Im}\langle\boldsymbol{x},\boldsymbol{y}\rangle$$

となる．従って，

$$\langle\varphi(\boldsymbol{x}),\ \varphi(\boldsymbol{y})\rangle=\langle\boldsymbol{x},\boldsymbol{y}\rangle$$

が成立する．すなわち，φ はユニタリである．

問1.　線型変換 p が正射影であるための必要十分条件は，「$p^2=p$，かつ p はエルミート」であることを示せ．

問2.　次の3つの条件のうち2つがみたされれば，他の条件もみたされることを示せ．

(1)　φ はユニタリ．

(2)　φ はエルミート．

(3)　$\varphi^2=I$.

§5. 共 役 変 換

次に，第6章で定義した線型変換の**転置変換**の複素化を考えよう．実線型変換 φ の転置変換 ${}^t\varphi$ は，

$$\langle\varphi(\boldsymbol{x}),\boldsymbol{y}\rangle=\langle\boldsymbol{x},{}^t\varphi(\boldsymbol{y})\rangle$$

をみたすものとして定義された（第6章 p.142を参照のこと）のだが，その時の基礎になったのは定理6-2であった．この定理6-2は複素線型空間においてもそのまま成立する．すなわち，複素線型空間 E_c における一次形式 $f(\boldsymbol{z})$ はある E_c の元 $\boldsymbol{w}$ によって，

$$f(\boldsymbol{z})=\langle \boldsymbol{z}, \boldsymbol{w}\rangle$$

の形に一意的に表わすことができる（このことは定理6-2の証明を複素内積の場合におきかえてたどってみるとすぐわかる）．そこで，このことを基礎に，複素線型変換 φ の複素内積に関する転置に当る**共役変換** φ^* を次のように定義する．すなわち，

$$f(\boldsymbol{z}_1, \boldsymbol{z}_2)=\langle \varphi(\boldsymbol{z}_1), \boldsymbol{z}_2\rangle_c$$

とおくと，$f(\boldsymbol{z}_1, \boldsymbol{z}_2)$ は $\boldsymbol{z}_1$ に関して（複素）一次形式である．従って，ある $\boldsymbol{w}\in E_c$ によって

$$f(\boldsymbol{z}_1, \boldsymbol{z}_2)=\langle \boldsymbol{z}_1, \boldsymbol{w}\rangle_c$$

と表わされる．一次形式 $f(\boldsymbol{z}_1, \boldsymbol{z}_2)$ は $\boldsymbol{z}_2$ を動かすといろいろ変わるから，$\boldsymbol{w}$ もいろいろ $\boldsymbol{z}_2$ につれて変化する．すなわち $\boldsymbol{w}$ は $\boldsymbol{z}_2$ の関数である．そこで，

$$\boldsymbol{w}=\varphi^*(\boldsymbol{z}_2)$$

とおく．すると，上のことから，

$$\langle \varphi(\boldsymbol{z}_1), \boldsymbol{z}_2\rangle_c=\langle \boldsymbol{z}_1, \varphi^*(\boldsymbol{z}_2)\rangle_c \tag{7-13}$$

が成立している．この φ^* のことを φ の共役変換というのである．実係数の場合とほとんど同じように，φ^* は線型変換であることがわかる．この共役変換に関しては次の定理が成立する．

定理 7-13 実線型変換 φ の複素化の共役変換は，${}^t\varphi$ の複素化に等しい．すなわち，次の式が成立する．

$$(\varphi_c)^*=({}^t\varphi)_c$$

証明 $\langle \boldsymbol{z}_1, ({}^t\varphi)_c(\boldsymbol{z}_2)\rangle_c=\langle \boldsymbol{x}_1+i\boldsymbol{y}_1,\ {}^t\varphi(\boldsymbol{x}_2)+i\,{}^t\varphi(\boldsymbol{y}_2)\rangle_c$

$$=\langle \boldsymbol{x}_1, {}^t\varphi(\boldsymbol{x}_2)\rangle+\langle \boldsymbol{y}_1, {}^t\varphi(\boldsymbol{y}_2)\rangle$$

$$+i\{\langle \boldsymbol{y}_1, {}^t\varphi(\boldsymbol{x}_2)\rangle - \langle \boldsymbol{x}_1, {}^t\varphi(\boldsymbol{y}_2)\rangle\}$$
$$=\langle \varphi(\boldsymbol{x}_1), \boldsymbol{x}_2\rangle + \langle \varphi(\boldsymbol{y}_1), \boldsymbol{y}_2\rangle$$
$$+i\{\langle \varphi(\boldsymbol{y}_1), \boldsymbol{x}_2\rangle - \langle \varphi(\boldsymbol{x}_1), \boldsymbol{y}_2\rangle\}$$
$$=\langle \varphi(\boldsymbol{x}_1)+i\varphi(\boldsymbol{y}_1),\ \boldsymbol{x}_2+i\boldsymbol{y}_2\rangle_c$$
$$=\langle \varphi_c(\boldsymbol{z}_1), \boldsymbol{z}_2\rangle = \langle \boldsymbol{z}_1, (\varphi_c)^*(\boldsymbol{z}_2)\rangle$$

証明終.

注意 1. 共役変換については，次の性質があることを注意しておこう．

(i)　$(\varphi_1+\varphi_2)^* = \varphi_1{}^* + \varphi_2{}^*$,

(ii)　$(\lambda\varphi)^* = \bar{\lambda}\varphi^*$,

(iii)　$(\varphi_1\circ\varphi_2)^* = \varphi_2{}^*\circ\varphi_1{}^*$,

(iv)　$(\varphi^*)^* = \varphi$,

(v)　$(\varphi^{-1})^* = (\varphi^*)^{-1}$.

実際，(i) は明らかであろう．(ii) は，任意の $\boldsymbol{z}_1, \boldsymbol{z}_2$ につき

$$\langle \boldsymbol{z}_1, (\lambda\varphi)^*(\boldsymbol{z}_2)\rangle = \langle \lambda\varphi(\boldsymbol{z}_1), \boldsymbol{z}_2\rangle = \lambda\langle \varphi(\boldsymbol{z}_1), \boldsymbol{z}_2\rangle$$
$$=\lambda\langle \boldsymbol{z}_1, \varphi^*(\boldsymbol{z}_2)\rangle$$
$$=\langle \boldsymbol{z}_1, \bar{\lambda}\varphi^*(\boldsymbol{z}_2)\rangle$$

が成立することからわかる．また (iii) は，任意の $\boldsymbol{z}_1, \boldsymbol{z}_2$ につき

$$\langle \boldsymbol{z}_1, (\varphi_1\circ\varphi_2)^*(\boldsymbol{z}_2)\rangle = \langle \varphi_1\circ\varphi_2(\boldsymbol{z}_1), \boldsymbol{z}_2\rangle = \langle \varphi_2(\boldsymbol{z}_1), \varphi_1{}^*(\boldsymbol{z}_1)\rangle$$
$$=\langle \boldsymbol{z}_1, \varphi_2{}^*\circ\varphi_1{}^*(\boldsymbol{z}_1)\rangle$$

となるから明らかである．(iv)も定義に従って変形していけば容易にたしかめられる．(v) は次のように示される．任意の $\boldsymbol{z}_1, \boldsymbol{z}_2$ について

$$\langle \boldsymbol{z}_1, (\varphi^{-1})^*(\boldsymbol{z}_2)\rangle = \langle \boldsymbol{z}_1, (\varphi^*)^{-1}(\boldsymbol{z}_2)\rangle$$

が成立することをいえばよい．$\varphi^{-1}(\boldsymbol{z}_1)=\boldsymbol{z}_3$ とおくと，$\boldsymbol{z}_1=\varphi(\boldsymbol{z}_3)$．従って，$\langle \boldsymbol{z}_1, (\varphi^{-1})^*(\boldsymbol{z}_2)\rangle = \langle \varphi(\boldsymbol{z}_3), (\varphi^{-1})^*(\boldsymbol{z}_2)\rangle = \langle \varphi^{-1}\circ\varphi(\boldsymbol{z}_3), \boldsymbol{z}_2\rangle = \langle \boldsymbol{z}_3, \boldsymbol{z}_2\rangle$．一方，$\langle \boldsymbol{z}_1, (\varphi^*)^{-1}(\boldsymbol{z}_2)\rangle = \langle \varphi(\boldsymbol{z}_3), (\varphi^*)^{-1}(\boldsymbol{z}_2)\rangle = \langle \boldsymbol{z}_3, \varphi^*\circ(\varphi^*)^{-1}(\boldsymbol{z}_2)\rangle = \langle \boldsymbol{z}_3, \boldsymbol{z}_2\rangle$ となって，証明された．

注意 2. 共役変換という概念を用いると，エルミート変換，ユニタリ変換の条件はそれぞれ

$$\varphi^*=\varphi, \qquad (\text{エルミート})$$
$$\varphi^*=\varphi^{-1} \qquad (\text{ユニタリ})$$

によって表わされることになる．これらは共役変換の定義により明らかであろう．

注意 3. 1つの正規直交基底による φ の表現行列を A とすると，φ^* の表現行列は

$${}^t\bar{A} \ (\text{これを } A^* \text{ とかく})$$

となる．実際，その正規直交基底を $\boldsymbol{e}_1, \cdots, \boldsymbol{e}_n$ とするとき，φ の表現行列が $A=(a_{ij})$ だというのは，$\varphi(\boldsymbol{e}_j)=\sum_{k=1}^{n} a_{kj}\boldsymbol{e}_k \quad (j=1, \cdots, n)$ と表わされることだから，a_{ij} は，

$$\langle \boldsymbol{e}_i, \varphi(\boldsymbol{e}_j)\rangle=\sum_{k=1}^{n} a_{kj}\langle \boldsymbol{e}_i, \boldsymbol{e}_k\rangle=\sum_{k=1}^{n} a_{kj}\delta_{ik}$$
$$=a_{ij}$$

によって求められる．ところが，

$$\langle \boldsymbol{e}_i, \varphi^*(\boldsymbol{e}_j)\rangle=\langle \varphi(\boldsymbol{e}_i), \boldsymbol{e}_j\rangle=\overline{\langle \boldsymbol{e}_j, \varphi(\boldsymbol{e}_i)\rangle}$$
$$=\overline{a_{ji}}$$

となるから，φ^* の表現行列は $(\overline{a_{ji}})={}^t\bar{A}$ である．

このことと，注意2とを考え合わせると，エルミート変換，ユニタリ変換の（正規直交基底による）表現行列は，それぞれ，

$${}^t\bar{A}=A, \qquad (\text{エルミート})$$
$${}^t\bar{A}=A^{-1} \qquad (\text{ユニタリ})$$

をみたす行列である．これらをそれぞれ**エルミート行列**，**ユニタリ行列**という．

問 1. 次の行列がエルミートになるように □ をうめよ．

(i) $\begin{bmatrix} 1 & 1-i & \square \\ \square & 2 & \square \\ e^{\frac{\pi}{4}i} & -5 & 0 \end{bmatrix}$ (ii) $\begin{bmatrix} \square & \square & \dfrac{1+i}{1-2i} \\ 3i & 2 & \square \\ \square & -i+7 & \square \end{bmatrix}$

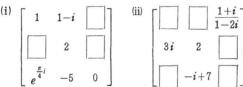

問2. 次の行列がユニタリになるように □ をうめよ.

(i) $\begin{bmatrix} \frac{1}{\sqrt{3}} & \square & \frac{-2}{\sqrt{6}} \\ \frac{i}{\sqrt{3}} & \frac{i}{\sqrt{2}} & \square \\ \square & \frac{i}{\sqrt{2}} & \square \end{bmatrix}$　(ii) $\begin{bmatrix} \frac{1+i}{2} & \square & \frac{1+i}{2\sqrt{3}} \\ \square & -\frac{1}{\sqrt{3}} & \square \\ -\frac{i}{2} & \square & \square \end{bmatrix}$

第 8 章　複素固有値問題

§1. エルミート変換の固有値問題

第5章で調べたように，実係数のユークリッド線型空間における対称変換は，次の形で固有値問題がとけるのであった．

(i) 特性根はすべて実数である．(従って，特性根はすべて固有値である．)

(ii) 異なる固有値に対応する固有ベクトルはたがいに直交する．

(iii) 固有ベクトルから成る正規直交基底が存在する．

この節では，この(i), (ii), (iii)が複素ユークリッド線型空間におけるエルミート変換についても全く同様に成立することを示そう．

定理 8-1　E を複素ユークッリド線型空間，φ をその上のエルミート変換とすると，

(i) φ の固有値はすべて実数である．

(ii) 異なる固有値に対応する固有ベクトルはたがいに直交する．従って，異なる固有値に対応する固有空間はたがいに直交する．

証明　(i) $\varphi(\boldsymbol{x})=\lambda\boldsymbol{x}$ とする ($\boldsymbol{x}\neq\boldsymbol{0}$) と，

$$\lambda=\frac{\langle\lambda\boldsymbol{x},\boldsymbol{x}\rangle}{\langle\boldsymbol{x},\boldsymbol{x}\rangle}=\frac{\langle\varphi(\boldsymbol{x}),\boldsymbol{x}\rangle}{\langle\boldsymbol{x},\boldsymbol{x}\rangle}=\frac{\langle\boldsymbol{x},\varphi(\boldsymbol{x})\rangle}{\langle\boldsymbol{x},\boldsymbol{x}\rangle}=\frac{\langle\boldsymbol{x},\lambda\boldsymbol{x}\rangle}{\langle\boldsymbol{x},\boldsymbol{x}\rangle}$$

$$=\bar{\lambda}\cdot\frac{\langle\boldsymbol{x},\boldsymbol{x}\rangle}{\langle\boldsymbol{x},\boldsymbol{x}\rangle}=\bar{\lambda}.$$

(ii) $\varphi(\boldsymbol{x})=\lambda\boldsymbol{x}$, $\varphi(\boldsymbol{y})=\mu\boldsymbol{y}$ とすると

$$\lambda\langle\boldsymbol{x},\boldsymbol{y}\rangle=\langle\lambda\boldsymbol{x},\boldsymbol{y}\rangle=\langle\varphi(\boldsymbol{x}),\boldsymbol{y}\rangle=\langle\boldsymbol{x},\varphi(\boldsymbol{y})\rangle$$

$$=\langle \boldsymbol{x}, \mu\boldsymbol{y}\rangle=\bar{\mu}\langle \boldsymbol{x}, \boldsymbol{y}\rangle=\mu\langle \boldsymbol{x}, \boldsymbol{y}\rangle$$

すなわち，$(\lambda-\mu)\langle \boldsymbol{x}, \boldsymbol{y}\rangle=0$．$\lambda\neq\mu$ だから $\langle \boldsymbol{x}, \boldsymbol{y}\rangle=0$．　証明終．

定理 8-2　φ をエルミート変換とするとき，ある線型部分空間 F が φ-不変なら，$F^{\perp}$ も φ-不変である．

証明　$F^{\perp}$ の任意の元 $\boldsymbol{y}$ をとる．F の任意の元 $\boldsymbol{x}$ につき，$\varphi(\boldsymbol{x})\in F$ だから，

$$\langle \boldsymbol{x}, \varphi(\boldsymbol{y})\rangle=\langle\varphi(\boldsymbol{x}), \boldsymbol{y}\rangle=0$$

従って，$\varphi(\boldsymbol{y})\in F^{\perp}$．　証明終．

定理 8-3　φ をエルミート変換とする．φ の異なる固有値が全部で $\lambda_1, \cdots, \lambda_r$ であるとする．各 λ_i に対応する固有空間を F_i $(i=1, \cdots, r)$ とすると，

(8-1)　$$E=F_1\oplus\cdots\oplus F_r.$$

証明　定理5–4の証明と全く同じである．ただ，複素係数であるから，内積や直交性といった概念をすべて複素数の世界で考えるだけである．証明終．

系　エルミート変換 φ に対し，互いに直交する正射影の組 $p_1, \cdots, p_r$ が一意的にきまって，スペクトル分解

(8-2)　$$\varphi=\lambda_1 p_1+\lambda_2 p_2+\cdots+\lambda_r p_r,$$

(8-3)　$$I=p_1+p_2+\cdots+p_r,$$

が成立する．

証明　各固有空間 F_i への正射影を p_i とおくとよい．一意的であることは次のようにしてわかる．今，別に $\varphi=\lambda_1 q_1+\cdots+\lambda_r q_r$，$I=q_1+\cdots+q_r$ という互いに直交する正射影の組 $q_1, \cdots, q_r$ があったとすると，任意の元 $\boldsymbol{x}$ に対し，$q_i(\boldsymbol{x})$ は λ_i に対する固有ベクトルでなければならない．実際，

$$\varphi(q_i(\boldsymbol{x}))=\sum_{k=1}^{r}\lambda_k q_k(q_i(\boldsymbol{x}))=\lambda_i q_i(\boldsymbol{x})$$

だからである．すなわち，

$$\boldsymbol{x}=q_1(\boldsymbol{x})+\cdots+q_r(\boldsymbol{x})$$

は (8-1) に対応する $\boldsymbol{x}$ の分解にほかならない．従って $p_i=q_i$.　　　終．

注意　この逆も成立する．すなわち，たがいに直交する正射影の組 $p_1, \cdots, p_r$ があって，$I=p_1+\cdots+p_r$ であったとするとき，任意の実数 $\lambda_1, \cdots, \lambda_r$ をとって，

$$\varphi=\lambda_1 p_1+\cdots+\lambda_r p_r \tag{8-4}$$

とおくと，φ はエルミート変換である．そして，各 λ_i は φ の固有値で，p_i の値域 $p_i(E)$ は λ_i に対応する固有空間である．実際，正射影はエルミート変換だから，

$$\varphi^*=\bar{\lambda}_1 p_1^*+\cdots+\bar{\lambda}_r p_r^*=\lambda_1 p_1+\cdots+\lambda_r p_r=\varphi$$

となり，φ はエルミートである．また，$p_i(E)$ の元を $\boldsymbol{x}_i$ とすると，$\boldsymbol{x}_i=p_i(\boldsymbol{x})$ の形だから，

$$\varphi(\boldsymbol{x}_i)=\sum_{k=1}^{r}\lambda_k p_k\circ p_i(\boldsymbol{x})=\lambda_i p_i(\boldsymbol{x})=\lambda_i \boldsymbol{x}_i$$

すなわち，$\boldsymbol{x}_i$ は λ_i を固有値とする固有ベクトルである．

そして，$I=\sum_{k=1}^{r} p_k$ だから，$E=p_1(E)\oplus\cdots\oplus p_r(E)$ が成立し，従って，系1から，φ を (8-2) の形に分解すると φ の定義式 (8-4) そのものがでてくる．

エルミート変換はいろいろな点で実数的なふるまいをする．たとえば任意の $\boldsymbol{x}$ につき，$\langle\boldsymbol{x}, \varphi(\boldsymbol{x})\rangle$ は実数値をとる．特に，どんな $\boldsymbol{x}$ についても $\langle\boldsymbol{x}, \varphi(\boldsymbol{x})\rangle\geqq 0$ となるエルミート変換を**半正定値**，$\boldsymbol{x}\neq\boldsymbol{0}$ である限り $\langle\boldsymbol{x}, \varphi(\boldsymbol{x})\rangle>0$ となるものを**正定値**という．

$$\langle\boldsymbol{x}, \varphi(\boldsymbol{x})\rangle=\sum_{i=1}^{r}\lambda_i\langle\boldsymbol{x}, p_i(\boldsymbol{x})\rangle=\sum_{i=1}^{r}\lambda_i|p_i(\boldsymbol{x})|^2$$

だから，エルミート変換が正定値であるための必要十分条件はすべての固有値が正であることであり，半正定値であるための必要十分条件はすべての固有値が正または0であることである．

定理 8-4　任意の線型変換 φ に対し，$\varphi^*\circ\varphi$ および $\varphi\circ\varphi^*$ は半正定値エルミート変換である．これらが正定値となるための必要十分条件は φ が正則であることである．

証明　任意のベクトル $\boldsymbol{x}$ に対し，$\langle\boldsymbol{x},\varphi^*\circ\varphi(\boldsymbol{x})\rangle=\langle\varphi(\boldsymbol{x}),\varphi(\boldsymbol{x})\rangle\geqq 0$ であるから定理 7-12 により，$\varphi^*\circ\varphi$ はエルミート変換であり，定義により半正定値である．$\varphi\circ\varphi^*$ についても同様にして証明できる．$\langle\varphi(\boldsymbol{x}),\varphi(\boldsymbol{x})\rangle=0$ が成立するのは $\varphi(\boldsymbol{x})=\boldsymbol{0}$ のときに限るから，$\varphi^*\circ\varphi$ が正定値となるためには，$\varphi(\boldsymbol{x})=\boldsymbol{0}$ から $\boldsymbol{x}=\boldsymbol{0}$ が従うことが必要十分である．すなわち φ が全単射であることが必要十分である．　証明終．

問 1.　φ,ψ がエルミート変換なら，$\varphi+\psi$，$\varphi\circ\psi+\psi\circ\varphi$，$i(\varphi\circ\psi-\psi\circ\varphi)$ はまたエルミート変換であることを示せ．

問 2.　任意のエルミート変換 φ に対し，十分大きい実数 α をとると，$\varphi+\alpha I$ は正定値となる．これを示せ．α はどの位大きくとればよいか．

問 3.　次のエルミート行列の固有値問題をとき，スペクトル分解を行なえ．

(i) $\begin{bmatrix} 2 & 1+i \\ 1-i & 1 \end{bmatrix}$　(ii) $\begin{bmatrix} 2 & i & -i \\ -i & 2 & 1 \\ i & 1 & 0 \end{bmatrix}$

§2. 正規変換

前節でのエルミート変換の議論のうち，最初の「固有値は実数である.」という条件は，複素線型空間の中で考える限り，少し特殊な条件のように感じられる．そこで，この条件だけ抜いて，固有空間がたがいに直交し，それらの直和が全空間になるという条件はそっくりそのまま成立するような線型変換とはどんなものであろうか？

もしそのような線型変換であれば，それは互いに直交する正射影 p_i $(i=1, \dots, r)$ によって，

(8-5)
$$\varphi=\lambda_1 p_1+\cdots+\lambda_r p_r$$
$$I=p_1+\cdots+p_r$$

とかけていなければならない．ここで $\lambda_1, \dots, \lambda_r$ は今度は**複素数**である．このような形の変換 φ のことを正規変換といいたいのだが，この定義だと，与えられた線型変換が正規かどうかが容易にチェックできない．そこで，(8-5) が成立するための比較的単純な必要十分条件を考えよう．

(8-5) の形の変換については

$$\varphi^*=\bar{\lambda}_1 p_1+\cdots+\bar{\lambda}_r p_r$$

となって，φ と φ^* は可換であることがわかる．実際，

$$\begin{aligned}\varphi^*\circ\varphi&=\Big(\sum_{k=1}^r \bar{\lambda}_k p_k\Big)\circ\Big(\sum_{j=1}^r \lambda_j p_j\Big)\\&=\sum_{k,j=1}^r \bar{\lambda}_k\lambda_j p_k\circ p_j\\&=\sum_{k=1}^r |\lambda_k|^2 p_k\end{aligned}$$

$$\begin{aligned}\varphi\circ\varphi^*&=\Big(\sum_{k=1}^r \lambda_k p_k\Big)\circ\Big(\sum_{j=1}^r \bar{\lambda}_k p_k\Big)\\&=\sum_{k,j=1}^r \lambda_k\bar{\lambda}_j p_k\circ p_j\\&=\sum_{k=1}^r |\lambda_k|^2 p_k.\end{aligned}$$

で等しくなる．そこで，

定義 8-5　線型変換 φ が

(8-6)
$$\varphi^*\circ\varphi=\varphi\circ\varphi^*$$
をみたすとき，正規変換という．

注意　エルミート変換やユニタリ変換は共に正規である．実際，$\varphi^*=\varphi$ なら，$\varphi^*\circ\varphi=\varphi^2=\varphi\circ\varphi^*$，また $\varphi^*=\varphi^{-1}$ なら，$\varphi^*\circ\varphi=\varphi^{-1}\circ\varphi=I=\varphi\circ\varphi^{-1}=\varphi\circ\varphi^*$ である．

以下，(8-6) から (8-5) がでることを示そう．

定理 8-6　正規変換 φ の1つの固有値を λ，それに対応する固有ベクトルの1つを $\boldsymbol{x}(\neq\boldsymbol{0})$ とすると，
$$\varphi^*(\boldsymbol{x})=\bar{\lambda}\boldsymbol{x}.$$

証明
$$|\varphi(\boldsymbol{x})|^2=\langle\varphi(\boldsymbol{x}),\varphi(\boldsymbol{x})\rangle=\langle\boldsymbol{x},\varphi^*\circ\varphi(\boldsymbol{x})\rangle=\langle\boldsymbol{x},\varphi\circ\varphi^*(\boldsymbol{x})\rangle$$
$$=\langle\varphi^*(\boldsymbol{x}),\varphi^*(\boldsymbol{x})\rangle=|\varphi^*(\boldsymbol{x})|^2$$
という等式が，任意の正規変換 φ と，任意のベクトル $\boldsymbol{x}$ について成立する．今正規変換 φ に対し，$\varphi-\lambda I$ という変換を考えるとこれもまた正規変換である．実際，
$$\begin{aligned}(\varphi-\lambda I)^*\circ(\varphi-\lambda I)&=(\varphi^*-\bar{\lambda}I)\circ(\varphi-\lambda I)\\&=\varphi^*\circ\varphi-\lambda\varphi^*-\bar{\lambda}\varphi+\lambda\bar{\lambda}I\\&=\varphi\circ\varphi^*-\lambda\varphi^*-\bar{\lambda}\varphi+\lambda\bar{\lambda}I\\&=(\varphi-\lambda I)\circ(\varphi^*-\bar{\lambda}I)\\&=(\varphi-\lambda I)\circ(\varphi-\lambda I)^*\end{aligned}$$
だからである．そこで，$\varphi-\lambda I$ に上の等式を適用すると，
$$|(\varphi-\lambda I)\boldsymbol{x}|^2=|(\varphi^*-\bar{\lambda}I)\boldsymbol{x}|^2.$$
したがって，左辺が0なら右辺も0である．　　　　　　　　　証明終．

定理 8-7 正規変換 φ の異なる固有値に対応する固有ベクトルは直交する．従って，異なる固有値に対応する固有空間はたがいに直交する．

証明 $\varphi(\boldsymbol{x}_1)=\lambda_1\boldsymbol{x}_1,\ \ \varphi(\boldsymbol{x}_2)=\lambda_2\boldsymbol{x}_2,\ \ \lambda_1\neq\lambda_2$

とすると，

$$\lambda_1\langle\boldsymbol{x}_1,\boldsymbol{x}_2\rangle=\langle\lambda_1\boldsymbol{x}_1,\boldsymbol{x}_2\rangle=\langle\varphi(\boldsymbol{x}_1),\boldsymbol{x}_2\rangle=\langle\boldsymbol{x}_1,\varphi^*(\boldsymbol{x}_2)\rangle=\langle\boldsymbol{x}_1,\bar{\lambda}_2\boldsymbol{x}_2\rangle$$
$$=\lambda_2\langle\boldsymbol{x}_1,\boldsymbol{x}_2\rangle$$

ところが $\lambda_1\neq\lambda_2$ だから，$\langle\boldsymbol{x}_1,\boldsymbol{x}_2\rangle=0$ でなければならない． 証明終．

定理 8-8 正規変換 φ の1つの固有空間を F とするとき，$F^\perp$ は φ-不変である．

証明 $F^\perp$ の任意の元 $\boldsymbol{x}$ をとるとき，F の任意の元 $\boldsymbol{y}$ に対し，$\langle\boldsymbol{x},\boldsymbol{y}\rangle=0$ だから，$\langle\varphi(\boldsymbol{x}),\boldsymbol{y}\rangle=\langle\boldsymbol{x},\varphi^*(\boldsymbol{y})\rangle=\langle\boldsymbol{x},\bar{\lambda}\boldsymbol{y}\rangle=\lambda\langle\boldsymbol{x},\boldsymbol{y}\rangle=0$*) となる．すなわち $\varphi(\boldsymbol{x})$ は F のすべての元と直交する．従って $\varphi(\boldsymbol{x})\in F^\perp$. これは $F^\perp$ が φ-不変であることを示している． 証明終．

系 正規変換の固有空間のいくつかの直交直和 $F_1\oplus\cdots\oplus F_k$ を F とおくとき，$F^\perp$ は φ-不変である．

この定理 8-7, 8-8 の形の定理さえでてくれば，φ の固有値問題についての議論がエルミート変換の場合とほとんど同じようにできることは容易に推察できるだろう．しかし，念のため，定理と証明という形にまとめておこう．

定理 8-9 正規変換 φ の異なる固有値が全部で $\lambda_1,\cdots,\lambda_r$ であるとする．各 λ_i に対応する固有空間を F_i $(i=1,\cdots,r)$ とすると，

$$E=F_1\oplus\cdots\oplus F_r$$

証明 定理 5-4 の証明と全く同じである．(定理 5-3 を使うところを定理 8-8, 系でおきかえるとよい.) 証明終．

系 正規変換 φ に対し，たがいに直交する正射影の組 $p_1,\cdots,p_r$ が一意的にきまって，

---

* 固有空間 F に対応する φ の固有値を λ とする．

$$\varphi=\lambda_1 p_1+\cdots+\lambda_r p_r$$
$$I=p_1+\cdots+p_r$$

が成立する．すなわち，φ はスペクトル分解できる．

このように，正規変換とは (8-5) の形の変換であり，かつそのようなものに限ることがわかった．なお，定理 8-9 の証明に使った φ の性質は定理 8-7, 8-8 の結論だけであり，この 2 つの定理は定理 8-6 だけから従うことはその証明を見れば明らかである．従って，変換の正規性は定理 8-6 とも同値となる．すなわち，この節の結果をまとめると，

定理 8-10　線型変換 φ について次の 3 つの条件はたがいに同値である．

(i)　φ は正規である：$\varphi^*\circ\varphi=\varphi\circ\varphi^*$.

(ii)　$\varphi(\boldsymbol{x})=\lambda\boldsymbol{x}$ なら $\varphi^*(\boldsymbol{x})=\bar{\lambda}\boldsymbol{x}$.

(iii)　たがいに直交する正射影の組 $p_1, \cdots, p_r$ が存在して，

$$\varphi=\lambda_1 p_1+\cdots+\lambda_r p_r,$$
$$I=p_1+\cdots+p_r$$

と表わせる．すなわち φ はスペクトル分解できる．

この定理を基にしていろいろなことが導けるのであるが，ここで，ユニタリ変換を例として取り上げよう．

定理 8-11　線型変換 u がユニタリ変換であるための必要十分条件は，u が正規であって，u の固有値の絶対値がすべて 1 であることである．

証明　u がユニタリなら正規であることはすでに述べた．ユニタリ変換の固有値は絶対値がすべて 1 であることを示そう．

$$u(\boldsymbol{x})=\lambda\boldsymbol{x}$$

とすると，

$$|\lambda|^2\langle\boldsymbol{x},\boldsymbol{x}\rangle=\lambda\bar{\lambda}\langle\boldsymbol{x},\boldsymbol{x}\rangle=\langle\lambda\boldsymbol{x},\lambda\boldsymbol{x}\rangle=\langle u(\boldsymbol{x}),u(\boldsymbol{x})\rangle=\langle\boldsymbol{x},\boldsymbol{x}\rangle$$

従って，$\langle\boldsymbol{x},\boldsymbol{x}\rangle\neq 0$ から，$|\lambda|^2=1$ がでる．

逆に，u が正規で，その固有値の絶対値がすべて1であれば，定理8-10によって，

$$u=\lambda_1 p_1+\cdots+\lambda_r p_r, \quad (|\lambda_i|=1, i=1, \cdots, r)$$
$$I=p_1+\cdots+p_r$$

と表わされる．従って，任意のベクトル $\boldsymbol{x}, \boldsymbol{y}$ について，

$$\begin{aligned}\langle u(\boldsymbol{x}), u(\boldsymbol{y})\rangle &= \langle \sum_{i=1}^{r} \lambda_i p_i(\boldsymbol{x}), \ \sum_{j=1}^{r} \lambda_j p_j(\boldsymbol{y})\rangle \\ &= \sum_{i,j=1}^{r} \lambda_i \bar{\lambda}_j \langle \boldsymbol{x}, p_i \circ p_j(\boldsymbol{y})\rangle \\ &= \sum_{i=1}^{r} |\lambda_i|^2 \langle \boldsymbol{x}, p_i(\boldsymbol{y})\rangle = \sum_{i=1}^{r} \langle \boldsymbol{x}, p_i(\boldsymbol{y})\rangle \\ &= \langle \boldsymbol{x}, \sum_{i=1}^{r} p_i(\boldsymbol{y})\rangle = \langle \boldsymbol{x}, \boldsymbol{y}\rangle.\end{aligned}$$

証明終．

定理 8-12 正則な正規変換 φ は，たがいに可換な正定値エルミート変換とユニタリ変換の積として一意的に表わすことができる．逆に，そのような変換は正則な正規変換に限る．

証明 $\varphi=\lambda_1 p_1+\cdots+\lambda_r p_r$ と表わせる．そこで，各 λ_j を

$$\lambda_j=|\lambda_j| \cdot e^{i\theta_j} \quad (\theta_j \text{ は } \lambda_j \text{ の偏角})$$

と表わすと，φ は正則だから $\lambda_j \neq 0$ であり，従って

$$h=|\lambda_1| p_1+\cdots+|\lambda_r| p_r,$$
$$u=e^{i\theta_1} p_1+\cdots+e^{i\theta_r} p_r,$$

とおくと，h と u は明らかに可換，また h は正定値エルミート変換で，u はユニタリ変換となる．そして，

$$\begin{aligned}h \circ u &= (\sum_{j=1}^{r} |\lambda_j| p_j) \circ (\sum_{k=1}^{r} e^{i\theta_k} p_k) \\ &= \sum_{j,k=1}^{r} |\lambda_j| e^{i\theta_k} p_j \circ p_k\end{aligned}$$

$$= \sum_{j=1}^{r} |\lambda_j| e^{i\theta_j} p_j = \varphi.$$

逆に，h を正定値エルミート変換，u をユニタリ変換とし，h と u は可換とすると，$\varphi = h \circ u$ は，

$$\varphi^* \circ \varphi = (h \circ u)^* \circ (h \circ u) = u^* \circ h^* \circ h \circ u = u^* \circ u \circ h^2 = h^2$$
$$\varphi \circ \varphi^* = (h \circ u) \circ (h \circ u)^* = h \circ u \circ u^* \circ h^* = h^2$$

で等しくなるから正規である．

このような分解が2通り，$\varphi = h_1 \circ u_1 = h_2 \circ u_2$，とあったとすると，$\varphi \circ \varphi^* = h_1{}^2 = h_2{}^2$ となる．今 h_1, h_2 のスペクトル分解を

$$h_1 = \mu_1 p_1 + \cdots\cdots + \mu_r p_r, \qquad (\mu_i > 0)$$
$$h_2 = \nu_1 q_1 + \cdots\cdots + \nu_s q_s \qquad (\nu_i > 0)$$

とすると，$h_1{}^2 = h_2{}^2$ より

$$\mu_1{}^2 p_1 + \cdots\cdots + \mu_r{}^2 p_r = \nu_1{}^2 q_1 + \cdots\cdots + \nu_s{}^2 q_s$$

スペクトル分解の一意性から，$r = s$ かつ適当に番号をつけかえて

$$p_i = q_i, \quad \mu_i{}^2 = \nu_i{}^2 \qquad (i = 1, \cdots, r)$$

が成立しなければならない．μ_i, $\nu_i > 0$ だから，$\mu_i = \nu_i$，従って $h_1 = h_2$. よって $u_1 = u_2$. これで分解の一意性が示された．　　　　証明終．

注意　この定理で「正則な」という条件を落とすと，「正定値」の所を「半正定値」に直して，同じ形の定理が成立する．それは，$\lambda_r = 0$ が固有値なら，

$$h = |\lambda_1| p_1 + \cdots + |\lambda_{r-1}| p_{r-1} + 0 \cdot p_r,$$
$$u = e^{i\theta_1} p_1 + \cdots + e^{i\theta_{r-1}} p_{r-1} + p_r$$

とおけば，h は半正定値エルミート変換，u はユニタリ変換となり，上と同じ証明が成立するからである．ただし，一意性は成立しなくなる．

問1.　正規変換 φ が $\varphi^2 = 0$ をみたすなら $\varphi = 0$ である．これを示せ．

問2.　線型変換 φ が正規であるための必要十分条件は，E の任意の元 $\boldsymbol{x}$ に対し，

$$|\varphi(\boldsymbol{x})| = |\varphi^*(\boldsymbol{x})|$$

が成立することである．これを示せ．

§3. 正規変換の関数

正規変換のスペクトル分解 (8-5) は行列の対角化に対応する概念で，大へん応用範囲が広い．この節では，スペクトル分解を用いて正規変換の関数について考えよう．

今，λ の多項式 $f(\lambda)$ が与えられたとき，λ の所へある線型変換 φ を代入することができる．それは，

$$f(\lambda)=a_0\lambda^n+a_1\lambda^{n-1}+\cdots+a_n$$

であるとき，

$$f(\varphi)=a_0\varphi^n+a_1\varphi^{n-1}+\cdots+a_nI$$

とするのである．φ が正規のとき，これをもっと拡張して，任意の連続関数 $g(\lambda)$ に対しても $g(\varphi)$ を定義しよう．そのため，$f(\lambda)$ が多項式の場合，$f(\varphi)$ のスペクトル分解がどんな形かを見ておく．まず，

$$\varphi=\lambda_1p_1+\cdots+\lambda_rp_r$$

に対し，

$$\varphi^2=\lambda_1{}^2p_1+\cdots+\lambda_r{}^2p_r$$

が成立することは，射影の性質から直ちにわかる．同様にして，

$$\varphi^n=\lambda_1{}^np_1+\cdots+\lambda_r{}^np_r\quad(n=0,1,2,\cdots)$$

である．従って，

$$\begin{aligned}f(\varphi)&=\sum_{k=0}^{n}a_k\varphi^{n-k}=\sum_{k=0}^{n}a_k(\lambda_1{}^{n-k}p_1+\cdots+\lambda_r{}^{n-k}p_r)\\&=f(\lambda_1)p_1+\cdots+f(\lambda_r)p_r\end{aligned}$$

となっている．

そこで，任意の連続関数 $g(\lambda)$ に対しても

(8-7)
$$g(\varphi)=g(\lambda_1)p_1+\cdots+g(\lambda_r)p_r$$

と定義しよう．ただし，$g(\lambda)$ の定義域の中に $\lambda_1,\cdots,\lambda_r$ が含まれているものとする．

たとえば，$g(\lambda)=\dfrac{1}{\lambda}$ を考えよう．この関数は $\lambda=0$ において定義されてい

ないから，$\lambda=0$ を固有値にもたない φ について，

$$\varphi^{-1}=\lambda_1^{-1}p_1+\cdots+\lambda_r^{-1}p_r$$

となる．

さて，このように φ の関数 $g(\varphi)$ が大へん広く定義されたように見えるが，実際には，$g(\varphi)$ は φ の多項式で表わすことができる．実際，多項式 $f(\lambda)$ として，$\lambda=\lambda_1,\cdots,\lambda_r$ においてそれぞれ

$$f(\lambda_i)=g(\lambda_i)$$

となるようなものをとれば

$$g(\varphi)=\sum_{i=1}^{r}f(\lambda_i)\,p_i=f(\varphi)$$

となってしまう．そのような $f(\lambda)$ としては，補間公式で

$$f(\lambda)=\sum_{i=1}^{r}g(\lambda_i)\frac{(\lambda-\lambda_1)\cdots\overset{i}{\check{}}\cdots(\lambda-\lambda_r)}{(\lambda_i-\lambda_1)\cdots\overset{i}{\check{}}\cdots(\lambda_i-\lambda_r)}$$

ととればよい．

しかし，われわれが $g(\varphi)$ を考えるのは $g(\lambda)$ の関数としての性質を利用したいためである．たとえば φ^{-1} を φ の多項式で表わすことは可能だけれど，そのようにしてしまうと φ^{-1} の逆変換としての性質が見失われてしまうだろう．だから，一般の関数 $g(\varphi)$ を考えることは十分意味があるわけである．

このように拡張された関数概念については次の性質が成立することを注意しておこう．

1°　$g(\varphi)$ は φ と可換である．もっと一般に，$g_1(\varphi)$ と $g_2(\varphi)$ は可換である．これは定義式 (8-7) から明らかであろう．

2°　関数の四則演算，$g_1(\lambda)\pm g_2(\lambda)$，$g_1(\lambda)\,g_2(\lambda)$，$\dfrac{g_1(\lambda)}{g_2(\lambda)}$ 等に対応して，線型変換の関数の間にも全く同じ関係式が成立する．すなわち，

$$h_1(\lambda)=g_1(\lambda)+g_2(\lambda),\quad h_2(\lambda)=g_1(\lambda)\cdot g_2(\lambda)$$

とすれば，

$$h(\varphi)=g_1(\varphi)+g_2(\varphi),\ h_2(\varphi)=g_1(\varphi)\cdot g_2(\varphi)$$

が成立する．また，$h_3(\lambda)=\dfrac{g_1(\lambda)}{g_2(\lambda)}$ とすると，

$$h_3(\varphi)=g_1(\varphi)\cdot(g_2(\varphi))^{-1}$$

である．ただし，この場合，$g_2(\lambda)$ は $g_2(\lambda_j)\neq 0$ $(j=1,\cdots,r)$ をみたすものとする．(そうでないと，$(g_2(\varphi))^{-1}=\dfrac{1}{g_2(\lambda_1)}p_1+\cdots+\dfrac{1}{g_2(\lambda_r)}p_r$ が定義できない．)

3°　関数の合成についても 2° と同様なことが成立する．すなわち

$$h(\lambda)=g_1(g_2(\lambda))$$

とすると，

$$h(\varphi)=g_1(g_2(\varphi)).$$

これらも，定義 (8-7) から直ちに従うことである．

例 1．$\sin(\varphi+aI)=\sin a\cdot\cos\varphi+\cos a\cdot\sin\varphi.$

もちろん，$\sin\varphi=\sin\lambda_1\cdot p_1+\cdots+\sin\lambda_r\cdot p_r,$

$$\cos\varphi=\cos\lambda_1\cdot p_1+\cdots+\cos\lambda_r\cdot p_r$$

である．従って，$\cos a\cdot\sin\varphi+\sin a\cdot\cos\varphi=\sum_{j=1}^{r}(\cos a\cdot\sin\lambda_j+\sin a\cdot\cos\lambda_j)p_j$

$=\sum_{j=1}^{r}\sin(\lambda_j+a)\cdot p_j=\sin(\varphi+aI)$ となる．

そこで，この関数概念がどのように用いられるかを二，三の場合について調べよう．

[1]　ケーリー変換

t を実変数として，

$$z=\frac{1-it}{1+it}$$

とおくと，この z は複素平面の単位円：$|z|=1$ の上にある．なぜなら，$|z|^2=z\cdot\bar{z}=\frac{1-it}{1+it}\frac{1+it}{1-it}=1$ だからである．また，t が $+\infty$ から $-\infty$ まで動く間に，z は $z=-1$ を除く単位円上を正の方向にぐるりとまわる．そしてその逆関数は，

$$t=\frac{1}{i}\frac{1-z}{1+z}$$

で与えられる．この対応に相当することがエルミート変換 τ と，ユニタリ変換 u との間に成立する．

定義 8-13　任意のエルミート変換 τ に対し，

(8-8)
$$u=(I-i\tau)(I+i\tau)^{-1}$$

を τ の**ケーリー変換**という．

定理 8-14　τ のケーリー変換 u はユニタリであって，-1 は u の固有値でない．そして，

(8-9)
$$\tau=\frac{1}{i}(I-u)(I+u)^{-1}$$

が成立する．逆に，-1 を固有値にもたない任意のユニタリ変換 u に対し，(8-9) で τ を定義すると，τ はエルミート変換で，τ のケーリー変換は u に等しい．

証明　τ のスペクトル分解を

$$\tau=\lambda_1 p_1+\cdots+\lambda_r p_r$$

とすると，

$$u=\frac{1-i\lambda_1}{1+i\lambda_1}p_1+\cdots+\frac{1-i\lambda_r}{1+i\lambda_r}p_r$$

で,

$$\left|\frac{1-i\lambda_j}{1+i\lambda_j}\right|=1 \quad (j=1, \cdots, r)$$

だから, u はユニタリである. $\dfrac{1-i\lambda_j}{1+i\lambda_j}\neq -1$ だから, -1 は u の固有値でない.

そして, (8-8) を τ についてとくと, (8-9) を得る.

逆に, $u=\alpha_1 p_1+\cdots+\alpha_r p_r$, ($|\alpha_j|=1$, $\alpha_j \neq -1$, $j=1, \cdots, r$) とすると,

$$\tau=\frac{1}{i}\frac{1-\alpha_1}{1+\alpha_1}p_1+\cdots+\frac{1}{i}\frac{1-\alpha_r}{1+\alpha_r}p_r$$

は, その係数 (固有値)

$$\frac{1}{i}\frac{1-\alpha_j}{1+\alpha_j} \quad (j=1, \cdots, r)$$

がすべて実数だから, エルミート変換である. そして, (8-9) を逆にとくと, (8-8) を得るから, τ のケーリー変換は u である. 証明終.

ケーリー変換は実直交行列 T が何個のパラメータをきめると決定されるかという問題を解決するのに用いられる. すなわち, T は n^2 個の要素から成っているけれども, 直交条件があるため, T を決定する要素の自由度はもっと少ない.

今 T の各要素を t_{ij} とすると, 直交条件は,

$$\sum_{k=1}^{n} t_{ki}t_{kj}=\delta_{ij} \quad (1 \leqslant i \leqslant j \leqslant n)$$

であって, その個数は $\dfrac{n(n+1)}{2}$ 個である. 従って, 自由度は $n^2-\dfrac{n(n+1)}{2}=\dfrac{n(n-1)}{2}$ であると考えられるが, 実際に, $\dfrac{n(n-1)}{2}$ 個のパラメータの関数として t_{ij} を表わすにはケーリー変換を用いればよい. すなわち, T に対し,

$$A=(I-T)(I+T)^{-1}$$

はまた実数行列であって, 定理 8-14 により $\dfrac{1}{i}A$ はエルミート行列になっている. いいかえると,

$$\left(\frac{1}{i}A\right)^* = i\,{}^tA = \frac{1}{i}A,$$

すなわち，

$${}^tA = -A$$

をみたす．このことは，A の対角線上はすべて0であり，対角線に関して対称な位置にある要素は絶対値が同じで，符号が反対であることを示している．だから，A の上三角部分の要素（対角線上を除く）を自由なパラメータとしてえらんでやると，その個数はたしかに $\dfrac{n(n-1)}{2}$ で，これらのパラメータによって，T は

$$T = (I-A)(I+A)^{-1}$$

と表わされるから，T の要素 t_{ij} は A の $\dfrac{n(n-1)}{2}$ 個のパラメータの有理関数として表わされたわけである．

T が2次の行列の場合，その計算を実行してみよう．A は

$$A = \begin{pmatrix} 0 & x \\ -x & 0 \end{pmatrix}$$

と表わされる $\left(\dfrac{n(n-1)}{2} = 1 \text{ である}\right)$．$(I+A)^{-1} = \begin{pmatrix} 1 & x \\ -x & 1 \end{pmatrix}^{-1} = \dfrac{1}{1+x^2}\begin{pmatrix} 1 & -x \\ x & 1 \end{pmatrix}$ だから，

$$\begin{aligned} T &= (I-A)(I+A)^{-1} \\ &= \begin{pmatrix} 1 & -x \\ x & 1 \end{pmatrix} \frac{1}{1+x^2} \begin{pmatrix} 1 & -x \\ x & 1 \end{pmatrix} \\ &= \begin{bmatrix} \dfrac{1-x^2}{1+x^2} & \dfrac{-2x}{1+x^2} \\ \dfrac{2x}{1+x^2} & \dfrac{1-x^2}{1+x^2} \end{bmatrix} \end{aligned}$$

これは，よく三角関数の積分の変数変換などの際に現われる変換：

$$x = \tan\frac{\theta}{2}$$

によって，

$$\frac{1-x^2}{1+x^2} = \cos\theta, \quad \frac{2x}{1+x^2} = \sin\theta$$

となるから，2次直交行列のもう1つの標準的な表示：

$$T=\begin{pmatrix}\cos\theta & -\sin\theta\\ \sin\theta & \cos\theta\end{pmatrix}$$

と結びつけられるわけである．

このようにケーリー変換は直交行列の有理関数表示を自然に導くものである．

問1. T が3次の行列の場合に上と同様のことを考えてみよ．

[2] 線型変換の極表示

前節で，正規変換については，極表示 $\varphi=h\circ u$（h はエルミート，u はユニタリ，h と u は可換）が得られた．これが一般の線型変換についても成立するかどうかを考えよう．もちろん，定理 8–12 が示すように，そのような性質をもつものは正規変換に限るのだが，h と u の**可換性**を期待しなければ，極表示そのものは一般の線型変換に対しても得られる．すなわち，

> **定理 8-15** 任意の線型変換 φ は，
>
> (8–10) $$\varphi=u\circ h=k\circ v$$
>
> と表わすことができる．ただし，h, k は半正定値エルミート変換，u, v はユニタリ変換である．

証明 まず φ が正則の場合を考えよう．定理 8-4 によって $\varphi^*\circ\varphi$ は正定値エルミート変換であるから，スペクトル分解できて，

$$\varphi^*\circ\varphi=\lambda_1 p_1+\cdots+\lambda_r p_r$$
$$I=p_1+\cdots+p_r$$

とかける．$\lambda_1, \cdots, \lambda_r$ はすべて**正**の実数である．そこで

$$h=\sqrt{\lambda_1}\ p_1+\cdots+\sqrt{\lambda_r}\ p_r$$

とおく．h は正定値エルミート変換で $h^2=\varphi^*\circ\varphi$ をみたしている．さて，

$$u=\varphi\circ h^{-1}$$

はユニタリ変換であることを示そう．実際，

$$u^* \circ u = (\varphi \circ h^{-1})^* \circ (\varphi \circ h^{-1}) = (h^*)^{-1} \circ \varphi^* \circ \varphi \circ h^{-1} = h^{-1} \circ h^2 \circ h^{-1} = I$$

となり，u はユニタリである．もはや，

$$\varphi = u \circ h$$

は明らかであろう．これで (8-10) の第1の式が得られた．

第2式を得るには，以上の推論を φ^* にあてはめるとよい．すると，$\varphi^* = v \circ k$ となる v (ユニタリ) と k (正定値エルミート) が定まるから，

$$\varphi = (\varphi^*)^* = (v \circ k)^* = k^* \circ v^* = k \circ v^*$$

であるが，v^* もまたユニタリだから，これで (8-10) の第2式が得られた．

次に，φ が正則でない場合を考えよう．この場合は $\varphi^* \circ \varphi$ は半正定値エルミート変換になるから，$h = \sqrt{\varphi^* \circ \varphi}$ もまた半正定値でしかない．すなわち h^{-1} は作れない．そこで次のような工夫をする．まず，$h(E) = F$ とおき，

$$E = F \oplus F^{\perp}$$

と直交直和に分けておく．F の任意の元 $\boldsymbol{y}$ は，

$$\boldsymbol{y} = h(\boldsymbol{x})$$

の形にかける．$\boldsymbol{y}$ をこのような形に表わす $\boldsymbol{x}$ は一意的ではないが，**そのようなどんな $\boldsymbol{x}$ についても，$\varphi(\boldsymbol{x})$ は一意的にきまる．**

実際，任意のベクトル $\boldsymbol{x}$ につき，

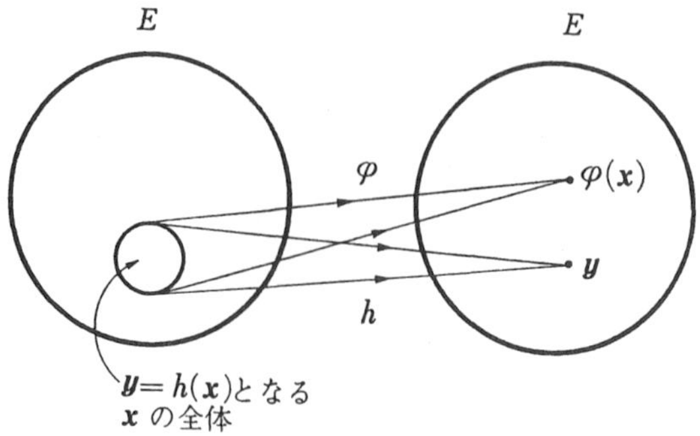

8-1 図

$$
\begin{aligned}
|h(\boldsymbol{x})|^2&=\langle h(\boldsymbol{x}),h(\boldsymbol{x})\rangle=\langle \boldsymbol{x},h^2(\boldsymbol{x})\rangle\\
&=\langle \boldsymbol{x},\varphi^*\circ\varphi(\boldsymbol{x})\rangle=\langle\varphi(\boldsymbol{x}),\varphi(\boldsymbol{x})\rangle\\
&=|\varphi(\boldsymbol{x})|^2
\end{aligned}
$$

が成立する．そこで，もし，

$$\boldsymbol{y}=h(\boldsymbol{x}_1)=h(\boldsymbol{x}_2)$$

だったとすると，$h(\boldsymbol{x}_1-\boldsymbol{x}_2)=\boldsymbol{0}$．従って，$|\varphi(\boldsymbol{x}_1-\boldsymbol{x}_2)|=|h(\boldsymbol{x}_1-\boldsymbol{x}_2)|=0$ となり，$\varphi(\boldsymbol{x}_1-\boldsymbol{x}_2)=\boldsymbol{0}$，すなわち，$\varphi(\boldsymbol{x}_1)=\varphi(\boldsymbol{x}_2)$ となる．従って，$\varphi(\boldsymbol{x})$ は $\boldsymbol{y}$ によって一意的にきまる．そこで，

$$u(\boldsymbol{y})=\varphi(\boldsymbol{x})\quad(\text{ただし，}\boldsymbol{x}\text{ は }\boldsymbol{y}=h(\boldsymbol{x})\text{ をみたす元})$$

と定義しよう．これは φ が正則のときの $\varphi\circ h^{-1}$ に相当する写像である．

u は $h(E)=F$ から $\varphi(E)$ への線型写像であって，

$$|u(\boldsymbol{y})|=|\varphi(\boldsymbol{x})|=|h(\boldsymbol{x})|=|\boldsymbol{y}|,$$

すなわち長さを変えない．従って特に，$u(\boldsymbol{y})=\boldsymbol{0}$ なら $\boldsymbol{y}=\boldsymbol{0}$，つまり u は単射である．また $\varphi(E)$ の任意の元 $\boldsymbol{z}$ は，$\boldsymbol{z}=\varphi(\boldsymbol{x})$ の形にかけるから，$\boldsymbol{y}=h(\boldsymbol{x})$ とおくと，$\boldsymbol{z}=u(\boldsymbol{y})$ である．いいかえると，u は全射である．すなわち $h(E)$ と $\varphi(E)$ は線型部分空間として同型である．

そこで，のこりの $h(E)^\perp$ と $\varphi(E)^\perp$ (これらもたがいに同型である)を適当な方法で1対1かつ等長に対応させてやる．その方法は一般に無数にあるから，そのうちの1つをとればよい．それを u とする．任意の E の元 $\boldsymbol{y}$ に対しては，

$$\boldsymbol{y}=\boldsymbol{y}_1+\boldsymbol{y}_2\quad(\boldsymbol{y}_1\in h(E),\ \boldsymbol{y}_2\in h(E)^\perp)$$

と分解して，

$$u(\boldsymbol{y})=u(\boldsymbol{y}_1)+u(\boldsymbol{y}_2)$$

とおけば，この u は E 上の等長な変換，すなわちユニタリ変換になる．実際，

$$
\begin{aligned}
|u(\boldsymbol{y})|^2&=|u(\boldsymbol{y}_1)|^2+|u(\boldsymbol{y}_2)|^2\\
&=|\boldsymbol{y}_1|^2+|\boldsymbol{y}_2|^2\\
&=|\boldsymbol{y}|^2
\end{aligned}
$$

だからである．

最後に，任意のベクトル $\boldsymbol{x}$ に対し

$$u \circ h(\boldsymbol{x}) = u(\boldsymbol{y}) = \varphi(\boldsymbol{x})$$

となるから，$\varphi = u \circ h$ が成立している．

$\varphi = k \circ v$ の形の分解を得るには φ が正則の場合と同じ推論を行えばよい．

証明終．

注意1. $h = \sqrt{\varphi^* \circ \varphi}$ について，(上の証明からもわかるように)

$$h^{-1}(\mathbf{0}) = \varphi^{-1}(\mathbf{0})$$

が成立する．しかし，$h(E) = \varphi(E)$ は**成立しない**．したがって，$h(E)^{\perp}$ と $\varphi(E)^{\perp}$ の間に別個に等長写像を考えねばならないのである．

注意2. $\varphi = u \circ h$ と表わすとき，h は φ により一意的にきまる．実際，$\varphi^* \circ \varphi = h \circ u^* \circ u \circ h = h^2$ だから，h は2乗すれば $\varphi^* \circ \varphi$ に等しくなければならない．今 h を

$$h = \mu_1 p_1 + \cdots + \mu_r p_r$$

とスペクトル分解したとき，

$$h^2 = \mu_1{}^2 p_1 + \cdots + \mu_r{}^2 p_r = \varphi^* \circ \varphi$$

だから，スペクトル分解の一意性から，$\sqrt{\lambda_j} = \mu_j$ でなければならない．

一方 u は φ から一意的にはきまらない．上の証明で，$h(E)^{\perp}$ と $\varphi(E)^{\perp}$ の対応に自由度があったからである．しかしもし φ が正則なら u のきまり方は一意的である．なぜなら，そのときは $u = \varphi \circ h^{-1}$ でなければならないから．

問2. R^2 で $\varphi = \begin{bmatrix} 0 & 1 \\ 0 & 0 \end{bmatrix}$ に対し，h を求めよ．$h(E) = \varphi(E)$ は成立するか？

[3] 同 時 対 角 化

2つの正規行列，あるいはもっと多数の正規行列が1つのユニタリ行列で同時に対角化できるための必要十分条件を求めることは行列論において重要である．それを線型変換の立場から見ると，次のように大へん見通しがよくなる．

1つのユニタリ行列で同時に対角化できるということを線型変換の言葉でい

うと，共通の（たがいに直交する）正射影によってスペクトル分解できるということである．今，$\varphi_1, \cdots, \varphi_m$ が共通の正射影によるスペクトル分解

$$\varphi_1 = \lambda_{11} p_1 + \cdots + \lambda_{1r} p_r$$
$$\varphi_2 = \lambda_{21} p_1 + \cdots + \lambda_{2r} p_r$$
$$\cdots\cdots\cdots\cdots\cdots\cdots$$
$$\varphi_m = \lambda_{m1} p_1 + \cdots + \lambda_{mr} p_r$$

をもっているとすると，明らかに，

$$\varphi_i \circ \varphi_j = \lambda_{i1} \lambda_{j1} p_1 + \cdots + \lambda_{ir} \lambda_{jr} p_r$$
$$\varphi_j \circ \varphi_i = \lambda_{j1} \lambda_{i1} p_1 + \cdots + \lambda_{jr} \lambda_{ir} p_r$$

となって，$\varphi_1, \cdots, \varphi_m$ はたがいに可換である．実はその逆も成立する．

定理 8-16　$\varphi_1, \cdots, \varphi_m$ を正規変換とする．たがいに直交する正射影 $p_1, \cdots, p_r$ によって，同時に

(8-11)　$$\varphi_j = \lambda_{j1} p_1 + \cdots + \lambda_{jr} p_r \quad (j = 1, \cdots, m)$$

と表わされるための必要十分条件は，

(8-12)　$$\varphi_i \circ \varphi_j = \varphi_j \circ \varphi_i \quad (i, j = 1, \cdots, m)$$

証明　十分性を示せばよい．まず $m=2$ の場合を考えよう．今 $\varphi_1 \circ \varphi_2 = \varphi_2 \circ \varphi_1$ とする．φ_1, φ_2 のスペクトル分解を

$$\varphi_1 = \lambda_1 p_1 + \cdots + \lambda_r p_r$$
$$\varphi_2 = \mu_1 q_1 + \cdots + \mu_s q_s$$

としよう．p_i, q_j はそれぞれ φ_1, φ_2 の多項式で表わされるから，またたがいに可換である．従って定理 2-14 によって，$p_i \circ q_j$ もまた正射影となる．そして，

$$\varphi_1 = \lambda_1 p_1 \circ (q_1 + \cdots + q_s) + \cdots + \lambda_r p_r \circ (q_1 + \cdots + q_s)$$
$$\varphi_2 = \mu_1 q_1 \circ (p_1 + \cdots + p_r) + \cdots + \mu_s q_s \circ (p_1 + \cdots + p_r)$$

は，たしかに正射影 $p_i \circ q_j$ $(i=1, \cdots, r,\ j=1, \cdots, s)$ による φ_1, φ_2 の共通の表示式である．もちろん，$p_i \circ q_j$ $(i=1, \cdots, r,\ j=1, \cdots, s)$ はたがいに直

交しており，

$$\sum_{j=1}^{s}\sum_{i=1}^{r} p_i\circ q_j=\sum_{i=1}^{r} p_i\circ\sum_{j=1}^{s} q_j=I\circ I=I$$

となっている．これで $m=2$ の場合の証明ができた．

m が一般の場合には，m による数学的帰納法を用いる．今 $m-1$ 個の正規変換について定理は正しいと仮定し，m 個の正規変換 $\varphi_1, \cdots, \varphi_m$ について考察しよう．そのうちの $m-1$ 個の変換 $\varphi_2, \cdots, \varphi_m$ については

$$\varphi_j=\mu_{j1}q_1+\cdots+\mu_{js}q_s \quad (j=2, \cdots, m)$$

という表示が得られているものとしてよい．そこで，φ_1 と φ_2 について上と同じことを行なうと，

$$\varphi_1=\lambda_1 p_1+\cdots+\lambda_r p_r,$$

$$\varphi_2=\mu_{21}q_1+\cdots+\mu_{2s}q_s$$

で，p_i と q_j は可換となるから $p_i\circ q_j$ は正射影で

$$\varphi_1=\lambda_1 p_1\circ(q_1+\cdots+q_s)+\cdots+\lambda_r p_r\circ(q_1+\cdots+q_s)$$

$$\varphi_2=\mu_{21}q_1\circ(p_1+\cdots+p_r)+\cdots+\mu_{2s}q_s\circ(p_1+\cdots+p_r)$$

は共通の正射影による分解となっている．そこでのこりの $\varphi_3, \cdots, \varphi_m$ についても，

$$\varphi_j=\mu_{j1}q_1\circ(p_1+\cdots+p_r)+\cdots+\mu_{js}q_s\circ(p_1+\cdots+p_r)$$

とかけば，$\varphi_1, \cdots, \varphi_m$ 全体を通じて共通の正射影 $p_i\circ q_j$ による表示式が得られた．　証明終．

注意 1.　この定理で $\varphi_j=\lambda_{j1}p_1+\cdots+\lambda_{jr}p_r$ $(j=1, \cdots, m)$ と表わされるとき，ここに現われる λ_{jk} はすべて異なっているとは限らない．

注意 2.　(8-12) が成立すれば，φ_i^* と φ_j とは可換となる．それは，

$$\varphi_j^*=\bar{\lambda}_{j1}p_1+\cdots+\bar{\lambda}_{jr}p_r$$

であることから明らかであろう．

問 3.　2つのエルミート変換 φ_1, φ_2 が共通の正射影によってスペクトル分解できるための必要十分条件は，$\varphi_1\circ\varphi_2$ がまたエルミートとなることである．これを示せ．

問 4.　2つの正規変換 φ_1, φ_2 が可換なら $\varphi_1\circ\varphi_2$ は正規である．これを示せ．

演習問題 8

1. 任意の正定値エルミート変換 φ は，ある正則な線型変換 h によって $\varphi=h^*\circ h$ の形にかけることを示せ．また，この h はエルミートであるようにもできることを示せ．

2. 前問で φ が半正定値の場合はどうなるか？

3. エルミート変換 φ の最小固有値を λ_1，最大固有値を λ_n とすると，φ の数域 $W(\varphi)=\{\langle \boldsymbol{x}, \varphi(\boldsymbol{x})\rangle : |\boldsymbol{x}|=1\}$ は実数の閉区間 $[\lambda_1, \lambda_n]$ に等しいことを示せ．

4. 任意の線型変換 φ に対し，$\varphi_1=\dfrac{1}{2}(\varphi+\varphi^*)$，$\varphi_2=\dfrac{1}{2i}(\varphi-\varphi^*)$ とおくと $\varphi=\varphi_1+i\varphi_2$ で，φ_1, φ_2 はエルミートである．$\varphi_1, i\varphi_2$ をそれぞれ φ のエルミート部分，反エルミート部分という．φ の固有値の実部と虚部はそれぞれ φ_1, φ_2 の数域に含まれることを示せ．

5. 線型変換 φ が正規であるための必要十分条件は，たがいに可換な 2 つのエルミート変換 ψ_1, ψ_2 によって，
$$\varphi=\psi_1+i\psi_2$$
と表わされることである．これを示せ．

6. φ を正規変換，正規直交基底によるその表現行列の 1 つを $A=(a_{ij})$，固有値を $\lambda_1, \cdots, \lambda_n$ とすると，
$$|\lambda_1|^2+\cdots+|\lambda_n|^2=\sum_{i,j=1}^{n}|a_{ij}|^2$$
が成立する．これを示せ．

7. 線型変換 φ が正規であるとき，固有ベクトルから成る正規直交基底を $\boldsymbol{e}_1, \cdots, \boldsymbol{e}_n$ とすると，方程式
$$\varphi(\boldsymbol{x})-\lambda\boldsymbol{x}=\boldsymbol{a}$$
は，λ が φ の固有値でないときは解が唯 1 つ存在して
$$\boldsymbol{x}=\sum_{i=1}^{n}\frac{\langle \boldsymbol{a}, \boldsymbol{e}_i\rangle}{\lambda_i-\lambda}\boldsymbol{e}_i$$
である．ただし，λ_i は $\boldsymbol{e}_i$ に対応する φ の固有値である．

また，λ が固有値の 1 つ λ_k に等しいとき，上の方程式に解が存在するための必要十分条件は
$$\langle \boldsymbol{e}_k, \boldsymbol{a}\rangle=0$$
である．以上のことを証明せよ．

8. (i) φ が正定値エルミート変換であるとき，$\langle \boldsymbol{x}, \varphi(\boldsymbol{y})\rangle$ は E 上に新しい内積を定義することを示せ．

(ii) この内積に関し，線型変換 ψ がエルミートであるための必要十分条件は，

$\varphi\circ\psi$ がもとの内積 $\langle \boldsymbol{x}, \boldsymbol{y}\rangle$ に関してエルミートであることである．これを示せ．

(iii)　与えられた線型変換 ψ に対し適当に正定値エルミート変換 φ を見つけて，内積 $\langle \boldsymbol{x}, \varphi(\boldsymbol{y})\rangle$ について ψ がエルミートとなるようにできるために ψ のみたすべき必要十分条件は，

(a)　ψ の固有値はすべて実数である．

(b)　ψ は半単純である．

の2条件である．これを証明せよ．

第 9 章　一般固有値問題

§1. 一般固有値問題

今までいろいろな線型変換について固有値問題がとけることを見てきた．特にユークリッド線型空間における正規変換は，固有空間が直交し，かつ固有空間全体がEを張るという性質をもっているのであった．正規という性質を除去すると，もはや固有空間が直交することは期待できない．しかし，それでも固有空間は直和条件は満足している (第 4 章，定理 4-7)．そこで，固有空間全体がEを張るための必要十分条件は何か，いいかえると固有値問題がとけるための必要十分条件は何かが最終的に問題になるだろう．

しかし，このことを解決するには，むしろどういうことが原因となって固有値問題がとけないようになるのかを調べる方が早道である．すなわちもっと一般的に，線型変換すべてにわたって成立する構造定理を見つけて，その中で固有値問題がとけるような変換はどのような特別な形をしているかを見ていく方がわかりやすい．そのような構造定理を論ずることを一般固有値問題という．

一般固有値問題では固有空間やその他の空間について直交性を問題にしないので，内積は利用しない．従ってユークリッド線型空間でなく，一般の線型空間での議論になる．また，固有値を実数に制限することは理論を不自由にするので，係数体は複素数体 $\boldsymbol{C}$ とする．従って特性根はすべて固有値である．

E 上の線型変換 φ に対し，異なる固有値を全部で $\lambda_1, \cdots, \lambda_r$，その固有空間を $F_1, \cdots, F_r$ とすると，一般には

$$F_1 \dot{+} \cdots \dot{+} F_r = E$$

は成立しない．そこで，$F_1, \cdots, F_r$ に代わるものを考えよう．固有空間 F_i とは，

$$F_i = \{\boldsymbol{x}\,;\ (\varphi - \lambda_i I)(\boldsymbol{x}) = \boldsymbol{0}\}$$

であった．そこで，その拡張として，

$$G_i = \{\boldsymbol{x}\,;\ \text{ある } k \text{ があって，} (\varphi - \lambda_i I)^k(\boldsymbol{x}) = \boldsymbol{0}\} \qquad (i = 1, \cdots, r)$$

という集合を考えよう．これを固有値 λ_i に対する**一般固有空間**, G_i に属するベクトルを**一般固有ベクトル**という．（$\boldsymbol{x}$ が G_i に属するとき，$(\varphi - \lambda_i I)^k(\boldsymbol{x}) = \boldsymbol{0}$ となるような k は $\boldsymbol{x}$ ごとに変わってもよい.）この G_i は，

(i)　線型部分空間である．

実際，$\boldsymbol{x}, \boldsymbol{y} \in G_i$ とすると，ある k, l があって $(\varphi - \lambda_i I)^k(\boldsymbol{x}) = \boldsymbol{0}$, $(\varphi - \lambda_i I)^l(\boldsymbol{y}) = \boldsymbol{0}$. 従って，$\max(k, l) = m$ とおくと，任意のスカラー λ, μ に対し，

$$(\varphi - \lambda_i I)^m(\lambda \boldsymbol{x} + \mu \boldsymbol{y}) = \lambda(\varphi - \lambda_i I)^m(\boldsymbol{x}) + \mu(\varphi - \lambda_i I)^m(\boldsymbol{y}) = \boldsymbol{0}.$$

(ii)　$F_i \subset G_i$ である．

実際，$\boldsymbol{x} \in F_i$ とすると，$(\varphi - \lambda_i I)(\boldsymbol{x}) = \boldsymbol{0}$. 従って　$\boldsymbol{x} \in G_i$.

すなわち，G_i は固有空間の拡張であり，一般固有ベクトルは固有ベクトルの拡張概念である．そこで，当面の目標を次の定理において，議論を進めよう．

定理 9-1　任意の線型変換 φ に対し，

(9-1)
$$G_1 \dot{+} \cdots \dot{+} G_r = E$$

が成立する．そして，各 G_i に対しある自然数 k_i が定まって，

$$G_i = \{\boldsymbol{x}\,;\ (\varphi - \lambda_i I)^{k_i}(\boldsymbol{x}) = \boldsymbol{0}\},$$

かつ，$(\varphi - \lambda_i I)^{k_i - 1}(\boldsymbol{x}) \neq \boldsymbol{0}$ となる $\boldsymbol{x}$ が G_i の中にある．

定義 9-2　この定理によってきまる自然数 k_i を固有値 λ_i の**標数**という．

定理の証明　次の順に証明していく．

1)　$\varphi - \lambda_i I = \varphi_i$ とかく．そして，E を φ_i で何回も写していく．

$$E,\ \varphi_i(E),\ \varphi_i{}^2(E),\ \varphi_i{}^3(E),\ \cdots\cdots$$

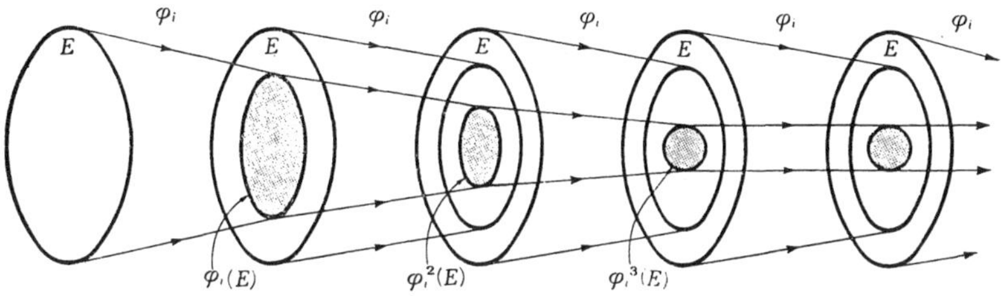

9-1 図

このとき，

(9-2)　　$$E \supset \varphi_i(E) \supset \varphi_i^2(E) \supset \cdots$$

が成立する．

実際，$\boldsymbol{x} \in \varphi_i^k(E)$ とすると，ある $\boldsymbol{y} \in E$ があって $\boldsymbol{x}=\varphi_i^k(\boldsymbol{y})$ となる($k \geqslant 1$)．従って，$\boldsymbol{x}=\varphi_i^{k-1}(\varphi_i(\boldsymbol{y})) \in \varphi_i^{k-1}(E)$．すなわち $\varphi_i^k(E) \subset \varphi_i^{k-1}(E)$．

2)　**(9-2) は有限回で等式になる．** すなわちある $k(\geqslant 1)$ があって，

(9-3)　　$$\varphi_i^{k-1}(E) \supset \varphi_i^k(E)=\varphi_i^{k+1}(E)=\varphi_i^{k+2}(E)=\cdots\cdots$$

となる．いいかえると，$\varphi_i^k, \varphi_i^{k+1}, \cdots$ はその階数が不変になる．

実際，(9-2)は線型部分空間の列だから，真に減少するときはその次元が下がる．E は有限次元だから，その次元の減少は無限には続かない．従って，ある k があって，$\varphi_i^k(E)=\varphi_i^{k+1}(E)$ となる．するとそれ以後は，この式の両辺に φ_i をかけてみるとすぐわかるように，$\varphi_i^{k+1}(E)=\varphi_i^{k+2}(E)$，… となり，ずっと等号が続くことになる．

そこで，このような k のうちの最小の数を k_i とおく．これは各固有値 λ_i に対してきまる正の整数である．また簡単のため $\varphi_i^{k_i}(E)=R_i$ とおく．

なお，(9-3) によって，**R_i の上では φ_i は全単射となる．** (9-3) の各空間は $\varphi_i^{k-1}(E)$ を除きすべて同じ次元をもち，φ_i はそれらの間の全射だからである．特に，$\boldsymbol{x} \in R_i$ が $\varphi_j(\boldsymbol{x})=\boldsymbol{0}$ をみたすなら $\boldsymbol{x}=\boldsymbol{0}$ でなければならない．

3)　**$\varphi_i^{k_i}$ の核は G_i である．** すなわち，$G_i=\{\boldsymbol{x}\,;\,(\varphi-\lambda_i I)^{k_i}(\boldsymbol{x})=\boldsymbol{0}\}$

実際，$\boldsymbol{x} \in (\varphi_i^{k_i})^{-1}(\boldsymbol{0})$ なら $(\varphi-\lambda_i I)^{k_i}(\boldsymbol{x})=\boldsymbol{0}$ だから $\boldsymbol{x} \in G_i$．逆に $\boldsymbol{x} \in G_i$

とすると，ある k があって $(\varphi-\lambda_i I)^k(\boldsymbol{x})=\boldsymbol{0}$.　もし $k\leqslant k_i$ ならもちろん $(\varphi-\lambda_i I)^{k_i}(\boldsymbol{x})=\boldsymbol{0}$ だから $\boldsymbol{x}\in(\varphi_i^{k_i})^{-1}(\boldsymbol{0})$.　またもし $k>k_i$ なら

$$\boldsymbol{y}=(\varphi-\lambda_i I)^{k-1}(\boldsymbol{x})$$

とおくと $\boldsymbol{y}\in\varphi_i^{k-1}(E)=R_i$ で $\varphi_i(\boldsymbol{y})=\boldsymbol{0}$ をみたすから 2) によって $\boldsymbol{y}=\boldsymbol{0}$. すなわち $\varphi_i^{k-1}(\boldsymbol{x})=\boldsymbol{0}$. いいかえると k を1だけ減らせる．もし $k-1>k_i$ なら再び同じことをくり返して，k をへらしていけばついに $\varphi_i^{k_i}(\boldsymbol{x})=\boldsymbol{0}$ となる．従って $\boldsymbol{x}\in(\varphi_i^{k_i})^{-1}(\boldsymbol{0})$.　すなわち $(\varphi_i^{k_i})^{-1}(\boldsymbol{0})=G_i$.

4)　$E=G_i\dotplus R_i$ **が成立する．**

実際，G_i, R_i はそれぞれ $\varphi_i^{k_i}$ の核と値域だから次元定理（定理 1–19）によって，

$$\dim E=\dim G_i+\dim R_i$$

が成立している．だから $G_i\cap R_i=\{\boldsymbol{0}\}$ であることがわかれば定理 1-11 によって，$E=G_i\dotplus R_i$ となる．さて $\boldsymbol{x}\in G_i\cap R_i$ をとると $\varphi_i^{k_i}(\boldsymbol{x})=\boldsymbol{0}$. 一方 $\boldsymbol{x}\in R_i$ だからある $\boldsymbol{y}\in E$ によって $\boldsymbol{x}=\varphi_i^{k_i}(\boldsymbol{y})$.　これは $\varphi_i^{2k_i}(\boldsymbol{y})=\boldsymbol{0}$ であることを示している．従って $\boldsymbol{y}\in G_i$，すなわち $\boldsymbol{x}=\varphi_i^{k_i}(\boldsymbol{y})=\boldsymbol{0}$.　故に $G_i\cap R_i=\{\boldsymbol{0}\}$.

5)　G_i, R_i **は φ-不変な線型部分空間である．**

実際，$\varphi_i=\varphi-\lambda_i I$ は φ と可換だから，$\boldsymbol{x}\in G_i$ に対し，$\varphi_i^{k_i}(\varphi(\boldsymbol{x}))=\varphi(\varphi_i^{k_i}(\boldsymbol{x}))=\varphi(\boldsymbol{0})=\boldsymbol{0}$. 従って $\varphi(\boldsymbol{x})\in G_i$. また $\boldsymbol{x}\in R_i$ に対し，$\boldsymbol{x}=\varphi_i^{k_i}(\boldsymbol{y})$ となる $\boldsymbol{y}$ があるから，$\varphi(\boldsymbol{x})=\varphi(\varphi_i^{k_i}(\boldsymbol{y}))=\varphi_i^{k_i}(\varphi(\boldsymbol{y}))$. 従って $\varphi(\boldsymbol{x})\in R_i$.

なお，この証明からわかるように，G_i, R_i は任意の φ_j についても不変である．

6)　**φ の G_i 上の固有値は λ_i のみである．R_i 上の固有値は λ_i を除くすべての $\lambda_1, \cdots, \lambda_r$ である．**

実際，もし G_i 上に λ_i 以外の固有値 λ_j があったとするとそれに対応する固有ベクトル $\boldsymbol{x}\in G_i$ が存在するから，

$$\varphi(\boldsymbol{x})=\lambda_j\boldsymbol{x},\qquad(\boldsymbol{x}\neq\boldsymbol{0})$$

従って，$\boldsymbol{0}=\varphi_i^{k_i}(\boldsymbol{x})=(\varphi-\lambda_i I)^{k_i}(\boldsymbol{x})=(\lambda_j-\lambda_i)^{k_i}\boldsymbol{x}\neq\boldsymbol{0}$, という矛盾を生ずる．

次に，$\boldsymbol{x}\in R_i$ に対しては $\varphi_i(\boldsymbol{x})=\boldsymbol{0}$ なら $\boldsymbol{x}=\boldsymbol{0}$ だから，$(\varphi-\lambda_i I)(\boldsymbol{x})=\boldsymbol{0}$ は $\boldsymbol{x}=\boldsymbol{0}$ 以外には成立せず，λ_i は R_i 上で固有値になり得ない．

φ の固有多項式を求めるため，G_i, R_i の基底をそれぞれ $\boldsymbol{e}_1,\cdots,\boldsymbol{e}_\mu;\boldsymbol{e}_1',\cdots,\boldsymbol{e}_\nu'$ ととると，4) によってこれら $\mu+\nu$ 個の元は E の1つの基底になっていて，この基底による φ の行列表示は，

$$(\varphi(\boldsymbol{e}_1),\cdots,\varphi(\boldsymbol{e}_\mu),\varphi(\boldsymbol{e}_1'),\cdots,\varphi(\boldsymbol{e}_\nu'))=(\boldsymbol{e}_1,\cdots,\boldsymbol{e}_\mu,\boldsymbol{e}_1',\cdots,\boldsymbol{e}_\nu')\left[\begin{array}{c|c} A & 0 \\ \hline 0 & B \end{array}\right]$$

の形をしている．ただし A は φ の G_i 上の表現行列，B は φ の R_i 上の表現行列である．この行列を M とおくと，φ の固有多項式は

$$\det(M-\lambda I)=\det(A-\lambda I)\det(B-\lambda I)$$

この左辺は $(\lambda_1-\lambda)^{m_1}\cdots(\lambda_r-\lambda)^{m_r}$ に等しい．一方右辺については，$\det(A-\lambda I)$ は $(\lambda_i-\lambda)$ 以外の因子は含まない．また $\det(B-\lambda I)$ は $(\lambda_i-\lambda)$ という因子は1つも含まない．従って，

(9-4)　$$\det(A-\lambda I)=(\lambda_i-\lambda)^{m_i},$$

(9-5)　$$\det(B-\lambda I)=(\lambda_1-\lambda)^{m_1}\cdots\overset{i}{\check{}}\cdots(\lambda_r-\lambda)^{m_r}.$$

これは φ の R_i 上の固有値が λ_i 以外の固有値のすべてに(重複度も考えて) 等しいことを示している．

なお，(9-4)から，$\dim G_i=m_i$ が成立することがわかる．また，k_i は(9-2)において次元が減少する回数を表わすが，1回に少なくとも1次元は減少するから，k_i は減少した次元数の総計をこえない．すなわち $k_i\leqq m_i$ である．

7)　$E=G_1\dotplus\cdots\dotplus G_r$ **が成立する．**

実際，$E=G_1\dotplus R_1$ であるから，R_1 上で今までと同じ推論を行なう．そのとき R_1 は任意の φ_j についても不変だから，R_1 上での推論はもとの φ と φ_j について行なうことができる．従って，$R_1=G_2'\dotplus R_{12}$ の形の直和分解が得られる．ここで，

$$G_2'=\{\boldsymbol{x}\in R_1;\ ある\ k\ があって\ (\varphi-\lambda_2 I)^k(\boldsymbol{x})=\boldsymbol{0}\}$$

であるが，(9-5) からわかるように R_1 上での固有値 λ_2 の代数的重複度は E 全体での重複度に等しく m_2 で，しかも $\dim G_2'=m_2=\dim G_2$ だから $G_2'=G_2$ でなければならない．すなわち

$$R_1=G_2\dot{+}R_{12}$$

これを $E=G_1\dot{+}R_1$ に代入して，

$$E=G_1\dot{+}G_2\dot{+}R_{12}$$

が得られる．次々に同じことを行なうと，

$$E=G_1\dot{+}G_2\dot{+}\cdots\dot{+}G_r\dot{+}R'$$

の形の分解が得られるが，R' は φ-不変でしかも φ の固有ベクトルを全く含まない線型部分空間である．しかし，そんなことは $\dim R'\geqq 1$ である限り起こらない．従って $\dim R'=0$．すなわち $R'=\{\mathbf{0}\}$．ということは

$$E=G_1\dot{+}\cdots\dot{+}G_r$$

が成立することを表わす．これで定理 9-1 は完全に証明された．証明終．

証明の途中で得られた副産物も非常に重要なので，系の形で述べておこう．

系 1.　$\dim G_i=m_i$. すなわち G_i の次元は λ_i の代数的重複度に等しい．

系 2.　$k_i\leqq m_i$.

この定理から，われわれが問題としていた定理が得られる．

定理 9-3　線型変換 φ が半単純であるための必要十分条件は，φ の固有値の標数がすべて 1 であることである．

証明　標数がすべて 1 なら，$G_i=\{\boldsymbol{x}\,;(\varphi-\lambda_i I)(\boldsymbol{x})=\mathbf{0}\}$ は固有空間となり，(9-1) は E の固有空間による直和分解を表わす．すなわち φ は半単純である．もし 1 つでも標数が 2 以上の固有値があれば，その一般固有空間は固有空間と異なる（真に大きくなる）から，固有空間の直和 $F_1\dot{+}\cdots\dot{+}F_r$ は一般固有空間の直和 $G_1\dot{+}\cdots\dot{+}G_r=E$ に等しくならない．従って φ の固有値問題はとけない．すなわち φ は半単純でない．　証明終．

系　φ の固有値がすべて固有方程式の単根ならば，φ は半単純である．

実際，$1 \leqslant k_i \leqslant m_i = 1$ $(i=1, \cdots, r)$ なら $k_i = 1$ $(i=1, \cdots, r)$ となる．なおこれは，定理4-14そのものである．

§2. 最小多項式

線型変換 φ の固有値 $\lambda_1, \cdots, \lambda_r$ の標数をそれぞれ $k_1, \cdots, k_r$ とするとき，

定義 9-4 多項式

$$\Psi(\lambda) = (\lambda-\lambda_1)^{k_1} \cdots (\lambda-\lambda_r)^{k_r}$$

を φ の最小多項式という．

定理 9-5 φ の最小多項式 $\Psi(\lambda)$ は次の性質をみたす．

(i) $\Psi(\varphi)=0$.

(ii) φ の固有多項式 $\Phi(\lambda)$ は $\Psi(\lambda)$ でわり切れる．従って特に $\Phi(\varphi)=0$. (Hamilton-Cayley の定理)*).

(iii) $\Psi(\lambda)$ は $Q(\varphi)=0$ をみたす多項式 $Q(\lambda)$ をすべてわり切る．

---

*) Hamilton-Cayley の定理は次のように直接証明することもできる．φ の表現行列を $A=(a_{ij})$ とすると，ある基底 $\boldsymbol{e}_1, \cdots, \boldsymbol{e}_n$ によって，

$$\begin{aligned} \varphi(\boldsymbol{e}_1) &= a_{11}\boldsymbol{e}_1 + a_{21}\boldsymbol{e}_2 + \cdots + a_{n1}\boldsymbol{e}_n, \\ \varphi(\boldsymbol{e}_2) &= a_{12}\boldsymbol{e}_1 + a_{22}\boldsymbol{e}_2 + \cdots + a_{n2}\boldsymbol{e}_n, \\ &\cdots\cdots \\ \varphi(\boldsymbol{e}_n) &= a_{1n}\boldsymbol{e}_1 + a_{2n}\boldsymbol{e}_2 + \cdots + a_{nn}\boldsymbol{e}_n, \end{aligned}$$

これを，

$$\begin{aligned} (a_{11}I-\varphi)(\boldsymbol{e}_1) + a_{21}I(\boldsymbol{e}_2) + \cdots + a_{n1}I(\boldsymbol{e}_n) &= \boldsymbol{0}, \\ a_{12}I(\boldsymbol{e}_1) + (a_{22}I-\varphi)(\boldsymbol{e}_2) + \cdots + a_{n2}I(\boldsymbol{e}_n) &= \boldsymbol{0}, \\ \cdots\cdots \\ a_{1n}I(\boldsymbol{e}_1) + a_{2n}I(\boldsymbol{e}_2) + \cdots + (a_{nn}I-\varphi)(\boldsymbol{e}_n) &= \boldsymbol{0}, \end{aligned}$$

とかき直す．これらの“連立方程式”から $\boldsymbol{e}_1, \cdots, \boldsymbol{e}_n$ を消去するには，普通の連立一次方程式と全く同じく $(a_{ij}I-\delta_{ij}\varphi)$ の余因子行列（線型変換を要素とする行列）を右から作用させればよい．すると，普通の行列算と同じことだから，結果は

$$\begin{aligned} \Phi(\varphi)(\boldsymbol{e}_1) &= \boldsymbol{0}, \\ \Phi(\varphi)(\boldsymbol{e}_2) &= \boldsymbol{0}, \\ &\vdots \\ \Phi(\varphi)(\boldsymbol{e}_n) &= \boldsymbol{0}, \end{aligned}$$

となる．$\Phi(\varphi)$ は基底の元をすべて $\boldsymbol{0}$ にうつすのだから，その線型結合である任意のベクトルを $\boldsymbol{0}$ にうつす．すなわち $\Phi(\varphi)=0$ である． 証明終．

証明　(i)　$\Psi(\varphi)=(\varphi-\lambda_1 I)^{k_1}\circ\cdots\circ(\varphi-\lambda_r I)^{k_r}$ である．E の任意のベクトル $\boldsymbol{x}$ に対し，分解 (9-1) に対応して，

$$\boldsymbol{x}=\boldsymbol{x}_1+\cdots+\boldsymbol{x}_r \qquad (\boldsymbol{x}_i\in G_i,\ i=1,\cdots,r)$$

という分解が一意的に成立するから，

$$\Psi(\varphi)(\boldsymbol{x})=\sum_{i=1}^{r}(\varphi-\lambda_1 I)^{k_1}\circ\cdots\circ(\varphi-\lambda_r I)^{k_r}(\boldsymbol{x}_i)$$

ところが $(\varphi-\lambda_i I)^{k_i}(\boldsymbol{x}_i)=\boldsymbol{0}$ だから，右辺の各項は（$(\varphi-\lambda_i I)^{k_i}$ を最後部へまわして計算すると）すべて $\boldsymbol{0}$ になる．すなわち $\Psi(\varphi)(\boldsymbol{x})=\boldsymbol{0}$．従って，

$$\Psi(\varphi)=0.$$

(ii)　$\Phi(\lambda)=(-1)^n(\lambda-\lambda_1)^{m_1}\cdots(\lambda-\lambda_r)^{m_r}$ で，$k_i\leqslant m_i$　$(i=1,\cdots,r)$ だから $\Phi(\lambda)$ は $\Psi(\lambda)$ でわり切れる．

(iii)　次の補題を用いる．

補題 9-6　線型変換 ψ に対し，$\psi^{\nu}(\boldsymbol{x})=\boldsymbol{0}$, $\psi^{\nu-1}(\boldsymbol{x})\neq\boldsymbol{0}$ なら，

$$\boldsymbol{x},\ \psi(\boldsymbol{x}),\ \cdots,\ \psi^{\nu-1}(\boldsymbol{x})$$

は線型独立である．

補題の証明　$c_1\boldsymbol{x}+c_2\psi(\boldsymbol{x})+\cdots+c_\nu\psi^{\nu-1}(\boldsymbol{x})=\boldsymbol{0}$

がある $c_1,\cdots,c_\nu$ によって実現したとする．そのとき，両辺に $\psi^{\nu-1}$ をほどこすと，第2項以降は，$\psi^{\nu}(\boldsymbol{x})=\boldsymbol{0}$ という仮定によりすべて $\boldsymbol{0}$ となるから，

$$c_1\psi^{\nu-1}(\boldsymbol{x})=\boldsymbol{0}.$$

従って $c_1=0$ を得る．そこで，

$$c_2\psi(\boldsymbol{x})+\cdots+c_\nu\psi^{\nu-1}(\boldsymbol{x})=\boldsymbol{0}$$

でなければならない．今度は $\psi^{\nu-2}$ をほどこす．すると同じ論法で $c_2=0$ を得る．こうして次々に各係数は0でなければならないことがわかる．

証明終．

さて (iii) の証明にもどろう．今 $Q(\lambda)$ を，$Q(\varphi)=0$ をみたす多項式とする．1つの固有値 λ_i をとり，Q の導関数 $Q^{(k)}=\dfrac{d^kQ}{d\lambda^k}$ を用いてテイラー展開し，

$$Q(\lambda)=Q(\lambda_i)+\frac{Q'(\lambda_i)}{1!}(\lambda-\lambda_i)+\cdots+\frac{Q^{(l)}(\lambda_i)}{l!}(\lambda-\lambda_i)^l$$

と表わしておく．$\boldsymbol{x}\in G_i$ で $\varphi_i^{k_i-1}(\boldsymbol{x})\neq\boldsymbol{0}$ であるような $\boldsymbol{x}$ を1つとる．（そのような $\boldsymbol{x}$ は必ず存在する．）すると，

$$\boldsymbol{0}=Q(\varphi)(\boldsymbol{x})=Q(\lambda_i)\boldsymbol{x}+\frac{Q'(\lambda_i)}{1!}\varphi_i(\boldsymbol{x})+\cdots+\frac{Q^{(l)}(\lambda_i)}{l!}\varphi_i{}^l(\boldsymbol{x})$$

もし $l\geqq k_i$ なら $\varphi_i{}^l(\boldsymbol{x})=\boldsymbol{0}$ だから，この式は

$$Q(\lambda_i)\boldsymbol{x}+\frac{Q'(\lambda_i)}{1!}\varphi_i(\boldsymbol{x})+\cdots+\frac{Q^{(k_i-1)}(\lambda_i)}{(k_i-1)!}\varphi_i{}^{k_i-1}(\boldsymbol{x})=\boldsymbol{0}$$

に等しい．補題 9-6 により，$\boldsymbol{x},\cdots,\varphi_i{}^{k_i-1}(\boldsymbol{x})$ は線型独立だから，

$$Q(\lambda_i)=Q'(\lambda_i)=\cdots=Q^{(k_i-1)}(\lambda_i)=0$$

これは $Q(\lambda)$ が $\lambda=\lambda_i$ を k_i 重根として持っていることを示している．いいかえると $Q(\lambda)$ は $(\lambda-\lambda_i)^{k_i}$ でわり切れる．従って，$Q(\lambda)$ は $(\lambda-\lambda_1)^{k_1}\cdots(\lambda-\lambda_r)^{k_r}=\Psi(\lambda)$ でわり切れる． 証明終．

系 φ が半単純であるための必要十分条件は，φ の最少多項式が重根をもたないことである．

これは定理 9-3 から明らかであろう．

分解(9-1) に対応して，定理1-22 によって射影 $p_1,\cdots,p_r$ が存在して，

$$I=p_1+\cdots+p_r,$$
$$p_i{}^2=p_i,\quad p_i\circ p_j=0,\qquad (i\neq j\,;\,i,j=1,\cdots,r)$$
$$p_i(E)=G_i$$

が成立する．この射影は φ の多項式で表わされることを示そう．

φ の最小多項式を $\Psi(\lambda)$ とする．$\dfrac{1}{\Psi(\lambda)}$ の部分分数展開を

$$\frac{1}{\Psi(\lambda)}=\frac{h_1(\lambda)}{(\lambda-\lambda_1)^{k_1}}+\cdots+\frac{h_r(\lambda)}{(\lambda-\lambda_r)^{k_r}}$$

とする．$h_i(\lambda)$ は高々 k_i-1 次の多項式である．この式から，

$$1=h_1(\lambda)\frac{\Psi(\lambda)}{(\lambda-\lambda_1)^{k_1}}+\cdots+h_r(\lambda)\frac{\Psi(\lambda)}{(\lambda-\lambda_r)^{k_r}}$$

が成立することがわかる．右辺の各項はすべて λ の多項式である．そこでこの

各項を

(9-6) $$g_i(\lambda)=h_i(\lambda)\cdot\frac{\Psi(\lambda)}{(\lambda-\lambda_i)^{k_i}} \qquad (i=1,\cdots,r)$$

とおくと，

$$1=g_1(\lambda)+\cdots+g_r(\lambda)$$

従って，

(9-7) $$I=g_1(\varphi)+\cdots+g_r(\varphi)$$

となる．だから任意のベクトル $\boldsymbol{x}$ について，

(9-8) $$\boldsymbol{x}=g_1(\varphi)(\boldsymbol{x})+\cdots+g_r(\varphi)(\boldsymbol{x})$$

が成立する．ところが，

$$\varphi_i^{k_i}\{g_i(\varphi)(\boldsymbol{x})\}=(\varphi-\lambda_i I)^{k_i}\circ g_i(\varphi)(\boldsymbol{x})=h_i(\varphi)(\Psi(\varphi)(\boldsymbol{x}))=\boldsymbol{0}.$$

だから，$g_i(\varphi)(\boldsymbol{x})\in G_i$ となる．いいかえると，(9-8) は (9-1) に対応するベクトル $\boldsymbol{x}$ の直和分解である．従って，分解の一意性から，

$$p_i=g_i(\varphi)$$

でなければならない．

注意 1． この式は p_i が φ の多項式でかけることを示すと同時に，射影 p_i の具体的計算法も与えていることに注意しよう．すなわち，p_i を求めるには，φ の最小多項式の逆数を部分分数展開することにより $g_i(\lambda)$ を求め，$g_i(\varphi)$ を計算すればよいのである．

注意 2． $p_i=g_i(\varphi)$ をみたす $g_i(\lambda)$ は一意的ではない，たとえば $g_i^2(\lambda)$ もまた同じ性質をもつ．また，上の作り方では最小多項式 $\Psi(\lambda)$ を出発点としたが，$Q(\varphi)=0$ をみたす任意の多項式 $Q(\lambda)$ から出発しても同じように $p_i=g_i(\varphi)$ をみたす多項式 $g_i(\lambda)$ $(\lambda=1,\cdots,r)$ が作れる．特に φ の固有多項式 $\Phi(\lambda)$ は容易に計算できるので，実用上は $\dfrac{1}{\Phi(\lambda)}$ の部分分数展開を用いてもよい．

この射影 $p_1,\cdots,p_r$ を用いて，φ が半単純変換とべき零変換の和として表わされることを示そう．そのため，次の定義を設けよう．

定義 9-7　線型変換 φ が**べき零**であるとは，ある正の整数 k があって，$\varphi^k=0$ となることである．そのような k のうちの最小の数を φ の**零化指数**という．

定理 9-8　べき零変換 φ の固有値は 0 のみである．逆に，固有値がすべて 0 なら，φ はべき零である．

証明 α を φ の1つの固有値とすると，あるベクトル $\boldsymbol{x}(\neq\boldsymbol{0})$ があって，$\varphi(\boldsymbol{x})=\alpha\boldsymbol{x}$. この両辺に φ をほどこすと，$\varphi^2(\boldsymbol{x})=\alpha\varphi(\boldsymbol{x})=\alpha^2\boldsymbol{x}$. 次々に φ をほどこして $\varphi^k(\boldsymbol{x})=\alpha^k\boldsymbol{x}$. $\varphi^k=0$ だから $\alpha^k=0$. すなわち $\alpha=0$.

逆に φ の固有値が0のみであるとすると，φ の固有多項式は $\Phi(\lambda)=\lambda^n$ である．従って定理 9-5 (ii) から $\varphi^n=0$. 証明終．

系 1. べき零変換 φ の零化指数は固有値0の標数に等しい．

なぜなら，φ の最小多項式は λ^{k_0}(k_0 は0の標数) だから，$\varphi^{k_0}=0$. 一方，標数の定義から $\varphi^{k_0-1}\neq 0$. 終．

系 2. べき零で半単純な変換は0に限る．

実際，$\varphi=\lambda_1p_1+\cdots+\lambda_rp_r$ とすると，$\lambda_1=\cdots=\lambda_r=0$ だから $\varphi=0$. 終．

定理 9-9 2つのべき零変換 φ_1, φ_2 が可換なら，$\varphi_1+\varphi_2$, $\varphi_1\circ\varphi_2$ もまたべき零である．

証明 $\varphi_1{}^{k_1}=0$, $\varphi_2{}^{k_2}=0$ とする．$\min(k_1, k_2)=k$ とおくと，

$$(\varphi_1\circ\varphi_2)^k=(\varphi_1\circ\varphi_2)\circ(\varphi_1\circ\varphi_2)\circ\cdots\circ(\varphi_1\circ\varphi_2)$$
$$=\varphi_1{}^k\circ\varphi_2{}^k=0$$

また，$(\varphi_1+\varphi_2)^{k_1+k_2}=\sum_{j=0}^{k_1+k_2}\binom{k_1+k_2}{j}\varphi_1{}^j\circ\varphi_2{}^{k_1+k_2-j}$ と[*]，φ_1 と φ_2 の可換性によって普通の二項展開と同じように展開できるが，$j<k_1$ ならば $k_1+k_2-j>k_2$ だから $\varphi_2{}^{k_1+k_2-j}=0$. また $j\geqq k_1$ ならば $\varphi_1{}^j=0$. 従って右辺はすべて0となる． 証明終．

これ以上の詳しい性質はあとで考えることにして，一般の線型変換の場合にもどろう．

定理 9-10 任意の線型変換 φ は，互いに可換な半単純変換とべき零変換の和として表わすことができる．その表わし方は一意的である．

証明 定理 9-1 によって，φ の一般固有空間による E の直和分解

$$E=G_1\dot{+}\cdots\dot{+}G_r$$

*) $\binom{m}{k}=\dfrac{m(m-1)\cdots(m-k+1)}{k!}$.

が得られ，これに対応する射影 $p_1, \cdots, p_r$ がきまる．

$$I = p_1 + \cdots + p_r$$

だから，

$$\varphi = \varphi \circ I = \varphi \circ p_1 + \cdots + \varphi \circ p_r.$$

ところで，$\varphi = (\varphi - \lambda_i I) + \lambda_i I = \varphi_i + \lambda_i I$ と分けると，

(9-9)
$$\begin{aligned} \varphi &= (\varphi_1 + \lambda_1 I) \circ p_1 + \cdots + (\varphi_r + \lambda_r I) \circ p_r \\ &= (\lambda_1 p_1 + \cdots + \lambda_r p_r) + (\varphi_1 \circ p_1 + \cdots + \varphi_r \circ p_r) \\ &= \psi + \theta, \end{aligned}$$

(9-10)
$$\begin{aligned} \psi &= \lambda_1 p_1 + \cdots + \lambda_r p_r, \\ \theta &= \varphi_1 \circ p_1 + \cdots + \varphi_r \circ p_r \end{aligned}$$

と分解できる．ψ は明らかに半単純である．θ がべき零であることを示そう．各 φ_i, p_j はすべて φ の多項式で表わされるからたがいに可換である．従って，

$$\theta^2 = (\varphi_1 \circ p_1 + \cdots + \varphi_r \circ p_r)^2$$

を展開するとき，普通の数のかけ算と同じようにやればよい．$p_i \circ p_j = 0$，$p_i^2 = p_i$ を用いると，異なる項のかけ算は0になるから，結局

$$\theta^2 = \varphi_1^2 \circ p_1 + \cdots + \varphi_r^2 \circ p_r$$

となる．次々にべきをふやしても同じだから，

$$\theta^k = \varphi_1^k \circ p_1 + \cdots + \varphi_r^k \circ p_r.$$

ところが $p_i(E) = G_i$ 上では $\varphi_i^{k_i}(\boldsymbol{x}) = \boldsymbol{0}$ だから，$k = \max(k_1, \cdots, k_r)$ とおくと，

(9-11)
$$\theta^k(E) = \varphi_1^k \circ p_1(E) + \cdots + \varphi_r^k \circ p_r(E) = \{\boldsymbol{0}\},$$

すなわち $\theta^k = 0$ である．

ψ と θ が可換であることは，φ_i, p_j がすべて φ の多項式だから，ψ, θ も φ の多項式となって，直ちにわかる．

最後に，分解の一意性を示そう．別にもう1つの分解

$$\varphi = \psi' + \theta' \qquad (\psi' \text{ は半単純，} \theta' \text{ はべき零})$$

があって，ψ' と θ' が可換とすると，ψ', θ' は $\psi' + \theta'$ と可換である．すなわち φ と可換である．従って φ の多項式である ψ, θ とも可換である．

$$\psi+\theta=\psi'+\theta'$$

だから,

$$\psi-\psi'=\theta'-\theta$$

で, 左辺は定理 4-15, 系によって半単純, また右辺は定理 9-9 によってべき零である. 従って定理 9-8, 系 2 によってこれら両辺は 0 でなければならない. すなわち,

$$\psi=\psi',\quad \theta=\theta'.$$

いいかえると (9-9) で与えられるものが唯一の分解である. 証明終.

なお,

系 θ の零化指数は $k_0=\max(k_1,\cdots,k_r)$ である.

実際, (9-11) から $k\geqq\max(k_1,\cdots,k_r)$ なら $\theta^k=0$. 一方 $k<\max(k_1,\cdots,k_r)$ とすると, ある k_i があって $k<k_i$. そのとき $\boldsymbol{x}\in p_i(E)$ で $\varphi_i{}^k(\boldsymbol{x})\neq\boldsymbol{0}$ となるものが存在する. その $\boldsymbol{x}$ については $p_j(\boldsymbol{x})=\boldsymbol{0}$ $(j\neq i)$ だから,

$$\theta^k(\boldsymbol{x})=\boldsymbol{0}+\cdots+\varphi_i{}^k(\boldsymbol{x})+\cdots+\boldsymbol{0}\neq\boldsymbol{0}$$

となって, $\theta^k\neq0$ である. 従って k は零化指数より小さい. すなわち θ の零化指数はちょうど $\max(k_1,\cdots,k_r)$ である. 終.

この定理による分解 (9-9), (9-10) を φ の**一般スペクトル分解**という.

この系から, 前節の定理 9-3 の別証が得られる. すなわち, φ が半単純であるということは $\theta=0$, すなわち $k_0=\max(k_1,\cdots,k_r)=1$ を意味する. いいかえると $k_1=\cdots=k_r=1$ である.

注意 φ と θ の可換性を仮定しなければ, 分解の一意性は成立しない. たとえば, $A=\begin{bmatrix}1&1\\0&2\end{bmatrix}$ は, 固有値が 1 と 2 で, 共に単根だから A 自身が半単純で, べき零部分は 0 である. だが一方, $A=\begin{bmatrix}1&0\\0&2\end{bmatrix}+\begin{bmatrix}0&1\\0&0\end{bmatrix}$ のように, 半単純行列 $\begin{bmatrix}1&0\\0&2\end{bmatrix}$ とべき零行列 $\begin{bmatrix}0&1\\0&0\end{bmatrix}$ の和に分解される. この場合この 2 つの行列は可換でない.

問 1. (9-6) は半単純の場合の式 (定理 4-12) の拡張であることを確かめよ.

問 2. 行列 A が実数行列なら, $A=S+N$, (S: 半単純, N: べき零) と分解したとき S, N 共に実行列であることを示せ.

§3. 行列との対応，ジョルダン標準形

任意の線型変換についての構造定理（定理 9-1）が得られたが，これを行列の言葉で表わすとき，もう少し細かい構造が問題となる．

線型変換 φ が与えられたとき，その表現行列を得るための E の基底として，φ の一般固有空間 $G_1, \cdots, G_r$ の基底を採用する．それらを

$$\boldsymbol{e}_{11}, \cdots, \boldsymbol{e}_{1m_1} \qquad (\in G_1)$$
$$\boldsymbol{e}_{21}, \cdots, \boldsymbol{e}_{2m_2}, \qquad (\in G_2)$$
$$\cdots\cdots\cdots$$
$$\boldsymbol{e}_{r1}, \cdots, \boldsymbol{e}_{rm_r} \qquad (\in G_r)$$

とすると，表現行列は

$$(9\text{-}12) \qquad (\varphi(\boldsymbol{e}_{11}), \cdots, \varphi(\boldsymbol{e}_{rm_r})) = (\boldsymbol{e}_{11}, \cdots, \boldsymbol{e}_{rm_r})\begin{bmatrix} A_1 & 0 & 0 & 0 \\ 0 & A_2 & 0 & 0 \\ 0 & 0 & \ddots & 0 \\ 0 & 0 & 0 & A_r \end{bmatrix}$$

という形をとることがわかる．ここで φ の半単純変換とべき零変換への分解

$$\varphi = \psi + \theta$$

を考えると，(9-12)の左辺の各項は $\varphi(\boldsymbol{e}_{ij}) = \psi(\boldsymbol{e}_{ij}) + \theta(\boldsymbol{e}_{ij})$ となるが，ψ は G_i $(i=1, \cdots, r)$ を固有空間とする半単純変換だから，

$$\psi(\boldsymbol{e}_{ij}) = \lambda_i \boldsymbol{e}_{ij} \qquad (j=1, \cdots, m_i\,;\ i=1, \cdots, r)$$

が成立する．従ってこれを行列の形でかくと，

$$(\psi(\boldsymbol{e}_{11}), \cdots, \psi(\boldsymbol{e}_{rm_r})) = (\boldsymbol{e}_{11}, \cdots, \boldsymbol{e}_{rm_r})\begin{bmatrix} \lambda_1 & & & & & & & \\ & \ddots & & & & & & \\ & & \lambda_1 & & & & & \\ & & & \lambda_2 & & & & \\ & & & & \ddots & & & \\ & & & & & \lambda_2 & & \\ & & & & & & \ddots & \\ & & & & & & & \lambda_r \\ & & & & & & & & \ddots \\ & & & & & & & & & \lambda_r \end{bmatrix}$$

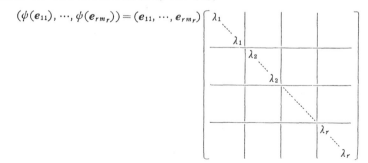

の形の対角行列を得る．これを (9-12) の両辺から差し引くと，のこりは θ の表現行列となる．すなわち，

$$(\theta(\boldsymbol{e}_{11}),\cdots,\theta(\boldsymbol{e}_{rm_r}))=(\boldsymbol{e}_{11},\cdots,\boldsymbol{e}_{rm_r})\left[\begin{array}{c|c|c|c} B_1 & & & \\ \hline & B_2 & & \\ \hline & & \ddots & \\ \hline & & & B_r \end{array}\right].$$

$B_1,\cdots,B_r$ 以外の所はすべて 0 である．そして，$B_i=A_i-\lambda_i I$ は G_i 上で考えたべき零線型変換 θ の表現行列であるから，それ自身べき零行列であって，その零化指数は固有値 λ_i の標数 k_i に等しい．

$$B_i^{k_i}=0,\qquad B_i^{k_i-1}\neq 0.$$

そこで一般にべき零変換 θ の表現行列としてなるべく簡単な形のものを求めよう．なるべく簡単なとはいっても対角行列にならないことは明らかだから，どのようなものが標準的なものとしてふさわしいかも考えねばならない．

まず，θ の零化指数が E の次元 n に等しい場合を考えよう．このときは，$\theta^{n-1}\neq 0$ だから，あるベクトル $\boldsymbol{x}\in E$ があって，

$$\theta^{n-1}(\boldsymbol{x})\neq\boldsymbol{0}.$$

従って，

$$\theta^{n-1}(\boldsymbol{x}),\ \theta^{n-2}(\boldsymbol{x}),\cdots,\theta(\boldsymbol{x}),\ \boldsymbol{x}$$

は線型独立である（補題 9-6）．この n 個のベクトルを基底*) とする θ の表現行列は，

$$(\theta^n(\boldsymbol{x}),\theta^{n-1}(\boldsymbol{x}),\cdots,\theta(\boldsymbol{x}))=(\theta^{n-1}(\boldsymbol{x}),\cdots,\theta(\boldsymbol{x}),\boldsymbol{x})\begin{bmatrix} 0 & 1 & & \\ & 0 & 1 & \\ & & \ddots & \ddots \\ & & & 1 \\ & & & 0 \end{bmatrix}$$

*) もし，この基底の順を逆にして，$\boldsymbol{x},\theta(\boldsymbol{x}),\cdots,\theta^{n-1}(\boldsymbol{x})$ とすると，θ の表現行列は $\begin{bmatrix} 0 & & & \\ 1 & 0 & & \\ & 1 & \ddots & \\ & & \ddots & \\ & & 1 & 0 \end{bmatrix}$ となり，以下の考察もすべて下三角行列で行なわれることになる．どちらでもよいのだが，本書では上三角行列を用いることにした．

となる．このような対角線の1つ上の斜線の上に1が並び，他はすべて0という形の行列 N は非常に簡単な形をしていて，しかも，

$$N^2=\begin{bmatrix} 0 & 0 & 1 & & & \\ & 0 & 0 & 1 & & \\ & & \ddots & \ddots & \ddots & \\ & & & \ddots & \ddots & 1 \\ & & & & \ddots & 0 \\ & & & & & 0 \end{bmatrix},\quad N^3=\begin{bmatrix} 0 & 0 & 0 & 1 & & & \\ & \ddots & & & \ddots & & \\ & & \ddots & & & & 1 \\ & & & \ddots & & & 0 \\ & & & & \ddots & & 0 \\ & & & & & & 0 \end{bmatrix},\quad \cdots,\quad N^{n-1}=\begin{bmatrix} 0 & & & 1 \\ & \ddots & & \\ & & \ddots & \\ & & & 0 \end{bmatrix}$$

となって，N の積もまた非常に簡単である．$N^n=0$ となる理由も上の計算から明瞭に読みとれる．そこで，

$$N=\begin{bmatrix} 0 & 1 & & & \\ & 0 & 1 & & \\ & & \ddots & \ddots & \\ & & & \ddots & 1 \\ & & & & 0 \end{bmatrix}$$

を，零化指数 n のべき零変換の標準形ということにしよう．

では，一般に零化指数 $k(<n)$ のべき零変換の標準形はどんなものだろうか．結論をいうと，

定理 9-11　零化指数 k のべき零変換 θ の表現行列として，

(9-13)
$$N=\begin{bmatrix} N_1 & & & \\ & N_2 & & \\ & & \ddots & \\ & & & N_s \end{bmatrix},\quad N_i=\begin{bmatrix} 0 & 1 & & & \\ & 0 & 1 & & \\ & & \ddots & \ddots & \\ & & & \ddots & 1 \\ & & & & 0 \end{bmatrix}$$

の形のものがえらべる．ここで，k は $N_1, \cdots, N_s$ の最大次数に等しい．

つまり，対角線の1つ上の斜線上に1か0が並んだ行列，というのがべき零変換の標準形である．たとえば4次元空間での0でないべき零変換の表現行列は N_i の順序を考えなければ

$$\begin{bmatrix} 0 & 1 & & \\ & 0 & 1 & \\ & & 0 & 1 \\ & & & 0 \end{bmatrix},\quad \left[\begin{array}{cc|cc} 0 & 1 & & \\ & 0 & 0 & \\ \hline & & 0 & 1 \\ & & & 0 \end{array}\right],\quad \left[\begin{array}{ccc|c} 0 & 1 & & \\ & 0 & 1 & \\ & & 0 & 0 \\ \hline & & & 0 \end{array}\right],\quad \left[\begin{array}{cc|c|c} 0 & 1 & & \\ & 0 & & \\ \hline & & 0 & \\ \hline & & & 0 \end{array}\right]$$

の 4 種類である．零化指数はそれぞれ 4, 2, 3, 2 である．

では定理 9-11 を証明しよう．数段階に分けて行なう．

1)　$W_i=\{\boldsymbol{x}:\theta^i(\boldsymbol{x})=\boldsymbol{0}\}$　$(i=1,\cdots,k)$ とおく．$W_k=E$ であり，W_1 は θ の固有値 0 に対する固有空間である．また，

$$\{\boldsymbol{0}\}\subset W_1\subset W_2\subset\cdots\subset W_{k-1}\subset W_k=E \tag{9-14}$$

となっている．

W_{k-1} の基底につけ加えると E の基底になるような，W_{k-1} の外部にあるベクトルの線型独立な系 $\boldsymbol{x}_1,\cdots,\boldsymbol{x}_{r_1}$ をとる*)．つまり，$\boldsymbol{x}_1,\cdots,\boldsymbol{x}_{r_1}$ で張られる線型部分空間は W_{k-1} との直和が E 全体になるようなものである (9-2 図)．W_{k-1} の外部にとったから，$\theta^{k-1}(\boldsymbol{x}_1)\neq\boldsymbol{0},\cdots,\theta^{k-1}(\boldsymbol{x}_{r_1})\neq 0$ であるが，さらに，

$$\begin{array}{l} \theta^{k-1}(\boldsymbol{x}_1),\ \theta^{k-2}(\boldsymbol{x}_1),\ \cdots,\ \theta(\boldsymbol{x}_1),\ \boldsymbol{x}_1, \\ \theta^{k-1}(\boldsymbol{x}_2),\ \theta^{k-2}(\boldsymbol{x}_2),\ \cdots,\ \theta(\boldsymbol{x}_2),\ \boldsymbol{x}_2, \\ \cdots\cdots\cdots\cdots\cdots\cdots\cdots\cdots\cdots \\ \theta^{k-1}(\boldsymbol{x}_{r_1}),\ \theta^{k-2}(\boldsymbol{x}_{r_1}),\ \cdots,\ \theta(\boldsymbol{x}_{r_1}),\ \boldsymbol{x}_{r_1} \end{array} \tag{9-15}$$

という合計 $k\times r_1$ 個のベクトルは線型独立であることを示そう．

これらの線型結合が $\boldsymbol{0}$ になったとする．

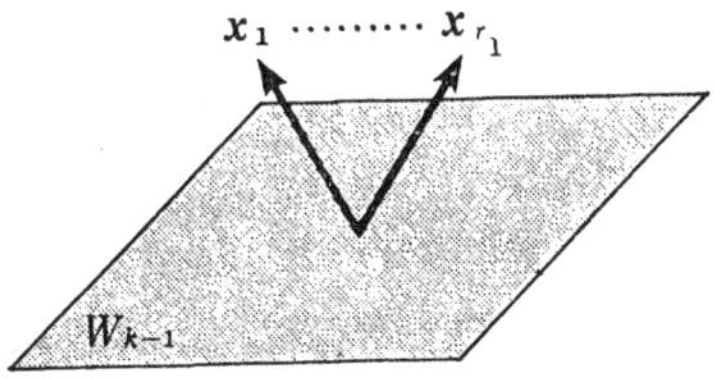

9-2 図

*)　W_{k-1} の補線型部分空間の基底をとる，といってもよい．

$$(9\text{-}16)\quad \sum_{i=1}^{r_1} c_{1i}\theta^{k-1}(\boldsymbol{x}_i)+\sum_{i=1}^{r_1} c_{2i}\theta^{k-2}(\boldsymbol{x}_i)+\cdots+\sum_{i=1}^{r_1} c_{k-1i}\theta(\boldsymbol{x}_i)+\sum_{i=1}^{r_1} c_{ki}\boldsymbol{x}_i=\mathbf{0}$$

この両辺に θ^{k-1} を作用させると，最後の項を除いて θ のべきが k をこえるからそれらは $\mathbf{0}$ となり，$\sum_{i=1}^{r_1} c_{ki}\theta^{k-1}(\boldsymbol{x}_i)=\mathbf{0}$，すなわち $\sum_{i=1}^{r_1} c_{ki}\boldsymbol{x}_i\in W_{k-1}$ であることがわかる．$\boldsymbol{x}_1,\cdots,\boldsymbol{x}_{r_1}$ のとり方からその線型結合が W_{k-1} に入るのは $\mathbf{0}$ のときに限る．すなわち，$\sum_{i=1}^{r_1} c_{ki}\boldsymbol{x}_i=\mathbf{0}$．$\boldsymbol{x}_1,\cdots,\boldsymbol{x}_{r_1}$ の線型独立性から，$c_{k1}=c_{k2}=\cdots=c_{kr_1}=0$ であることがわかる．

次に，(9-16) にもどって今度は θ^{k-2} を作用させる．すると上と全く同じ議論によって，$c_{k-11}=\cdots=c_{k-1r_1}=0$ がでる．以下同様にして，次々に (9-16) のすべての係数が 0 であることがわかる．従って，(9-15) は線型独立である．(9-15) におけるベクトルで E 全体が張られているときは，これで問題は解決する．すなわち，これらのベクトルを基底とする θ の表現行列は，

$$N=\begin{bmatrix} N_k & & & \\ & N_k & & \\ & & \ddots & \\ & & & N_k \end{bmatrix},\quad N_k=\begin{bmatrix} 0 & 1 & & & \\ & 0 & 1 & & \\ & & \ddots & \ddots & \\ & & & & 1 \\ & & & & 0 \end{bmatrix}\quad (k\times k\ 行列)$$

の形だからである．

2)　(9-15) のベクトルで E 全体が張られていない場合を考えよう．この場合は，W_{k-2} の基底につけ加えると W_{k-1} の基底になるようなベクトルを $\theta(\boldsymbol{x}_1),\cdots,\theta(\boldsymbol{x}_{r_1})$ を含めてとってくる．その余分に加わったものを

$$\boldsymbol{y}_1,\ \cdots,\ \boldsymbol{y}_{r_2}$$

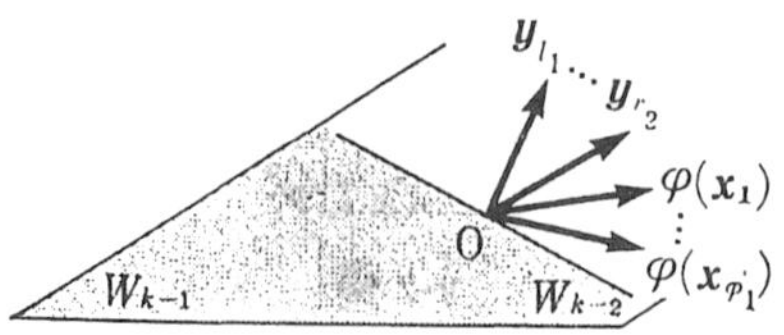

9-3 図

としよう (9-3 図)．こんなものが余分に加わる余地はもうないかも知れないが，もしあればとってくる，というのである．そして (9-15) と同じように

$$
(9\text{-}17)\qquad
\begin{array}{l}
\theta^{k-2}(\boldsymbol{y}_1),\ \theta^{k-3}(\boldsymbol{y}_1),\ \cdots,\ \theta(\boldsymbol{y}_1),\ \boldsymbol{y}_1,\\
\theta^{k-2}(\boldsymbol{y}_2),\ \theta^{k-3}(\boldsymbol{y}_2),\ \cdots,\ \theta(\boldsymbol{y}_2),\ \boldsymbol{y}_2,\\
\quad\cdots\cdots\cdots\cdots\cdots\cdots\cdots\cdots\\
\theta^{k-2}(\boldsymbol{y}_{r_2}),\ \theta^{k-3}(\boldsymbol{y}_{r_3}),\ \cdots,\ \theta(\boldsymbol{y}_{r_1}),\ \boldsymbol{y}_{r_1}
\end{array}
$$

を考えるとこれらは線型独立であるばかりでなく，(9-15)と合わせても線型独立であることが，(9-15)の線型独立性と全く同じようにして証明できる*)．

3)　(9-15)と(9-17)を合わせてもまだ E を張らないときは，さらに W_{k-3} について同じことを行ない，次々にくりかえす．すると最終的には，次のような線型独立なベクトル系が得られる．

$$
(9\text{-}18)\qquad
\begin{array}{l}
\left\{\begin{array}{llllll}
\theta^{k-1}(\boldsymbol{x}_1), & \theta^{k-2}(\boldsymbol{x}_1), & \cdots\cdots\cdots, & \theta^2(\boldsymbol{x}_1), & \theta(\boldsymbol{x}_1), & \boldsymbol{x}_1\\
\multicolumn{6}{l}{\cdots\cdots\cdots\cdots\cdots\cdots\cdots\cdots\cdots\cdots\cdots\cdots}\\
\theta^{k-1}(\boldsymbol{x}_{r_1}), & \theta^{k-2}(\boldsymbol{x}_{r_1}), & \cdots\cdots\cdots, & \theta^2(\boldsymbol{x}_{r_1}), & \theta(\boldsymbol{x}_{r_1}), & \boldsymbol{x}_{r_1}
\end{array}\right.\\
\left\{\begin{array}{lllll}
\theta^{k-2}(\boldsymbol{y}_1), & \theta^{k-3}(\boldsymbol{y}_1), & \cdots\cdots\cdots, & \theta(\boldsymbol{y}_1), & \boldsymbol{y}_1\\
\multicolumn{5}{l}{\cdots\cdots\cdots\cdots\cdots\cdots\cdots\cdots\cdots}\\
\theta^{k-2}(\boldsymbol{y}_{r_2}), & \theta^{k-3}(\boldsymbol{y}_{r_2}), & \cdots\cdots\cdots, & \theta(\boldsymbol{y}_{r_2}), & \boldsymbol{y}_{r_2}
\end{array}\right.\\
\qquad\cdots\cdots\cdots\cdots\cdots\cdots\cdots\cdots\cdots\\
\qquad\cdots\cdots\cdots\cdots\cdots\cdots\cdots\cdots\cdots\\
\left\{\begin{array}{ll}
\theta(\boldsymbol{z}_1), & \boldsymbol{z}_1\\
\cdots\cdots\cdots & \\
\theta(\boldsymbol{z}_{r_{s-1}}), & \boldsymbol{z}_{r_{s-1}}
\end{array}\right.\\
\left\{\begin{array}{l}
\boldsymbol{u}_1\\
\vdots\\
\boldsymbol{u}_{r_s}
\end{array}\right.\\
\underbrace{\qquad}_{W_1}\ \subset\ \underbrace{\qquad}_{W_2}\ \subset\cdots\cdots\subset\ \underbrace{\qquad}_{W_{k-2}}\ \subset\ \underbrace{\qquad}_{W_{k-1}}\ \subset\ \underbrace{\qquad}_{W_k}
\end{array}
$$

*)　やって見よ．

この最後の $\boldsymbol{u}_1, \cdots, \boldsymbol{u}_{r_s}$ は最左列のベクトルを補完して W_1 の基底となるようにとって来た線型独立なベクトルであるが，それ以前の $\boldsymbol{z}_1, \cdots, \boldsymbol{z}_{r_{s-1}}$ は，W_1 の基底につけ加えて W_2 の基底になるベクトルを $\theta^{k-2}(\boldsymbol{x}_1), \cdots, \theta^{k-2}(\boldsymbol{x}_{r_1}), \theta^{k-3}(\boldsymbol{y}_1), \cdots, \theta^{k-3}(\boldsymbol{y}_{r_2}), \cdots$ を含めてとってきたものであるから，$\boldsymbol{u}_1, \cdots, \boldsymbol{u}_{r_s}$ をつけ加えて W_1 の基底を作ると，それと合わせて (9-18) の左2列で W_2 の基底となる．従って，次の1列を加えると W_3 の基底となり，以下同様にして，全体では $W_k=E$ の基底になっている．

この基底による θ の表現行列は明らかに

$$\begin{bmatrix} N_k & & & & \\ & \ddots & & & \\ & & N_k & & \\ & & & N_{k-1} & \\ & & & & \ddots \\ & & & & & N_1 \end{bmatrix}, \quad N_j=\begin{bmatrix} 0 & 1 & & & \\ & 0 & 1 & & \\ & & \ddots & \ddots & \\ & & & \ddots & 1 \\ & & & & 0 \end{bmatrix} \quad (j\times j \text{ 行列})$$

である．　　　　証明終．

定義 9-12　(9-13)をべき零変換 θ の表現行列の**ジョルダン標準形**といい，各 N_i をこの標準形の**ジョルダン細胞**という．また，(9-18) の各横1列に並んだベクトルの列をこの標準形に対応する**ジョルダン鎖**という．

1つのジョルダン鎖に1つのジョルダン細胞が対応している．逆に，θ の表現行列が (9-13) の形であったとすると，各ジョルダン細胞に対応している E の基底はジョルダン鎖である．

ジョルダン鎖の作り方は一意的ではない．しかし (9-18) の $\boldsymbol{x}_1, \cdots, \boldsymbol{x}_{r_1}$ の個数は E の次元と W_{k-1} の次元の差に等しく，一定である．従って k 次のジョルダン細胞の個数は一意的である．同様に $k-1$ 次のジョルダン細胞の個数，…，1次のジョルダン細胞の個数，はそれぞれ θ によって一意的にきまる．従って，ジョルダン細胞を並べる順序を無視すれば，ジョルダンの標準形は θ によって一意的にきまってしまう．

一般の線型変換 φ は半単純変換 ψ とべき零変換 θ との和として表わされ，その表現行列の標準形はそれぞれ

$$S=\left[\begin{array}{c:c:c} \begin{matrix}\lambda_1 & & \\ & \ddots & \\ & & \lambda_1\end{matrix} & & \\ \hdashline & \ddots & \\ \hdashline & & \begin{matrix}\lambda_r & & \\ & \ddots & \\ & & \lambda_r\end{matrix}\end{array}\right], \quad N=\left[\begin{array}{c:c:c} N_1 & & \\ \hdashline & \ddots & \\ \hdashline & & N_r\end{array}\right]$$

の形をとる．ここに各 N_i は零化指数 k_i のジョルダン標準形である*)．

従って，次の定理が得られた．

定理 9-13 任意の線型変換 φ に対し適当に E の基底をえらぶと，その表現行列が

$$\text{(9-19)} \qquad \begin{bmatrix} \lambda_i & 1 & & \\ & \ddots & \ddots & \\ & & \ddots & 1 \\ & & & \lambda_i \end{bmatrix}$$

の形の行列を対角線上に並べた行列であるようにできる．その行列は，これら小行列の並べ方の順序を別にすれば一意的である．

定義 9-14 上の定理で得られた表現行列を φ の**ジョルダン標準形**という．その中に現れる (9-19) なる小行列を**ジョルダン細胞**という．

いくつかの例によって，ジョルダンの標準形を求めてみよう．

例 1. $A=\begin{bmatrix} 2 & -1 & -1 \\ 0 & 3 & 1 \\ 0 & -1 & 1 \end{bmatrix}$ のジョルダン標準形を求めよ．

まず，固有方程式は，$\det(A-\lambda I)=(2-\lambda)^3$ となる．固有値が1つしかない

*) 各 N_i をジョルダン標準形にするために G_i の基底のとり方をいろいろ変える必要があるが，それによって，S の方の形は変わらない．G_i 上では ψ は比例拡大 $\lambda_i I$ に等しいからである．

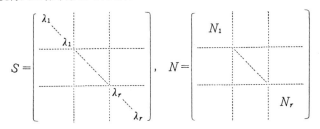

から，その一般固有空間は全空間に等しい．唯1つの固有値2の標数を求めるため、最小多項式を計算する．$(A-2I)^3=0$ は明らかだが，

$$(A-2I)^2=\begin{bmatrix}0&-1&-1\\0&1&1\\0&-1&-1\end{bmatrix}\begin{bmatrix}0&-1&-1\\0&1&1\\0&-1&-1\end{bmatrix}=\begin{bmatrix}0&0&0\\0&0&0\\0&0&0\end{bmatrix}$$

でもあるので，最小多項式は $(\lambda-2)^2$ である．従って，固有値2の標数は2で A は半単純ではない．そして，A のジョルダン標準形は

$$\begin{bmatrix}2&1&\\&2&\\&&2\end{bmatrix}$$

でなければならない．（2次のジョルダン細胞が1つだけあるはずだから.）

A をこの形に変形するのに必要なジョルダン鎖を求めよう．それには

$$(A-2I)\boldsymbol{x}\neq\boldsymbol{0}$$

となる $\boldsymbol{x}$ を求めれば，$(A-2I)\boldsymbol{x}$，$\boldsymbol{x}$ が1つのジョルダン鎖である．そこで，たとえば，

$$\boldsymbol{x}={}^t(0,0,1)$$

ととろう．$(A-2I)\boldsymbol{x}={}^t(-1,1,-1)\neq\boldsymbol{0}$ だから，

$${}^t(-1,1,-1),\quad (0,0,1)$$

が1つのジョルダン鎖である．この2つで E を張らないから，$(A-2I)\boldsymbol{y}=\boldsymbol{0}$ をみたす $\boldsymbol{y}\neq\boldsymbol{0}$ を，$(A-2I)\boldsymbol{x}={}^t(-1,1,-1)$ とは線型独立にとる．たとえば

$$\boldsymbol{y}={}^t(0,1,-1)$$

ととろう．これら3つのベクトルを並べた行列

$$T=\begin{bmatrix}-1&0&0\\1&0&1\\-1&1&-1\end{bmatrix}$$

によって A を変換すると，たしかに

$$T^{-1}AT=\begin{bmatrix}-1&0&0\\0&1&1\\1&1&0\end{bmatrix}\begin{bmatrix}2&-1&-1\\0&3&1\\0&-1&1\end{bmatrix}\begin{bmatrix}-1&0&0\\1&0&1\\-1&1&-1\end{bmatrix}=\begin{bmatrix}2&1&0\\0&2&0\\0&0&2\end{bmatrix}$$

なお，A の一般スペクトル分解は

$$A=2I+(A-2I)=\begin{bmatrix}2&&\\&2&\\&&2\end{bmatrix}+\begin{bmatrix}0&-1&-1\\0&1&1\\0&-1&-1\end{bmatrix}$$

であって，この第2項を T で変換して

$$T^{-1}(A-2I)T^{-1}=\left[\begin{array}{cc:c}0&1&0\\0&0&0\\ \hdashline 0&0&0\end{array}\right]$$

を得たのだった．

例 2.　$A=\begin{bmatrix}-1&2&0&-1\\1&2&-1&-2\\-1&-1&0&1\\2&6&-2&-5\end{bmatrix}$ のジョルダン標準形を求めよ．

固有多項式は $\det(A-\lambda I)=(1+\lambda)^4$．そこでべき零行列 $A+I$ の零化指数（＝固有値 (-1) の標数）を求めるため，$(A+I)^2$，$(A+I)^3$ を求めてみる．

$$(A+I)^2=\begin{bmatrix}0&2&0&-1\\1&3&-1&-2\\-1&-1&1&1\\2&6&-2&-4\end{bmatrix}\begin{bmatrix}0&2&0&-1\\1&3&-1&-2\\-1&-1&1&1\\2&6&-2&-4\end{bmatrix}=\begin{bmatrix}0&0&0&0\\0&0&0&0\\0&0&0&0\\0&0&0&0\end{bmatrix}$$

従って -1 の標数は2である．だから A のジョルダン標準形は

(9-20)
$$\left[\begin{array}{cc:cc}-1&1&&\\&-1&&\\ \hdashline &&-1&1\\&&&-1\end{array}\right]\quad\text{または}\quad\left[\begin{array}{cc:c:c}-1&1&&\\&-1&&\\ \hdashline &&-1&\\ \hdashline &&&-1\end{array}\right]$$

となる．このどちらであるかを見きわめよう．これをジョルダン鎖の形から見ると，(9-18) において，

$$(A+I)\boldsymbol{x}_1,\ \boldsymbol{x}_1,$$
$$(A+I)\boldsymbol{x}_2,\ \boldsymbol{x}_2$$

のタイプか，または

$$(A+I)\boldsymbol{x}_1,\ \boldsymbol{x}_1,$$
$$\boldsymbol{y}_1,$$
$$\boldsymbol{y}_2$$

のタイプである．もし，W_1 が2次元なら第1の型，また3次元なら第2の型であるから，W_1 の次元を調べればよい．

$$(A+I)=\begin{bmatrix} 0 & 2 & 0 & -1 \\ 1 & 3 & -1 & -2 \\ -1 & -1 & 1 & 1 \\ 2 & 6 & -2 & -4 \end{bmatrix} \sim \begin{bmatrix} 0 & 0 & 0 & -1 \\ 1 & -1 & -1 & -2 \\ -1 & 1 & 1 & 1 \\ 2 & -2 & -2 & -4 \end{bmatrix}^{*)}$$

の階数は明らかに2だから，W_1 は $4-2=2$ 次元でなければならない．(次元定理 1–19) 従って A のジョルダン標準形は (9-20) の第1の型である．

各ジョルダン細胞に対応するジョルダン鎖を求めよう．$(A+I)\boldsymbol{x}\neq\boldsymbol{0}$ であるような線型独立な2つのベクトル $\boldsymbol{x}_1, \boldsymbol{x}_2$ を作れば，

$$(A+I)\boldsymbol{x}_1,\ \boldsymbol{x}_1,$$
$$(A+I)\boldsymbol{x}_2,\ \boldsymbol{x}_2$$

は2つのジョルダン鎖である．そのようなベクトルとして，たとえば，

$$\boldsymbol{x}_1={}^t(0,1,1,1),\quad \boldsymbol{x}_2={}^t(0,1,0,1)$$

ととろう**)．すると

$$(A+I)\boldsymbol{x}_1={}^t(1,0,1,0),\quad (A+I)\boldsymbol{x}_2={}^t(1,1,0,2)$$

だから，標準化行列 T は，

$$T=\begin{bmatrix} 1 & 0 & 1 & 0 \\ 0 & 1 & 1 & 1 \\ 1 & 1 & 0 & 0 \\ 0 & 1 & 2 & 1 \end{bmatrix}$$

ととれて，たしかに

$$T^{-1}AT=\begin{bmatrix} 1 & 1 & 0 & -1 \\ -1 & -1 & 1 & 1 \\ 0 & -1 & 0 & 1 \\ 1 & 3 & -1 & -2 \end{bmatrix}\begin{bmatrix} -1 & 2 & 0 & -1 \\ 1 & 2 & -1 & -2 \\ -1 & -1 & 0 & 1 \\ 2 & 6 & -2 & -5 \end{bmatrix}\begin{bmatrix} 1 & 0 & 1 & 0 \\ 0 & 1 & 1 & 1 \\ 1 & 1 & 0 & 0 \\ 0 & 1 & 2 & 1 \end{bmatrix}$$
$$=\begin{bmatrix} -1 & 1 & & \\ & -1 & & \\ & & -1 & 1 \\ & & & -1 \end{bmatrix}$$

---

*) 第4列を2倍して第2列に加える．4つの縦ベクトルのうち線型独立なものは2つしかないことがわかる．

**) $A+I$ の第1行との内積が0にならないように作った．

である．

例 3. $A=\begin{bmatrix}1&-1&0&1\\0&0&0&1\\0&-1&1&1\\0&0&0&0\end{bmatrix}$ のジョルダン標準形を求めよ．

$\det(A-\lambda I)=\lambda^2(\lambda-1)^2$. 従って固有値は1と0である．その標数を求めるため，それぞれ，

$$A-I,\ (A-I)^2\ ;\ A,\ A^2$$

の階数の低下の状況を見ていこう．まず，

$$A-I=\begin{bmatrix}0&-1&0&1\\0&-1&0&1\\0&-1&0&1\\0&0&0&-1\end{bmatrix},\quad (A-I)^2=\begin{bmatrix}0&1&0&-2\\0&1&0&-2\\0&1&0&-2\\0&0&0&1\end{bmatrix}$$

は共に階数が2だから，$(A-I)(E)=(A-I)^2(E)$ となって，(9-3)の等式が $k=1$ で成立している．従って固有値1の標数は1であって，この固有値に対する一般固有空間は普通の固有空間に等しい．従って，この部分については対角化可能である．固有ベクトルとしてはたとえば

$$\boldsymbol{x}_1={}^t(1,0,0,0),\quad \boldsymbol{x}_2={}^t(0,0,1,0)$$

ととっておこう．

次に，A の階数は3であるが，

$$A^2=\begin{bmatrix}1&-1&0&0\\0&0&0&0\\0&-1&1&0\\0&0&0&0\end{bmatrix}$$

の階数は2なので，$A(E)\neq A^2(E)$ となり，固有値0の標数は $k\geqq 2$ となる．一方重複度は $m=2$ なので $k\leqq m=2$ から，$k=2$ を得る．だから，固有値0の固有空間は1次元で，一般固有空間は2次元である．これで A の最小多項式が

$$\lambda^2(\lambda-1)$$

であることもわかった．また，A のジョルダン標準形は

$$J=\begin{bmatrix} 0 & 1 & & \\ & 0 & & \\ & & 1 & \\ & & & 1 \end{bmatrix}$$

であって，固有値0に対するジョルダン鎖は，$A\boldsymbol{x}\neq\boldsymbol{0}$ となる $\boldsymbol{x}$ を一般固有空間からとって，

$$A\boldsymbol{x},\ \boldsymbol{x}$$

を作ればよい．すなわち，$A^2\boldsymbol{x}=0$，$A\boldsymbol{x}\neq 0$ となる $\boldsymbol{x}$ をとればよい．たとえば，

$$\boldsymbol{x}={}^t(0,0,0,1)$$

ととると，$A\boldsymbol{x}={}^t(1,1,1,0)$ となるから，標準化行列 T は先の $\boldsymbol{x}_1, \boldsymbol{x}_2$ と共に並べて，

$$T=\begin{bmatrix} 1 & 0 & 1 & 0 \\ 1 & 0 & 0 & 0 \\ 1 & 0 & 0 & 1 \\ 0 & 1 & 0 & 0 \end{bmatrix}$$

となる．この場合，一般スペクトル分解を求めるには，むしろ直接一般固有空間への射影を計算する方が早い．すなわち，242頁の注意1より，最小多項式を用いて，

$$\frac{1}{\lambda^2(\lambda-1)}=\frac{-1-\lambda}{\lambda^2}+\frac{1}{\lambda-1}, \quad 1=(1-\lambda)(1+\lambda)+\lambda^2$$

より，$g_1(\lambda)=1-\lambda^2$，$g_2(\lambda)=\lambda^2$．すなわち

$$P_1=I-A^2=\begin{bmatrix} 0 & 1 & 0 & 0 \\ 0 & 1 & 0 & 0 \\ 0 & 1 & 0 & 0 \\ 0 & 0 & 0 & 1 \end{bmatrix}, \quad P_2=A^2=\begin{bmatrix} 1 & -1 & 0 & 0 \\ 0 & 0 & 0 & 0 \\ 0 & -1 & 1 & 0 \\ 0 & 0 & 0 & 0 \end{bmatrix}$$

である．そして

$$A=\{0\cdot P_1+1\cdot P_2\}+\{AP_1+(A-I)P_2\}=P_2+AP_1$$

$$=\begin{bmatrix} 1 & -1 & 0 & 0 \\ 0 & 0 & 0 & 0 \\ 0 & -1 & 1 & 0 \\ 0 & 0 & 0 & 0 \end{bmatrix}+\begin{bmatrix} 0 & 0 & 0 & 1 \\ 0 & 0 & 0 & 1 \\ 0 & 0 & 0 & 1 \\ 0 & 0 & 0 & 0 \end{bmatrix}$$

が求める分解である．

例 4. $A=\begin{bmatrix} 0 & 1 & -1 & 1 \\ 0 & 1 & 0 & 0 \\ 1 & 0 & 1 & -1 \\ 0 & 1 & -1 & 1 \end{bmatrix}$ のジョルダン標準形を求めよ．

$\det(A-\lambda I)=\lambda\cdot(\lambda-1)^3$ となる．固有値 0 は単根だからこの部分は問題ない．$\lambda=1$ の標数を調べよう．$A-I$, $(A-I)^2$, $(A-I)^3$ の階数を見ていくと，

$$A-I=\begin{bmatrix} -1 & 1 & -1 & 1 \\ 0 & 0 & 0 & 0 \\ 1 & 0 & 0 & -1 \\ 0 & 1 & -1 & 0 \end{bmatrix} \text{ は階数 } 2,$$

$$(A-I)^2=\begin{bmatrix} 0 & 0 & 0 & 0 \\ 0 & 0 & 0 & 0 \\ -1 & 0 & 0 & 1 \\ -1 & 0 & 0 & 1 \end{bmatrix} \text{ は階数 } 1,$$

$$(A-I)^3=\begin{bmatrix} 0 & 0 & 0 & 0 \\ 0 & 0 & 0 & 0 \\ 1 & 0 & 0 & -1 \\ 1 & 0 & 0 & -1 \end{bmatrix} \text{ も階数 } 1$$

従って $\lambda=1$ の標数は 2 である．$\lambda=1$ の一般固有空間は 3 次元だから，そのジョルダン細胞は

$$\begin{bmatrix} 1 & 1 & \\ & 1 & \\ & & 1 \end{bmatrix}$$

の形しかあり得ない．ジョルダン鎖は，一般固有ベクトルであって $(A-I)\boldsymbol{x}\neq 0$ をみたすものをとって，

$$(A-I)\boldsymbol{x},\ \boldsymbol{x}$$

を作り，$(A-I)\boldsymbol{x}$ と線型独立な固有ベクトル $\boldsymbol{y}((A-I)\boldsymbol{y}=\boldsymbol{0})$ をとればよい．そのようなものとしてたとえば

$$\boldsymbol{x}={}^t(0,1,0,0)$$

ととると，

$$(A-I)\boldsymbol{x}={}^t(1,0,0,1).$$

これと線型独立に，たとえば

$$\boldsymbol{y}={}^t(0,1,1,0)$$

ととろう．なお，固有値0に対する固有ベクトルとしては，

$$\boldsymbol{z}={}^t(0,0,1,1)$$

が（定数倍を除いて）一意的にきまる．従って，標準化行列 T は

$$T=\begin{bmatrix}1&0&0&0\\0&1&1&0\\0&0&1&1\\1&0&0&1\end{bmatrix}$$

となり，

$$T^{-1}AT=\begin{bmatrix}1&0&0&0\\-1&1&-1&1\\1&0&1&-1\\-1&0&0&1\end{bmatrix}\begin{bmatrix}0&1&-1&1\\0&1&0&0\\1&0&1&-1\\0&1&-1&1\end{bmatrix}\begin{bmatrix}1&0&0&0\\0&1&1&0\\0&0&1&1\\1&0&0&1\end{bmatrix}$$

$$=\begin{bmatrix}1&1&&\\&1&&\\&&1&\\&&&0\end{bmatrix}$$

が得られる．最小多項式はいうまでもなく

$$\lambda(\lambda-1)^2$$

である．

この場合も，一般固有空間への射影を求めておこう．

$$\frac{1}{\lambda(\lambda-1)^2}=\frac{2-\lambda}{(\lambda-1)^2}+\frac{1}{\lambda},\qquad 1=\lambda(2-\lambda)+(\lambda-1)^2$$

より，$g_1(\lambda)=\lambda(2-\lambda)$，$g_2(\lambda)=(\lambda-1)^2$．従って

$$P_2=(A-I)^2=\begin{bmatrix}0&0&0&0\\0&0&0&0\\-1&0&0&1\\-1&0&0&1\end{bmatrix},\quad P_1=I-P_2=\begin{bmatrix}1&0&0&0\\0&1&0&0\\1&0&1&-1\\1&0&0&0\end{bmatrix}$$

である．そして，

$$A=\{1\cdot P_1+0\cdot P_2\}+\{(A-I)P_1+AP_2\}=P_1+(A-P_1)$$

$$=\begin{bmatrix}1&0&0&0\\0&1&0&0\\1&0&1&-1\\1&0&0&0\end{bmatrix}+\begin{bmatrix}-1&1&-1&1\\0&0&0&0\\0&0&0&0\\-1&1&-1&1\end{bmatrix}$$

が求める分解である．この場合，P_2 の縦ベクトルの中に先ほど求めた固有ベクトル z が現われているのは当然だが，P_1 は一般固有空間への射影なので，その縦ベクトルは直ちにはジョルダン鎖を作っていない．ジョルダン鎖を作ることは射影を求めるより一段と微細なことなのである．

問 1. 次の各行列の固有値の標数，ジョルダン標準形，ジョルダン鎖を求めよ．また，一般スペクトル分解を行なえ．

(i) $\begin{bmatrix} -1 & 0 & 1 \\ 8 & 3 & -5 \\ -4 & 0 & 3 \end{bmatrix}$　(ii) $\begin{bmatrix} 3 & 1 & -1 \\ 1 & 2 & -1 \\ 2 & 1 & 0 \end{bmatrix}$　(iii) $\begin{bmatrix} 1 & 0 & 1 \\ -1 & 2 & 1 \\ 1 & -1 & 1 \end{bmatrix}$

(iv) $\begin{bmatrix} 0 & 1 & 2 & -1 \\ 4 & 3 & 2 & 3 \\ -3 & -1 & 0 & -2 \\ 2 & -1 & -2 & 3 \end{bmatrix}$　(v) $\begin{bmatrix} 3 & 1 & 0 & 0 \\ -4 & -1 & 0 & 0 \\ 6 & 1 & 2 & 1 \\ -14 & -5 & -1 & 0 \end{bmatrix}$　(vi) $\begin{bmatrix} 1 & -1 & 1 & -1 \\ -3 & 3 & -5 & 4 \\ 8 & -4 & 3 & -4 \\ 15 & -10 & 11 & -11 \end{bmatrix}$

(vii) $\begin{bmatrix} 3 & -1 & -4 & 2 \\ 2 & 3 & -2 & -4 \\ 2 & -1 & -3 & 2 \\ 1 & 2 & -1 & -3 \end{bmatrix}$

問 2. $\begin{bmatrix} 2 & a & b \\ 0 & 1 & c \\ 0 & 0 & 1 \end{bmatrix}$ が対角化可能となるための条件を求めよ．

§4. $(\lambda I-\varphi)^{-1}$ の構造

線型変換 φ の構造は $(\lambda I-\varphi)^{-1}$ が存在しないような λ の値，すなわち φ の固有値に大きく支配されているのを見て来た．そこで，今度は $(\lambda I-\varphi)^{-1}$ という線型変換を λ の関数と見たとき，その構造はどんな具合になっているかを考察しよう．次の定理が基本的である．

定理 9-15　線型変換 φ の異なる固有値を全部で $\lambda_1, \cdots, \lambda_r$ とする．また，λ_i の標数を k_i $(i=1, \cdots, r)$ とする．そのとき，$(\lambda I-\varphi)^{-1}$ は λ の有理関数で，その部分分数展開は，

$$(\lambda I-\varphi)^{-1}=\sum_{i=1}^{r}\left(\sum_{j=1}^{k_i}\frac{(\varphi-\lambda_i I)^{j-1}}{(\lambda-\lambda_i)^j}\right)\circ p_i \tag{9-21}$$

で与えられる．ここで $p_1, \cdots, p_r$ は φ の一般固有空間 $G_i(i=1, \cdots, r)$ への射影の組とする．

証明　$I=\sum_{i=1}^{r} p_i$ だから，

$$\varphi-\lambda I=\sum_{i=1}^{r}(\varphi-\lambda I)\circ p_i$$

この各項を，

$$(\varphi-\lambda I)\circ p_i=(\varphi-\lambda_i I)\circ p_i+(\lambda_i-\lambda)p_i$$
$$=(\lambda_i-\lambda)\left(I-\frac{\varphi-\lambda_i I}{\lambda-\lambda_i}\right)\circ p_i$$

と変形する．これに対し

$$q_i=\frac{1}{\lambda_i-\lambda}\left\{I+\left(\frac{\varphi-\lambda_i I}{\lambda-\lambda_i}\right)+\left(\frac{\varphi-\lambda_i I}{\lambda-\lambda_i}\right)^2+\cdots+\left(\frac{\varphi-\lambda_i I}{\lambda-\lambda_i}\right)^{k_i-1}\right\}\circ p_i$$

という線型変換をかけると，この中にでてくる変換はすべて φ の多項式だから可換で，

$$(\varphi-\lambda I)\circ p_i\circ q_i=\left\{I-\left(\frac{\varphi-\lambda_i I}{\lambda-\lambda_i}\right)^{k_i}\right\}\circ p_i$$

となる．ところが $G_i=p_i(E)$ 上では $(\varphi-\lambda_i I)^{k_i}=0$ だから，結局

$$(\varphi-\lambda I)\circ p_i\circ q_i=p_i$$

が成立する．i について加えると，

$$(\varphi-\lambda I)\sum_{i=1}^{r} p_i\circ q_i=\sum_{i=1}^{r} p_i=I$$

従って，

$$(\varphi-\lambda I)^{-1}=\sum_{i=1}^{r} p_i\circ q_i$$
$$=-\sum_{i=1}^{r}\left\{\frac{I}{\lambda-\lambda_i}+\frac{\varphi-\lambda_i I}{(\lambda-\lambda_i)^2}+\frac{(\varphi-\lambda_i I)^2}{(\lambda-\lambda_i)^3}+\cdots+\frac{(\varphi-\lambda_i I)^{k_i-1}}{(\lambda-\lambda_i)^{k_i}}\right\}\circ p_i$$

右辺の符号を変えるため $(\lambda I-\varphi)^{-1}$ とした式が (9-21) である．証明終．

系　$(\lambda I-\varphi)^{-1}=\dfrac{D(\lambda)}{\Psi(\lambda)}$．ここで，$\Psi(\lambda)$ は φ の最小多項式，$D(\lambda)$ は線型変換を係数とする λ の多項式で，それらの係数はすべて φ の多項式である．そして $D(\lambda)$ と $\Psi(\lambda)$ は既約である．

証明　(9-21) を通分すれば $\dfrac{D(\lambda)}{\Psi(\lambda)}$ の形を生ずることは明らか．そして

$D(\lambda)$ の中にある線型変換は $(\varphi-\lambda_i I)$ のべきと p_i との積の組み合わせだからすべて φ の多項式で表わされる．$D(\lambda)$ と $\Psi(\lambda)$ が既約であることは，部分分数展開の $(\lambda-\lambda_i)^{-k_i}$ の係数が $(\varphi-\lambda_i I)^{k_i-1}\circ p_i \neq 0$ だから，(9-21) の両辺に $(\lambda-\lambda_i)^{k_i}$ をかけてから $\lambda=\lambda_i$ を代入しても，右辺は消えない．すなわち，$D(\lambda_i)\neq 0$ $(i=1,\cdots,r)$.　終．

いいかえると，固有値 λ_i の標数とは，$(\lambda I-\varphi)^{-1}$ という有理関数の特異点 λ_i の極としての位数を表わしているのである*)．

この定理の応用を１つ述べよう．前に，エルミート変換は半単純であるという事実の証明を固有空間の直交性，直交余空間の φ-不変性などを手がかりに証明したが，固有値の標数が１であるという方向からの考察は全くしなかった．しかし，それは次のように考えると可能である．すなわち，エルミート変換の固有値は標数１であることが次のようにして証明できる．

エルミート変換 φ について，$(\lambda I-\varphi)^{-1}$ の部分分数展開(9-21)を考えよう．そのうちの１つの固有値 λ_i (実数) について最高べきの部分だけをかくと，

(9-22)
$$(\lambda I-\varphi)^{-1}=\frac{\alpha}{(\lambda-\lambda_i)^{k_i}}+\cdots\cdots$$

α は φ の多項式であって $\alpha\neq 0$. さて今両辺の共役変換をとると，$\varphi^*=\varphi$, $\bar{\lambda}_i=\lambda_i$ だから，

$$(\lambda I-\varphi)^{-1}=\frac{\alpha^*}{(\lambda-\lambda_i)^{k_i}}+\cdots\cdots$$

どちらも同じ最高べきだから $\alpha=\alpha^*$. すなわち α もエルミートである，そこで (9-22)を２乗すると，

$$(\lambda I-\varphi)^{-2}=\frac{\alpha^2}{(\lambda-\lambda_i)^{2k_i}}+\cdots\cdots$$

また，(9-22) を λ について微分すると，

$$(\lambda I-\varphi)^{-2}=\frac{k_i\alpha}{(\lambda-\lambda_i)^{k_i+1}}+\cdots\cdots$$

従ってもし $\alpha^2\neq 0$ なら $2k_i=k_i+1$ となって，$k_i=1$ がでる．

---

*) 特異点，極，位数などは複素変数関数論の用語．知らない人はとばして読んでよい．

ところでもし $\alpha^2=\alpha^*\circ\alpha=0$ とすると，任意のベクトル $\boldsymbol{x}$ について

$$0=\langle \boldsymbol{x}, \alpha^*\circ\alpha(\boldsymbol{x})\rangle=\langle\alpha(\boldsymbol{x}), \alpha(\boldsymbol{x})\rangle=|\alpha(\boldsymbol{x})|^2$$

すなわち $\alpha(\boldsymbol{x})=\boldsymbol{0}$，従って $\alpha=0$ となり，仮定に反する．従って $\alpha^2\neq 0$.

よってエルミート変換は半単純でなければならない．

定理 9-15，系を行列の言葉でいうと，次の定理が得られる．

定理 9-16　n 次正方行列 A の固有多項式を $\Phi(\lambda)$, $A-\lambda I$ のすべての $n-1$ 次小行列式の，λ の多項式としての最大公約数を $d(\lambda)$，A の最小多項式を $\Psi(\lambda)$ とすると，

$$\Psi(\lambda)=\frac{\Phi(\lambda)}{d(\lambda)}.$$

証明　まず $\Phi(\lambda)$ は $d(\lambda)$ でわり切れることを注意しておこう．実際，$\Phi(\lambda)=\det(A-\lambda I)$ を第 1 行について展開すると

$$\Phi(\lambda)=\sum_{i=1}^{n}a_{1i}(\lambda)\Delta_{1i}(\lambda)$$

の形になる．ここで $\Delta_{1i}(\lambda)$ は余因子で，従って $n-1$ 次小行列式であるから $d(\lambda)$ を共通因子としてもつ．従って，$\Phi(\lambda)$ も $d(\lambda)$ を因子としてもつ．

さて，$A-\lambda I$ の逆行列は

$$(A-\lambda I)^{-1}=\frac{(A-\lambda I \text{ の余因子行列})}{\det(A-\lambda I)}$$

の形をしているから，この分子の各要素からすべて $d(\lambda)$ をくくり出すと，

$$(A-\lambda I)^{-1}=\frac{D(\lambda)}{\dfrac{\Phi(\lambda)}{d(\lambda)}}$$

となり，分子の行列の各要素はたがいに素である．すなわちどんな λ の値に対しても 0 行列にはならない．従って 定理 9-15，系により

$$\frac{\Phi(\lambda)}{d(\lambda)}=\Psi(\lambda)$$

でなければならない．　　証明終．

実際にこの定理を用いて A の最小多項式を求めようとするとき，特に複雑なのは $A-\lambda I$ の余因子行列の計算である．しかし次のように行なえば比較的簡単にできる．

今，A の固有多項式を

$$\Phi(\lambda)=\det(A-\lambda I)=(-1)^n\{\lambda^n+d_1\lambda^{n-1}+d_2\lambda^{n-2}+\cdots+d_{n-1}\lambda+d_n\} \tag{9-23}$$

また $A-\lambda I$ の余因子行列を

$$B(\lambda)=(-1)^{n-1}(\lambda^{n-1}I+\lambda^{n-2}B_1+\lambda^{n-3}B_2+\cdots+B_{n-1})$$

とすると，

$$(A-\lambda I)B(\lambda)=(-1)^n(\lambda^nI+\lambda^{n-1}B_1+\lambda^{n-2}B_2+\cdots+\lambda B_{n-1}$$
$$-\lambda^{n-1}A-\lambda^{n-2}AB_1-\cdots-\lambda AB_{n-2}-AB_{n-1})$$

これが $\det(A-\lambda I)\cdot I$ に等しいのだから

$$B_1-A=d_1I,\ B_2-AB_1=d_2I,\ \cdots,\ B_{n-1}-AB_{n-2}=d_{n-1}I_n,\ -AB_{n-1}=d_nI$$

すなわち

$$B_1=A+d_1I,\ B_2=AB_1+d_2I,\ \cdots,\ B_{n-1}=AB_{n-2}+d_{n-1}I,\ 0=AB_{n-1}+d_nI$$

いいかえると，A に d_1I を加えると B_1 が出てきて，その結果に A をかけて d_2I を加えると B_2 となり，その結果にまた A をかけて d_3I を加えると B_3 がでる．このような手続きを続けると $B_1, B_2, \cdots, B_{n-1}$ が能率よく計算できる．なお A は左からかけても右からかけてもよい．

例 5. $A=\begin{bmatrix}0&2&3\\0&-1&0\\1&2&2\end{bmatrix}$ について $A-\lambda I$ の余因子行列を求めよ．

$$\det(A-\lambda I)=-(\lambda^3-\lambda^2-5\lambda-3)=-(\lambda+1)^2(\lambda-3).$$

$$B_1=A-I=\begin{bmatrix}-1&2&3\\0&-2&0\\1&2&1\end{bmatrix},\quad B_2=AB_1-5I=\begin{bmatrix}-2&2&3\\0&-3&0\\1&2&0\end{bmatrix}.$$ 験算として，

$$AB_2-3I=\begin{bmatrix}-2&2&3\\0&-3&0\\1&2&0\end{bmatrix}\begin{bmatrix}0&2&3\\0&-1&0\\1&2&2\end{bmatrix}-\begin{bmatrix}3&&\\&3&\\&&3\end{bmatrix}=\begin{bmatrix}0&0&0\\0&0&0\\0&0&0\end{bmatrix}$$

従って，

$$B(\lambda)=\lambda^2I+\lambda\begin{bmatrix}-1 & 2 & 3\\ 0 & -2 & 0\\ 1 & 2 & 1\end{bmatrix}+\begin{bmatrix}-2 & 2 & 3\\ 0 & -3 & 0\\ 1 & 2 & 0\end{bmatrix}=\begin{bmatrix}\lambda^2-\lambda-2 & 2\lambda+2 & 3\lambda+3\\ 0 & \lambda^2-2\lambda-3 & 0\\ \lambda+1 & 2\lambda+2 & \lambda^2+\lambda\end{bmatrix}$$

$$=(\lambda+1)\begin{bmatrix}\lambda-2 & 2 & 3\\ 0 & \lambda-3 & 0\\ 1 & 2 & \lambda\end{bmatrix}$$

なおこの結果から，最小多項式は

$$\Psi(\lambda)=\frac{(\lambda+1)^2(\lambda-3)}{(\lambda+1)}=(\lambda+1)(\lambda-3)$$

となり，A は半単純であることがわかる．

問1.　次の行列のおのおのに対し，$A-\lambda I$ の余因子行列を計算し，最小多項式を求めよ．

(i)　$A=\begin{bmatrix}3 & -3 & 2\\ -1 & 5 & -2\\ -1 & 3 & 0\end{bmatrix}$　　(ii)　$A=\begin{bmatrix}1 & 0 & 1\\ -1 & 2 & 1\\ 1 & -1 & 1\end{bmatrix}$

問2.　ユニタリ変換は半単純であることを (9-21) を用いて証明せよ．

問3.　$R(\lambda)=(\varphi-\lambda I)^{-1}$ とおくとき，

$$R(\lambda_1)-R(\lambda_2)=(\lambda_1-\lambda_2)R(\lambda_1)R(\lambda_2)$$

が成立することを示せ（これを**解核方程式**という）．

§5.　線型変換の正則関数

今までにもいろいろな場面で線型変換の関数という考え方に出会った．そこでこれらの考え方をまとめて，統一的に取扱うことを考えよう．

λ を複素変数とし*)，$f(\lambda)$ を λ 平面のある領域 Ω で一価正則な**) 複素関数とする．このとき，

---

*) 以下十数行は複素変数関数論のごく初歩的な知識のとりまとめである．ここでは関数論の知識としてはこれだけしか使わない．

**) $f(\lambda)$ が $\lambda=z$ で正則とは，z のまわりでテイラー展開

$$f(\lambda)=\sum_{n=0}^{\infty}a_n(\lambda-z)^n \qquad (|\lambda-z|<\rho)$$

が成立すること．

$$0=\frac{1}{2\pi i}\int_C f(\lambda)\,d\lambda,$$

(9-24)
$$f(z)=\frac{1}{2\pi i}\int_C \frac{f(\lambda)}{\lambda-z}d\lambda,$$

$$f^{(k)}(z)=\frac{k!}{2\pi i}\int_C \frac{f(\lambda)}{(\lambda-z)^{k+1}}d\lambda \quad (k=0,1,2,\cdots)$$

が成立する．C は点 z を囲む単一閉曲線である．特に，

(9-25)
$$\frac{1}{2\pi i}\int_C \frac{1}{\lambda-z}d\lambda=1,$$

$$\frac{1}{2\pi i}\int_C \frac{1}{(\lambda-z)^k}d\lambda=0 \quad (k=2,3,\cdots)$$

また $f(\lambda)$ が有限個の点 $\lambda_1,\cdots,\lambda_r$ を除いて一価正則とするとき，これらの点を囲む単一閉曲線 C に関する積分は，

(9-26)
$$\frac{1}{2\pi i}\int_C f(\lambda)\,d\lambda=\frac{1}{2\pi i}\int_{C_1} f(\lambda)\,d\lambda+\cdots+\frac{1}{2\pi i}\int_{C_r} f(\lambda)\,d\lambda$$

となる．$C_1,\cdots,C_r$ はそれぞれ点 $\lambda_1,\cdots,\lambda_r$ を中心とする円で，その円内では中心を除いて $f(\lambda)$ は正則とする．（十分小さい円をとればよい．）この式の右辺の各項の値を $f(\lambda)$ の $\lambda_1,\cdots,\lambda_r$ における留数といい，

$$\operatorname*{Res}_{\lambda=\lambda_j} f(\lambda)=\frac{1}{2\pi i}\int_{C_j} f(\lambda)\,d\lambda$$

とかく．

さて，今ユークリッド線型空間 E 上で１つの線型変換 φ が与えられたとき，φ の関数 $f(\varphi)$ を定義する方法を考えよう．ここで $f(\lambda)$ はある領域 Ω で一価正則関数とする．

定義 9-17

(9-27)
$$f(\varphi)=\frac{1}{2\pi i}\int_C (\lambda I-\varphi)^{-1} f(\lambda)\,d\lambda.$$

ただし C は φ のすべての固有値を囲む単一閉曲線で，$f(\lambda)$ はその内部で正則とする．

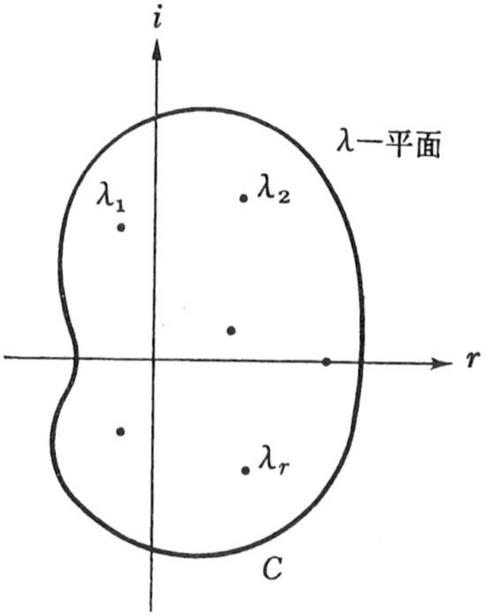

9-4 図

この右辺の意味をはっきりさせておこう．(9-21) から

$$(\lambda I-\varphi)^{-1}=\sum_{i=1}^{r}\left(\sum_{j=1}^{k_i}\frac{(\varphi-\lambda_i I)^{j-1}}{(\lambda-\lambda_i)^j}\right)\circ p_i$$

そこで，(9-27) の右辺は，

(9-28)

$$\frac{1}{2\pi i}\int_C(\lambda I-\varphi)^{-1}f(\lambda)\,d\lambda=\sum_{i=1}^{r}\left(\sum_{j=1}^{k_i}\frac{1}{2\pi i}\int_C\frac{f(\lambda)}{(\lambda-\lambda_i)^j}d\lambda\cdot(\varphi-\lambda_i I)^{j-1}\right)\circ p_i$$

と定義するのである．(9–4 図)

いくつかの例を示そう．

例 6.　$f(\lambda)\equiv 1$.　このときは，

$$\frac{1}{2\pi i}\int_C(\lambda I-\varphi)^{-1}d\lambda=\sum_{i=1}^{r}\left(\sum_{j=1}^{k_i}\frac{1}{2\pi i}\int_C\frac{1}{(\lambda-\lambda_i)^j}d\lambda\cdot(\varphi-\lambda_i I)^{j-1}\right)\circ p_i$$

であって，$j=1$ 以外の項はすべて 0 だから，

$$=\sum_{i=1}^{r}p_i=I$$

となる．

例 7.　$f(\lambda)\equiv\lambda$.　このときは

$$\frac{1}{2\pi i}\int_C(\lambda I-\varphi)^{-1}\lambda d\lambda=\sum_{i=1}^{r}\left(\sum_{j=1}^{k_i}\frac{1}{2\pi i}\int_C\frac{\lambda}{(\lambda-\lambda_i)^j}d\lambda(\varphi-\lambda_i I)^{j-1}\right)\circ p_i$$

(9-24)から，$j=1,2$ を除いてはすべて 0 となり，

$$=\sum_{i=1}^{r}(\lambda_i I+1\cdot(\varphi-\lambda_i I))\circ p_i=\sum_{i=1}^{r}\varphi\circ p_i=\varphi\circ I=\varphi$$

すなわち，

$$\varphi=\frac{1}{2\pi i}\int_C(\lambda I-\varphi)^{-1}\lambda\,d\lambda.$$

例 8.　$f(\lambda)\equiv\lambda^m$.　($m$：正の整数)．このときは，

$$\frac{1}{2\pi i}\int_C(\lambda I-\varphi)^{-1}\lambda^m d\lambda=\sum_{i=1}^{r}\left(\sum_{j=1}^{k_i}\frac{1}{2\pi i}\int_C\frac{\lambda^m}{(\lambda-\lambda_i)^j}d\lambda(\varphi-\lambda_i I)^{j-1}\right)\circ p_i \tag{9-29}$$

(9-24) の第 3 式から，

$$\frac{1}{2\pi i}\int_C\frac{\lambda^m}{(\lambda-\lambda_i)^j}d\lambda=\begin{cases}\dbinom{m}{j-1}\lambda_i^{m-j+1} & (1\leqq j\leqq m+1)\\ 0 & (j>m+1)\end{cases}$$

だから，

$$\begin{aligned}(9\text{-}29)&=\sum_{i=1}^{r}\left(\sum_{j=1}^{m+1}\binom{m}{j-1}\lambda_i^{m-j+1}(\varphi-\lambda_i I)^{j-1}\right)\circ p_i\ ^{*)}\\&=\sum_{i=1}^{r}(\lambda_i I+(\varphi-\lambda_i I))^m\circ p_i\\&=\sum_{i=1}^{r}\varphi^m\circ p_i\\&=\varphi^m\end{aligned}$$

これまでの例題を組み合わせると，任意の多項式 $f(\lambda)$ に対し，

$$f(\varphi)=\frac{1}{2\pi i}\int_C(\lambda I-\varphi)^{-1}f(\lambda)\,d\lambda$$

が成立している．すなわち，定義 9-17 は φ の多項式に関しては従来の定義と一致する．

---

*) $\nu\geqq k_i$ なら $(\varphi-\lambda_i I)^\nu\circ p_i=0$ だから，$m\geqq k_i$ のときもこうかいて差し支えない．

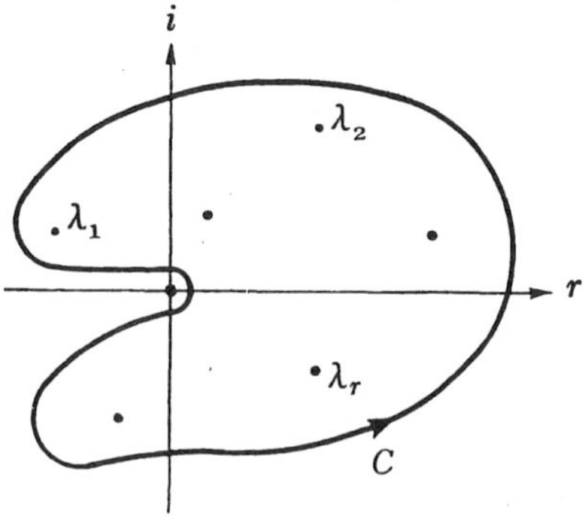

9-5 図

また逆変換についても同様で

例 9.　$f(\lambda)\equiv\frac{1}{\lambda}$.　このときは φ は正則と仮定する．C は 0 を囲まないとして(9–5 図)，(9–30)

$$\frac{1}{2\pi i}\int_C(\lambda I-\varphi)^{-1}\frac{1}{\lambda}d\lambda$$

$$=\sum_{i=1}^{r}\left(\sum_{j=1}^{k_i}\frac{1}{2\pi i}\int_C\frac{1}{(\lambda-\lambda_i)^j\lambda}d\lambda(\varphi-\lambda_i I)^{j-1}\right)\circ p_i$$

(9-24)の第 3 式から，

$$\frac{1}{2\pi i}\int_C\frac{d\lambda}{(\lambda-\lambda_i)^j\lambda}=\binom{-1}{j-1}\lambda_i{}^{-j}=(-1)^{j-1}\lambda_i{}^{-j}\quad(j=1,2,\cdots).$$

従って

$$(9\text{-}30)=\sum_{i=1}^{r}\left(\sum_{j=1}^{k_i}\frac{1}{\lambda_i}\left(\frac{\varphi-\lambda_i I}{-\lambda_i}\right)^{j-1}\right)\circ p_i$$

$$=\sum_{i=1}^{r}\frac{1}{\lambda_i}\left(I+\frac{\varphi-\lambda_i I}{\lambda_i}\right)^{-1}\circ p_i$$

$$=\sum_{i=1}^{r}\varphi^{-1}\circ p_i$$

$$=\varphi^{-1}.$$

さて φ の関数を定義 9-17 のように定義したが，よく見ると (9-28) で p_i は φ の多項式であり，$\frac{1}{2\pi i}\int\frac{f(\lambda)}{(\lambda-\lambda_i)^j}d\lambda$ は何かある数だから，(9-28) の右辺は

φ の多項式である．すなわち，$f(\varphi)=P(\varphi)$ となるような λ の多項式 $P(\lambda)$ が存在する．そこで，与えられた正則関数 $f(\lambda)$ に対し $f(\varphi)=\tilde{f}(\varphi)$ となるような多項式 $\tilde{f}(\lambda)$ を決定しよう．

定理 9-18　φ の異なる固有値を全部で $\lambda_1, \cdots, \lambda_r$ とする．またそれらの標数を $k_i (i=1, \cdots, r)$ とする．正則関数 $f(\lambda)$ に対し，ある多項式 $\tilde{f}(\lambda)$ が

$$f(\lambda_i)=\tilde{f}(\lambda_i),\ f'(\lambda_i)=\tilde{f}'(\lambda_i),\ \cdots,\ f^{(k_i-1)}(\lambda_i)=\tilde{f}^{(k_i-1)}(\lambda_i)\quad (i=1, \cdots, r)$$

をみたすならば，$f(\varphi)=\tilde{f}(\varphi)$ である．$\left(f^{(k)}=\dfrac{d^kf}{d\lambda^k}\right)$

逆に，$f(\varphi)=\tilde{f}(\varphi)$ ならば多項式 $\tilde{f}(\lambda)$ は上の条件をみたさねばならない．また，そのような $\tilde{f}(\lambda)$ は，φ の最小多項式より低次の多項式としては唯 1 つしかない．

証明　φ の一般スペクトル分解を $\varphi=\sum_{i=1}^{r}\lambda_i p_i+\sum_{i=1}^{r}(\varphi-\lambda_i I)\circ p_i$ とすると，

$$\begin{aligned}\varphi^m&=\left(\sum_{i=1}^{r}\lambda_i p_i\right)^m+\binom{m}{1}\left(\sum_{i=1}^{r}\lambda_i p_i\right)^{m-1}\left(\sum_{i=1}^{r}(\varphi-\lambda_i I)\circ p_i\right)+\cdots\\&\quad+\left(\sum_{i=1}^{r}(\varphi-\lambda_i I)\circ p_i\right)^m\\&=\sum_{i=1}^{r}\Bigl\{\lambda_i{}^m p_i+\binom{m}{1}\lambda_i{}^{m-1}(\varphi-\lambda_i I)\circ p_i+\cdots\\&\quad+\binom{m}{k_i-1}\lambda_i{}^{m-k_i+1}(\varphi-\lambda_i I)^{k_i-1}\circ p_i\Bigr\}\end{aligned}$$

今 $\tilde{f}(\lambda)=\sum_{m=0}^{n}a_m\lambda^m$ とすると，

$$\begin{aligned}\tilde{f}(\varphi)&=\sum_{m=0}^{n}a_m\varphi^m=\sum_{i=1}^{r}\Bigl\{\sum_{m=0}^{n}a_m\lambda_i{}^m p_i+\sum_{m=1}^{n}\binom{m}{1}a_m\lambda_i{}^{m-1}(\varphi-\lambda_i I)\circ p_i+\cdots\\&\quad+\sum_{m=1}^{n}\binom{m}{k_i-1}a_m\lambda_i{}^{m-k_i+1}(\varphi-\lambda_i I)^{k_i-1}\circ p_i\Bigr\}\\&=\sum_{i=1}^{r}\Bigl\{\tilde{f}(\lambda_i)p_i+\frac{1}{1!}\tilde{f}'(\lambda_i)(\varphi-\lambda_i I)\circ p_i+\cdots\\&\quad+\frac{1}{(k_i-1)!}\tilde{f}^{(k_i-1)}(\lambda_i)(\varphi-\lambda_i I)^{k_i-1}\circ p_i\Bigr\}\end{aligned}$$

従って $\tilde{f}(\lambda)$ が定理の条件をみたせば,

$$=\sum_{i=1}^{r}\left\{f(\lambda_i)p_i+\frac{1}{1!}f'(\lambda_i)(\varphi-\lambda_i I)\circ p_i+\cdots\right.$$

$$\left.+\frac{1}{(k_i-1)!}f^{(k_i-1)}(\lambda_i)(\varphi-\lambda_i I)^{k_i-1}\circ p_i\right\}$$

$$=\sum_{i=1}^{r}\left\{\sum_{j=1}^{k_i}\frac{1}{2\pi i}\int_C\frac{f(\lambda)}{(\lambda-\lambda_i)^j}d\lambda(\varphi-\lambda_i I)^{j-1}\right\}\circ p_i$$

$$=f(\varphi).$$

逆に，ある多項式 $\tilde{f}(\lambda)$ が $f(\varphi)=\tilde{f}(\varphi)$ をみたしたとしよう．$f(\varphi)$ はともかく(9-28)により $f(\varphi)=P(\varphi)$ として与えられている．そこで $Q(\lambda)=\tilde{f}(\lambda)-P(\lambda)$ とおくと，$Q(\lambda)$ は λ の多項式で $Q(\varphi)=0$．従って Q は φ の最小多項式でわり切れる．すなわち $Q(\lambda)=\Psi(\lambda)\cdot R(\lambda)$．従って，

$$\tilde{f}(\lambda)=P(\lambda)+\Psi(\lambda)\cdot R(\lambda).$$

この両辺に λ_i を代入すると，$\tilde{f}(\lambda_i)=P(\lambda_i)$．次に，微分して λ_i を代入すると，$\Psi(\lambda)$ は $(\lambda-\lambda_i)$ という因子を k_i 個含むから，k_i-1 回までの微分については λ_i を代入すると 0 になる．従って，

$$\tilde{f}'(\lambda_i)=P'(\lambda_i),\ \cdots,\ \tilde{f}^{(k_i-1)}(\lambda_i)=P^{(k_i-1)}(\lambda_i)$$

だから，定理の逆を証明するのに一般の $\tilde{f}$ でなく，特殊な $P(\lambda)$ について考えればよい．さて，

$$P(\lambda)=\sum_{i=1}^{r}\left(\sum_{j=1}^{k_i}\frac{1}{(j-1)!}f^{(j-1)}(\lambda_i)(\lambda-\lambda_i)^{j-1}\right)g_i(\lambda),$$

$$=\sum_{i=1}^{r}F_i(\lambda)g_i(\lambda)$$

とおくとき，$F_i(\lambda)$，$g_i(\lambda)$ には次の性質がある．まず $F_i(\lambda)$ は，

$$F_i(\lambda_i)=f(\lambda_i),\ F_i'(\lambda_i)=f'(\lambda_i),\ \cdots,\ F_i^{(k_i-1)}(\lambda_i)=f^{(k_i-1)}(\lambda_i).$$

$$(i=1,\cdots,r)$$

また $g_i(\lambda)$ は，

$$\sum_{i=1}^{r}g_i(\lambda)\equiv 1,\ \sum_{i=1}^{r}g_i'(\lambda)\equiv 0,\ \cdots,\ \sum_{i=1}^{r}g_i^{(m)}(\lambda)\equiv 0.$$

そして，(9-6) から

$$g_i(\lambda)=h_i(\lambda)(\lambda-\lambda_1)^{k_1}\cdots\overset{i}{\check{}}\cdots(\lambda-\lambda_r)^{k_r},\ h_i(\lambda_j)\neq 0. \quad (j=1,\cdots,r)$$

という形をしているから，

$$g_i(\lambda_j)=0\ \ (i\neq j),\ \ g_j(\lambda_j)=1-\sum_{i\neq j} g_i(\lambda_j)=1.$$

$$g_i'(\lambda_j)=0\ \ (i\neq j),\ \ g_j'(\lambda_j)=-\sum_{i\neq j} g_i'(\lambda_j)=0.$$

$$\cdots\cdots\cdots\cdots\cdots\cdots\cdots\cdots$$

$$g_i^{(k_j-1)}(\lambda_j)=0\ \ (i\neq j),\ \ g_j^{(k_j-1)}(\lambda_j)=-\sum_{i\neq j} g_i^{(k_j-1)}(\lambda_j)=0.$$

従って，

$$P(\lambda_j)=F_j(\lambda_j)\cdot 1=f(\lambda_j).$$

$$P'(\lambda_j)=\sum_{i=1}^{r} F_i'(\lambda_j)g_i(\lambda_j)+\sum_{i=1}^{r} F_i(\lambda_j)g_i'(\lambda_j)=F_j'(\lambda_j)=f'(\lambda_j)$$

$$\cdots\cdots\cdots\cdots\cdots\cdots\cdots\cdots\cdots\cdots$$

$$\begin{aligned}P^{(k_j-1)}(\lambda_j)=&\sum_{i=1}^{r} F_i^{(k_j-1)}(\lambda_j)g_i(\lambda_j)+\binom{k_j-1}{1}\sum_{i=1}^{r} F_i^{(k_j-2)}(\lambda_j)\cdot g_i'(\lambda_j)+\cdots\\&+\sum_{i=1}^{r} F_i(\lambda_j)g_i^{(k_j-1)}(\lambda_j)\\=&F_j^{(k_j-1)}(\lambda_j)=f^{(k_j-1)}(\lambda_j).\end{aligned}$$

これで逆が証明された．

$\tilde{f}_1(\lambda)$, $\tilde{f}_2(\lambda)$ が共に φ の最小多項式より低次で，かつ $\tilde{f}_1(\varphi)=\tilde{f}_2(\varphi)=f(\varphi)$ をみたしたとすると，$\tilde{f}_1(\lambda)-\tilde{f}_2(\lambda)=\tilde{f}_3(\lambda)$ は $\tilde{f}_3(\varphi)=0$ をみたし，最小多項式より低次だから $f_3(\lambda)\equiv 0$. 従って，そのような多項式は唯 1 つしかない． 証明終．

系 1. $f(\varphi)$ の固有値は（重複度も含めて）$f(\lambda_1),\cdots,f(\lambda_r)$ である．

系 2. $f(\lambda_i)$ に対応する一般固有空間は，λ_i に対応する一般固有空間に等しい．

証明 $f(\varphi)=\tilde{f}(\varphi)$ の固有値は重複度も含めて $\tilde{f}(\lambda_1),\cdots,\tilde{f}(\lambda_r)$ であった．従って，系 1 を得る．λ_i に対応する φ の一般固有空間を G_i, $f(\lambda_i)$ に対応する $f(\varphi)$ の一般固有空間を $\mathcal{G}_i(i=1,\cdots,r)$ とすると，任意の $\boldsymbol{x}\in G_i$ に対し，

$$
\begin{aligned}
(f(\varphi)-f(\lambda_i)I)^{k_i}(\boldsymbol{x}) &= (\tilde{f}(\varphi)-\tilde{f}(\lambda_i)I)^{k_i}(\boldsymbol{x}) \\
&= \left\{\sum_{m=1}^{n} a_m(\varphi^m-\lambda_i{}^m I)\right\}^{k_i}(\boldsymbol{x}) \\
&= \left\{\sum_{m=1}^{n} a_m\left(\sum_{\nu=0}^{m-1}\lambda_i{}^{\nu}\varphi^{m-\nu-1}\right)\circ(\varphi-\lambda_i I)\right\}^{k_i}(\boldsymbol{x}) \\
&= \left\{\sum_{m=1}^{n} a_m\left(\sum_{\nu=0}^{m-1}\lambda_i{}^{\nu}\varphi^{m-\nu-1}\right)\right\}^{k_i}\circ(\varphi-\lambda_i I)^{k_i}(\boldsymbol{x}) \\
&= \mathbf{0}
\end{aligned}
$$

従って，$\boldsymbol{x}\in\mathcal{G}_i$．すなわち $G_i\subset\mathcal{G}_i$．ところが，$E=G_1\dotplus\cdots\dotplus G_r\subset\mathcal{G}_1\dotplus\cdots\dotplus\mathcal{G}_r=E$ だから，すべての i について $G_i=\mathcal{G}_i$ でなければならない．　終．

注意　$f(\lambda_i)$ の標数は λ_i の標数と一致しない．また，$f(\lambda_i)$ の固有空間は λ_i の固有空間と一致しない．そして，$f(\lambda_i)=f(\lambda_j)$ となるときは系2は $\mathcal{G}_i\dotplus\mathcal{G}_j=G_i\dotplus G_j$ の意味に解釈しなければならない．

実際，たとえば $f(\lambda)\equiv 1$ とすると，どんな線型変換 φ をとっても $f(\lambda_1)=\cdots=f(\lambda_r)=1$ で $\mathcal{G}_i$ などの区別なく，E のすべての元が固有ベクトルとなってしまう．すなわち $f(\lambda_i)=1$ は標数1の固有値で，固有空間は全空間になる．

しかし，上の系の証明を見ているとわかるように，$f(\lambda_i)$ の標数は，λ_i の標数をこえないから，

系 3．$f(\lambda)$ が φ にとって可逆関数，すなわち $g(f(\varphi))=\varphi$ をみたす正則関数 $g(\lambda)$ が存在するならば，λ_i の標数と $f(\lambda_i)$ の標数は一致する．

たとえば，$f(\lambda)=\dfrac{1}{\lambda}$ ととるとき，正則変換 φ に対し，φ^{-1} の固有値 $\lambda_1{}^{-1}$，…，$\lambda_r{}^{-1}$ の標数はそれぞれ λ_1，…，λ_r の標数に一致する．

定義 9–17 からすぐわかるように，$f_1(\lambda)$，$f_2(\lambda)$ が正則なら，

(i)　$f(\lambda)=\alpha_1 f_1(\lambda)+\alpha_2 f_2(\lambda)$ とすると $f(\varphi)=\alpha_1 f_1(\varphi)+\alpha_2 f_2(\varphi)$

(ii)　$f(\lambda)=f_1(\lambda)\cdot f_2(\lambda)$ とすると $f(\varphi)=f_1(\varphi)\circ f_2(\varphi)$

が成立する．さらに，

(iii)　$f(\lambda)=f_1(f_2(\lambda))$ なら，$f(\varphi)=f_1(f_2(\varphi))$

であることを示そう．ただし，$f_1(\lambda)$ は $f_2(\varphi)$ の固有値 $f_2(\lambda_1), \cdots, f_2(\lambda_r)$ をすべて含む領域で一価正則とする．さて，$\psi=f_2(\varphi)$ とおくと，

$$f_1(\psi)=\frac{1}{2\pi i}\int_{C_1}(\lambda I-\psi)^{-1}f_1(\lambda)\,d\lambda,$$

ただし，C_1 は $f_2(\lambda_1), \cdots, f_2(\lambda_r)$ をすべて囲む単一閉曲線とする．このとき

$$(\lambda I-\psi)^{-1}=(\lambda I-f_2(\varphi))^{-1}=\frac{1}{2\pi i}\int_{C_2}(\zeta I-\varphi)^{-1}(\lambda-f_2(\zeta))^{-1}d\zeta$$

とかける．ここで C_2 は $\lambda_1, \cdots, \lambda_r$ を囲む単一閉曲線で f_2 による像が C_1 の内部に入るようにとる．すると，

$$f_1(f_2(\varphi))=f_1(\psi)=\frac{1}{(2\pi i)^2}\int_{C_1}\int_{C_2}(\zeta I-\varphi)^{-1}(\lambda-f_2(\zeta))^{-1}f_1(\lambda)\,d\zeta\,d\lambda$$

λ と $f_2(\zeta)$ が一致することはないので，この2つの積分は連続関数のコンパクト上の積分であり，順序交換ができる．従って，

$$=\frac{1}{(2\pi i)^2}\int_{C_2}\left(\int_{C_1}(\zeta I-\varphi)^{-1}(\lambda-f_2(\zeta))^{-1}f_1(\lambda)\,d\lambda\right)d\zeta$$

$$=\frac{1}{2\pi i}\int_{C_2}(\zeta I-\varphi)^{-1}f_1(f_2(\zeta))\,d\zeta$$

$$=\frac{1}{2\pi i}\int_{C_2}(\zeta I-\varphi)^{-1}f(\zeta)\,d\zeta$$

$$=f(\varphi).$$

証明終．

例 10. φ が正則なら，$\log\varphi$ が定義できて，$\exp(\log\varphi)=\varphi$ となる．ここで，

$$\exp\psi=e^{\psi}=\frac{1}{2\pi i}\int_{C_1}(\lambda I-\psi)^{-1}e^{\lambda}d\lambda,$$

$$\log\varphi=\frac{1}{2\pi i}\int_{C_2}(\lambda I-\varphi)^{-1}\log\lambda\,d\lambda.$$

ただし，C_2 は φ の固有値をすべて囲み，0を囲まない単一閉曲線とする．

次に $f(\lambda)$ の整級数展開と $f(\varphi)$ の関係を調べよう．今 $f(\lambda)$ は $\lambda=0$ のまわりで正則とし，その整級数展開を

$$f(\lambda)=a_0+a_1\lambda+a_2\lambda^2+\cdots+a_n\lambda^n+\cdots$$

とする．この右辺の整級数の収束半径を ρ としよう．そのとき，

定理 9-19　線型変換 φ のすべての固有値の絶対値が ρ より小さいとき,

(9-31)　　$f(\varphi)=a_0I+a_1\varphi+a_2\varphi^2+\cdots+a_n\varphi^n+\cdots$

が成立する．また，φ の固有値のうち，1つでも絶対値が ρ をこえるときはこの右辺は意味をもたない．

(9-31) の意味は，どんなベクトル $\boldsymbol{x}$ についても

$$|f(\varphi)(\boldsymbol{x})-\{a_0\boldsymbol{x}+a_1\varphi(\boldsymbol{x})+\cdots+a_n\varphi^n(\boldsymbol{x})\}|\longrightarrow 0\quad(n\to\infty)$$

が成立することである．

定理の証明　φ のすべての固有値の絶対値が ρ より小さいときは，収束円 $|\lambda|<\rho$ の内部に φ の固有値をすべて囲む単一閉曲線 C がとれる．従って

$$\begin{aligned}f(\varphi)&=\frac{1}{2\pi i}\int_C(\lambda I-\varphi)^{-1}f(\lambda)\,d\lambda\\&=\frac{1}{2\pi i}\int_C(\lambda I-\varphi)^{-1}\sum_{k=0}^{\infty}a_k\lambda^k\,d\lambda\\&=\sum_{k=0}^{\infty}a_k\frac{1}{2\pi i}\int_C(\lambda I-\varphi)^{-1}\lambda^k\,d\lambda\ ^{*)}\\&=\sum_{k=0}^{\infty}a_k\varphi^k\end{aligned}$$

次に，もし φ の固有値のうちの1つ，たとえば λ_1 が $|\lambda_1|>\rho$ であったとすると，λ_1 に対応する φ の固有ベクトル $\boldsymbol{x}$ をとれば，$\varphi(\boldsymbol{x})=\lambda_1\boldsymbol{x}$ だから，

$$(a_0I+a_1\varphi+\cdots+a_n\varphi^n)(\boldsymbol{x})=(a_0+a_1\lambda_1+\cdots+a_n\lambda_1{}^n)\boldsymbol{x}$$

となるが，この右辺の $\boldsymbol{x}$ の係数は仮定により $n\to\infty$ のとき発散する．従って $n\to\infty$ のとき左辺のベクトルはどんなベクトルにも収束しない．すなわち(9-31) の右辺は線型変換としての意味をもたない．　証明終．

この定理で，整級数展開の中心をずらせると，次の系が得られる．

---

*) 積分と無限和との交換はこの場合許される．実際，この積分は線型変換の係数についての積分だから，スカラー値の場合と全く同様に行なってよい．ところで $f(\lambda)$ の整級数展開は C 上で一様収束するから，交換は当然許される．

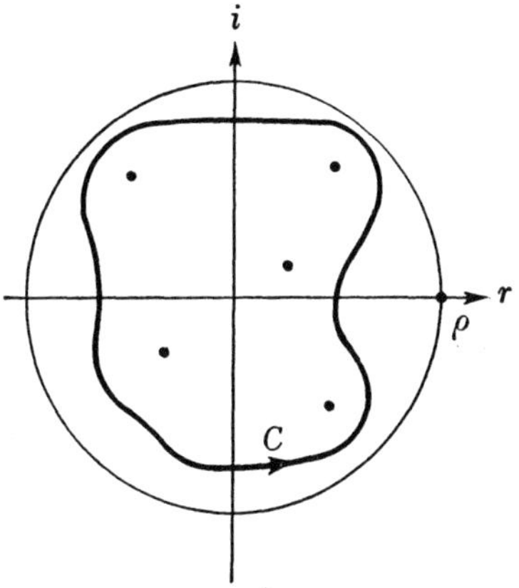

9-6 図

系 $f(\lambda)$ の $\lambda=\lambda_0$ のまわりの整級数展開を

$$f(\lambda)=a_0+a_1(\lambda-\lambda_0)+\cdots+a_n(\lambda-\lambda_0)^n+\cdots \quad (収束半径\ \rho)$$

とする．線型変換 φ のすべての固有値がこの整級数の収束円の内部に入るならば

(9-32) $$f(\varphi)=a_0+a_1(\varphi-\lambda_0 I)+\cdots+a_n(\varphi-\lambda_0 I)^n+\cdots$$

が成立する．また，φ の固有値のうち 1 つでも収束円の外部にあればこの右辺は意味をもたない．

例 11．線型変換 φ の整級数として，

$$I+\varphi+\varphi^2+\cdots+\varphi^n+\cdots$$

を考えよう．これに対応する整級数は

$$\frac{1}{1-\lambda}=1+\lambda+\lambda^2+\cdots+\lambda^n+\cdots, \quad (|\lambda|<1)$$

である．従って，φ の固有値の絶対値が 1 より小さいとき，かつそのときに限り，

$$(I-\varphi)^{-1}=I+\varphi+\varphi^2+\cdots+\varphi^n+\cdots$$

が成立する．

例 12. 線型変換 φ の指数関数 e^{φ} を考えよう．これに対応する整級数は

$$e^{\lambda}=1+\lambda+\frac{\lambda^2}{2!}+\cdots+\frac{\lambda^n}{n!}+\cdots\qquad(\text{収束半径 }\infty)$$

であるから，

$$e^{\varphi}=I+\varphi+\frac{\varphi^2}{2!}+\cdots+\frac{\varphi^n}{n!}+\cdots \tag{9-33}$$

が任意の φ について成立する．

注意 定理 9-19 は (9-31) の右辺の無限級数が意味をもつための条件を述べているのであって，$f(\varphi)$ が定義されるかどうかの条件を述べているのではない．$f(\varphi)$ は定義 9-17 によって定められるもので，無限級数とは関係がない．

たとえば例12の場合，e^{φ} の定義はもちろん

$$\begin{aligned}e^{\varphi}&=\frac{1}{2\pi i}\int_C(\lambda I-\varphi)^{-1}e^{\lambda}d\lambda\\&=\sum_{i=1}^{r}\left(\sum_{j=1}^{k_i}\frac{1}{2\pi i}\int_C\frac{e^{\lambda}}{(\lambda-\lambda_i)^j}d\lambda(\varphi-\lambda_i I)^{j-1}\right)\circ p_i\\&=\sum_{i=1}^{r}\left(\sum_{j=1}^{k_i}\frac{e^{\lambda_i}}{(j-1)!}(\varphi-\lambda_i I)^{j-1}\right)\circ p_i\end{aligned}$$

すなわち，

$$e^{\varphi}=\sum_{i=1}^{r}e^{\lambda_i}\left\{I+\frac{(\varphi-\lambda_i I)}{1!}+\frac{(\varphi-\lambda_i I)^2}{2!}+\cdots+\frac{(\varphi-\lambda_i I)^{k_i-1}}{(k_i-1)!}\right\}\circ p_i \tag{9-34}$$

である．

次に，留数計算は射影と密接に関連している．それを示すのが次の定理である．

定理 9-20 φ の１つの固有値を λ_ν とすると，

$$\operatorname*{Res}_{\lambda=\lambda_\nu}(\lambda I-\varphi)^{-1}f(\lambda)=f(\varphi)\circ p_\nu\qquad(\nu=1,\cdots,r) \tag{9-35}$$

証明 φ の固有値のうち λ_ν だけを囲む単一閉曲線 C_ν をとると．

$$\operatorname*{Res}_{\lambda=\lambda_\nu}(\lambda I-\varphi)^{-1}f(\lambda)=\sum_{i=1}^{r}\left(\sum_{j=1}^{k_i}\frac{1}{2\pi i}\int_{C_\nu}\frac{f(\lambda)}{(\lambda-\lambda_i)^j}d\lambda(\varphi-\lambda_i I)^{j-1}\right)\circ p_i$$

$i \neq \nu$ なら $\dfrac{f(\lambda)}{(\lambda-\lambda_i)^j}$ は C_ν の内部で正則だからその積分は0になる（(9-24) の第1式）．従って，

$$=\left(\sum_{j=1}^{k_\nu}\frac{1}{2\pi i}\int_{C_\nu}\frac{f(\lambda)}{(\lambda-\lambda_\nu)^j}d\lambda\cdot(\varphi-\lambda_\nu I)^{j-1}\right)\circ p_\nu$$

一方，$f(\varphi)$ の定義式 (9-28) の両辺に p_ν を作用させると，$i \neq \nu$ なる限り $p_i\circ p_\nu=0$ なので，

$$f(\varphi)\circ p_\nu=\left(\sum_{j=1}^{k_\nu}\frac{1}{2\pi i}\int_{C_\nu}\frac{f(\lambda)}{(\lambda-\lambda_\nu)^j}d\lambda\cdot(\varphi-\lambda_\nu I)^{j-1}\right)\circ p_\nu.$$

証明終．

系　φ の固有値 λ_ν のみを囲む単一閉曲線 C_ν をとると，

$$\frac{1}{2\pi i}\int_{C_\nu}(\lambda I-\varphi)^{-1}d\lambda=p_\nu \qquad (\nu=1,\cdots,r).$$

だから，留数の公式 (9-26) を $(\lambda I-\varphi)^{-1}$ に適用した式

$$\frac{1}{2\pi i}\int_{C}(\lambda I-\varphi)^{-1}d\lambda=\frac{1}{2\pi i}\int_{C_1}(\lambda I-\varphi)^{-1}d\lambda+\cdots+\frac{1}{2\pi i}\int_{C_r}(\lambda I-\varphi)^{-1}d\lambda$$

は正に φ のスペクトル分解における射影の和の式

$$I=p_1+\cdots+p_r$$

に他ならない．

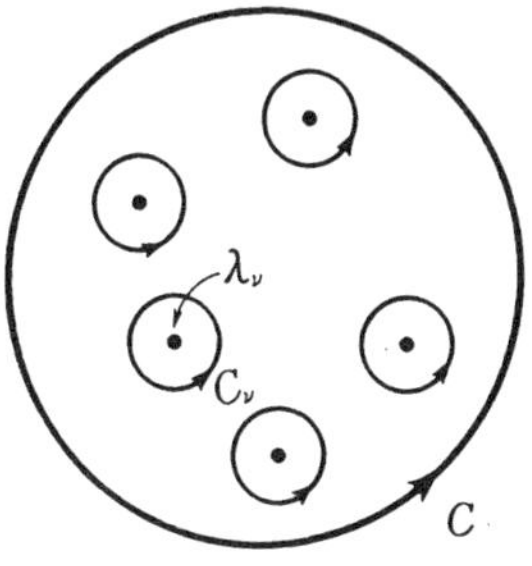

9-7 図

問1.　(9-32) において λ_0 として φ の固有値をとる．両辺に λ_0 に対応する射影をかけると(9-35) を得ることを示せ．そして，それを各固有値ごとに行なって加えると (9-28)を得ることを示せ．その場合，収束円は全平面と考えてよい．その理由を述べよ．

問2. 前問でやったことを e^{φ} について確かめよ.

問3. φ がエルミート変換なら e^{φ} は正定値エルミート変換である. 逆に, ψ が正定値エルミート変換なら, あるエルミート変換 φ によって,

$$\psi=e^{\varphi}$$

とかける. これらのことを示せ.

§6. 応　　用

[1] 線型微分方程式系

n 個の未知関数 $x_1(t), \cdots, x_n(t)$ に関する連立線型定数係数微分方程式

$$\begin{aligned}\frac{dx_1}{dt}&=a_{11}x_1+\cdots+a_{1n}x_n\\ \frac{dx_2}{dt}&=a_{21}x_1+\cdots+a_{2n}x_n\\ &\cdots\cdots\cdots\cdots\cdots\cdots\\ \frac{dx_n}{dt}&=a_{n1}x_1+\cdots+a_{nn}x_n\end{aligned} \tag{9-36}$$

の解を求めよう. $t=0$ での初期値を $x_1(0)=x_1{}^0, \cdots, x_n(0)=x_n{}^0$ とする. これをベクトルで表わす. $\boldsymbol{x}(t)={}^t(x_1(t), \cdots, x_n(t))$, $\boldsymbol{x}_0={}^t(x_1{}^0, \cdots, x_n{}^0)$,

$$M=\begin{bmatrix} a_{11} & a_{12} & \cdots & a_{1n} \\ a_{21} & a_{22} & \cdots & a_{2n} \\ & \cdots\cdots\cdots & & \\ a_{n1} & a_{n2} & \cdots & a_{nn} \end{bmatrix}$$

とおくと,

$$\frac{d\boldsymbol{x}}{dt}=M\boldsymbol{x}, \qquad \boldsymbol{x}(0)=\boldsymbol{x}_0 \tag{9-37}$$

と表わされる.

この解は,

$$\boldsymbol{x}(t)=e^{Mt}\boldsymbol{x}_0$$

で与えられる. 実際,

$$e^{Mt}=I+\frac{t}{1!}M+\frac{t^2}{2!}M^2+\cdots+\frac{t^n}{n!}M^n+\cdots \tag{9-38}$$

が任意の t, M について成立する (前節 (9-33)) から，これは t について項別に微分できて，

$$\frac{d}{dt}(e^{Mt}\boldsymbol{x}_0)=M\left(I+\frac{t}{1!}M+\frac{t^2}{2!}M^2+\cdots+\frac{t^n}{n!}M^n+\cdots\right)\boldsymbol{x}_0$$

$$=Me^{Mt}\boldsymbol{x}_0$$

となる．また初期条件は，

$$e^{M\cdot 0}\boldsymbol{x}_0=I\boldsymbol{x}_0=\boldsymbol{x}_0$$

とみたされている．

しかし，実際に e^{Mt} を計算するときは (9-38) よりむしろ指数関数の定義にもどって，

(9-39)
$$e^{Mt}=\sum_{i=1}^{r}e^{\lambda_i t}\left\{I+\frac{t}{1!}(M-\lambda_i I)+\frac{t^2}{2!}(M-\lambda_i I)^2+\cdots+\frac{t^{k_i-1}}{(k_i-1)!}(M-\lambda_i I)^{k_i-1}\right\}P_i$$

として計算する方がずっと早い．

例 13. $\dfrac{dx}{dt}=4x-y-2z,\qquad x(0)=x_0,\ y(0)=y_0,\ z(0)=z_0$

$$\frac{dy}{dt}=9x-2y-7z,$$

$$\frac{dz}{dt}=-3x+y+3z,$$

をとけ．

$$\frac{d\boldsymbol{x}}{dt}=\begin{bmatrix}4&-1&-2\\9&-2&-7\\-3&1&3\end{bmatrix}\boldsymbol{x},\qquad \boldsymbol{x}(0)=\boldsymbol{x}_0=\begin{bmatrix}x_0\\y_0\\z_0\end{bmatrix}$$

$$\det(M-\lambda I)=-(\lambda^3-5\lambda^2+8\lambda-4)=-(\lambda-1)(\lambda-2)^2$$

$$M-I=\begin{bmatrix}3&-1&-2\\9&-3&-7\\-3&1&2\end{bmatrix},\ M-2I=\begin{bmatrix}2&-1&-2\\9&-4&-7\\-3&1&1\end{bmatrix},\ (M-2I)^2=\begin{bmatrix}1&0&1\\3&0&3\\0&0&0\end{bmatrix}.$$

従って $\lambda=1$ の標数は 1，$\lambda=2$ の標数は 2 である．242 頁注意 1 を用いて，

$$\frac{1}{(\lambda-1)(\lambda-2)^2}=\frac{1}{\lambda-1}+\frac{3-\lambda}{(\lambda-2)^2}$$

より，

$$P_1=(M-2I)^2=\begin{bmatrix}1&0&1\\3&0&3\\0&0&0\end{bmatrix}$$

$$P_2=(3I-M)(M-I)=\begin{bmatrix}0&0&-1\\-3&1&-3\\0&0&1\end{bmatrix}.$$

従って，

$$e^{Mt}=e^tP_1+e^{2t}\left\{I+\frac{t}{1!}(M-2I)\right\}P_2$$

$$=e^t\begin{bmatrix}1&0&1\\3&0&3\\0&0&0\end{bmatrix}+e^{2t}\begin{bmatrix}0&0&-1\\-3&1&-3\\0&0&1\end{bmatrix}+te^{2t}\begin{bmatrix}3&-1&-1\\12&-4&-4\\-3&1&1\end{bmatrix}.$$

すなわち，$\boldsymbol{x}(t)=e^{Mt}\boldsymbol{x}_0$ を座標ごとにかくと，

$$x(t)=(x_0+z_0)e^t+(-z_0+(3x_0-y_0-z_0)t)e^{2t}$$

$$y(t)=3(x_0+z_0)e^t+((-3x_0+y_0-3z_0)+4(3x_0-y_0-z_0)t)e^{2t}$$

$$z(t)=\qquad (z_0-(3x_0-y_0-z_0)t)e^{2t}$$

なお，右辺に“強制項” $\boldsymbol{f}(t)={}^t(f_1(t),\cdots,f_n(t))$ がついた場合，方程式は

(9-40)
$$\frac{d\boldsymbol{x}}{dt}=M\boldsymbol{x}+\boldsymbol{f}(t),\qquad \boldsymbol{x}(0)=\boldsymbol{x}_0$$

となるが，このような方程式を非斉次方程式という．これは，e^{Mt} を利用して解を求めることができる．すなわち，定数変化法を用いる．

$$\boldsymbol{x}(t)=e^{Mt}\boldsymbol{y}(t)$$

によって，未知関数を $\boldsymbol{x}(t)$ から $\boldsymbol{y}(t)$ にうつすと，

$$\frac{d\boldsymbol{x}}{dt}=Me^{Mt}\boldsymbol{y}(t)+e^{Mt}\frac{d\boldsymbol{y}}{dt}=M\boldsymbol{x}+e^{Mt}\frac{d\boldsymbol{y}}{dt},\qquad \boldsymbol{x}(0)=\boldsymbol{y}(0)$$

となるから，もとの方程式へ代入して，

$$e^{Mt}\frac{d\boldsymbol{y}}{dt}=\boldsymbol{f}(t),\qquad \boldsymbol{y}(0)=\boldsymbol{x}_0$$

となるように $\boldsymbol{y}(t)$ を定めればよい．e^{Mt} の逆行列は e^{-Mt} だから，

$$\frac{d\boldsymbol{y}}{dt}=e^{-Mt}\boldsymbol{f}(t)$$

従って，0 から t まで積分して

$$\boldsymbol{y}(t)-\boldsymbol{y}(0)=\int_0^t e^{-M\tau}\boldsymbol{f}(\tau)\,d\tau, \qquad \boldsymbol{y}(0)=\boldsymbol{x}_0$$

これを，$\boldsymbol{x}(t)$ にもどすため，両辺に e^{Mt} をかけると，

(9-41)
$$\boldsymbol{x}(t)=e^{Mt}\cdot\boldsymbol{x}_0+\int_0^t e^{M(t-\tau)}\boldsymbol{f}(\tau)\,d\tau$$

を得る．これが非斉次方程式の解である．

[2]　線型差分方程式

微分方程式の場合によく似た問題として差分方程式（定差方程式ともいう）がある．たとえば有名なフィボナッチ数列はその一例で，

$$x_{n+2}=x_{n+1}+x_n, \qquad x_0=x_1=1$$

によって，次々に定められる数列である．初めの数個をかいてみると，

$$1, 1, 2, 3, 5, 8, 13, 21, 34, 55, \cdots$$

となっている．この一般項を n の式で表わすことを，この差分方程式をとくという．それにはいろいろな方法があるが，ひとつの方法として行列算にもちこむことを考えよう．今，

$$x_{n+1}=y_n$$

とおくと，

$$x_{n+1}=y_n, \qquad x_0=1$$
$$y_{n+1}=x_n+y_n, \qquad y_0=1$$

と連立化される．$\boldsymbol{x}_n={}^t(x_n, y_n)$，$\boldsymbol{x}_0={}^t(x_0, y_0)$ とかくと，

$$\boldsymbol{x}_{n+1}=\begin{pmatrix}0 & 1\\ 1 & 1\end{pmatrix}\boldsymbol{x}_n, \qquad \boldsymbol{x}_0=\begin{pmatrix}1\\ 1\end{pmatrix}$$

となる．この行列を M として，これを何回も反復すると，

$$\boldsymbol{x}_n=M\boldsymbol{x}_{n-1}=M^2\boldsymbol{x}_{n-2}=\cdots=M^n\boldsymbol{x}_0$$

これが解である．

一般の線型差分方程式の場合も全く同様で，適当に連立化して，

(9-42)
$$\boldsymbol{x}_n=M\boldsymbol{x}_{n-1},\qquad \boldsymbol{x}_0=\boldsymbol{a}$$

の形にすることができる．すると上と同様にして，

$$\boldsymbol{x}_n=M^n\boldsymbol{x}_0=M^n\boldsymbol{a}$$

が解である．

行列 M が与えられたとき，M^n を計算するには M を一般スペクトル分解しておくと便利である．すなわち，

(9-43)
$$\begin{aligned}M&=S+N \qquad (S:\text{半単純},\ N:\text{べき零})\\&=\sum_{i=1}^{r}\lambda_iP_i+\sum_{i=1}^{r}(M-\lambda_iI)P_i\end{aligned}$$

の形に分解しておくと，二項展開の公式により

(9-44)
$$\begin{aligned}M^n&=\left(\sum_{i=1}^{r}\lambda_iP_i\right)^n+\binom{n}{1}\left(\sum_{i=1}^{r}\lambda_iP_i\right)^{n-1}\left(\sum_{i=1}^{r}(M-\lambda_iI)P_i\right)+\cdots\\&\qquad+\left(\sum_{i=1}^{r}(M-\lambda_iI)P_i\right)^n\\&=\sum_{i=1}^{r}\lambda_i{}^nP_i+\binom{n}{1}\sum_{i=1}^{r}\lambda_i{}^{n-1}(M-\lambda_iI)P_i+\cdots\\&\qquad+\binom{n}{k_0-1}\sum_{i=1}^{r}\lambda_i{}^{n-k_0+1}(M-\lambda_iI)^{k_0-1}P_i.\end{aligned}$$

(k_0 は固有値の標数の最大値：$k_0=\max(k_1,\cdots,k_r)$）となる．

例 14. 先ほどの例，$\boldsymbol{x}_n=\begin{pmatrix}0&1\\1&1\end{pmatrix}\boldsymbol{x}_{n-1}$，$\boldsymbol{x}_0=\begin{pmatrix}1\\1\end{pmatrix}$ では，$\det(M-\lambda I)=\lambda^2-\lambda-1=\left(\lambda-\dfrac{1+\sqrt{5}}{2}\right)\left(\lambda-\dfrac{1-\sqrt{5}}{2}\right)$ と，単根だけだから M は半単純，従って，射影は，$\lambda_1=\dfrac{1+\sqrt{5}}{2}$ に対応しては

$$P_1=\frac{M-\lambda_2I}{\lambda_1-\lambda_2}=\frac{1}{\sqrt{5}}\begin{bmatrix}-\dfrac{1-\sqrt{5}}{2} & 1\\ 1 & \dfrac{1+\sqrt{5}}{2}\end{bmatrix}$$

また $\lambda_2=\dfrac{1-\sqrt{5}}{2}$ に対しては，

$$P_2=\frac{M-\lambda_1 I}{\lambda_2-\lambda_1}=-\frac{1}{\sqrt{5}}\begin{bmatrix}-\frac{1+\sqrt{5}}{2} & 1\\ 1 & \frac{1-\sqrt{5}}{2}\end{bmatrix}=\frac{1}{\sqrt{5}}\begin{bmatrix}\frac{1+\sqrt{5}}{2} & -1\\ -1 & -\frac{1-\sqrt{5}}{2}\end{bmatrix}$$

となる．そして，

$$M^n=\lambda_1{}^n P_1+\lambda_2{}^n P_2$$

$$=\frac{1}{\sqrt{5}}\left(\frac{1+\sqrt{5}}{2}\right)^n\begin{bmatrix}-\frac{1-\sqrt{5}}{2} & 1\\ 1 & \frac{1+\sqrt{5}}{2}\end{bmatrix}+\frac{1}{\sqrt{5}}\left(\frac{1-\sqrt{5}}{2}\right)^n\begin{bmatrix}\frac{1+\sqrt{5}}{2} & -1\\ -1 & -\frac{1-\sqrt{5}}{2}\end{bmatrix}$$

これを $\boldsymbol{x}_0={}^t(1,\ 1)$ にほどこす．$P_1\boldsymbol{x}_0=\frac{1}{\sqrt{5}}\,{}^t\left(\frac{1+\sqrt{5}}{2},\ 1+\frac{1+\sqrt{5}}{2}\right)$，$P_2\boldsymbol{x}_0=\frac{1}{\sqrt{5}}\,{}^t\left(-\frac{1-\sqrt{5}}{2},\ -1-\frac{1-\sqrt{5}}{2}\right)$だから，

$$M^n\boldsymbol{x}_0=\begin{bmatrix}\frac{1}{\sqrt{5}}\left\{\left(\frac{1+\sqrt{5}}{2}\right)^{n+1}-\left(\frac{1-\sqrt{5}}{2}\right)^{n+1}\right\}\\ \frac{1}{\sqrt{5}}\left\{\left(\frac{1+\sqrt{5}}{2}\right)^{n+2}-\left(\frac{1-\sqrt{5}}{2}\right)^{n+2}\right\}\end{bmatrix}$$

である．フィボナッチ数列はこのうちの上段をとればよい．

例 15. $x_n=2y_{n-1}-z_{n-1},\qquad x_0=1$

$y_n=-2x_{n-1}+4y_{n-1}-z_{n-1},\qquad y_0=0$

$z_n=-3x_{n-1}+4y_{n-1},\qquad z_0=1$

をとけ．

$$\boldsymbol{x}_n=\begin{bmatrix}0 & 2 & -1\\ -2 & 4 & -1\\ -3 & 4 & 0\end{bmatrix}\boldsymbol{x}_{n-1}$$

だから，$\boldsymbol{x}_n=M^n\boldsymbol{x}_0$ を求めればよい．

$$\det(M-\lambda I)=-(\lambda-1)^2(\lambda-2)$$

$$M-I=\begin{bmatrix}-1 & 2 & -1\\ -2 & 3 & -1\\ -3 & 4 & -1\end{bmatrix}$$

は階数2だから $\lambda=1$ は標数1ではあり得ない．従って標数2である．だから最小多項式は $(\lambda-1)^2(\lambda-2)$．射影を求めよう．

$$\frac{1}{(\lambda-1)^2(\lambda-2)}=\frac{-\lambda}{(\lambda-1)^2}+\frac{1}{\lambda-2}$$

だから，$\lambda=2$ に対応する射影は

$$P_2=(M-I)^2=\begin{bmatrix}0 & 0 & 0\\ -1 & 1 & 0\\ -2 & 2 & 0\end{bmatrix}$$

従って，$\lambda=1$ に対応する射影は

$$P_1=I-P_2=\begin{bmatrix}1 & 0 & 0\\ 1 & 0 & 0\\ 2 & -2 & 1\end{bmatrix}$$

M の一般スペクトル分解は，

$$M=(1P_1+2P_2)+(M-I)P_1$$

で与えられる．従って，$P_1{}^2=P_1$，$P_2P_1=0$ などを用いると，

$$\begin{aligned}M^n&=(P_1+2P_2)^n+\binom{n}{1}(P_1+2P_2)^{n-1}(M-I)P_1\\ &=P_1+2^nP_2+n(P_1+2^{n-1}P_2)(M-I)P_1\\ &=P_1+2^nP_2+n(M-I)P_1\\ &=\begin{bmatrix}1 & 0 & 0\\ 1 & 0 & 0\\ 2 & -2 & 1\end{bmatrix}+2^n\begin{bmatrix}0 & 0 & 0\\ -1 & 1 & 0\\ -2 & 2 & 0\end{bmatrix}+n\begin{bmatrix}-1 & 2 & -1\\ -1 & 2 & -1\\ -1 & 2 & -1\end{bmatrix}\end{aligned}$$

これに初期条件：$\boldsymbol{x}_0={}^t(1,0,1)$ をかけると，

$$x_n=1-2n$$

$$y_n=1-2^n-2n$$

$$z_n=3-2^{n+1}-2n.$$

なお，“強制項” $\boldsymbol{a}_{n-1}$ がついた非斉次方程式

(9-45)
$$\boldsymbol{x}_n = M\boldsymbol{x}_{n-1} + \boldsymbol{a}_{n-1}$$

の場合は，次のようにすればよい．

$$\boldsymbol{x}_n - M\boldsymbol{x}_{n-1} = \boldsymbol{a}_{n-1}$$
$$M\boldsymbol{x}_{n-1} - M^2\boldsymbol{x}_{n-2} = M\boldsymbol{a}_{n-2}$$
$$\cdots\cdots\cdots\cdots\cdots\cdots$$
$$M^{n-1}\boldsymbol{x}_1 - M^n\boldsymbol{x}_0 = M^{n-1}\boldsymbol{a}_0$$

従って全部加えると，

(9-46)
$$\boldsymbol{x}_n = M^n\boldsymbol{x}_0 + M^{n-1}\boldsymbol{a}_0 + M^{n-2}\boldsymbol{a}_1 + \cdots + M\boldsymbol{a}_{n-2} + \boldsymbol{a}_{n-1}$$

例 16.　$x_{n+2} - 5x_{n+1} + 6x_n = n$ をとけ．

$$x_{n+1} = y_n,$$
$$y_{n+1} = -6x_n + 5y_n + n$$

と連立化しよう．すると，

$$\boldsymbol{x}_{n+1} = \begin{pmatrix} 0 & 1 \\ -6 & 5 \end{pmatrix}\boldsymbol{x}_n + \begin{pmatrix} 0 \\ n \end{pmatrix}, \qquad \boldsymbol{x}_0 = \begin{pmatrix} x_0 \\ x_1 \end{pmatrix}$$

の形になる．$\det(M - \lambda I) = (\lambda - 2)(\lambda - 3)$．従って M は半単純で，射影は

$$\lambda = 2 \longleftrightarrow g_1(\lambda) = \frac{\lambda - 3}{2 - 3} \longleftrightarrow P_1 = 3I - M = \begin{pmatrix} 3 & -1 \\ 6 & -2 \end{pmatrix}$$

$$\lambda = 3 \longleftrightarrow g_2(\lambda) = \frac{\lambda - 2}{3 - 2} \longleftrightarrow P_2 = M - 2I = \begin{pmatrix} -2 & 1 \\ -6 & 3 \end{pmatrix}$$

従って，

$$M^n = 2^n P_1 + 3^n P_2$$

となる．解 $\boldsymbol{x}_n$ は，

$$\begin{aligned}
\boldsymbol{x}_n &= (2^n P_1 + 3^n P_2)\boldsymbol{x}_0 + \sum_{j=1}^{n}(2^{n-j}P_1 + 3^{n-j}P_2)\begin{bmatrix} 0 \\ j-1 \end{bmatrix} \\
&= (2^n P_1 + 3^n P_2)\boldsymbol{x}_0 + P_1\begin{bmatrix} 0 \\ \sum_{j=1}^{n}(j-1)2^{n-j} \end{bmatrix} + P_2\begin{bmatrix} 0 \\ \sum_{j=1}^{n}(j-1)3^{n-j} \end{bmatrix} \\
&= (2^n P_1 + 3^n P_2)\boldsymbol{x}_0 + P_1\begin{bmatrix} 0 \\ 2^n - n - 1 \end{bmatrix} + P_2\begin{bmatrix} 0 \\ \frac{1}{4}(3^n - 2n - 1) \end{bmatrix}
\end{aligned}$$

である．もとの x_n にもどすと，

$$x_n=(3x_0-x_1-1)\cdot 2^n+\left(-2x_0+x_1+\frac{1}{4}\right)\cdot 3^n+\frac{n}{2}+\frac{3}{4}$$

問　第9章§3問1の各行列について A^n および e^{At} を計算せよ．

演習問題 9

1.　n 次正方行列　$A=\begin{bmatrix} 0 & 1 & 1 & \cdots & 1 \\ & \ddots & \ddots & \ddots & \vdots \\ & & \ddots & \ddots & 1 \\ & 0 & & \ddots & 1 \\ & & & & 0 \end{bmatrix}$ は零化指数 n のべき零行列であることを示せ．

次にジョルダン鎖を求めて，標準化行列を作れ．

2.　行列　$A=\begin{bmatrix} 0 & 1 & & 0 \\ 0 & 0 & \ddots & \\ \vdots & \vdots & \ddots & \ddots \\ 0 & & \ddots & 1 \\ 1 & 0 & \cdots & 0 \end{bmatrix}$ は半単純であることを示せ．そしてこれを対角化せよ．

3.　前問を用いて，一般の巡回行列

$$\begin{bmatrix} a_1 & a_2 & \cdots & a_n \\ a_n & a_1 & a_2 \cdots & a_{n-1} \\ & \ddots & \ddots & \vdots \\ a_2 & a_3 & \cdots & a_1 \end{bmatrix}$$

の固有値問題をとけ．

4.　$\begin{bmatrix} & 0 & & a_1 \\ & & a_2 & \\ & \iddots & & 0 \\ a_n & & & \end{bmatrix}$ が半単純であるための必要十分条件を求めよ．

5.　(i)　$A=\begin{bmatrix} 0 & 1 & & 0 \\ & 0 & \ddots & \\ 0 & & \ddots & \\ & & 0 & 1 \\ a_1 & a_2 & \cdots & a_n \end{bmatrix}$ の形の行列の最小多項式はつねに固有多項式と一致すること

を示せ．また，固有多項式はどんな形か？

(ii)　A の固有値がすべて異なるとき，その対角化行列を求めよ．

6.　θ がべき零であるための必要十分条件は

$$\mathrm{tr}\,\theta=\mathrm{tr}(\theta^2)=\cdots=\mathrm{tr}(\theta^n)=0$$

であることを示せ．

7.　線型変換が**べき単**であるとは，その半単純成分が恒等変換であることである．任意の正則な線型変換はたがいに可換な半単純変換とべき単変換の積として一意的に表わされることを示せ．

8. $A_m=\begin{bmatrix} 1 & \dfrac{t}{m} \\ -\dfrac{t}{m} & 1 \end{bmatrix}$ とするとき，$\lim\limits_{m\to+\infty} A_m^m=\begin{bmatrix} \cos t & \sin t \\ -\sin t & \cos t \end{bmatrix}$

であることを示せ．

9. $A=\begin{bmatrix} 5 & -4 \\ 4 & -3 \end{bmatrix}$ とするとき，A^{100} を求めよ．

10. $A=\begin{bmatrix} 1 & 1 & 0 \\ 0 & 1 & 1 \\ 0 & 0 & 0 \end{bmatrix}$ とするとき，A^m を求めよ．

11. 正方行列 A について A^m $(m=1, 2, \cdots)$ の各要素が m に関して有界なら，A の固有値の絶対値は 1 をこえない．これを示せ．

12. $e^{\varphi+\psi}=e^{\varphi}\circ e^{\psi}=e^{\psi}\circ e^{\varphi}$ が成立するのは φ と ψ が可換なとき，かつそのときに限ることを示せ．

13. 任意の線型変換 φ に対し

$$\det(e^{\varphi})=e^{\mathrm{tr}(\varphi)}$$

が成立することを示せ．

14. φ が反エルミート変換，$\varphi^*=-\varphi$ なら，すべての実数 t につき $e^{t\varphi}$ はユニタリである．逆にすべての実数 t につき，$e^{t\varphi}$ がユニタリなら φ は反エルミートである．これを示せ．

15. 行列 J が最初からジョルダン標準形であるとき，$f(J)$ はどんな形の行列か．

16. $\dfrac{d^2\boldsymbol{x}}{dt^2}=M\boldsymbol{x}$ の初期値問題をとけ．ただし $\boldsymbol{x}(0)=\boldsymbol{x}_0$，$\boldsymbol{x}'(0)=\boldsymbol{x}_1$ とする．また非斉次方程式 $\dfrac{d^2\boldsymbol{x}}{dt^2}=M\boldsymbol{x}+\boldsymbol{f}(t)$ の場合はどうなるか．

あ　と　が　き

書き終ってみると，ああもしたかった，こうもしたかったと思うことが多くあるし，書き残したことも多い．固有値問題は，直接一般固有値問題を解いてそれを用いて個々の固有値問題を扱うのが論理的順序としては最も経済的であったろう．しかし，わかりやすさから言うとどうなのかわからなかった．それから，線型変換のノルム，単因子論等，本書のすじ道にうまくのらなかった事項は結局省略することになってしまった．これらに関して，またさらに各方面に勉学を志す読者のために参考書を挙げておこう．

現在，線型代数に関する邦書は80冊を越える．その大半は各大学で使用することを目的とする教科書である．その中でよく知られ定評のあるものとして，

[1]　古屋茂，行列と行列式（培風館，新数学シリーズ5）

[2]　佐武一郎，行列と行列式（裳華房，数学選書1）

[3]　斉藤正彦，線型代数入門（東大出版会，基礎数学1）

[4]　小松醇郎・永田雅宜，理工系代数学と幾何学（共立出版）

[5]　入江昭二，線型数学Ⅰ，Ⅱ（共立出版）

などが挙げられよう．その他，最近のものとして

[6]　銀林浩，ベクトルから固有値問題へ（現代数学社，数学リーブル3）

がある．また教科書風ではないが各方面の話題が豊富なのは

[7]　遠山啓，行列論（共立出版，共立全書 47）

[8]　ア・イ・マリツェフ-柴岡泰光訳，線型代数学 1，2（東京図書）

がある．なお外国の書物でよく知られているのは

[9]　P. R. Halmos, Finite dimensional vector spaces (Annals of Math. Studies 7, Princeton Univ. Press).

[10]　F. R. Gantmacher, The theory of matrices, vol. 1, 2 (Chelsea)

（これはもともとロシア語で書かれたもので，独訳，仏訳もある.）

[11]　P. Lancaster, Theory of matrices (Academic Press).

関数解析学の導入部に線型代数との関連を述べているものとして重要なのは，

[12] 吉田耕作・加藤敏夫，大学演習応用数学Ｉ（裳華房）

[13] 溝畑茂，積分方程式入門（朝倉書店，基礎数学シリーズ 14）

[14] クーラン・ヒルベルト-斉藤利弥・丸山滋弥訳，数理物理学の方法 1（東京図書）

また英語で書かれてはいるが

[15] T. Kato, Perturbation theory for linear operators (Grundlehren der math. Wiss. B. 132, Springer).

がある．最後に，自然科学・工学への応用等で重要な数値計算その他に関連する詳しい話は

[16] ファジェーエフ・ファジェーエバ-小国力訳，線型代数の計算法（上）・（下）（産業図書）

[17] A. S. Householder, The theory of matrices in numerical analysis (Blaisdell).

[18] J. H. Wilkinson, The algebraic eigenvalue problem (Oxford Univ. press)

にのっている．

改訂増補版へのあとがき

その後，数多くの関連図書が出版された．その中で，本書に引き続き読んでほしいと思うものを２冊挙げておこう．

[19] 加藤敏夫著，丸山徹訳，行列の摂動（シュプリンガーフェアラーク東京）

これは[15]の第 1, 2 章の部分を加筆増補したもので，本書よりずっと関数解析学的な視点に立っている．

[20] シャトラン著，伊理正夫・伊理由美訳，行列の固有値——最新の解法と応用——（シュプリンガーフェアラーク東京）

これは，最近の研究成果まで取り入れた研究書で，数値解析の方面にも詳しい．

問 題 解 答

〈第１章〉

§1. 問1. $\lambda \neq 0$ なら $\dfrac{1}{\lambda}\lambda \boldsymbol{a} = \dfrac{1}{\lambda}\cdot\boldsymbol{0} = \boldsymbol{0}$. すなわち $\boldsymbol{a} = \boldsymbol{0}$.

問2. 1つしかない. 2つあったとすると $\boldsymbol{0}_1 = \boldsymbol{0}_2 + \boldsymbol{0}_1 = \boldsymbol{0}_1 + \boldsymbol{0}_2 = \boldsymbol{0}_2$.

§2. 問1. $F_1+F_2+F_3$ が直和なら $F_1 \cap (F_2+F_3) = \{\boldsymbol{0}\}$. だから $F_1 \cap F_2 = \{\boldsymbol{0}\}$. 従って F_1+F_2 は直和. 今 $G = F_1 \dot{+} F_2$ とおくと $F_3 \cap G = \{\boldsymbol{0}\}$. 従って $(F_1 \dot{+} F_2)+F_3$ も直和で集合としては $F_1+F_2+F_3$ に等しい. 逆も同様.

問2. $\boldsymbol{x} \in F+(G\cap H)$ とすると $\boldsymbol{y} \in F$, $\boldsymbol{z} \in G \cap H$ があって, $\boldsymbol{x} = \boldsymbol{y}+\boldsymbol{z}$, $\boldsymbol{y}+\boldsymbol{z} \in F+G$ かつ $\boldsymbol{y}+\boldsymbol{z} \in F+H$ だから $\boldsymbol{x} \in (F+G)\cap(F+H)$. 逆に $\boldsymbol{x} \in (F+G)\cap(F+H)$ をとると, $\boldsymbol{x} \in F+G = G$, かつ $\boldsymbol{x} = \boldsymbol{y}+\boldsymbol{z}$, $\boldsymbol{y} \in F$, $\boldsymbol{z} \in H$. 従って $\boldsymbol{z} = \boldsymbol{x}-\boldsymbol{y} \in G+F = G$. すなわち $\boldsymbol{z} \in G \cap H$. 従って $\boldsymbol{x} = \boldsymbol{y}+\boldsymbol{z} \in F+G\cap H$.

§3. 問. (1) 明らか. (2) $P, Q \in F_{x_0}$ とすると $\lambda P(x_0) + \mu Q(x_0) = 0$. $\therefore \lambda P + \mu Q \in F_{x_0}$. 基軸としてはたとえば, $\{\lambda(x-x_0)\}$, $\{\lambda x(x-x_0)\}$, $\{\lambda x^2(x-x_0)\}$ ととればよい. すなわち3次元. (3) 基軸としては $\{\lambda(x-x_1)(x-x_2)\}$, $\{\lambda x(x-x_1)(x-x_2)\}$ ととればよい. 従って2次元. (4) これも線型部分空間で, 基軸は $\{\lambda\}$, $\{\lambda(x-x_0)^2\}$, $\{\lambda(x-x_0)^3\}$ ととればよい. (5) これは x_0 で重根をもつ多項式の全体で, 基軸は, $\{\lambda(x-x_0)^2\}$, $\{\lambda x(x-x_0)^2\}$ ととればよい. 従って2次元.

§4. 問1. R^2 において $A = \begin{pmatrix} 0 & 1 \\ 0 & 0 \end{pmatrix}$, $E_1 = \{\lambda {}^t(1,1)\}$, $E_2 = \{\lambda {}^t(-1,1)\}$ とすると $E_1 \dot{+} E = R^2$ だが $AE_1 = \{\lambda {}^t(1,0)\}$, $AE_2 = \{\lambda {}^t(1,0)\} = AE_1$ となる.

問2. 第2式はつねに成立する. 実際, $\boldsymbol{x} \in \varphi(E_1 \cap E_2)$ とすると, ある $\boldsymbol{y} \in E_1 \cap E_2$ があって $\boldsymbol{x} = \varphi(\boldsymbol{y})$ とかける. $\boldsymbol{y} \in E_1$ だから $\boldsymbol{x} \in \varphi(E_1)$. $\boldsymbol{y} \in E_2$ でもあるから $\boldsymbol{x} \in \varphi(E_2)$. 従って $\boldsymbol{x} \in \varphi(E_1) \cap \varphi(E_2)$. 第1, 第3式が成立しない例は問1と同じことを考えればよい. $E_1 \cap E_2 = \{\boldsymbol{0}\}$ だが $AE_1 \cap AE_2 = AE_1 \neq \{\boldsymbol{0}\}$.

問3. 次元定理から $\dim E = \dim \varphi(E) + \dim \varphi^{-1}(\boldsymbol{0})$. また φ を F の上だけで考えたときの次元定理は, $\dim F = \dim \varphi(F) + \dim(\varphi^{-1}(\boldsymbol{0}) \cap F) \leqslant \dim \varphi(F) + \dim \varphi^{-1}(\boldsymbol{0})$. この2式を辺々引き算すると, $\dim E - \dim F \geqslant \dim \varphi(E) - \dim \varphi(F)$.

§5. 問1. $p^2 = p$ なら $u^2 = (2p-I)^2 = 4p^2 - 4p + I = 4(p^2-p) + I = I$. 逆に $(2p-I)^2 = I$ なら, $4(p^2-p)+I = I$, だから $p^2 = p$.

問2. $p_2 \circ p_1 = p_1$ とすると $\boldsymbol{x} \in p_1(E)$ は $p_2(\boldsymbol{x}) = p_2 \circ p_1(\boldsymbol{x}) = p_1(\boldsymbol{x}) = \boldsymbol{x}$ だから $\boldsymbol{x} \in p_2(E)$, 逆に $p_1(E) \subset p_2(E)$ なら, 任意の $\boldsymbol{x}$ につき, $p_1(\boldsymbol{x}) \in p_1(E) \subset p_2(E)$ だから, ある $\boldsymbol{y}$ があって $p_1(\boldsymbol{x}) = p_2(\boldsymbol{y})$. 従って $p_2 \circ p_1(\boldsymbol{x}) = p_2{}^2(\boldsymbol{y}) = p_2(\boldsymbol{y}) = p_1(\boldsymbol{x})$. すなわち $p_2 \circ p_1 = p_1$.

演習問題 1

1.　「$1\cdot\boldsymbol{a}=\boldsymbol{a}$」は他の公理からはでてこない．実際，普通の線型空間 E において，数乗法を「任意のスカラー λ と任意のベクトル $\boldsymbol{a}$ の積は $\boldsymbol{0}$」と定義し直してやると，1°～8°のうち 5° を除いてすべて成立している．

2.　$F_1\cap(F\cap F_2)=F\cap(F_1\cap F_2)=F\cap\{\boldsymbol{0}\}=\{\boldsymbol{0}\}$ だから，F_1 と $F\cap F_2$ は直和条件をみたしている．$F\supset F_1$，$F\supset F\cap F_2$ なので，$F\supset F_1\dot{+}F\cap F_2$ は明らか．F の任意の元 $\boldsymbol{x}$ は，$\boldsymbol{x}=\boldsymbol{x}_1+\boldsymbol{x}_2$，$\boldsymbol{x}_1\in F_1$，$\boldsymbol{x}_2\in F_2$ とかける（$\because$ $F_1\dot{+}F_2=E$）．従って，$\boldsymbol{x}_2=\boldsymbol{x}-\boldsymbol{x}_1$ だが，$F_1\subset F$ なので $\boldsymbol{x}_1\in F$．よって $\boldsymbol{x}_2\in F$．すなわち $\boldsymbol{x}_2\in F\cap F_2$．これで $F\subset F_1\dot{+}F\cap F_2$ が示された．

3.　$P_1(x)$，$P_2(x)$ を多項式とすると，$\dfrac{d}{dx}(\lambda P_1+\mu P_2)=\lambda\dfrac{dP_1}{dx}+\mu\dfrac{dP_2}{dx}$．すなわち線型である．$\dfrac{dP}{dx}=0$ となる多項式は定数だから，核は定数全体の作る1次元空間．また，どんな多項式も原始関数をもつから，値域は全空間．すなわち $\dfrac{d}{dx}$ は全射である．（この空間は無限次元である．）

4.　この場合 $\dfrac{d}{dx}$ の値域は高々2次の多項式の全体である．

5.　$\dfrac{d}{dx}(a\cos x+b\sin x)=-a\sin x+b\cos x=0$ から $a=b=0$ がでるから $\dfrac{d}{dx}$ の核は $\{0\}$ である．

6.　$\varphi^2=0$ は，$\varphi^2(E)=\{\boldsymbol{0}\}$ ということだから，$\varphi(E)\subset\varphi^{-1}(\boldsymbol{0})$ なら $\varphi^2=0$ が成立し，$\varphi(E)\not\subset\varphi^{-1}(\boldsymbol{0})$ ならある $\boldsymbol{x}$ について $\varphi(\boldsymbol{x})\notin\varphi^{-1}(\boldsymbol{0})$ だから $\varphi^2\neq0$ である．$\varphi^2=0$ なら $(I-\varphi)(I+\varphi)=I-\varphi^2=I$ だから，$I+\varphi$ には逆変換が存在する．従って $I+\varphi$ は正則である．

7.　$(2,3,1)=\lambda(1,1,1)+(x,y,0)$ となるように λ,x,y をきめればよい．すると，$\lambda=1$ でなければならない．従って $x=1$，$y=2$．

8.　$\lambda(x_0-x_1)=0$ とすると $\lambda=0$ だから，$F_{x_0}\cap\{\lambda(x-x_1)\}=\{0\}$．任意の多項式 $P(x)$ に対し，$P(x)-\lambda(x-x_1)\in F_{x_0}$ となるように λ をきめる．$\lambda=\dfrac{P(x_0)}{x_0-x_1}$ となる．従って，$\{\lambda(x-x_1)\}$ への射影は $P(x)\to\dfrac{P(x_0)}{x_0-x_1}(x-x_1)$ であり，F_{x_0} への射影は，$P(x)\to P(x)-\dfrac{P(x_0)}{x_0-x_1}(x-x_1)$ である．

9.　$\dim F=m$，$\dim(\varphi^{-1}(\boldsymbol{0})\cap F)=k$ として，$\varphi^{-1}(\boldsymbol{0})\cap F$ から基軸 $l_1,\cdots,l_k$ をとりこれにつけ加えて F の基軸になるように直線 $l_{k+1},\cdots,l_m$ をえらべば，$\varphi(l_{k+1}),\cdots,\varphi(l_m)$ は $\varphi(F)$ の基軸になる（定理 1-11）．従って，$\dim\varphi(F)=m-k$.

〈第2章〉

§1.　**問1.**　(L. 1) $l(\boldsymbol{x})\geqq0$ は明らか．$l(\boldsymbol{x})=0$ が成立するのは，$x^2+2xy+2y^2=$

$(x+y)^2+y^2=0$ から $x=y=0$ のときに限る．(L. 2) $l(\lambda\boldsymbol{x})=|\lambda|l(\boldsymbol{x})$ は明らか．(L. 3) $l(\boldsymbol{x}_1+\boldsymbol{x}_2)^2=(x_1+x_2+y_1+y_2)^2+(y_1+y_2)^2=\{(x_1+y_1)^2+y_1^2\}+2\{(x_1+y_1)(x_2+y_2)+y_1y_2\}+\{(x_2+y_2)^2+y_2^2\}$．一般に$a_1a_2+b_1b_2\leqslant\sqrt{a_1^2+b_1^2}\cdot\sqrt{a_2^2+b_2^2}$ だから，$(x_1+y_1)(x_2+y_2)+y_1y_2\leqslant\sqrt{(x_1+y_1)^2+y_1^2}\sqrt{(x_2+y_2)^2+y_2^2}$．従って上式は $\leqslant l(\boldsymbol{x}_1)^2+2l(\boldsymbol{x}_1)l(\boldsymbol{x}_2)+l(\boldsymbol{x}_2)^2=(l(\boldsymbol{x}_1)+l(\boldsymbol{x}_2))^2$ となる．(L. 4) $l(\boldsymbol{x}_1+\boldsymbol{x}_2)^2+l(\boldsymbol{x}_1-\boldsymbol{x}_2)^2=(x_1+x_2+y_1+y_2)^2+(y_1+y_2)^2+(x_1-x_2+y_1-y_2)^2+(y_1-y_2)^2=(x_1+y_1)^2+2(x_1+y_1)(x_2+y_2)+(x_2+y_2)^2+y_1^2+2y_1y_2+y_2^2+(x_1+y_1)^2-2(x_1+y_1)(x_2+y_2)+(x_2+y_2)^2+y_1^2-2y_1y_2+y_2^2=2\{(x_1+y_1)^2+y_1^2+(x_2+y_2)^2+y_2^2\}=2\{l(\boldsymbol{x}_1)^2+l(\boldsymbol{x}_2)^2\}$．

問2． (L. 4) がすべてのベクトル $\boldsymbol{a}$, $\boldsymbol{b}$ について成立するには，ある特別のベクトルについて成立することが必要である．今 $\boldsymbol{a}=(1, 0)$, $\boldsymbol{b}=(0, 1)$ とすると，$l_\alpha(\boldsymbol{a}+\boldsymbol{b})^2+l_\alpha(\boldsymbol{a}-\boldsymbol{b})^2=2^{\frac{2}{\alpha}}+2^{\frac{2}{\alpha}}=2\cdot2^{\frac{2}{\alpha}}$．$2(l_\alpha(\boldsymbol{a})^2+l_\alpha(\boldsymbol{b})^2)=2(1+1)=2\cdot2$．従って，$\dfrac{2}{\alpha}=1$．すなわち $\alpha=2$ でなければならない．逆に $\alpha=2$ なら $l_\alpha(\boldsymbol{a})$ がユークリッド的長さであることは明らか．

問3． $\boldsymbol{x}=(x, y)$ とするとき，$|x|\leqslant|y|$ として一般性を失わない．$l_\alpha(\boldsymbol{x})=(|x|^\alpha+|y|^\alpha)^{\frac{1}{\alpha}}=|y|\left\{\left(\dfrac{|x|}{|y|}\right)^\alpha+1\right\}^{\frac{1}{\alpha}}$．もし $|x|<|y|$ なら$\left(\dfrac{|x|}{|y|}\right)^\alpha\to0$ $(\alpha\to\infty)$ だから $l_\alpha(\boldsymbol{x})\to|y|$．またもし $|x|=|y|$ なら $l_\alpha(\boldsymbol{x})=|y|\cdot2^{\frac{1}{\alpha}}\to|y|$ $(\alpha\to\infty)$．いずれにせよ $\lim_{\alpha\to\infty}l_\alpha(\boldsymbol{x})=|y|=\max\{|x|, |y|\}$．

§2．問1． $\langle\boldsymbol{a}+\boldsymbol{b}, \boldsymbol{a}-\boldsymbol{b}\rangle=\langle\boldsymbol{a}, \boldsymbol{a}\rangle-\langle\boldsymbol{a}, \boldsymbol{b}\rangle+\langle\boldsymbol{b}, \boldsymbol{a}\rangle-\langle\boldsymbol{b}, \boldsymbol{b}\rangle=|\boldsymbol{a}|^2-|\boldsymbol{b}|^2=0$.

問2． $\lambda|\boldsymbol{x}-\boldsymbol{a}|^2+\mu|\boldsymbol{x}-\boldsymbol{b}|^2-\nu=\lambda|\boldsymbol{x}|^2-2\lambda\langle\boldsymbol{x}, \boldsymbol{a}\rangle+\lambda|\boldsymbol{a}|^2+\mu|\boldsymbol{x}|^2-2\mu\langle\boldsymbol{x}, \boldsymbol{b}\rangle+\mu|\boldsymbol{b}|^2-\nu=(\lambda+\mu)|\boldsymbol{x}|^2-2\langle\boldsymbol{x}, \lambda\boldsymbol{a}+\mu\boldsymbol{b}\rangle+\lambda|\boldsymbol{a}|^2+\mu|\boldsymbol{b}|^2-\nu$．もし $\lambda+\mu\neq0$ なら，$=(\lambda+\mu)\left|\boldsymbol{x}-\dfrac{\lambda\boldsymbol{a}+\mu\boldsymbol{b}}{\lambda+\mu}\right|^2-\dfrac{|\lambda\boldsymbol{a}+\mu\boldsymbol{b}|^2}{\lambda+\mu}+\lambda|\boldsymbol{a}|^2+\mu|\boldsymbol{b}|^2-\nu=(\lambda+\mu)\left|\boldsymbol{x}-\dfrac{\lambda\boldsymbol{a}+\mu\boldsymbol{b}}{\lambda+\mu}\right|^2+\dfrac{\lambda\mu}{\lambda+\mu}|\boldsymbol{a}-\boldsymbol{b}|^2-\nu$ となるから，$\lambda\mu|\boldsymbol{a}-\boldsymbol{b}|^2-\nu(\lambda+\mu)<0$ なら球面，$=0$ なら1点，>0 なら空集合．また，もし $\lambda+\mu=0$ なら，もとの式は $\lambda(-2\langle\boldsymbol{x}, \boldsymbol{a}-\boldsymbol{b}\rangle+(|\boldsymbol{a}|^2-|\boldsymbol{b}|^2))-\nu$ となるから，$\boldsymbol{a}\neq\boldsymbol{b}$ かつ $\lambda\neq0$ のとき平面，$\boldsymbol{a}=\boldsymbol{b}$ または $\lambda=0$ のときは $\nu=0$ なら全空間，$\nu\neq0$ なら空集合．

§3．問1． 帰納法による．$\boldsymbol{a}_1=\boldsymbol{e}_1$ だから $m=1$ についてはよい．$m=k$ まで証明されたとして，$\boldsymbol{b}_{k+1}=-\langle\boldsymbol{e}_1, \boldsymbol{a}_{k+1}\rangle\boldsymbol{e}_1-\cdots-\langle\boldsymbol{e}_k, \boldsymbol{a}_{k+1}\rangle\boldsymbol{e}_k+\boldsymbol{a}_{k+1}$．ところが $\boldsymbol{a}_{k+1}=\sum_{i=1}^{k+1}\boldsymbol{e}_i$ だから $\boldsymbol{e}_1, \cdots, \boldsymbol{e}_k$ との内積はすべて 1．従って，$\boldsymbol{b}_{k+1}=-\sum_{i=1}^{k}\boldsymbol{e}_i+\boldsymbol{a}_{k+1}=\boldsymbol{e}_{k+1}$．これで $m=k+1$ の場合が証明された．だからすべての m につき $\boldsymbol{b}_m=\boldsymbol{e}_m$.

問2． $\boldsymbol{u}_1=\boldsymbol{e}_1+\boldsymbol{e}_2$, $\boldsymbol{u}_2=\boldsymbol{e}_1-\boldsymbol{e}_2$, $\boldsymbol{u}_3=\boldsymbol{e}_1+\boldsymbol{e}_2+\boldsymbol{e}_3+\boldsymbol{e}_4$, $\boldsymbol{u}_4=\boldsymbol{e}_1-\boldsymbol{e}_2+\boldsymbol{e}_3-\boldsymbol{e}_4$, $\cdots$ である．$\boldsymbol{e}_1'=\dfrac{\boldsymbol{u}_1}{|\boldsymbol{u}_1|}=\dfrac{\boldsymbol{e}_1+\boldsymbol{e}_2}{\sqrt{2}}$, $\boldsymbol{b}_2=-\langle\boldsymbol{e}_1', \boldsymbol{u}_2\rangle\boldsymbol{e}_1'+\boldsymbol{u}_2=\boldsymbol{u}_2$,　$\therefore\ \boldsymbol{e}_2'=\dfrac{\boldsymbol{b}_2}{|\boldsymbol{b}_2|}=\dfrac{\boldsymbol{e}_1-\boldsymbol{e}_2}{\sqrt{2}}$.　$\boldsymbol{b}_3=-\langle\boldsymbol{e}_1', \boldsymbol{u}_3\rangle\boldsymbol{e}_1'-$

$\langle \boldsymbol{e}_2', \boldsymbol{u}_3\rangle \boldsymbol{e}_2' + \boldsymbol{u}_3 = -\dfrac{2}{\sqrt{2}} \boldsymbol{e}_1' - \boldsymbol{0} + \boldsymbol{u}_3 = \boldsymbol{e}_3 + \boldsymbol{e}_4$. $\therefore \boldsymbol{e}_3' = \dfrac{\boldsymbol{e}_3 + \boldsymbol{e}_4}{\sqrt{2}}$. $\boldsymbol{b}_4 = -\sum_{i=1}^{3} \langle \boldsymbol{e}_i', \boldsymbol{u}_4\rangle \boldsymbol{e}_i' + \boldsymbol{u}_4$ $= -\boldsymbol{e}_1 + \boldsymbol{e}_2 + \boldsymbol{u}_4 = \boldsymbol{e}_3 - \boldsymbol{e}_4$, $\therefore \boldsymbol{e}_4' = \dfrac{\boldsymbol{e}_3 - \boldsymbol{e}_4}{\sqrt{2}}$. 帰納法で $\boldsymbol{e}_{2k-1}' = \dfrac{\boldsymbol{e}_{2k-1} + \boldsymbol{e}_{2k}}{\sqrt{2}}$, $\boldsymbol{e}_{2k}' = \dfrac{\boldsymbol{e}_{2k-1} - \boldsymbol{e}_{2k}}{\sqrt{2}}$ を示そう. $m \leqslant 2k$ までのすべての m について成立したとして, $\boldsymbol{b}_{2k+1} = -\sum_{i=1}^{2k} \langle \boldsymbol{e}_i', \boldsymbol{u}_{2k+1}\rangle \boldsymbol{e}_i'$ $+ \boldsymbol{u}_{2k+1} = -\sqrt{2}\, \boldsymbol{e}_1' - \sqrt{2}\, \boldsymbol{e}_3' - \cdots - \sqrt{2}\, \boldsymbol{e}_{2k-1}' + \boldsymbol{u}_{2i+1} = -(\boldsymbol{e}_1 + \boldsymbol{e}_2 + \boldsymbol{e}_3 + \boldsymbol{e}_4 + \cdots + \boldsymbol{e}_{2k}) + \boldsymbol{u}_{2k+1}$ $= \boldsymbol{e}_{2k+1} + \boldsymbol{e}_{2k+2}$. $\therefore \boldsymbol{e}_{2k+1}' = \dfrac{\boldsymbol{e}_{2k+1} + \boldsymbol{e}_{2k+2}}{\sqrt{2}}$. $\boldsymbol{b}_{2k+2} = -\sum_{i=1}^{2k+1} \langle \boldsymbol{e}_i', \boldsymbol{u}_{2k+2}\rangle \boldsymbol{e}_i' + \boldsymbol{u}_{2k+2} = -\sqrt{2}\, \boldsymbol{e}_2'$ $-\sqrt{2}\, \boldsymbol{e}_4' - \cdots - \sqrt{2}\, \boldsymbol{e}_{2k}' + \boldsymbol{u}_{2k+2} = -(\boldsymbol{e}_1 - \boldsymbol{e}_2 + \boldsymbol{e}_3 - \boldsymbol{e}_4 + \cdots + \boldsymbol{e}_{2k-1} - \boldsymbol{e}_{2k}) + \boldsymbol{u}_{2k+2} = \boldsymbol{e}_{2k+1} - \boldsymbol{e}_{2k+2}$. $\therefore \boldsymbol{e}_{2k+2}' = \dfrac{\boldsymbol{e}_{2k+1} - \boldsymbol{e}_{2k+2}}{\sqrt{2}}$. 従ってすべての k について, $\boldsymbol{e}_{2k-1}' = \dfrac{\boldsymbol{e}_{2k+1} + \boldsymbol{e}_{2k}}{\sqrt{2}}$, $\boldsymbol{e}_{2k}' = \dfrac{\boldsymbol{e}_{2k-1} - \boldsymbol{e}_{2k}}{\sqrt{2}}$ となる.

§4. **問1.** $p_1 - p_2$ が正射影とすると $I-(p_1-p_2)=(I-p_1)+p_2$ も正射影. $I-p_1$ と p_2 は正射影だから, $(I-p_1)\circ p_2=0$ (定理 2-13). すなわち $p_1\circ p_2=p_2$. この推論は逆にたどれるからこれが必要十分条件である. $p_1-p_2=I-((I-p_1)+p_2)$ だからその値域は $((I-p_1)+p_2)(E)^{\perp}=\{(I-p_1)(E)\oplus p_2(E)\}^{\perp}=\{p_1(E)^{\perp}\oplus p_2(E)\}^{\perp}=p_1(E)\cap p_2(E)^{\perp}$.

問2. $F_1'=F_1\cap(F_1\cap F_2)^{\perp}$, $F_2'=F_2\cap(F_1\cap F_2)^{\perp}$ とおく. 任意の $\boldsymbol{x}\in E$ に対し, $p_1(\boldsymbol{x})\in F_1$ を $(F_1\cap F_2)^{\perp}\oplus(F_1\cap F_2)$ に対応して直交分解したものを $p_1(\boldsymbol{x})=\boldsymbol{x}_1+\boldsymbol{x}_2(\boldsymbol{x}_1 \in(F_1\cap F_2)^{\perp}$, $\boldsymbol{x}_2\in F_1\cap F_2)$ とすると, $p_1(\boldsymbol{x})$, $\boldsymbol{x}_2\in F_1$ だから $\boldsymbol{x}_1\in F_1$, 従って $\boldsymbol{x}_1\in F_1'\subset F_2^{\perp}$. すなわち上の分解は $F_2^{\perp}\oplus F_2$ に対応して直交分解したものでもある. 従って, $p_1(\boldsymbol{x})=p_2\circ p_1(\boldsymbol{x})+(1-p_2)\circ p_1(\boldsymbol{x})$ に等しい. $p_2\circ p_1(\boldsymbol{x})\in F_1'$ だから, $p_1\circ p_2\circ p_1(\boldsymbol{x})=p_2\circ p_1(\boldsymbol{x})$. ところが $p_1\circ p_2\circ p_1$ は対称変換だから, $\langle p_1\circ p_2(\boldsymbol{x}), \boldsymbol{y}\rangle=\langle \boldsymbol{x}, p_2\circ p_1(\boldsymbol{y})\rangle=\langle \boldsymbol{x}, p_1\circ p_2\circ p_1(\boldsymbol{y})\rangle=\langle p_1\circ p_2\circ p_1(\boldsymbol{x}), \boldsymbol{y}\rangle=\langle p_2\circ p_1(\boldsymbol{x}), \boldsymbol{y}\rangle$ が任意の $\boldsymbol{x}, \boldsymbol{y}$ について成立する. すなわち, $p_1\circ p_2=p_2\circ p_1$ である.

演習問題 2

1. $E_0=\{\boldsymbol{a}:\langle \boldsymbol{a}, \boldsymbol{a}\rangle=0\}$ とおくと, E_0 は E の線型部分空間である. (実際 $\boldsymbol{a}, \boldsymbol{b}\in E_0$ なら, $|\lambda\boldsymbol{a}+\mu\boldsymbol{b}|^2=\lambda^2|\boldsymbol{a}|^2+2\lambda\mu\langle \boldsymbol{a}, \boldsymbol{b}\rangle+\mu^2|\boldsymbol{b}|^2$. Schwarz の不等式はそのまま成立するから $|\langle \boldsymbol{a}, \boldsymbol{b}\rangle|\leqslant|\boldsymbol{a}|\cdot|\boldsymbol{b}|=0$ となり, 結局, $|\lambda\boldsymbol{a}+\mu\boldsymbol{b}|^2=0$ が出る. すなわち $\lambda\boldsymbol{a}+\mu\boldsymbol{b}\in E_0$) そして, $|\boldsymbol{a}|=0$ から $\boldsymbol{a}=\boldsymbol{0}$ が従う代りに, $\boldsymbol{a}\in E_0$ となる. すなわち, 長さに関しては E_0 の元を任意につけ加える自由度が増すことになる.

2. $l(\boldsymbol{x})$ がユークリッド的長さであることは, §1 問1 と同様に証明できる. この $l(\boldsymbol{x})$ から定義される内積は, $\langle \boldsymbol{x}_1, \boldsymbol{x}_2\rangle=l\left(\dfrac{\boldsymbol{x}_1+\boldsymbol{x}_2}{2}\right)^2-l\left(\dfrac{\boldsymbol{x}_1-\boldsymbol{x}_2}{2}\right)^2=a\left(\dfrac{x_1+x_2}{2}\right)^2+2b\left(\dfrac{x_1+x_2}{2}\right)\left(\dfrac{y_1+y_2}{2}\right)+c\left(\dfrac{y_1+y_2}{2}\right)^2-a\left(\dfrac{x_1-x_2}{2}\right)^2-2b\left(\dfrac{x_1-x_2}{2}\right)\left(\dfrac{y_1-y_2}{2}\right)-c\left(\dfrac{y_1-y_2}{2}\right)^2=ax_1x_2+b(x_1y_2+x_2y_1)+cy_1y_2$.

3.　(1) (S. 1), (S. 2) は明らか，(S. 3) も，$\int_{-\pi}^{\pi} f^2(x)dx \geqq 0$．かつ $=0$ が成立するのは $f(x)\equiv 0$ のときに限る（f の連続性！）．(2) $\frac{1}{\pi}\int_{-\pi}^{\pi}\cos^2 nx\,dx=\frac{1}{\pi}\int_{-\pi}^{\pi}\sin^2 nx\,dx=1$，$\frac{1}{\pi}\int_{-\pi}^{\pi}\cos mx\cos nx\,dx=\frac{1}{\pi}\int_{-\pi}^{\pi}\sin mx\sin nx\,dx=0$ $(m\neq n)$，$\frac{1}{\pi}\int_{-\pi}^{\pi}\cos mx\sin nx dx=0$，等は直接計算で容易にわかる．(3) $f(x)\in C^0(I)$ に対し，$\langle f, \frac{1}{\sqrt{\pi}}\cos nx\rangle=a_n$，$\langle f, \frac{1}{\sqrt{\pi}}\sin nx\rangle=b_n$，$\langle f, \frac{1}{\sqrt{2\pi}}\rangle=a_0$ とおくと，(2-8) から $\int_{-\pi}^{\pi} f^2(x)\,dx \geqq a_0{}^2+a_1{}^2+\cdots+a_n{}^2+b_1{}^2+\cdots+b_n{}^2$ が任意の n について成立する．$n\to\infty$ とすればよい．

4.　$\alpha_i=\langle \boldsymbol{x}, \boldsymbol{e}_i\rangle$ とする．$|\boldsymbol{x}-\sum_{i=1}^{k}\lambda_i\boldsymbol{e}_i|^2=|\boldsymbol{x}-\sum_{i=1}^{k}\alpha_i\boldsymbol{e}_i+\sum_{i=1}^{k}(\alpha_i-\lambda_i)\boldsymbol{e}_i|^2=|\boldsymbol{x}-\sum_{i=1}^{k}\alpha_i\boldsymbol{e}_i|^2+2\langle\boldsymbol{x}-\sum_{i=1}^{k}\alpha_i\boldsymbol{e}_i, \sum_{j=1}^{k}(\alpha_j-\lambda_j)\boldsymbol{e}_j\rangle+|\sum_{j=1}^{k}(\alpha_j-\lambda_j)\boldsymbol{e}_j|^2=|\boldsymbol{x}-\sum_{i=1}^{k}\alpha_i\boldsymbol{e}_i|^2+2\sum_{j=1}^{k}(\alpha_j-\lambda_j)\langle\boldsymbol{x}, \boldsymbol{e}_j\rangle-2\sum_{i,j=1}^{k}\alpha_i(\alpha_j-\lambda_j)\langle\boldsymbol{e}_i, \boldsymbol{e}_j\rangle+\sum_{i,j=1}^{k}(\alpha_i-\lambda_i)(\alpha_j-\lambda_j)\langle\boldsymbol{e}_i, \boldsymbol{e}_j\rangle=|\boldsymbol{x}-\sum_{i=1}^{k}\alpha_i\boldsymbol{e}_i|^2+2\sum_{j=1}^{k}(\alpha_j-\lambda_j)\alpha_j-2\sum_{j=1}^{k}\alpha_j(\alpha_j-\lambda_j)+\sum_{j=1}^{k}(\alpha_j-\lambda_j)^2=|\boldsymbol{x}-\sum_{i=1}^{k}\alpha_i\boldsymbol{e}_i|^2+\sum_{j=1}^{k}(\alpha_j-\lambda_j)^2$．ここで λ_j $(j=1, \cdots, k)$ をいろいろ動かしてこの値を最少にするには，$\lambda_j=\alpha_j$ ととる以外にない．

5.　任意の実数 t につき $\langle p(\boldsymbol{x}-tp(\boldsymbol{x})), \boldsymbol{x}-tp(\boldsymbol{x})\rangle\geqq 0$ である．これを t の2次式として整頓すると，$\langle p(\boldsymbol{x}-tp(\boldsymbol{x})), \boldsymbol{x}-tp(\boldsymbol{x})\rangle=\langle p(\boldsymbol{x}), \boldsymbol{x}\rangle-t\langle p(\boldsymbol{x}), \boldsymbol{x}\rangle-t\langle p(\boldsymbol{x}), p(\boldsymbol{x})\rangle+t^2\langle p(\boldsymbol{x}), p(\boldsymbol{x})\rangle=(1-t)\{\langle p(\boldsymbol{x}), \boldsymbol{x}\rangle-t|p(\boldsymbol{x})|^2\}$．これが負にならないためには $t=1$ は重根でなければならない．従って，$|p(\boldsymbol{x})|^2=\langle p(\boldsymbol{x}), \boldsymbol{x}\rangle\leqq|p(\boldsymbol{x})|\cdot|\boldsymbol{x}|$．すなわち，$|p(\boldsymbol{x})|\leqq|\boldsymbol{x}|$．従って定理 2-12により p は正射影である．

〈第3章〉

§1.　問1.　$\boldsymbol{e}_1, \cdots, \boldsymbol{e}_k\in p(E)$，$\boldsymbol{e}_{k+1}, \cdots, \boldsymbol{e}_n\in p^{-1}(\boldsymbol{0})$ となるように E の基底をえらぶと，$p(\boldsymbol{e}_1)=\boldsymbol{e}_1, \cdots, p(\boldsymbol{e}_k)=\boldsymbol{e}_k$，$p(\boldsymbol{e}_{k+1})=\boldsymbol{0}, \cdots, p(\boldsymbol{e}_n)=\boldsymbol{0}$ だから，

$$(p(\boldsymbol{e}_1), \cdots, p(\boldsymbol{e}_n))=(\boldsymbol{e}_1, \cdots, \boldsymbol{e}_n)\left[\begin{array}{ccc|ccc} 1 & & & & & \\ & \ddots & & & 0 & \\ & & 1 & & & \\ \hline & & & 0 & & \\ & 0 & & & \ddots & \\ & & & & & 0 \end{array}\right]\begin{array}{l}\}k\text{ 個}\\ \\ \}n-k\text{ 個}\end{array}$$

問2.　ある基底 $\boldsymbol{e}_1, \cdots, \boldsymbol{e}_n$ をとると，$(\boldsymbol{e}_1, \cdots, \boldsymbol{e}_n)A=(\sum_{i=1}^{n}a_i\boldsymbol{e}_i)(b_1, \cdots, b_n)$．すなわち，$\sum_{i=1}^{n}a_i\boldsymbol{e}_i=\boldsymbol{a}$ とおくと，$\varphi(\boldsymbol{e}_j)=b_j\boldsymbol{a}$ $(j=1, \cdots, n)$ となる．つまり，$\boldsymbol{a}$ を生成元とする直線への写像である．なお，$\varphi(\boldsymbol{a})=\sum_{i=1}^{n}a_i\varphi(\boldsymbol{e}_i)=(\sum_{i=1}^{n}a_ib_i)\boldsymbol{a}$ だから，$\sum_{i=1}^{n}a_ib_i=1$ のときかつそのときに限り φ はこの直線への射影になる．

§2. 問1. もし $A\in\mathfrak{T}_{\varphi_1}\cap\mathfrak{T}_{\varphi_2}$ とすると $\mathfrak{T}_{\varphi_1}$ の任意の行列 B は A と合同，すなわち，ある直交行列 L によって，$B=LAL^{-1}$ とかける．また $\mathfrak{T}_{\varphi_2}$ の任意の行列 C も A と合同だからある直交行列 M によって，$C=MAM^{-1}$ とかける．従って，$B=LAL^{-1}=LM^{-1}CML^{-1}=(LM^{-1})C(LM^{-1})^{-1}$ であるが LM^{-1} はまた直交行列である．実際，${}^t(LM^{-1})(LM^{-1})={}^tM^{-1}{}^tLLM^{-1}=M\cdot M^{-1}=I$. これで B と C は合同であることがわかった．従って，$\mathfrak{T}_{\varphi_1}\cap\mathfrak{T}_{\varphi_2}\neq\phi$ なら $\mathfrak{T}_{\varphi_1}=\mathfrak{T}_{\varphi_2}$.

問2. $p(E)$ から正規直交基底 $\boldsymbol{e}_1,\cdots,\boldsymbol{e}_k$ を，$p^{-1}(\boldsymbol{0})$ から正規直交基底 $\boldsymbol{e}_{k+1},\cdots,\boldsymbol{e}_n$ をえらぶと，全体で E の正規直交基底を作る．これによる表現行列は

$$(p(\boldsymbol{e}_1),\cdots,p(\boldsymbol{e}_n))=(\boldsymbol{e}_1,\cdots,\boldsymbol{e}_n)\begin{bmatrix}1&&&&\\&\ddots&&&\\&&1&&\\&&&0&\\&&&&\ddots\\&&&&&0\end{bmatrix}$$

である．

演習問題 3

1. (i) $\begin{bmatrix}-\frac{1}{3}&\frac{2}{3}&-\frac{2}{3}\\-\frac{2}{3}&\frac{1}{3}&\frac{2}{3}\\\frac{2}{3}&\frac{2}{3}&\frac{1}{3}\end{bmatrix}$　(ii) $\begin{bmatrix}\frac{1}{\sqrt{2}}&\frac{1}{\sqrt{3}}&-\frac{1}{\sqrt{6}}\\0&\frac{1}{\sqrt{3}}&\frac{2}{\sqrt{6}}\\\frac{1}{\sqrt{2}}&-\frac{1}{\sqrt{3}}&\frac{1}{\sqrt{6}}\end{bmatrix}$

2. (i) $x-y+z=0$ への射影行列は $P_1=\begin{bmatrix}0&1&-1\\1&0&1\\1&-1&2\end{bmatrix}$，$x=-y=-z$ への射影行列は $P_2=\begin{bmatrix}1&-1&1\\-1&1&-1\\-1&1&-1\end{bmatrix}$.

(ii) 同様に $P_1=\begin{bmatrix}1&0&0\\-\frac{2}{3}&0&\frac{1}{3}\\0&0&1\end{bmatrix}$，$P_2=\begin{bmatrix}0&0&0\\\frac{2}{3}&1&-\frac{1}{3}\\0&0&0\end{bmatrix}$

(iii) $P_1=\begin{bmatrix}0&0&1\\0&1&0\\0&0&1\end{bmatrix}$，$P_2=\begin{bmatrix}1&0&-1\\0&0&0\\0&0&0\end{bmatrix}$

(iv) $P_1=\frac{1}{5}\begin{bmatrix}7&-4&2\\3&-1&3\\-1&2&4\end{bmatrix}$，$P_2=\frac{1}{5}\begin{bmatrix}-2&4&-2\\-3&6&-3\\1&-2&1\end{bmatrix}$.

3. (i) $x-y+z=0$ の直交余空間は法線ベクトル ${}^t(1,\ -1,\ 1)$ を生成元とする直線である．だからこの方向と，平面上の直交する2つのベクトル，たとえば ${}^t(1,1,0)$，${}^t(-1,1,2)$ をとり，長さを正規化しておくと，

$$A=\begin{bmatrix} \frac{1}{\sqrt{2}} & -\frac{1}{\sqrt{6}} & \frac{1}{\sqrt{3}} \\ \frac{1}{\sqrt{2}} & \frac{1}{\sqrt{6}} & -\frac{1}{\sqrt{3}} \\ 0 & \frac{2}{\sqrt{6}} & \frac{1}{\sqrt{3}} \end{bmatrix},\quad \therefore\ P=\frac{1}{3}\begin{bmatrix} 2 & 1 & -1 \\ 1 & 2 & 1 \\ -1 & 1 & 2 \end{bmatrix}$$

(ii) 同様に $P=\begin{bmatrix} \frac{5}{7} & -\frac{3}{7} & \frac{1}{7} \\ -\frac{3}{7} & \frac{5}{14} & \frac{3}{14} \\ \frac{1}{7} & \frac{3}{14} & \frac{13}{14} \end{bmatrix}$　(iii) $P=\begin{bmatrix} \frac{1}{2} & 0 & \frac{1}{2} \\ 0 & 1 & 0 \\ \frac{1}{2} & 0 & \frac{1}{2} \end{bmatrix}$　(iv) $P=\begin{bmatrix} \frac{5}{6} & \frac{1}{3} & -\frac{1}{6} \\ \frac{1}{3} & \frac{1}{3} & \frac{1}{3} \\ -\frac{1}{6} & \frac{1}{3} & \frac{5}{6} \end{bmatrix}$

4. $\boldsymbol{e}=\dfrac{\boldsymbol{a}}{|\boldsymbol{a}|}$ とおくと，$l=\{\lambda\boldsymbol{a}\}$ の正射影は $p(\boldsymbol{x})=\langle \boldsymbol{x},\boldsymbol{e}\rangle \boldsymbol{e}$ だから，

$$P\boldsymbol{x}=\frac{1}{|\boldsymbol{a}|}\begin{bmatrix} a_1 \\ \vdots \\ a_n \end{bmatrix}\cdot\frac{1}{|\boldsymbol{a}|}(a_1,\cdots,a_n)\begin{bmatrix} x_1 \\ \vdots \\ x_n \end{bmatrix}$$

$$=\frac{1}{|\boldsymbol{a}|^2}\begin{bmatrix} a_1{}^2 & a_1a_2 & \cdots & a_1a_n \\ a_2a_1 & a_2{}^2 & \cdots & a_2a_n \\ \cdots & \cdots & \cdots & \cdots \\ a_na_1 & \cdots & \cdots & a_n{}^2 \end{bmatrix}\begin{bmatrix} x_1 \\ \vdots \\ x_n \end{bmatrix}$$

となる．

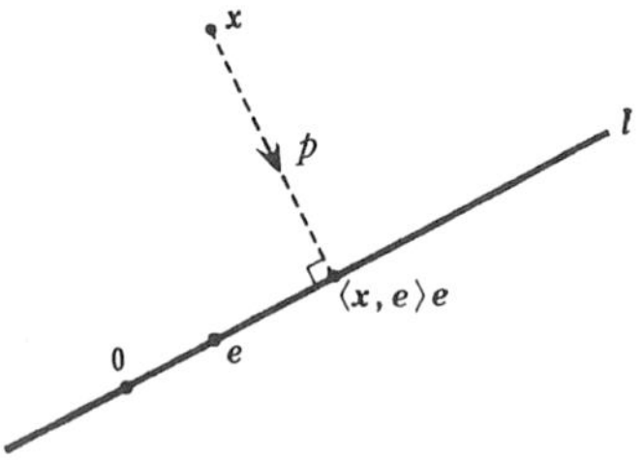

5. $\begin{bmatrix} 2 & 0 & 2 \\ 1 & 0 & 0 \\ 1 & -2 & 1 \end{bmatrix}$.

〈第4章〉

§2. 問1. (i) $\begin{vmatrix} 1-\lambda & \alpha \\ \alpha & 1-\lambda \end{vmatrix}=(1-\lambda)^2-\alpha^2=(1+\alpha-\lambda)(1-\alpha-\lambda)$. $\lambda=1+\alpha$ に対する固有ベクトルは ${}^t(1,1)$，$\lambda=1-\alpha$ に対する固有ベクトルは ${}^t(1,\ -1)$.

(ii) $\begin{vmatrix} 2-\lambda & 5 \\ 4 & 1-\lambda \end{vmatrix}=(6-\lambda)(-3-\lambda)$. $\lambda=6$ に対す固有ベクトルは ${}^t(5,4)$，$\lambda=-3$ に対する固有ベクトルは ${}^t(1,\ -1)$.

(iii) $\begin{vmatrix} 1-\lambda & 1 \\ 0 & 1-\lambda \end{vmatrix}=(1-\lambda)^2$. $\lambda=1$ に対する固有ベクトルは ${}^t(1,0)$ の定数倍ベクトルだけ

である．

(iv) $\begin{bmatrix} -\lambda & 1 & 1 \\ 1 & -\lambda & 1 \\ 1 & 1 & -\lambda \end{bmatrix} = -\lambda^3+3\lambda+2=(-1-\lambda)^2(2-\lambda)$．$\lambda=2$ に対する固有ベクトルは ${}^t(1, 1, 1)$．また，$\lambda=-1$ に対する固有ベクトルは $x+y+z=0$ をみたす任意のベクトル ${}^t(x, y, z)$ である．

(v) $\begin{vmatrix} -\lambda & 0 & 1 \\ 0 & 1-\lambda & 0 \\ 1 & 0 & -\lambda \end{vmatrix} = (1-\lambda)^2(-1-\lambda)$．$\lambda=-1$ に対する固有ベクトルは ${}^t(1, 0, -1)$．$\lambda=1$ に対する固有ベクトルは $x-z=0$ をみたす任意のベクトル ${}^t(x, y, z)$ である．

問2. φ の表現行列を A，ψ の表現行列を B とすると，$\varphi\circ\psi$，$\psi\circ\varphi$ の表現行列はそれぞれ AB, BA である．従って，もし φ が正則なら，A^{-1} が存在するから，$\det(AB-\lambda I)=\det(A^{-1}(AB-\lambda I)A)=\det(BA-\lambda I)$ となる．だから $\varphi\circ\psi$ と $\psi\circ\varphi$ の固有値は同じである．もし φ が正則でないなら $\varphi_\varepsilon=\varphi+\varepsilon I$ を考えると $\varepsilon\neq 0$ が十分小さいときこれは正則となる．その表現行列は $A_\varepsilon=A+\varepsilon I$ だから，$\det(BA_\varepsilon-\lambda I)=\det(A_\varepsilon B-\lambda I)$．$\varepsilon\to 0$ とした極限において $\det(AB-\lambda I)=\det(BA-\lambda I)$．

問3. $\mathcal{L}_A$ に属する φ の固有多項式はすべて $\det(A-\lambda I)$ である．

§3. 問1 (i) は異なる単根 $1+\alpha$, $1-\alpha$ $(\alpha\neq 0)$ か，重根1か $(\alpha=0)$ である．単根のときはもちろん半単純，また重根のときは始めから $\begin{bmatrix} 1 & 0 \\ 0 & 1 \end{bmatrix}$ と対角形だから半単純である．スペクトル分解は，$\lambda=1+\alpha$ の固有空間への射影 P_1 が $P_1=\dfrac{A-(1-\alpha)I}{(1+\alpha)-(1-\alpha)}=\dfrac{1}{2\alpha}\begin{bmatrix} \alpha & \alpha \\ \alpha & \alpha \end{bmatrix}=\dfrac{1}{2}\begin{bmatrix} 1 & 1 \\ 1 & 1 \end{bmatrix}$，$\lambda=1-\alpha$ の固有空間への射影 P_2 が，$P_2=\dfrac{A-(1+\alpha)I}{(1-\alpha)-(1+\alpha)}=-\dfrac{1}{2\alpha}\begin{bmatrix} -\alpha & \alpha \\ \alpha & -\alpha \end{bmatrix}=\dfrac{1}{2}\begin{bmatrix} 1 & -1 \\ -1 & 1 \end{bmatrix}$，であるから $\begin{bmatrix} 1 & \alpha \\ \alpha & 1 \end{bmatrix}=(1+\alpha)\begin{bmatrix} \frac{1}{2} & \frac{1}{2} \\ \frac{1}{2} & \frac{1}{2} \end{bmatrix}+(1-\alpha)\begin{bmatrix} \frac{1}{2} & -\frac{1}{2} \\ -\frac{1}{2} & \frac{1}{2} \end{bmatrix}$．

$\alpha=0$ のときは $\lambda=1$ に対する固有空間は R^2 全体だから $P=I$．

(ii) 単根ばかりだから半単純，$\lambda=6$ に対する固有空間への射影 P_1 は $P_1=\dfrac{A-(-3)I}{6-(-3)}=\dfrac{1}{9}\begin{bmatrix} 5 & 5 \\ 4 & 4 \end{bmatrix}$，$\lambda=-3$ に対する固有空間への射影 P_2 は，$P_2=\dfrac{A-6I}{(-3)-6}=-\dfrac{1}{9}\begin{bmatrix} -4 & 5 \\ 4 & -5 \end{bmatrix}=\dfrac{1}{9}\begin{bmatrix} 4 & -5 \\ -4 & 5 \end{bmatrix}$．従ってスペクトル分解は $\begin{bmatrix} 2 & 5 \\ 4 & 1 \end{bmatrix}=6\begin{bmatrix} \frac{5}{9} & \frac{5}{9} \\ \frac{4}{9} & \frac{4}{9} \end{bmatrix}-3\begin{bmatrix} \frac{4}{9} & -\frac{5}{9} \\ -\frac{4}{9} & \frac{5}{9} \end{bmatrix}$．

(iii)　2重根 $\lambda=1$ に対する固有空間が1次元なので半単純でない（定理 4-13，系3）.

(iv)　2重根 $\lambda=-1$ に対する固有空間が2次元なので，これは半単純である(同上).

$\lambda=2$ に対しては $P_1=\dfrac{A-(-1)I}{2-(-1)}=\dfrac{1}{3}\begin{bmatrix}1&1&1\\1&1&1\\1&1&1\end{bmatrix}$，$\lambda=-1$ に対しては，$P_2=\dfrac{A-2I}{(-1)-2}$

$$=-\frac{1}{3}\begin{bmatrix}-2&1&1\\1&-2&1\\1&1&-2\end{bmatrix}.$$ 従って，スペクトル分解は，

$$\begin{bmatrix}0&1&1\\1&0&1\\1&1&0\end{bmatrix}=2\begin{bmatrix}\frac{1}{3}&\frac{1}{3}&\frac{1}{3}\\\frac{1}{3}&\frac{1}{3}&\frac{1}{3}\\\frac{1}{3}&\frac{1}{3}&\frac{1}{3}\end{bmatrix}-1\begin{bmatrix}\frac{2}{3}&-\frac{1}{3}&-\frac{1}{3}\\-\frac{1}{3}&\frac{2}{3}&-\frac{1}{3}\\-\frac{1}{3}&-\frac{1}{3}&\frac{2}{3}\end{bmatrix}.$$

(v)　2重根 $\lambda=1$ に対する固有空間が2次元だから，半単純である．$\lambda=1$ に対しては $P_1=\dfrac{A-(-1)I}{1-(-1)}=\dfrac{1}{2}\begin{bmatrix}1&0&1\\0&2&0\\1&0&1\end{bmatrix}$，$\lambda=-1$ に対しては $P_2=\dfrac{A-I}{(-1)-1}=-\dfrac{1}{2}\begin{bmatrix}-1&0&1\\0&0&0\\1&0&-1\end{bmatrix}$.

従ってスペクトル分解は，$\begin{bmatrix}0&0&1\\0&1&0\\1&0&0\end{bmatrix}=1\cdot\begin{bmatrix}\frac{1}{2}&0&\frac{1}{2}\\0&1&0\\\frac{1}{2}&0&\frac{1}{2}\end{bmatrix}-1\cdot\begin{bmatrix}\frac{1}{2}&0&-\frac{1}{2}\\0&0&0\\-\frac{1}{2}&0&\frac{1}{2}\end{bmatrix}$.

問2.「$(a-d)^2+4bc>0$」または「$a=d$ かつ $b=c=0$」.

演習問題 4

1. $\det(A-\lambda I)$ を λ の多項式として注意深く展開して行くと問題の式はでてくる．しかし，次のように考えてもよい．まず，行列式の各要素が λ の関数であるとき，その行列式の λ に関する導関数は，よく知られているように，

$$\frac{d}{d\lambda}\begin{vmatrix}a_{11}(\lambda)&\cdots&a_{1n}(\lambda)\\a_{21}(\lambda)&\cdots&a_{2n}(\lambda)\\&\cdots\cdots&\\a_{n1}(\lambda)&\cdots&a_{nn}(\lambda)\end{vmatrix}$$
$$=\begin{vmatrix}a_{11}'(\lambda)&\cdots&a_{1n}'(\lambda)\\a_{21}(\lambda)&\cdots&a_{2n}(\lambda)\\&\cdots\cdots&\\a_{n1}(\lambda)&\cdots&a_{nn}(\lambda)\end{vmatrix}+\begin{vmatrix}a_{11}(\lambda)&\cdots&a_{1n}(\lambda)\\a_{21}'(\lambda)&\cdots&a_{2n}'(\lambda)\\&\cdots\cdots&\\a_{n1}(\lambda)&\cdots&a_{nn}(\lambda)\end{vmatrix}+\cdots+\begin{vmatrix}a_{11}(\lambda)&\cdots&a_{1n}(\lambda)\\a_{21}(\lambda)&\cdots&a_{2n}(\lambda)\\&\cdots\cdots&\\a_{n1}'(\lambda)&\cdots&a_{nn}'(\lambda)\end{vmatrix}$$

である．さて，

$$\det(A-\lambda I)=c_0+c_1(-\lambda)+\cdots+c_n(-\lambda)^n=f(-\lambda)$$

とすると，$c_k=\dfrac{1}{k!}f^{(k)}(0)$ $(k=0, 1, \cdots, n)$．ところが $\det(A+\lambda I)=f(\lambda)$ は主対角線上

が1次式で他はすべて定数だから，

$$f'(\lambda)=\begin{vmatrix} 1 & 0 & \cdots & 0 \\ a_{21} & a_{22}+\lambda & \cdots & a_{2n} \\ & & \ddots & \vdots \\ a_{n1} & a_{2n} & \cdots & a_{nn}+\lambda \end{vmatrix}+\begin{vmatrix} a_{11}+\lambda & a_{12} & \cdots & a_{1n} \\ 0 & 1 & 0\cdots\cdots & 0 \\ & & \ddots & \\ a_{n1} & a_{n2} & \cdots & a_{nn}+\lambda \end{vmatrix}+\cdots+\begin{vmatrix} a_{11}+\lambda & \cdots & a_{1n} \\ & \ddots & \\ 0 & & 1 \end{vmatrix}$$

ここで $\lambda=0$ とおくと，これらはすべての $n-1$ 次の主小行列式の和である．次にもう一度微分すると，

$$f''(\lambda)=\sum_{\substack{k,l=1\\k\neq l}}^{n}\begin{vmatrix} \overset{k}{\check{}} \\ \boxed{0\cdots1\cdots\cdots\cdots0} \\ a_{ij}+\lambda\delta_{ij} \\ \boxed{0\cdots\cdots\cdots1\cdots0} \\ \hat{l} \end{vmatrix}\begin{matrix} <k \\ \\ <l \end{matrix}$$

ここで $\lambda=0$ とおくと，この各行列式の値は k 行目，k 列目と l 行目，l 列目を除いてできる $n-2$ 次の主小行列式に等しい．そのようなものは同じものが2つあるから，

$$c_2=\frac{1}{2}f''(0)=\sum(n-2\ \text{次主小行列式})=D_{n-2}.$$

以下同様に，次々に微分して，係数を比較すればよい．

2. A の固有方程式は実係数3次方程式だから，少くとも1つの実根をもつ．それを λ_1 としよう．λ_1 は固有値だから，これに対応する固有ベクトルが必ず存在する．それを $\boldsymbol{x}_1$ $(\neq\boldsymbol{0})$ とすると，A は直交行列だから $|A\boldsymbol{x}_1|^2=|\boldsymbol{x}_1|^2$．一方，$A\boldsymbol{x}_1=\lambda_1\boldsymbol{x}_1$ だから $|A\boldsymbol{x}_1|^2=\lambda_1^2|\boldsymbol{x}_1|^2$．従って，$\lambda_1^2=1$，$\therefore \lambda_1=\pm1$．さて，$A$ の固有方程式が3実根をもてば($\det A>0$ だから)どれか1つは正でなければならない．すなわち，$\lambda_1=1$ としてよい．もし他の2根 λ_2, λ_3 が複素根ならそれらは共役だから $\lambda_2\lambda_3=|\lambda_2|^2>0$ となり $\lambda_1>0$ でなければならない．いずれにしても $\lambda_1=1$ である．また，さらに $\lambda_2=-1$ だとすると，λ_3 は実根でなければならないから $\det A>0$ から，$\lambda_3=-1$ となる．

3. $\mathrm{tr}\,\varphi=\mathrm{tr}\,A=\lambda_1+\lambda_2+\cdots+\lambda_n$ で，固有値は表現行列に関係しないから $\mathrm{tr}\,\varphi$ は A のえらび方によらない．

4. A^k の特性根は $\lambda_1^k, \cdots, \lambda_n^k$ だから，$\mathrm{tr}(A^k)=\lambda_1^k+\cdots+\lambda_n^k$．$k<0$ のときも同じ．

〈第5章〉

§1. 問1. (i) $\det(A-\lambda I)=(-\lambda)(1-\lambda)(2-\lambda)$．$\lambda=0, 1, 2$ に対応する固有ベクトルは，それぞれ ${}^t(1, 0, -1)$，${}^t(0, 1, 0)$，${}^t(1, 0, 1)$ で，長さを1に正規化すれば，対角化行列が作れる．すなわち，

$$L=\begin{bmatrix} \frac{1}{\sqrt{2}} & 0 & \frac{1}{\sqrt{2}} \\ 0 & 1 & 0 \\ -\frac{1}{\sqrt{2}} & 0 & \frac{1}{\sqrt{2}} \end{bmatrix}\ \text{とおくと，}\ L^{-1}AL=\begin{bmatrix} 0 & 0 & 0 \\ 0 & 1 & 0 \\ 0 & 0 & 2 \end{bmatrix},\ (L:\text{直交行列})$$

1次元空間（直線）への正射影は演習問題3の4を用いる方が早い．すなわち，

$$P_1=\begin{bmatrix}\frac{1}{\sqrt{2}}\\0\\-\frac{1}{\sqrt{2}}\end{bmatrix}\left(\frac{1}{\sqrt{2}}\ \ 0\ \ -\frac{1}{\sqrt{2}}\right)=\begin{bmatrix}\frac{1}{2}&0&-\frac{1}{2}\\0&0&0\\-\frac{1}{2}&0&\frac{1}{2}\end{bmatrix},$$

$$P_2=\begin{bmatrix}0\\1\\0\end{bmatrix}(0\ \ 1\ \ 0)=\begin{bmatrix}0&0&0\\0&1&0\\0&0&0\end{bmatrix},\quad P_3=\begin{bmatrix}\frac{1}{\sqrt{2}}\\0\\\frac{1}{\sqrt{2}}\end{bmatrix}\left(\frac{1}{\sqrt{2}}\ \ 0\ \ \frac{1}{\sqrt{2}}\right)=\begin{bmatrix}\frac{1}{2}&0&\frac{1}{2}\\0&0&0\\\frac{1}{2}&0&\frac{1}{2}\end{bmatrix}.$$

スペクトル分解は

$$\begin{bmatrix}1&0&1\\0&1&0\\1&0&1\end{bmatrix}=0\cdot\begin{bmatrix}\frac{1}{2}&0&-\frac{1}{2}\\0&0&0\\-\frac{1}{2}&0&\frac{1}{2}\end{bmatrix}+1\begin{bmatrix}0&0&0\\0&1&0\\0&0&0\end{bmatrix}+2\begin{bmatrix}\frac{1}{2}&0&\frac{1}{2}\\0&0&0\\\frac{1}{2}&0&\frac{1}{2}\end{bmatrix}$$

(ii)　$\det(A-\lambda I)=(-\lambda)(-\sqrt{2}-\lambda)(\sqrt{2}-\lambda)$．$\lambda=0, \sqrt{2}, -\sqrt{2}$ に対応する固有ベクトルはそれぞれ ${}^t(1, 0, -1)$，${}^t(1, \sqrt{2}, 1)$，${}^t(1, -\sqrt{2}, 1)$．対角化行列 L は

$$L=\begin{bmatrix}\frac{1}{\sqrt{2}}&\frac{1}{2}&\frac{1}{2}\\0&\frac{1}{\sqrt{2}}&-\frac{1}{\sqrt{2}}\\-\frac{1}{\sqrt{2}}&\frac{1}{2}&\frac{1}{2}\end{bmatrix},\quad L^{-1}AL=\begin{bmatrix}0&&\\&\sqrt{2}&\\&&-\sqrt{2}\end{bmatrix}\ (L:\text{直交行列}).$$

固有空間への射影は，

$$P_1=\begin{bmatrix}\frac{1}{\sqrt{2}}\\0\\-\frac{1}{\sqrt{2}}\end{bmatrix}\left(\frac{1}{\sqrt{2}}\ \ 0\ \ -\frac{1}{\sqrt{2}}\right)=\begin{bmatrix}\frac{1}{2}&0&-\frac{1}{2}\\0&0&0\\-\frac{1}{2}&0&\frac{1}{2}\end{bmatrix},$$

$$P_2=\begin{bmatrix}\frac{1}{2}\\\frac{1}{\sqrt{2}}\\\frac{1}{2}\end{bmatrix}\left(\frac{1}{2}\ \ \frac{1}{\sqrt{2}}\ \ \frac{1}{2}\right)=\begin{bmatrix}\frac{1}{4}&\frac{1}{2\sqrt{2}}&\frac{1}{4}\\\frac{1}{2\sqrt{2}}&\frac{1}{2}&\frac{1}{2\sqrt{2}}\\\frac{1}{4}&\frac{1}{2\sqrt{2}}&\frac{1}{4}\end{bmatrix}$$

$$P_3=\begin{bmatrix}\frac{1}{2}\\ -\frac{1}{\sqrt{2}}\\ \frac{1}{2}\end{bmatrix}\begin{pmatrix}\frac{1}{2} & -\frac{1}{\sqrt{2}} & \frac{1}{2}\end{pmatrix}=\begin{bmatrix}\frac{1}{4} & -\frac{1}{2\sqrt{2}} & \frac{1}{4}\\ -\frac{1}{2\sqrt{2}} & \frac{1}{2} & -\frac{1}{2\sqrt{2}}\\ \frac{1}{4} & -\frac{1}{2\sqrt{2}} & \frac{1}{4}\end{bmatrix}.$$

スペクトル分解は，$\begin{bmatrix}0&1&0\\1&0&1\\0&1&0\end{bmatrix}=$

$$0\begin{bmatrix}\frac{1}{2} & 0 & -\frac{1}{2}\\ 0&0&0\\ -\frac{1}{2} & 0 & \frac{1}{2}\end{bmatrix}+\sqrt{2}\begin{bmatrix}\frac{1}{4} & \frac{1}{2\sqrt{2}} & \frac{1}{4}\\ \frac{1}{2\sqrt{2}} & \frac{1}{2} & \frac{1}{2\sqrt{2}}\\ \frac{1}{4} & \frac{1}{2\sqrt{2}} & \frac{1}{4}\end{bmatrix}-\sqrt{2}\begin{bmatrix}\frac{1}{4} & -\frac{1}{2\sqrt{2}} & \frac{1}{4}\\ -\frac{1}{2\sqrt{2}} & \frac{1}{2} & -\frac{1}{2\sqrt{2}}\\ \frac{1}{4} & -\frac{1}{2\sqrt{2}} & \frac{1}{4}\end{bmatrix}$$

(iii)　$\det(A-\lambda I)=(14-\lambda)(-\lambda)^2$．今度はスペクトル分解を先にしよう．$\lambda=0$ に対する正射影 P_1，$\lambda=14$ に対する正射影 P_2 はそれぞれ，

$$P_1=\frac{A-14I}{0-14}=-\frac{1}{14}\begin{bmatrix}-13&-2&-3\\-2&-10&6\\-3&6&-5\end{bmatrix},\quad P_2=\frac{A-0I}{14-0}=\frac{1}{14}\begin{bmatrix}1&-2&-3\\-2&4&6\\-3&6&9\end{bmatrix}.$$

である．従ってスペクトル分解は

$$\begin{bmatrix}1&-2&-3\\-2&4&6\\-3&6&9\end{bmatrix}=0\cdot\begin{bmatrix}\frac{13}{14}&\frac{1}{7}&\frac{3}{14}\\ \frac{1}{7}&\frac{5}{7}&-\frac{3}{7}\\ \frac{3}{14}&-\frac{3}{7}&\frac{5}{14}\end{bmatrix}+14\cdot\frac{1}{14}\begin{bmatrix}1&-2&-3\\-2&4&6\\-3&6&9\end{bmatrix}$$

P_2 の縦ベクトルは $\lambda=14$ に対する固有ベクトル ${}^t(1\ -2\ -3)$ の定数倍だけでできている．P_1 の縦ベクトルは $\lambda=0$ に対する固有ベクトルで，そのうちの2本が線型独立である．そのうちの1本，${}^t(1,\ 5,\ -3)$ をとり，あとは，これらと直交するように ${}^t(3,\ 0,\ 1)$ ととればよい．すると対角化直交行列は

$$L=\begin{bmatrix}\frac{3}{\sqrt{10}} & \frac{1}{\sqrt{35}} & \frac{1}{\sqrt{14}}\\ 0 & \frac{5}{\sqrt{35}} & -\frac{2}{\sqrt{14}}\\ \frac{1}{\sqrt{10}} & -\frac{3}{\sqrt{35}} & -\frac{3}{\sqrt{14}}\end{bmatrix},\quad L^{-1}AL=\begin{bmatrix}0&0&0\\0&0&0\\0&0&14\end{bmatrix}\quad (L:\text{直交行列}).$$

問2. 任意の $\boldsymbol{x}, \boldsymbol{y}$ につき，$\langle(\varphi+\psi)(\boldsymbol{x}), \boldsymbol{y}\rangle=\langle\varphi(\boldsymbol{x}), \boldsymbol{y}\rangle+\langle\psi(\boldsymbol{x}), \boldsymbol{y}\rangle=\langle\boldsymbol{x}, \varphi(\boldsymbol{y})\rangle+\langle\boldsymbol{x}, \psi(\boldsymbol{y})\rangle=\langle\boldsymbol{x}, (\varphi+\psi)(\boldsymbol{y})\rangle$. $\langle(\varphi\circ\psi+\psi\circ\varphi)(\boldsymbol{x}), \boldsymbol{y}\rangle$ も同様.

§2. 問1. まず有心の場合，本来の二次曲面はすべて $\det A=\lambda_1\lambda_2\lambda_3\neq 0$ かつ $d={}^t\boldsymbol{b}\cdot\boldsymbol{x}_0+c\neq 0$ だから $\det B=\det A\cdot({}^t\boldsymbol{b}\cdot\boldsymbol{x}_0+c)\neq 0$，すなわち B は正則である．次に無心の場合，本来の二次曲面は固有値の λ_3 が1つだけ0でそれに対応する(5-14)の中の係数 b_3' が0でない．従って A の対角化直交行列 T をとって $\tilde{T}=\left[\begin{array}{c:c} T & \boldsymbol{0} \\ \hdashline {}^t\boldsymbol{0} & 1 \end{array}\right]$ で B を変換すると，

$$\tilde{T}^{-1}B\tilde{T}=\left[\begin{array}{ccc:c} \lambda_1 & & & b_1' \\ & \lambda_2 & & b_2' \\ & & \lambda_3 & b_3' \\ \hdashline b_1' & b_2' & b_3' & c \end{array}\right]$$

となる．$\lambda_3=0$, $b_3'\neq 0$ だから $\det B=\det(\tilde{T}^{-1}B\tilde{T})=\lambda_1\lambda_2 b_3'^2\neq 0$ である．従って B は正則である．

問2. (i) $A=\begin{pmatrix} 1 & -2 \\ -2 & 4 \end{pmatrix}$,　$b=\begin{pmatrix} 3 \\ 5 \end{pmatrix}$,　$c=3$. $\det(A-\lambda I)=\lambda(\lambda-5)$. $A\boldsymbol{x}_0+\boldsymbol{b}=\boldsymbol{0}$ をみたす $\boldsymbol{x}_0$ は存在しない．対角化直交行列 T は，$T=\dfrac{1}{\sqrt{5}}\begin{pmatrix} 2 & -1 \\ 1 & 2 \end{pmatrix}$. これで回転すると，もとの式は，$0\cdot x'^2+5y'^2+2\left(\dfrac{11}{\sqrt{5}}x'+\dfrac{7}{\sqrt{5}}y'\right)+3=0$. これは，

$$5\left(y'+\frac{7}{5\sqrt{5}}\right)^2+\frac{22}{\sqrt{5}}\left(x'+\frac{13}{55\sqrt{5}}\right)=0$$

に等しい．これは，(x', y') 軸ではかって ${}^t\left(-\dfrac{13}{55\sqrt{5}}, -\dfrac{7}{5\sqrt{5}}\right)$ となる点を頂点とし，${}^t(2, 1)$ を主軸とする放物線である．

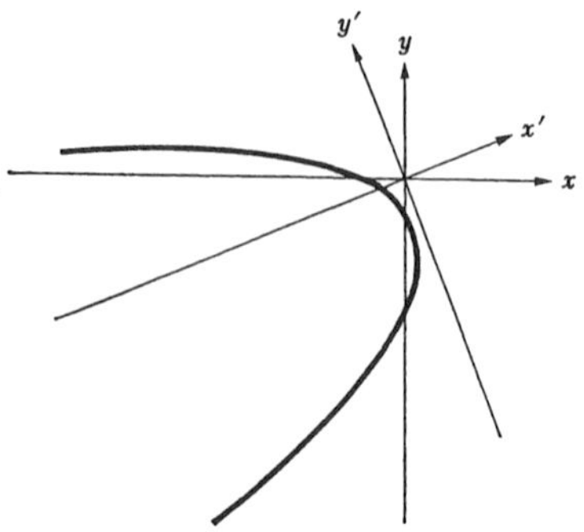

(ii)　$A=\begin{pmatrix} 1 & -2 \\ -2 & -2 \end{pmatrix}$,　$\boldsymbol{b}=\begin{pmatrix} 4 \\ 10 \end{pmatrix}$, $c=-32$. $\det(A-\lambda I)=-(3+\lambda)(2-\lambda)$. A は正則だから有心. 中心は ${}^t(2, 3)$. 従って, 標準形は $2x'^2-3y'^2+6=0$. 主軸は ${}^t(2, -1)$, ${}^t(1, 2)$. 双曲線である.

(iii)　$A=\begin{pmatrix} 5 & 2 \\ 2 & 8 \end{pmatrix}$, $\boldsymbol{b}=\begin{pmatrix} -8 \\ 4 \end{pmatrix}$, $c=-16$. $\det(A-\lambda I)=(\lambda-4)(\lambda-9)$. 有心で, 中心は ${}^t(2, -1)$. 標準形は

$$4x'^2+9y'^2-36=0.$$

主軸は ${}^t(2, -1)$, ${}^t(1, 2)$ でこれは楕円である.

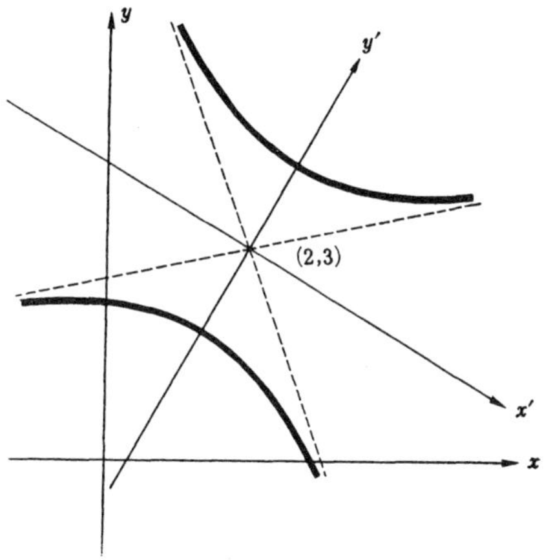

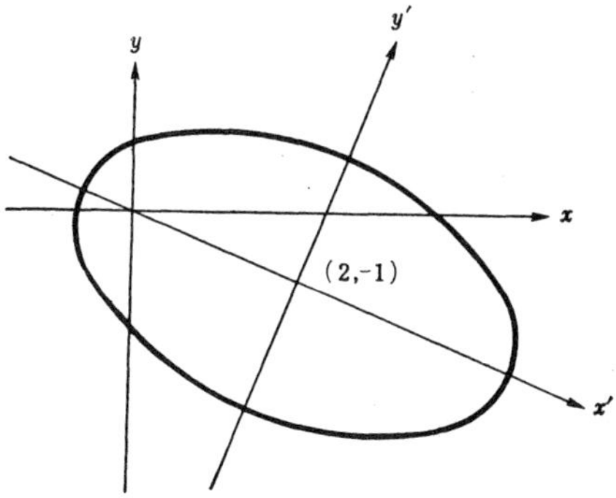

注意．これらのグラフを画くときには，もとの方程式で $x=0$，または $y=0$ とおいて，y 軸，x 軸との交点を求めておくと間違いが少ない．

演習問題 5

1．$\det(A-\lambda I)=-(\lambda-a-b-c)(\lambda^2-a^2-b^2-c^2+ab+bc+ca)$ は a, b, c に関し対称であるから a, b, c を順に入れかえても変らない．またもし $AB=BA$ なら，両辺の第1行と第3列の積を比較することにより，$a^2+b^2+c^2=bc+ca+ab$ であることがわかるから，$\det(A-\lambda I)=-\lambda^2(\lambda-a-b-c)$．

2．任意の $\boldsymbol{x}\in E$ に対し，$(\varphi_1{}^2+\cdots+\varphi_k{}^2)(\boldsymbol{x})=\boldsymbol{0}$ だから，$0=\langle(\varphi_1{}^2+\cdots+\varphi_k{}^2)(\boldsymbol{x}), \boldsymbol{x}\rangle=\sum_{i=1}^{k}\langle\varphi_i{}^2(\boldsymbol{x}), \boldsymbol{x}\rangle=\sum_{i=1}^{k}\langle\varphi_i(\boldsymbol{x}), \varphi_i(\boldsymbol{x})\rangle=\sum_{i=1}^{k}|\varphi_i(\boldsymbol{x})|^2$．従って $\varphi_1(\boldsymbol{x})=\cdots=\varphi_k(\boldsymbol{x})=\boldsymbol{0}$．$\boldsymbol{x}$ は任意だったから $\varphi_1=\cdots=\varphi_k=0$．

3．(i) $A=\begin{bmatrix}1 & 0 & 0\\ 0 & 3 & -1\\ 0 & -1 & 3\end{bmatrix}$，$\boldsymbol{b}=\begin{bmatrix}1\\ 1\\ -3\end{bmatrix}$，$c=-1$．$\det(A-\lambda I)=(1-\lambda)(2-\lambda)(4-\lambda)$．中心は ${}^t(-1, 0, 1)$．標準形は，$x'^2+2y'^2+4z'^2-5=0$（楕円面）．主軸：${}^t(1, 0, 0)$，${}^t(0, 1, 1)$，${}^t(0, 1, -1)$．

(ii) $A=\begin{bmatrix}1 & 0 & 1\\ 0 & 1 & 1\\ 1 & 1 & 0\end{bmatrix}$，$b=\begin{bmatrix}1\\ -1\\ -2\end{bmatrix}$，$c=-1$．$\det(A-\lambda I)=(2-\lambda)(1-\lambda)(-1-\lambda)$．中心は ${}^t(0, 2, -1)$．標準形は $2x'^2+y'^2-z'^2-1=0$（一葉双曲面）．主軸：${}^t(1, 1, 1)$，${}^t(1, -1, 0)$，${}^t(1, 1, -2)$．

(iii) $A=\begin{bmatrix}1 & -1 & -2\\ -1 & 0 & -1\\ -2 & -1 & 1\end{bmatrix}$，$\boldsymbol{b}=\begin{bmatrix}1\\ 2\\ -5\end{bmatrix}$，$c=20$．$\det(A-\lambda I)=(3-\lambda)(1-\lambda)(-2-\lambda)$．中心は，${}^t(0, -3, 2)$．標準形は $3x'^2+y'^2-2z'^2+4=0$（二葉双曲面）．主軸：${}^t(1, 0, -1)$，${}^t(1, -2, 1)$，${}^t(1, 1, 1)$．

(iv) $A=\begin{bmatrix}4 & 1 & -1\\ 1 & 1 & \frac{1}{2}\\ -1 & \frac{1}{2} & 1\end{bmatrix}$，$\boldsymbol{b}=\begin{bmatrix}1\\ 1\\ -2\end{bmatrix}$，$c=-6$．$\det(A-\lambda I)=\left(\frac{3}{2}-\lambda\right)\left(\frac{9}{2}-\lambda\right)(-\lambda)$．

中心はない．主軸の方向は，${}^t(0, 1, 1)$，${}^t(4, 1, -1)$，${}^t(1, -2, 2)$．これらが座標軸となるように回転すると，$\frac{3}{2}x'^2+\frac{9}{2}y'^2+2\left(-\frac{1}{\sqrt{2}}x'+\frac{7}{3\sqrt{2}}y'-\frac{5}{3}z'\right)-6=0$．これは $\frac{3}{2}\left(x'-\frac{\sqrt{2}}{3}\right)^2+\frac{9}{2}\left(y'+\frac{7\sqrt{2}}{27}\right)^2-\frac{10}{3}\left(z'+\frac{3}{10}\left(7-\frac{5}{81}\right)\right)=0$ に等しい．従ってこれは(x', y', z')座標系で見て ${}^t\left(\frac{\sqrt{2}}{3}, -\frac{7\sqrt{2}}{27}, -2-\frac{11}{135}\right)$ であるような点を頂点とする楕円放物面である．

(v) 行列の係数が整数になるように全体を2倍しておくと,

$$A=\begin{bmatrix} 4 & -5 & -2 \\ -5 & 4 & -2 \\ -2 & -2 & -8 \end{bmatrix},\ \boldsymbol{b}=\begin{bmatrix} 2 \\ 2 \\ 1 \end{bmatrix},\ c=2.$$ $\det(A-\lambda I)=(\lambda-9)(\lambda+9)(-\lambda)$. 中心はない.

主軸の方向は ${}^t(1,-1,0)$, ${}^t(1,1,4)$, ${}^t(2,2,-1)$. これらが座標軸となるように回転すると, $9x'^2-9y'^2+2\left(\frac{8}{3\sqrt{2}}y'+\frac{7}{3}z'\right)+2=0$. これは,

$$9x'^2-9\left(y'-\frac{4\sqrt{2}}{27}\right)^2+\frac{14}{3}\left(z'+\frac{97}{189}\right)=0$$

に等しい. 従ってこれは (x', y', z') 座標系で見て ${}^t\left(0, \frac{4\sqrt{2}}{27}, -\frac{97}{189}\right)$ であるような点を頂点とする双曲放物面である.

(vi) $A=\begin{bmatrix} 1 & -2 & -1 \\ -2 & 4 & 2 \\ -1 & 2 & 1 \end{bmatrix},\ \boldsymbol{b}=\begin{bmatrix} 1 \\ -\frac{1}{2} \\ -1 \end{bmatrix},\ c=1.$ $\det(A-\lambda I)=(6-\lambda)\lambda^2$. 中心はない. 主軸の方向は ${}^t(-1,2,1)$ とこれに直交する平面である. この平面上の直交軸としてたとえば ${}^t(1,0,1)$, ${}^t(1,1,-1)$ ととろう. これらを座標軸にとると, $6x'^2+2\left(-\frac{3}{\sqrt{6}}x'+\frac{\sqrt{3}}{2}z'\right)+1=0$ となる. これは $6\left(x'-\frac{1}{2\sqrt{6}}\right)^2+\sqrt{3}\left(z'+\frac{\sqrt{3}}{4}\right)=0$ と同じだから, これは放物柱面である.

4. 平面の方程式が $z=0$ となるように回転と平行移動を行なう. その結果得られた二次曲面の方程式が

$$ax^2+by^2+cz^2+2fyz+2gzx+2hxy+2\alpha x+2\beta y+2\gamma z+d=0$$

であったとすると, $z=0$ 上では,

$$ax^2+by^2+2hxy+2\alpha x+2\beta y+d=0$$

すなわち二次曲線である.

5. 一葉双曲面 $\frac{x^2}{a^2}+\frac{y^2}{b^2}-\frac{z^2}{c^2}=1$ を $\frac{x^2}{a^2}-\frac{z^2}{c^2}=1-\frac{y^2}{b^2}$ と変形して, $\left(\frac{x}{a}+\frac{z}{c}\right)\left(\frac{x}{a}-\frac{z}{c}\right)=\left(1+\frac{y}{b}\right)\left(1-\frac{y}{b}\right)$ と因数分解し, $\dfrac{\frac{x}{a}+\frac{z}{c}}{1+\frac{y}{b}}=\dfrac{1-\frac{y}{b}}{\frac{x}{a}-\frac{z}{c}}=\lambda$ とおく. λ に任意の値を与えるごとに, これは2つの平面 $\frac{x}{a}-\frac{\lambda}{b}y+\frac{z}{c}=\lambda$ と $\frac{\lambda}{a}x+\frac{y}{b}-\frac{\lambda}{c}z=1$ を表わす. この2平面の法線ベクトルは線型独立だから平行にならない. 従って交線をもつ. その交線は明らかにもとの一葉双曲面上にある. λ の値を動かすとこの直線は一葉双曲面上を動く. 同様に,

$\dfrac{\dfrac{x}{a}+\dfrac{z}{c}}{1-\dfrac{y}{b}}=\dfrac{1+\dfrac{y}{b}}{\dfrac{x}{a}-\dfrac{z}{c}}=\mu$ によってきまる直線族もこの曲面上にのる．

二葉双曲面 $\dfrac{x^2}{a^2}-\dfrac{y^2}{b^2}=z$ も $\left(\dfrac{x}{a}+\dfrac{y}{b}\right)\left(\dfrac{x}{a}-\dfrac{y}{b}\right)=1\cdot z$ と因数分解して，

$$\frac{\dfrac{x}{a}+\dfrac{y}{b}}{1}=\frac{z}{\dfrac{x}{a}-\dfrac{y}{b}}=\lambda,\quad \frac{\dfrac{x}{a}+\dfrac{y}{b}}{z}=\frac{1}{\dfrac{x}{a}-\dfrac{y}{b}}=\mu$$

の2直線族がのっていることがわかる．

6. 楕円錐面を標準形で表わすと，$\dfrac{x^2}{a^2}+\dfrac{y^2}{b^2}-\dfrac{z^2}{c^2}=0$. 1つの母線上のすべての点 $\boldsymbol{x}=(\alpha, \beta, \gamma)$ に対し $\boldsymbol{x}$ を法線ベクトルとする平面は同じだから，$\gamma=1$ としてよい．すると母線の直交余空間は $\alpha x+\beta y+z=0$ という平面である．α，β を動かしたときの包絡面は，$F(\alpha, \beta)=\dfrac{\alpha^2}{a^2}+\dfrac{\beta^2}{b^2}-\dfrac{1}{c^2}=0$, $f(x, y, z:\alpha, \beta)=\alpha x+\beta y+z=0$ および $\begin{vmatrix} \dfrac{\partial F}{\partial\alpha} & \dfrac{\partial F}{\partial\beta} \\ \dfrac{\partial f}{\partial\alpha} & \dfrac{\partial f}{\partial\beta} \end{vmatrix}=0$

から α, β を消去すればよい．この最後の行列式は $\dfrac{\beta x}{b^2}-\dfrac{\alpha y}{a^2}=0$ となるから，α, β を消去した式は，$a^2x^2+b^2y^2-c^2z^2=0$ である．従ってまた楕円錐面である．共役錐面のまた共役がもとへもどることはこの式から明らかである．

7. 3本の直交母線を座標軸にえらび，座標変換を行なうと，それは直交変換でできる．その結果得られた楕円錐面の方程式は

$$ax^2+by^2+cz^2+2fyz+2gzx+2hxy=0$$

の形をもっている．x 軸，y 軸，z 軸はこの上にのっているから，$(x, 0, 0)$，$(0, y, 0)$，$(0, 0, z)$ を代入すると，それぞれ

$$ax^2=0,\quad by^2=0,\quad cz^2=0$$

となる．x, y, z は任意にとれるから，$a=b=c=0$ でなければならない．だから2次の部分の行列 A のトレースは $\mathrm{tr}\,A=a+b+c=0$.

〈第6章〉

§2. 問. ${}^tA=-A$ だから明らか．${}^t\boldsymbol{x}A\boldsymbol{y}=(x_1, x_2, x_3)\begin{bmatrix} 0 & \nu & -\mu \\ -\nu & 0 & \lambda \\ \mu & -\lambda & 0 \end{bmatrix}\begin{bmatrix} y_1 \\ y_2 \\ y_3 \end{bmatrix}$

$$=(x_1, x_2, x_3)\begin{bmatrix} \nu y_2-\mu y_3 \\ -\nu y_1+\lambda y_3 \\ \mu y_1-\lambda y_2 \end{bmatrix}=-x_1\begin{vmatrix} \mu & \nu \\ y_2 & y_3 \end{vmatrix}+x_2\begin{vmatrix} \lambda & \nu \\ y_1 & y_3 \end{vmatrix}-x^3\begin{vmatrix} \lambda & \mu \\ y_1 & y_2 \end{vmatrix}=\begin{vmatrix} \lambda & \mu & \nu \\ x_1 & x_2 & x_3 \\ y_1 & y_2 & y_3 \end{vmatrix}$$

§3.　**問1.** $A=\begin{bmatrix} 1 & -1 & -1 \\ -1 & 1 & -1 \\ -1 & -1 & -1 \end{bmatrix}$, $(1,0,0)\begin{bmatrix} 1 & -1 & -1 \\ -1 & 1 & -1 \\ -1 & -1 & -1 \end{bmatrix}\begin{bmatrix} x \\ y \\ z \end{bmatrix}=(1,-1,-1)\begin{bmatrix} x \\ y \\ z \end{bmatrix}=0.$

そこでたとえば ${}^t(x,y,z)={}^t(0,1,-1)$ ととろう．第3の共役ベクトルは，上式と $(0,1,-1)\begin{bmatrix} 1 & -1 & -1 \\ -1 & 1 & -1 \\ -1 & -1 & -1 \end{bmatrix}\begin{bmatrix} x \\ y \\ z \end{bmatrix}=(0,2,0)\begin{bmatrix} x \\ y \\ z \end{bmatrix}=0$ をみたすようにとる．従って，

${}^t(x,y,z)={}^t(1,0,1)$．すなわち $T=\begin{bmatrix} 1 & 0 & 1 \\ 0 & 1 & 0 \\ 0 & -1 & 1 \end{bmatrix}$, ${}^tTAT=\begin{bmatrix} 1 & & \\ & 2 & \\ & & -2 \end{bmatrix}$．いいかえると，

もとの二次形式は $x'^2+2y'^2-2z'^2$ となる．

(ii)　$A=\begin{bmatrix} 3 & 1 & 1 \\ 1 & 5 & 1 \\ 1 & 1 & 3 \end{bmatrix}$．同様にして，$T=\begin{bmatrix} 0 & 1 & 5 \\ 1 & 0 & -2 \\ 0 & -1 & 5 \end{bmatrix}$ととると，${}^tTAT=\begin{bmatrix} 5 & & \\ & 4 & \\ & & 180 \end{bmatrix}$．

標準形は $5x'^2+4y'^2+180z'^2$．

問2.　(i)　$A=\begin{bmatrix} 0 & 1 & 1 \\ 1 & 0 & 1 \\ 1 & 1 & 0 \end{bmatrix}$．$\boldsymbol{l}_1={}^t(1,1,0)$ から出発すると $\boldsymbol{l}_2={}^t(1,1,-1)$, $\boldsymbol{l}_3={}^t(1,-1,0)$ ととれる．${}^tTAT=\begin{bmatrix} 2 & & \\ & -2 & \\ & & -2 \end{bmatrix}$ だから符号数は (1, 2) である．もっとも，この場合，固有値が容易に求められるから，それから判断してもよい．すなわち $\det(A-\lambda I)=(2-\lambda)(-1-\lambda)^2$．だから符号数は (1,2)．

(ii)　$2A=\begin{bmatrix} 2 & -1 & 2 \\ -1 & 4 & -1 \\ 2 & -1 & 2 \end{bmatrix}$．上と同様にして符号数は (2, 0)．

問3.　$f(\boldsymbol{x},\boldsymbol{x})=\langle \boldsymbol{x}, \varphi(\boldsymbol{x})\rangle$, $g(\boldsymbol{x},\boldsymbol{x})=\langle \boldsymbol{x}, \psi(\boldsymbol{x})\rangle$, $f(\boldsymbol{x},\boldsymbol{x})=g(u(\boldsymbol{x}),u(\boldsymbol{x}))$ とすると $\langle \boldsymbol{x}, \varphi(\boldsymbol{x})\rangle=\langle u(\boldsymbol{x}), \psi\circ u(\boldsymbol{x})\rangle=\langle \boldsymbol{x}, u^{-1}\circ\psi\circ u(\boldsymbol{x})\rangle$．従って $\varphi=u^{-1}\circ\psi\circ u$．$\varphi, \psi, u$ の表現行列を A, B, U とすると $\det(A-\lambda I)=\det(U^{-1}BU-\lambda I)=\det(B-\lambda I)$ となり φ と ψ は同じ固有値をもつ．逆に φ と ψ とが同じ固有値 $\lambda_1, \cdots, \lambda_n$ をもつとすると，それぞれに対応する固有ベクトルの正規直交基底 $\boldsymbol{e}_1, \cdots, \boldsymbol{e}_n$; $\boldsymbol{e}_1', \cdots, \boldsymbol{e}_n'$ がとれる．$u(\boldsymbol{e}_i)=\boldsymbol{e}_i'$ $(i=1,\cdots,n)$ によって対応 u を定め，線型性によって全空間に拡張しておく．すなわち $\boldsymbol{x}=\sum_{i=1}^{n} x_i\boldsymbol{e}_i$ に対しては $u(\boldsymbol{x})=\sum x_i u(\boldsymbol{e}_i)=\sum x_i\boldsymbol{e}_i'$ と定義する．これが直交変換であることは容易にわかる．$u^{-1}\circ\psi\circ u(\boldsymbol{x})=u^{-1}\circ\psi(\sum x_i\boldsymbol{e}_i')=u^{-1}(\sum x_i\psi(\boldsymbol{e}_i'))=u^{-1}(\sum x_i\lambda_i\boldsymbol{e}_i')=\sum x_i\lambda_i\boldsymbol{e}_i=\sum x_i\varphi(\boldsymbol{e}_i)=\varphi(\boldsymbol{x})$．だから，$\varphi=u^{-1}\circ\psi\circ u$．従って $\langle \boldsymbol{x}, \varphi(\boldsymbol{x})\rangle=\langle \boldsymbol{x}, u^{-1}\circ\psi\circ u(\boldsymbol{x})\rangle=\langle u(\boldsymbol{x}), \psi\circ u(\boldsymbol{x})\rangle$，すなわち $f(\boldsymbol{x},\boldsymbol{x})=g(u(\boldsymbol{x}),u(\boldsymbol{x}))$．

§4.　問1. (i)　$2x_1^2+\cdots+x_n^2-x_1x_2-x_2x_3-\cdots-x_nx_1=\frac{1}{2}\{(x_1-x_2)^2+(x_2-x_3)^2+\cdots+(x_n-x_1)^2\}+x_1^2\geqq 0$ で，$=0$ となるのは $x_1=x_2=\cdots=x_n$，$x_1=0$，のときだけ．

(ii)　$$(x_1\cdots x_n)\begin{bmatrix}1&\cdots&\cdots&1\\ \vdots&2&\cdots&2\\ \vdots&\vdots&3\cdots&3\\ \vdots&\vdots&\vdots&\vdots\\ 1&2&3\cdots&n\end{bmatrix}\begin{bmatrix}x_1\\ \vdots\\ \vdots\\ x_n\end{bmatrix}=(x_1\cdots x_n)\begin{bmatrix}1&\cdots&1\\ \vdots&&\vdots\\ 1&\cdots&1\end{bmatrix}\begin{bmatrix}x_1\\ \vdots\\ x_n\end{bmatrix}+(x_1\cdots x_n)\begin{bmatrix}0&\cdots&\cdots&0\\ \vdots&1&\cdots&1\\ \vdots&\vdots&&\vdots\\ 0&1&\cdots&1\end{bmatrix}\begin{bmatrix}x_1\\ \vdots\\ x_n\end{bmatrix}+\cdots+(x_1\cdots x_n)\begin{bmatrix}0&\cdots&0\\ \vdots&&\vdots\\ \vdots&&0\\ 0&\cdots 0&1\end{bmatrix}\begin{bmatrix}x_1\\ \vdots\\ x_n\end{bmatrix}=(x_1+\cdots+x_n)^2+(x_2+\cdots+x_n)^2+\cdots+x_n^2\geqq 0$$ で，

$=0$ となるのは $x_n=0$，$x_{n-1}+x_n=0$，…，$x_2+\cdots+x_n=0$，$x_1+\cdots+x_n=0$，のとき，すなわち $x_n=x_{n-1}=\cdots=x_2=x_1=0$ のときに限る．

問2.　A は正定値でないので $A+2I=B$ とおいて，B の固有値を求める．($\det B=4>0$，$\mathrm{tr}\,B=6>0$ だから B は正定値．) $\boldsymbol{x}={}^t(1,0)$ から出発すると，

m	0	1	2	3	4	5	6
$B^m\boldsymbol{x}$	$\begin{bmatrix}1\\0\end{bmatrix}$	$\begin{bmatrix}1\\1\end{bmatrix}$	$\begin{bmatrix}2\\6\end{bmatrix}$	$\begin{bmatrix}8\\32\end{bmatrix}$	$\begin{bmatrix}40\\168\end{bmatrix}$	$\begin{bmatrix}208\\880\end{bmatrix}$	$\begin{bmatrix}1088\\4608\end{bmatrix}$
$\lvert B^m\boldsymbol{x}\rvert^2$	1	2	40	1088	29824	817664	
${}^t(B^m\boldsymbol{x})(B^{m+1}\boldsymbol{x})$	1	8	208	5696	156160	4281344	
λ_1 の近似値	1.000	4.000	5.200	5.235	5.236	5.236	

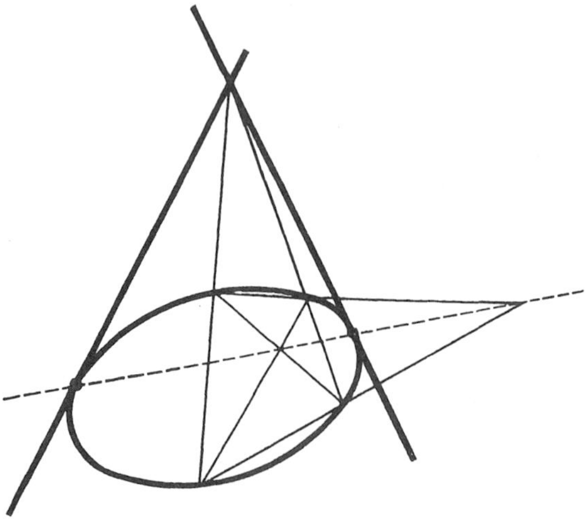

従って A の最大固有値は5.236−2=3.236. 真の値は $\det(A-\lambda I)=\lambda^2-2\lambda-4$ の根の大きい方, $\lambda_1=1+\sqrt{5}=3.236\cdots$ である.

§5. 問. その二次曲線に交わるようにその点から直線を2本引き, 4交点を結ぶ他の4直線の交点を結べば, その直線はもとの点の極線であるから, これと二次曲線との交点が求める接点である (前頁の図参照).

§6. 問1. 定理 6-29 (iv), (vi) から $(E_1{}^\perp+E_2{}^\perp)^\perp=(E_1{}^\perp)^\perp\cap(E_2{}^\perp)^\perp=E_1\cap E_2$. 従って (vi) から $E_1{}^\perp+E_2{}^\perp=(E_1\cap E_2)^\perp$.

問2. E' において, $\varphi(E)^\perp={}^t\varphi^{-1}(\mathbf{0})$ が成立することをいえばよい. $\boldsymbol{x}'\in\varphi(E)^\perp \Longleftrightarrow \langle\varphi(E), \boldsymbol{x}'\rangle=0 \Longleftrightarrow \langle E, {}^t\varphi(\boldsymbol{x}')\rangle=0 \Longleftrightarrow {}^t\varphi(\boldsymbol{x}')=\mathbf{0} \Longleftrightarrow \boldsymbol{x}'\in{}^t\varphi^{-1}(\mathbf{0})$.

演習問題 6

1. この変換は, $\begin{bmatrix} x_1' \\ \vdots \\ \vdots \\ x_n' \end{bmatrix}=\begin{bmatrix} 1 & \alpha_{12} \cdots \alpha_{1n} \\ & 1 \cdots \alpha_{2n} \\ 0 & \ddots \quad \vdots \\ & \quad 1 \end{bmatrix}\begin{bmatrix} x_1 \\ \vdots \\ \vdots \\ x_n \end{bmatrix}$. 従ってこの逆行列を T とすると,

$\boldsymbol{x}=T\boldsymbol{x}'$ となり, これを ${}^t\boldsymbol{x}A\boldsymbol{x}$ へ代入して ${}^t\boldsymbol{x}A\boldsymbol{x}={}^t\boldsymbol{x}'{}^tTAT\boldsymbol{x}'={}^t\boldsymbol{x}'D\boldsymbol{x}'$ を得る. この T は上三角行列の逆行列だからまた上三角行列で, 対角線上にはすべて1が並ぶ. 逆にこのような形の行列による変換は完全平方形を作ることと同じである. 従って, この方法は $\boldsymbol{l}_1={}^t(1, 0, \cdots, 0)$, $\boldsymbol{l}_2={}^t(a_{12}, 1, 0, \cdots, 0)$, ……, $\boldsymbol{l}_n={}^t(a_{1n}, a_{2n}, \cdots, a_{n-1n}, 1)$ という形の共役ベクトル系を作っていることになる.

2. (i) $x_i x_{i+1}=\dfrac{1}{4}\{(x_i+x_{i+1})^2-(x_i-x_{i+1})^2\}$ だから, $x_i'=x_i+x_{i+1}$, $x_{i+1}'=x_i-x_{i+1}$ $(i=1, 3, 5, \cdots, 2n-1)$ とおくと, $2n$ 変数の正則変換が定義される. 従ってこの二次形式の符号数は (n, n) である.

(ii) この二次形式は $\dfrac{1}{2}\{x_1{}^2+x_2{}^2+x_3{}^2+x_4{}^2+(x_1+x_2+x_3+x_4)^2\}$ と変形できる. これは標準形ではないが, この二次形式が正定値であることがわかる. 従って符号数は (4, 0) でなければならない.

3. (i) $A=\begin{bmatrix} 1 & 1 & a \\ 1 & 2 & 2a \\ a & 2a & 3 \end{bmatrix}$ が正定値であるためには $1>0$, $\begin{vmatrix} 1 & 1 \\ 1 & 2 \end{vmatrix}>0$, $\begin{vmatrix} 1 & 1 & a \\ 1 & 2 & 2a \\ a & 2a & 3 \end{vmatrix}>0$

であることが必要十分. 従って最後の行列式をといて, $3-2a^2>0$. すなわち $|a|<\sqrt{\dfrac{3}{2}}$.

(ii) $A=\begin{bmatrix} 2a & -1 & -1 \\ -1 & 2a & -1 \\ -1 & -1 & 2a \end{bmatrix}$. 従って $2a>0$, $\begin{vmatrix} 2a & -1 \\ -1 & 2a \end{vmatrix}>0$, $\begin{vmatrix} 2a & -1 & -1 \\ -1 & 2a & -1 \\ -1 & -1 & 2a \end{vmatrix}>0$. すなわち,

$a>0$, $4a^2-1>0$, $8a^3-6a-2>0$. これは $a>0$, $(2a+1)(2a-1)>0$, $(2a+1)^2(2a-2)>0$ となるのでこれらを合わせると, $a>1$.

4. (i) 線型性 : $f(\boldsymbol{x}_1+\boldsymbol{x}_2, \boldsymbol{y})=f(\boldsymbol{x}_1, \boldsymbol{y})+f(\boldsymbol{x}_2, \boldsymbol{y})$, $f(\lambda\boldsymbol{x}, \boldsymbol{y})=\lambda f(\boldsymbol{x}, \boldsymbol{y})$, および対称

性：$f(\boldsymbol{x},\boldsymbol{y})=f(\boldsymbol{y},\boldsymbol{x})$ は定義から明らか．正定性：$f(\boldsymbol{x},\boldsymbol{x})\geqslant 0$. かつ $=0$ は $\boldsymbol{x}=\boldsymbol{0}$ に限る，も正定値であることから明らか．

(ii)　これも定義6-11から明らか．

(iii)　新しい内積 $f(\boldsymbol{x},\boldsymbol{y})$ に関して Schmidt の直交化法を用いればよい．

5.　$f_1(\boldsymbol{x},\boldsymbol{y})$ は E に新しい内積を定義している．そこでこの内積を $[\boldsymbol{x},\boldsymbol{y}]$ とかくことにしよう：$[\boldsymbol{x},\boldsymbol{y}]=f_1(\boldsymbol{x},\boldsymbol{y})$. $f_2(\boldsymbol{x},\boldsymbol{x})$ はこの内積に関してある対称変換 φ と対応している．$f_2(\boldsymbol{x},\boldsymbol{x})=[\boldsymbol{x},\varphi(\boldsymbol{x})]$．（定理6-4, 6-5）．$\varphi$ の固有ベクトルから成る正規直交基底を $\boldsymbol{e}_1,\cdots,\boldsymbol{e}_n$ とする．$[\boldsymbol{e}_i,\boldsymbol{e}_j]=\delta_{ij}$ $(i,j=1,\cdots,n)$．するとこれらのベクトルは f_1 に関しては $f_1(\boldsymbol{e}_i,\boldsymbol{e}_j)=\delta_{ij}$, f_2 に関しては $f_2(\boldsymbol{e}_i,\boldsymbol{e}_j)=[\boldsymbol{e}_i,\varphi(\boldsymbol{e}_j)]=\lambda_j[\boldsymbol{e}_i,\boldsymbol{e}_j]=\lambda_j\delta_{ij}$ であるから共通の共役系になっている．両方とも正定値でないときは，たとえば $A=\begin{bmatrix}1&0\\0&-1\end{bmatrix}$, $B=\begin{bmatrix}0&1\\1&0\end{bmatrix}$ とすると，${}^t\boldsymbol{l}_1A\boldsymbol{l}_2=0$, ${}^t\boldsymbol{l}_1B\boldsymbol{l}_2=0$ を同時にみたす線型独立なベクトル $\boldsymbol{l}_1,\boldsymbol{l}_2$ は存在しない．なぜなら，存在したとしてそれを $\boldsymbol{l}_1={}^t(a,b)$, $\boldsymbol{l}_2={}^t(l,m)$ とすると，${}^t\boldsymbol{l}_1A\boldsymbol{l}_2=al-bm=0$, ${}^t\boldsymbol{l}_1B\boldsymbol{l}_2=ma+lb=0$ となり，これをみたす $\boldsymbol{0}$ でないベクトル $\boldsymbol{l}_1=(a,b)$ があるのだから，その係数の行列式は $\begin{vmatrix}l&-m\\m&l\end{vmatrix}=0$ でなければならない．すなわち $l^2+m^2=0$. これは $\boldsymbol{l}_2={}^t(l,m)\neq\boldsymbol{0}$ に反する．

6.　$\boldsymbol{e}_i={}^t(0,\cdots,\overset{i}{\check{1}},\cdots,0)$ とすると $a_{ii}={}^t\boldsymbol{e}_iA\boldsymbol{e}_i$. 一方 A の数域は $W(A)=\{{}^t\boldsymbol{x}A\boldsymbol{x}:|\boldsymbol{x}|=1\}$ である．$|\boldsymbol{e}_i|=1$ だから $a_{ii}\in W(A)$.

7.　$f_1(\boldsymbol{x},\boldsymbol{x})=\langle\boldsymbol{x},\varphi_1(\boldsymbol{x})\rangle$, $f_2(\boldsymbol{x},\boldsymbol{x})=\langle\boldsymbol{x},\varphi_2(\boldsymbol{x})\rangle$ だから，$\langle\boldsymbol{x},\varphi_1(\boldsymbol{x})\rangle\leqslant\langle\boldsymbol{x},\varphi_2(\boldsymbol{x})\rangle$ が任意の $\boldsymbol{x}$ について成立する．従って，k 次元線型部分空間 F 上で $\sup\limits_{F\cap S}\langle\boldsymbol{x},\varphi_1(\boldsymbol{x})\rangle\leqslant\sup\limits_{F\cap S}\langle\boldsymbol{x},\varphi_2(\boldsymbol{x})\rangle$ となるから定理6-21により，両辺の $\inf\limits_{\dim F=k}$ をとって，$\lambda_k\leqslant\mu_k$ を得る．逆が成立しないことはたとえば $A_1=\begin{pmatrix}0&1\\1&0\end{pmatrix}$, $A_2=\begin{pmatrix}2&0\\0&0\end{pmatrix}$ ととると，A_1 の固有値は $-1,1$, A_2 の固有値は $0,2$ で，$\lambda_k\leqslant\mu_k$ $(k=1,2)$ をみたしてはいるが $\boldsymbol{x}={}^t(1,2)$ に対して ${}^t\boldsymbol{x}A_1\boldsymbol{x}=4$, ${}^t\boldsymbol{x}A_2\boldsymbol{x}=2$ となって，${}^t\boldsymbol{x}A_1\boldsymbol{x}\leqslant{}^t\boldsymbol{x}A_2\boldsymbol{x}$ ではない．

〈第7章〉

§1.　問1.　複素数係数の多項式はその係数を実部と虚部に分けると $P_1(x)+iP_2(x)$ $(P_1(x), P_2(x)$ は実係数多項式) となる．従って実係数の多項式の全体 E の複素化 $\{P_1(x)+iP_2(x):P_1,P_2\in E\}$ は複素係数多項式の全体に等しい．

問2.　$\boldsymbol{e}_1',\cdots,\boldsymbol{e}_n'$ が E_c 上で線型独立であることを言えばよい．複素数 $c_1,\cdots,c_n$ によって $c_1\boldsymbol{e}_1'+\cdots+c_n\boldsymbol{e}_n'=\boldsymbol{0}$ が実現したとしよう．すると $c_1(\boldsymbol{e}_1+i\boldsymbol{e}_2)+\cdots+c_{n-1}(\boldsymbol{e}_{n-1}+i\boldsymbol{e}_n)+c_n\boldsymbol{e}_n=\boldsymbol{0}$ だから，$c_1\boldsymbol{e}_1+(c_2+ic_1)\boldsymbol{e}_2+\cdots+(c_n+ic_{n-1})\boldsymbol{e}_n=\boldsymbol{0}$. ところが $\boldsymbol{e}_1,\cdots,\boldsymbol{e}_n$ は E_c 上でも線型独立だから，$c_1=c_2+ic_1=\cdots=c_n+ic_{n-1}=0$. 従って順に $c_1=0$, $c_2=-ic_1=$

$0, \cdots, c_n=-ic_{n-1}=0$, となる.

§2. 問. $\langle \boldsymbol{a}, \boldsymbol{b}\rangle=(1+i)(1-i)+\frac{1}{i}(-2i)+2(1+3i)=2+6i$.

§3. 問. 射影 p の複素化を p_c とする. E_c の任意のベクトル $\boldsymbol{z}$ は, $\boldsymbol{z}=\boldsymbol{x}+i\boldsymbol{y}$, ($\boldsymbol{x}\in E, \boldsymbol{y}\in E$) とかける. $\boldsymbol{x}=\boldsymbol{x}_1+\boldsymbol{x}_2$, $\boldsymbol{y}=\boldsymbol{y}_1+\boldsymbol{y}_2$ ($\boldsymbol{x}_1, \boldsymbol{y}_1\in p(E)$, $\boldsymbol{x}_2, \boldsymbol{y}_2\in(I-p)(E)$) と分解すると, $\boldsymbol{z}=(\boldsymbol{x}_1+i\boldsymbol{y}_1)+(\boldsymbol{x}_2+i\boldsymbol{y}_2)=\boldsymbol{z}_1+\boldsymbol{z}_2$ という分解を生ずる. これは E_c の中での線型部分空間 $p(E)_c$ と $(I-p)(E)_c$ への直和分解である. $p_c(\boldsymbol{z})=p(\boldsymbol{x})+ip(\boldsymbol{y})=\boldsymbol{x}_1+i\boldsymbol{y}_1=\boldsymbol{z}_1$, かつ $p_c{}^2(\boldsymbol{z})=p_c(\boldsymbol{z}_1)=p(\boldsymbol{x}_1)+ip(\boldsymbol{y}_1)=\boldsymbol{x}_1+i\boldsymbol{y}_1=\boldsymbol{z}_1=p_c(\boldsymbol{z})$ だから p_c は $p(E)_c\dot{+}(I-p)(E)_c$ に対応する射影である.

§4. 問1. p が正射影なら射影だから $p^2=p$, また任意の $\boldsymbol{x}, \boldsymbol{y}$ に対し, $F=p(E)$ と $F^\perp$ の元への分解を $\boldsymbol{x}=\boldsymbol{x}_1+\boldsymbol{x}_2$, $\boldsymbol{y}=\boldsymbol{y}_1+\boldsymbol{y}_2$ とすると, $\langle p(\boldsymbol{x}), \boldsymbol{y}\rangle=\langle \boldsymbol{x}_1, \boldsymbol{y}_1+\boldsymbol{y}_2\rangle=\langle \boldsymbol{x}_1, \boldsymbol{y}_1\rangle$. $\langle \boldsymbol{x}, p(\boldsymbol{y})\rangle=\langle \boldsymbol{x}_1+\boldsymbol{x}_2, \boldsymbol{y}_1\rangle=\langle \boldsymbol{x}_1, \boldsymbol{y}_1\rangle$. すなわち p はエルミート. 逆に $p^2=p$ かつ p がエルミートなら, $p^{-1}(\boldsymbol{0})=p(E)^\perp$ が成立する. (実際 $\boldsymbol{x}\in p^{-1}(0) \Longleftrightarrow p(\boldsymbol{x})=\boldsymbol{0} \Longleftrightarrow \langle \boldsymbol{x}, p(E)\rangle=\boldsymbol{0} \Longleftrightarrow \boldsymbol{x}\in p(E)^\perp$). そこで p は $p(E)\oplus p^{-1}(\boldsymbol{0})$ に対応する正射影になる.

問2. (1),(2)$\Rightarrow$(3). $\varphi^*\varphi=I$ かつ $\varphi=\varphi^*$ なら $\varphi^2=\varphi^*\varphi=I$. (1),(3)$\Rightarrow$(2). $\varphi^*\varphi=I$, かつ $\varphi^2=I$ なら両辺に φ^{-1} を右からかけて $\varphi^*=\varphi^{-1}$, $\varphi=\varphi^{-1}$ となるから $\varphi=\varphi^*$. (2), (3)$\Rightarrow$(1). $\varphi=\varphi^*$, $\varphi^2=I$ なら $\varphi^*\varphi=I$.

§5. 問1. (i) $\begin{bmatrix} 1 & 1-i & e^{-\frac{\pi}{4}i} \\ 1+i & 2 & -5 \\ e^{\frac{\pi}{4}i} & -5 & 0 \end{bmatrix}$ (ii) $\begin{bmatrix} a & -3i & \frac{1+i}{1-2i} \\ 3i & 2 & i+7 \\ \frac{1-i}{1+2i} & -i+7 & b \end{bmatrix}$ (a, b は実数)

問2. (i) $\begin{bmatrix} \frac{1}{\sqrt{3}} & 0 & -\frac{2}{\sqrt{6}} \\ \frac{i}{\sqrt{3}} & \frac{i}{\sqrt{2}} & \frac{i}{\sqrt{6}} \\ -\frac{i}{\sqrt{3}} & \frac{i}{\sqrt{2}} & -\frac{i}{\sqrt{6}} \end{bmatrix}$ (ii) $\begin{bmatrix} \frac{1+i}{2} & \frac{1}{\sqrt{3}} & \frac{1+i}{2\sqrt{3}} \\ \frac{1}{2} & -\frac{1}{\sqrt{3}} & \frac{-1+2i}{2\sqrt{3}} \\ -\frac{i}{2} & \frac{1}{\sqrt{3}} & \frac{-2+i}{2\sqrt{3}} \end{bmatrix}$

(この他にもとり方がある.)

〈第8章〉

§1. 問1. $(\varphi+\psi)^*=\varphi^*+\psi^*=\varphi+\psi$, $(\varphi\circ\psi+\psi\circ\varphi)^*=\psi^*\circ\varphi^*+\varphi^*\circ\psi^*=\psi\circ\varphi+\varphi\circ\psi$, $\{i(\varphi\circ\psi-\psi\circ\varphi)\}^*=-i(\psi^*\circ\varphi^*-\varphi^*\circ\psi^*)=i(\varphi\circ\psi-\psi\circ\varphi)$.

問2. φ の固有値を $\lambda_1\leqq\cdots\leqq\lambda_n$ とするとき, $\alpha+\lambda_1>0$ となる α をとると $\varphi+\alpha I$ の固有値は $\lambda_1+\alpha, \lambda_2+\alpha, \cdots, \lambda_n+\alpha$ ですべて正となるから正定値である.

問3. (i) $\det(A-\lambda I)=\lambda(\lambda-3)$. $\lambda=0, 3$ に対応する固有ベクトルは それぞれ ${}^t(1,$

$i-1)$, ${}^t(1+i,1)$. これを正規化して並べると対角化ユニタリ行列 U は $U=\begin{bmatrix}\frac{1}{\sqrt{3}} & \frac{1+i}{\sqrt{3}}\\ \frac{i-1}{\sqrt{3}} & \frac{1}{\sqrt{3}}\end{bmatrix}$,

$U^{-1}AU=\begin{bmatrix}0 & 0\\ 0 & 3\end{bmatrix}$. スペクトル分解を求めよう. $\lambda=0$ に対する正射影は $P_1=\dfrac{A-3I}{0-3}=$ $\begin{bmatrix}\frac{1}{3} & -\frac{1+i}{3}\\ \frac{-1+i}{3} & \frac{2}{3}\end{bmatrix}$, $P_2=\dfrac{A-0I}{3-0}=\begin{bmatrix}\frac{2}{3} & \frac{1+i}{3}\\ \frac{1-i}{3} & \frac{1}{3}\end{bmatrix}$. 従ってスペクトル分解は

$$\begin{bmatrix}2 & 1+i\\ 1-i & 1\end{bmatrix}=0\cdot\begin{bmatrix}\frac{1}{3} & -\frac{1+i}{3}\\ \frac{-1+i}{3} & \frac{2}{3}\end{bmatrix}+3\cdot\begin{bmatrix}\frac{2}{3} & \frac{1+i}{3}\\ \frac{1-i}{3} & \frac{1}{3}\end{bmatrix}.$$

(ii)　$\det(A-\lambda I)=-(\lambda+1)(\lambda-2)(\lambda-3)$. $\lambda=-1,2,3$ に対応する固有ベクトルはそれぞれ ${}^t(i,-1,2)$, ${}^t(-i,1,1)$, ${}^t(1,-i,0)$ で, これから対角化ユニタリ行列 U は, $U=\begin{bmatrix}\frac{i}{\sqrt{6}} & -\frac{i}{\sqrt{3}} & \frac{1}{\sqrt{2}}\\ -\frac{1}{\sqrt{6}} & \frac{1}{\sqrt{3}} & -\frac{i}{\sqrt{2}}\\ \frac{2}{\sqrt{6}} & \frac{1}{\sqrt{3}} & 0\end{bmatrix}$, $U^{-1}AU=\begin{bmatrix}-1 & & \\ & 2 & \\ & & 3\end{bmatrix}$. スペクトル分解は第5章§1問1のようにするとよい. すなわち $P_1=\begin{bmatrix}\frac{i}{\sqrt{6}}\\ -\frac{1}{\sqrt{6}}\\ \frac{2}{\sqrt{6}}\end{bmatrix}\left(-\frac{i}{\sqrt{6}}\ \ -\frac{1}{\sqrt{6}}\ \ \frac{2}{\sqrt{6}}\right)=\begin{bmatrix}\frac{1}{6} & -\frac{i}{6} & \frac{i}{3}\\ \frac{i}{6} & \frac{1}{6} & -\frac{1}{3}\\ -\frac{i}{3} & -\frac{1}{3} & \frac{2}{3}\end{bmatrix}$, $P_2=$ $\begin{bmatrix}-\frac{i}{\sqrt{3}}\\ \frac{1}{\sqrt{3}}\\ \frac{1}{\sqrt{3}}\end{bmatrix}\left(\frac{i}{\sqrt{3}}\ \ \frac{1}{\sqrt{3}}\ \ \frac{1}{\sqrt{3}}\right)=\begin{bmatrix}\frac{1}{3} & -\frac{i}{3} & -\frac{i}{3}\\ \frac{i}{3} & \frac{1}{3} & \frac{1}{3}\\ \frac{i}{3} & \frac{1}{3} & \frac{1}{3}\end{bmatrix}$, $P_3=\begin{bmatrix}\frac{1}{\sqrt{2}}\\ -\frac{i}{\sqrt{2}}\\ 0\end{bmatrix}\left(\frac{1}{\sqrt{2}}\ \ \frac{i}{\sqrt{2}}\ \ 0\right)=\begin{bmatrix}\frac{1}{2} & \frac{i}{2} & 0\\ -\frac{i}{2} & \frac{1}{2} & 0\\ 0 & 0 & 0\end{bmatrix}$

従って, $\begin{bmatrix}2 & i & -i\\ -i & 2 & 1\\ i & 1 & 0\end{bmatrix}=(-1)\begin{bmatrix}\frac{1}{6} & -\frac{i}{6} & \frac{i}{3}\\ \frac{i}{6} & \frac{1}{6} & -\frac{1}{3}\\ -\frac{i}{3} & -\frac{1}{3} & \frac{2}{3}\end{bmatrix}+2\begin{bmatrix}\frac{1}{3} & -\frac{i}{3} & -\frac{i}{3}\\ \frac{i}{3} & \frac{1}{3} & \frac{1}{3}\\ \frac{i}{3} & \frac{1}{3} & \frac{1}{3}\end{bmatrix}+3\begin{bmatrix}\frac{1}{2} & \frac{i}{2} & 0\\ -\frac{i}{2} & \frac{1}{2} & 0\\ 0 & 0 & 0\end{bmatrix}$.

§2.　問1.　φ のスペクトル分解を $\varphi=\lambda_1 p_1+\cdots+\lambda_r p_r$ とすると $\varphi^2=\lambda_1{}^2 p_1+\cdots+\lambda_r{}^2 p_r$

$=0$. この両辺に p_i をかけると $\lambda_i{}^2 p_i=0$. 従って $\lambda_i{}^2=0$. すなわち $\lambda_i=0$ $(i=1, \cdots, r)$.

問 2. φ が正規なら $|\varphi(\boldsymbol{x})|^2=\langle\varphi(\boldsymbol{x}), \varphi(\boldsymbol{x})\rangle=\langle\boldsymbol{x}, \varphi^*\circ\varphi(\boldsymbol{x})\rangle=\langle\boldsymbol{x}, \varphi\circ\varphi^*(\boldsymbol{x})\rangle=\langle\varphi^*(\boldsymbol{x}), \varphi^*(\boldsymbol{x})\rangle=|\varphi^*(\boldsymbol{x})|^2$. 逆に，任意の元について $|\varphi(\boldsymbol{x})|=|\varphi^*(\boldsymbol{x})|$ が成立するなら，$\langle\boldsymbol{x}, \varphi^*\circ\varphi(\boldsymbol{x})\rangle=\langle\boldsymbol{x}, \varphi\circ\varphi^*(\boldsymbol{x})\rangle$. これから任意の $\boldsymbol{x}, \boldsymbol{y}$ について，$\langle\boldsymbol{x}, \varphi^*\circ\varphi(\boldsymbol{y})\rangle=\langle\boldsymbol{x}, \varphi\circ\varphi^*(\boldsymbol{y})\rangle$ が成立することがわかる.（定理7-12の証明のまねをせよ.）従って $\varphi^*\circ\varphi=\varphi\circ\varphi^*$.

§3. **問 1.** $A=\begin{bmatrix} 0 & z & -y \\ -z & 0 & x \\ y & -x & 0 \end{bmatrix}$ が反対称行列の一般形である. $T=(I-A)(I+A)^{-1}=$

$$\frac{1}{1+x^2+y^2+z^2}\begin{bmatrix} 1+x^2-y^2-z^2 & 2(xy-z) & 2(zx+y) \\ 2(xy+z) & 1-x^2+y^2-z^2 & 2(yz-x) \\ 2(zx-y) & 2(yz+x) & 1-x^2-y^2+z^2 \end{bmatrix}.$$

問 2. $\varphi=\begin{bmatrix} 0 & 1 \\ 0 & 0 \end{bmatrix}$, $\varphi^*\circ\varphi=\begin{bmatrix} 0 & 0 \\ 0 & 1 \end{bmatrix}$. $\therefore\ h=\sqrt{\varphi^*\circ\varphi}=\begin{bmatrix} 0 & 0 \\ 0 & 1 \end{bmatrix}$ $h(E)=\{\boldsymbol{x}={}^t(0, y)\}$. $\varphi(E)=\{\boldsymbol{x}={}^t(y, 0)\}$ で一致しない. なお，この場合 $u=\begin{bmatrix} 0 & 1 \\ 1 & 0 \end{bmatrix}$.

問 3. $(\varphi_1\circ\varphi_2)^*=\varphi_2{}^*\circ\varphi_1{}^*=\varphi_2\circ\varphi_1$. だから $\varphi_1\circ\varphi_2$ のエルミート性：$(\varphi_1\circ\varphi_2)^*=\varphi_1\circ\varphi_2$, は $\varphi_2\circ\varphi_1=\varphi_1\circ\varphi_2$ と同値である. 従って，定理 8-16 により，これは φ_1, φ_2 が同じ正射影によりスペクトル分解できることと同値である.

問 4. φ_1, φ_2 は可換だから同じ正射影によるスペクトル分解 $\varphi_1=\lambda_1 p_1+\cdots+\lambda_r p_r$, $\varphi_2=\mu_1 p_1+\cdots+\mu_r p_r$ をもつ. 従って，$\varphi_1\circ\varphi_2=\lambda_1\mu_1 p_1+\cdots+\lambda_r\mu_r p_r$. これは明らかに正規である.

演習問題 8

1. φ のスペクトル分解を $\varphi=\lambda_1 p_1+\cdots+\lambda_r p_r$ とする. $\lambda_1, \cdots, \lambda_r$ はすべて正数である. そこで $h=\sqrt{\lambda_1}\cdot p_1+\cdots+\sqrt{\lambda_r}\cdot p_r$ とおくと h は正則でエルミート，かつ $h^*\circ h=h^2=\varphi$.

2. φ が半正定値なら λ_i の中に 0 があるかも知れない. 従って h は一般に正則でない.

3. 対称変換の場合と全く同様に考えればよい.

4. $\varphi_1{}^*=\dfrac{1}{2}(\varphi^*+\varphi^{**})=\varphi_1$, $\varphi_2{}^*=\dfrac{1}{-2i}(\varphi^*-\varphi^{**})=\varphi_2$, だから φ_1, φ_2 はエルミートである. φ の1つの固有値 λ_1 をとり，これに対応する固有ベクトル $\boldsymbol{x}$ $(|\boldsymbol{x}|=1)$ をとると，$\langle\varphi(\boldsymbol{x}), \boldsymbol{x}\rangle=\langle\lambda_1\boldsymbol{x}, \boldsymbol{x}\rangle=\lambda_1|\boldsymbol{x}|^2=\lambda_1$. $\langle\varphi^*(\boldsymbol{x}), \boldsymbol{x}\rangle=\langle\boldsymbol{x}, \varphi(\boldsymbol{x})\rangle=\langle\boldsymbol{x}, \lambda_1\boldsymbol{x}\rangle=\bar{\lambda}_1|\boldsymbol{x}|^2=\bar{\lambda}_1$. 従って $2\,\mathrm{Re}\,\lambda_1=\lambda_1+\bar{\lambda}_1=\langle(\varphi+\varphi^*)(\boldsymbol{x}), \boldsymbol{x}\rangle$ すなわち $\mathrm{Re}\,\lambda_1=\langle\varphi_1(\boldsymbol{x}), \boldsymbol{x}\rangle\in W(\varphi_1)$. 同様に $2i\,\mathrm{Im}\,\lambda_1=\lambda_1-\bar{\lambda}_1=\langle(\varphi-\varphi^*)(\boldsymbol{x}), \boldsymbol{x}\rangle$ だから $\mathrm{Im}\,\lambda_1=\langle\varphi_2(\boldsymbol{x}), \boldsymbol{x}\rangle\in W(\varphi_2)$.

5. φ のスペクトル分解を $\varphi=\lambda_1 p_1+\cdots+\lambda_r p_r$ とする. $\lambda_j=\mu_j+i\nu_j$ $(j=1, \cdots, r)$ として，$\psi_1=\mu_1 p_1+\cdots+\mu_r p_r$, $\psi_2=\nu_1 p_1+\cdots+\nu_r p_r$ とおくと，ψ_1, ψ_2 は共にエルミートで，$\varphi=\psi_1+i\psi_2$ である. そして ψ_1 と ψ_2 は可換である. 逆に ψ_1, ψ_2 を可換なエルミート変換とすると，ψ_1 と ψ_2 は共通の正射影によるスペクトル分解；$\psi_1=\mu_1 p_1+\cdots+\mu_r p_r$, $\psi_2=\nu_1 p_1+\cdots+\nu_r p_r$ をもつ（定理 8-16). 従って $\varphi=\psi_1+i\psi_2=(\mu_1+i\nu_1)p_1+\cdots+(\mu_r+i\nu_r)p_r$

は（正射影によるスペクトル分解をもつから）正規である．

6.　φ のスペクトル分解を $\varphi=\lambda_1 p_1+\cdots+\lambda_r p_r$ とすると，$\varphi^*=\bar{\lambda}_1 p_1+\cdots+\bar{\lambda}_r p_r$．従って，$\varphi^*\circ\varphi=\lambda_1\bar{\lambda}_1 p_1+\cdots+\lambda_r\bar{\lambda}_r p_r=|\lambda_1|^2 p_1+\cdots+|\lambda_r|^2 p_r$ となる．だから $\sum_{i=1}^{n}|\lambda_i|^2=\mathrm{tr}(\varphi^*\circ\varphi)$ である．（あとの $\sum_{i=1}^{n}|\lambda_i|^2$ では重複度も数えて加えてある．）一方 $\mathrm{tr}(\varphi^*\circ\varphi)=\mathrm{tr}(A^*A)$ で A^*A の (i,k) 要素は $\sum_{j=1}^{n}\overline{a_{ji}}a_{jk}$ だから，対角要素は $\sum_{j=1}^{n}\overline{a_{ji}}a_{ji}=\sum_{j=1}^{n}|a_{ji}|^2$ $(i=1,\cdots,n)$ となり，$\mathrm{tr}(A^*A)=\sum_{i=1}^{n}\sum_{j=1}^{n}|a_{ji}|^2$.

7.　λ が φ のどの固有値とも等しくないとき，$\varphi-\lambda I$ は正則だから $(\varphi-\lambda I)(\boldsymbol{x})=\boldsymbol{a}$ は任意の $\boldsymbol{a}$ に対し唯1つの解 $\boldsymbol{x}$ をもつ．その形を調べよう，今 $\boldsymbol{a}=\sum_{i=1}^{n}a_i\boldsymbol{e}_i$ とすると，$a_i=\langle\boldsymbol{a},\boldsymbol{e}_i\rangle$ である．さて $\boldsymbol{x}=\sum_{i=1}^{n}x_i\boldsymbol{e}_i$ としてその係数 x_i を求めよう．これを方程式に代入すると，$(\varphi-\lambda I)\sum_{i=1}^{n}x_i\boldsymbol{e}_i=\sum_{i=1}^{n}x_i(\varphi-\lambda I)(\boldsymbol{e}_i)=\sum_{i=1}^{n}x_i(\lambda_i-\lambda)\boldsymbol{e}_i=\sum_{i=1}^{n}a_i\boldsymbol{e}_i$. 従って，$x_i=\dfrac{a_i}{\lambda_i-\lambda}=\dfrac{\langle\boldsymbol{a},\boldsymbol{e}_i\rangle}{\lambda_i-\lambda}$. 次に，$\lambda$ がある固有値 λ_k に等しい場合を考える．このとき証明すべきことは $(\varphi-\lambda_k I)(E)=\{(\varphi-\lambda_k I)^{-1}(\boldsymbol{0})\}^{\perp}$．ところが，$\boldsymbol{a}\in(\varphi-\lambda_k I)(E)$ をとると $\boldsymbol{a}=\varphi(\boldsymbol{y})-\lambda_k\boldsymbol{y}$ となる $\boldsymbol{y}$ があるから，任意の $\boldsymbol{x}\in(\varphi-\lambda_k I)^{-1}(\boldsymbol{0})$ に対し，$\langle\boldsymbol{a},\boldsymbol{x}\rangle=\langle(\varphi-\lambda_k I)(\boldsymbol{y}),\boldsymbol{x}\rangle=\langle\boldsymbol{y},(\varphi^*-\overline{\lambda_k}I)(\boldsymbol{x})\rangle$. 定理 8-10 (ii) から $(\varphi^*-\overline{\lambda_k}I)(\boldsymbol{x})=\boldsymbol{0}$ だから $\langle\boldsymbol{a},\boldsymbol{x}\rangle=0$．従って $\boldsymbol{a}\in\{(\varphi-\lambda_k I)^{-1}(\boldsymbol{0})\}^{\perp}$．すなわち $(\varphi-\lambda_k I)(E)\subset\{(\varphi-\lambda_k I)^{-1}(\boldsymbol{0})\}^{\perp}$．一方次元定理から $\dim(\varphi-\lambda_k I)(E)=m_k$ とすると，$\dim(\varphi-\lambda_k I)^{-1}(\boldsymbol{0})=n-m_k$．従って $\dim\{(\varphi-\lambda_k I)^{-1}(\boldsymbol{0})\}^{\perp}=m_k$．従って $(\varphi-\lambda_k I)(E)=\{(\varphi-\lambda_k I)^{-1}(\boldsymbol{0})\}^{\perp}$.

8.　(i)　第7章§2の (S.1)～(S.3) をたしかめればよい．(S.1) は明らか．(S.2) は $\langle\boldsymbol{x},\varphi(\boldsymbol{y})\rangle=\langle\varphi(\boldsymbol{x}),\boldsymbol{y}\rangle=\overline{\langle\boldsymbol{y},\varphi(\boldsymbol{x})\rangle}$．(S.3) は φ の正定値性から明らか．

(ii)　新しい内積を $[\boldsymbol{x},\boldsymbol{y}]$ とかく．$[\boldsymbol{x},\boldsymbol{y}]=\langle\boldsymbol{x},\varphi(\boldsymbol{y})\rangle$．すると，$\phi$ が $[\boldsymbol{x},\boldsymbol{y}]$ についてエルミートとは $[\phi(\boldsymbol{x}),\boldsymbol{y}]=[\boldsymbol{x},\phi(\boldsymbol{y})]$ をみたすことだから，もとの内積では $\langle\phi(\boldsymbol{x}),\varphi(\boldsymbol{y})\rangle=\langle\boldsymbol{x},\varphi\circ\phi(\boldsymbol{y})\rangle$．これは $\langle\varphi\circ\phi(\boldsymbol{x}),\boldsymbol{y}\rangle=\langle\boldsymbol{x},\varphi\circ\phi(\boldsymbol{y})\rangle$ つまり $\varphi\circ\phi$ が内積 $\langle\boldsymbol{x},\boldsymbol{y}\rangle$ に関しエルミートであることを意味する．

(iii)　ある正定値エルミート変換 φ によって $\varphi\circ\phi$ がエルミートになったとすると，新しい内積 $[\boldsymbol{x},\boldsymbol{y}]$ によって ϕ はスペクトル分解できる．$\phi=\lambda_1 p_1+\cdots+\lambda_r p_r$，そして $\lambda_1,\cdots,\lambda_r$ は実数である．これをもとの内積で見るとき，p_i は正射影ではないが，射影条件：$p_i^2=p_i$，$p_i\circ p_j=0$，$I=p_1+\cdots+p_r$ はみたしている（内積に無関係な条件！）．従って ϕ は半単純かつ実の固有値のみをもっている．逆に ϕ が (a), (b) をみたすとすると，$\phi=\lambda_1 p_1+\cdots+\lambda_r p_r$ とスペクトル分解できる．そこで $\varphi=p_1^*\circ p_1+\cdots+p_r^*\circ p_r$ とおくと，$\varphi^*=\varphi$

だから φ はエルミート．そして $\langle \boldsymbol{x}, \varphi(\boldsymbol{x})\rangle = \langle \boldsymbol{x}, \sum_{i=1}^{r} p_i^* \circ p_i(\boldsymbol{x})\rangle = \sum_{i=1}^{r} \langle p_i(\boldsymbol{x}), p_i(\boldsymbol{x})\rangle = \sum_{i=1}^{r} |p_i(\boldsymbol{x})|^2 \geqq 0$，かつ等号が成立するのは $p_1(\boldsymbol{x}) = \cdots = p_r(\boldsymbol{x}) = \boldsymbol{0}$ のとき，つまり $\boldsymbol{x} = p_1(\boldsymbol{x}) + \cdots + p_r(\boldsymbol{x}) = \boldsymbol{0}$ のときに限る．従って φ は正定値である．さて，$\varphi \circ \psi = \sum_{i=1}^{r} p_i^* \circ p_i \circ \psi = \sum_{i=1}^{r} p_i^* \circ (\lambda_i p_i) = \sum_{i=1}^{r} \lambda_i p_i^* \circ p_i$ はエルミートである．(実際 $(\varphi \circ \psi)^* = \sum_{i=1}^{r} \overline{\lambda_i} p_i^* \circ p_i^{**} = \sum_{i=1}^{r} \lambda_i p_i^* \circ p_i = \varphi \circ \psi$)．

〈**第9章**〉

§2．**問1．** 半単純の場合，$\Psi(\lambda) = (\lambda-\lambda_1)\cdots(\lambda-\lambda_r)$ だから $\dfrac{1}{\Psi(\lambda)} = \dfrac{c_1}{\lambda-\lambda_1} + \cdots + \dfrac{c_r}{\lambda-\lambda_r}$ ($c_1, \cdots, c_r$ は定数) の形をとる．ここで c_j ($j=1, \cdots, r$) は両辺に $\lambda-\lambda_j$ をかけてから $\lambda=\lambda_j$ とおいてみると $c_j = \dfrac{1}{(\lambda_j-\lambda_1)\underset{\hat{j}}{\cdots\cdots}(\lambda_j-\lambda_r)}$ であることがわかる．従って (9-6) の $g_j(\lambda)$ は，

$$g_j(\lambda) = \frac{\prod_{i \neq j} (\lambda-\lambda_i)}{\prod_{i \neq j} (\lambda_j-\lambda_i)}$$

すなわち定理 4-12 に等しくなる．

問2． $A=S+N$ なら $\bar{A}=\bar{S}+\bar{N}=A$．$\bar{S}, \bar{N}$ はそれぞれ半単純およびべき零で，可換だから，この分解の一意性から $\bar{S}=S$，$\bar{N}=N$．すなわち S, N は共に実数行列である．

§3．**問1．** (i) $\det(A-\lambda I) = -(\lambda-3)(\lambda-1)^2$．$A-I = \begin{bmatrix} -2 & 0 & 1 \\ 8 & 2 & -5 \\ -4 & 0 & 2 \end{bmatrix}$ の階数が2だから，$\lambda=1$ の標数は1より大きい．従って標数はちょうど2である．$(A-I)^2\boldsymbol{x}=\boldsymbol{0}$，$(A-I)\boldsymbol{x} \neq \boldsymbol{0}$ となるような $\boldsymbol{x}$ としてたとえば $\boldsymbol{x} = {}^t(-1, 2, -1)$ ととる．すると，$(A-I)\boldsymbol{x} = {}^t(1, 1, 2)$．$\lambda=3$ に対応する固有ベクトルは ${}^t(0, 1, 0)$ だから対角化行列 T は，$T = \begin{bmatrix} -1 & 1 & 0 \\ 2 & 1 & 1 \\ -1 & 2 & 0 \end{bmatrix}$，$T^{-1}AT = \begin{bmatrix} 1 & 1 & \\ & 1 & \\ & & 3 \end{bmatrix}$．$\dfrac{1}{(\lambda-3)(\lambda-1)^2} = -\dfrac{\frac{1}{4}(\lambda+1)}{(\lambda-1)^2} + \dfrac{\frac{1}{4}}{(\lambda-3)}$ だから $g_1(\lambda) = -\dfrac{1}{4}(\lambda+1)(\lambda-3)$，$g_2(\lambda) = \dfrac{1}{4}(\lambda-1)^2$．従って $P_1 = g_1(A) = -\dfrac{1}{4}(A+I)(A-3I) = \begin{bmatrix} 1 & 0 & 0 \\ -5 & 0 & 3 \\ 0 & 0 & 1 \end{bmatrix}$，$P_2 = g_2(A) = \dfrac{1}{4}(A-I)^2 = \begin{bmatrix} 0 & 0 & 0 \\ 5 & 1 & -3 \\ 0 & 0 & 0 \end{bmatrix}$．一般スペクトル分解は，$\begin{bmatrix} -1 & 0 & 1 \\ 8 & 3 & -5 \\ -4 & 0 & 3 \end{bmatrix}$

$$= \{1 \cdot P_1 + 3P_2\} + (A-I)P_1 = 1 \cdot \left\{ \begin{bmatrix} 1 & 0 & 0 \\ -5 & 0 & 3 \\ 0 & 0 & 1 \end{bmatrix} + 3 \begin{bmatrix} 0 & 0 & 0 \\ 5 & 1 & -3 \\ 0 & 0 & 0 \end{bmatrix} \right\} + \begin{bmatrix} -2 & 0 & 1 \\ -2 & 0 & 1 \\ -4 & 0 & 2 \end{bmatrix}$$

(ii) $\det(A-\lambda I)=-(\lambda-2)^2(\lambda-1)$, $A-2I=\begin{bmatrix}1&1&-1\\1&0&-1\\2&1&-2\end{bmatrix}$, $(A-2I)^2=\begin{bmatrix}0&0&0\\-1&0&1\\-1&0&1\end{bmatrix}$.

従って $\lambda=2$ の標数は 2. ジョルダン鎖は $(A-2I)^2\boldsymbol{x}=\boldsymbol{0}$, $(A-2I)\boldsymbol{x}\neq\boldsymbol{0}$ となる $\boldsymbol{x}$ として $\boldsymbol{x}={}^t(0,1,0)$ をとると, $(A-2I)\boldsymbol{x}={}^t(1,0,1)$. $\lambda=1$ に対応する固有ベクトルは ${}^t(0,1,1)$. 対角化行列 T は $T=\begin{bmatrix}1&0&0\\0&1&1\\1&0&1\end{bmatrix}$. $T^{-1}AT=\begin{bmatrix}2&1&\\&2&\\&&1\end{bmatrix}$. $\dfrac{1}{(\lambda-2)^2(\lambda-1)}=$ $\dfrac{-(\lambda-3)}{(\lambda-2)^2}+\dfrac{1}{\lambda-1}$. 従って $P_1=-(A-3I)(A-I)=-(A-2I)^2+I=\begin{bmatrix}1&0&0\\1&1&-1\\1&0&0\end{bmatrix}$,

$P_2=(A-2I)^2=\begin{bmatrix}0&0&0\\-1&0&1\\-1&0&1\end{bmatrix}$. 一般スペクトル分解は, $\begin{bmatrix}3&1&-1\\1&2&-1\\2&1&0\end{bmatrix}=\{2P_1+1\cdot P_2\}+$ $(A-2I)P_1=2\begin{bmatrix}1&0&0\\1&1&-1\\1&0&0\end{bmatrix}+1\cdot\begin{bmatrix}0&0&0\\-1&0&1\\-1&0&1\end{bmatrix}+\begin{bmatrix}1&1&-1\\0&0&0\\1&1&-1\end{bmatrix}$.

(iii) $\det(A-\lambda I)=(1-\lambda)^2(2-\lambda)$. $A-I=\begin{bmatrix}0&0&1\\-1&1&1\\1&-1&0\end{bmatrix}$, $(A-I)^2=\begin{bmatrix}1&-1&0\\0&0&0\\1&-1&0\end{bmatrix}$. 従って $\lambda=1$ の標数は 2. ジョルダン鎖は $(A-I)^2\boldsymbol{x}=\boldsymbol{0}$, $(A-I)\boldsymbol{x}\neq\boldsymbol{0}$ となる $\boldsymbol{x}$ として $\boldsymbol{x}={}^t(0,0,1)$ をとると, $(A-I)\boldsymbol{x}={}^t(1,1,0)$. $\lambda=2$ に対応する固有ベクトルは ${}^t(1,0,1)$.
$T=\begin{bmatrix}1&0&1\\1&0&0\\0&1&1\end{bmatrix}$, $T^{-1}AT=\begin{bmatrix}1&1&\\&1&\\&&2\end{bmatrix}$. $\dfrac{1}{(\lambda-1)^2(\lambda-2)}=\dfrac{-\lambda}{(\lambda-1)^2}+\dfrac{1}{\lambda-2}$. $P_1=-A(A-2I)$ $=\begin{bmatrix}0&1&0\\0&1&0\\-1&1&1\end{bmatrix}$, $P_2=(A-I)^2=\begin{bmatrix}1&-1&0\\0&0&0\\1&-1&0\end{bmatrix}$. 一般スペクトル分解は, $\begin{bmatrix}1&0&1\\-1&2&1\\1&-1&1\end{bmatrix}=$ $\{1\cdot P_1+2P_2\}+(A-I)P_1=1\cdot\begin{bmatrix}0&1&0\\0&1&0\\-1&1&1\end{bmatrix}+2\begin{bmatrix}1&-1&0\\0&0&0\\1&-1&0\end{bmatrix}+\begin{bmatrix}-1&1&1\\-1&1&1\\0&0&0\end{bmatrix}$.

(iv) $\det(A-\lambda I)=(\lambda-2)^2(\lambda^2-2\lambda+2)=(\lambda-2)^2(\lambda-1-i)(\lambda-1+i)$.
$A-2I=\begin{bmatrix}-2&1&2&-1\\4&1&2&3\\-3&-1&-2&-2\\2&-1&-2&1\end{bmatrix}$, $(A-2I)^2=\begin{bmatrix}0&-2&-4&0\\-4&0&0&-2\\4&0&0&2\\0&2&4&0\end{bmatrix}$, だから $\lambda=2$ の標数は 2. ジョルダン鎖は, $(A-2I)^2\boldsymbol{x}=\boldsymbol{0}$, $(A-2I)\boldsymbol{x}\neq\boldsymbol{0}$ となる $\boldsymbol{x}$ として, $\boldsymbol{x}={}^t(1,0,0,-2)$ をとると, $(A-2I)\boldsymbol{x}={}^t(0,-2,1,0)$. 他の固有値 $\lambda=1\pm i$ に対応する固有ベクトルは

それぞれ ${}^t(1, -i, i, -1)$ および ${}^t(1, i, -i, -1)$ だから対角化行列は

$$T=\begin{bmatrix} 0 & 1 & 1 & 1 \\ -2 & 0 & -i & i \\ 1 & 0 & i & -i \\ 0 & -2 & -1 & -1 \end{bmatrix},\quad T^{-1}AT=\begin{bmatrix} 2 & 1 & & \\ & 2 & & \\ & & 1+i & \\ & & & 1-i \end{bmatrix}.$$

一般スペクトル分解は,

$$\frac{1}{(\lambda-2)^2(\lambda^2-2\lambda+2)}=\frac{-\frac{1}{2}(\lambda-3)}{(\lambda-2)^2}+\frac{\frac{1}{4}}{\lambda-(1+i)}+\frac{\frac{1}{4}}{\lambda-(1-i)}$$

から, $P_1=-\frac{1}{2}(A-3I)(A^2-2A+2I)$, $P_2=\frac{1}{4}(A-2I)^2(A-(1-i)I)$, $P_3=\frac{1}{4}(A-2I)^2(A-(1+i)I)=\bar{P_2}$.

従って $A=\{2P_1+(1+i)P_2+(1-i)P_3\}+(A-2I)P_1$. これを行列の形でかくと,

$$\begin{bmatrix} 0 & 1 & 2 & -1 \\ 4 & 3 & 2 & 3 \\ -3 & -1 & 0 & -2 \\ 2 & -1 & -2 & 3 \end{bmatrix}=\{2\begin{bmatrix} -1 & 0 & 0 & -1 \\ 0 & 2 & 2 & 0 \\ 0 & -1 & -1 & 0 \\ 2 & 0 & 0 & 2 \end{bmatrix}+(1+i)\begin{bmatrix} 1 & -\frac{i}{2} & -i & \frac{1}{2} \\ -i & -\frac{1}{2} & -1 & -\frac{i}{2} \\ i & \frac{1}{2} & 1 & \frac{i}{2} \\ -1 & \frac{i}{2} & i & -\frac{1}{2} \end{bmatrix}$$

$$+(1-i)\begin{bmatrix} 1 & \frac{i}{2} & i & \frac{1}{2} \\ i & -\frac{1}{2} & -1 & \frac{i}{2} \\ -i & \frac{1}{2} & 1 & -\frac{i}{2} \\ -1 & -\frac{i}{2} & -i & -\frac{1}{2} \end{bmatrix}\}+\begin{bmatrix} 0 & 0 & 0 & 0 \\ 2 & 0 & 0 & 2 \\ -1 & 0 & 0 & -1 \\ 0 & 0 & 0 & 0 \end{bmatrix}.$$

(v) $\det(A-\lambda I)=(\lambda-1)^4$. $A-I=\begin{bmatrix} 2 & 1 & 0 & 0 \\ -4 & -2 & 0 & 0 \\ 6 & 1 & 1 & 1 \\ -14 & -5 & -1 & -1 \end{bmatrix}$, $(A-I)^2=0$. 従って, $\lambda=1$ の標数は2である. $(A-I)\boldsymbol{x}\neq\boldsymbol{0}$ となる $\boldsymbol{x}$ は線型独立なものが2個とれる. たとえば $\boldsymbol{x}_1={}^t(1, 0, 0, 0)$, $\boldsymbol{x}_2={}^t(0, 1, 0, 0)$. このとき, $(A-I)\boldsymbol{x}_1={}^t(2, -4, 6, -14)$, $(A-I)\boldsymbol{x}_2={}^t(1, -2, 1, -5)$. すなわち, $(A-I)\boldsymbol{x}_1$, $\boldsymbol{x}_1$; $(A-I)\boldsymbol{x}_2$, $\boldsymbol{x}_2$ がジョルダン鎖で,

$$T=\begin{bmatrix} 2 & 1 & 1 & 0 \\ -4 & 0 & -2 & 1 \\ 6 & 0 & 1 & 0 \\ -14 & 0 & -5 & 0 \end{bmatrix},\quad T^{-1}AT=\begin{bmatrix} 1 & 1 & & \\ & 1 & & \\ & & 1 & 1 \\ & & & 1 \end{bmatrix}.$$

なお一般スペクトル分解は $A=I+(A-I)$ である.

(vi) $\det(A-\lambda I)=(\lambda+1)^4$. $A+I=\begin{bmatrix} 2 & -1 & 1 & -1 \\ -3 & 4 & -5 & 4 \\ 8 & -4 & 4 & -4 \\ 15 & -10 & 11 & -10 \end{bmatrix}$, $(A+I)^2=\begin{bmatrix} 0 & 0 & 0 & 0 \\ 2 & -1 & 1 & -1 \\ 0 & 0 & 0 & 0 \\ -2 & 1 & -1 & 1 \end{bmatrix}$.

$(A+I)^3=0$. 従って $\lambda=-1$ の標数は 3. $(A+I)^2\boldsymbol{x}\neq\boldsymbol{0}$ となる $\boldsymbol{x}$ として, たとえば ${}^t(0, 1, 0, 0)$ ととると, $(A+I)\boldsymbol{x}={}^t(-1, 4, -4, -10)$, $(A+I)^2\boldsymbol{x}={}^t(0, -1, 0, 1)$. この他にもう一つ線型独立な固有ベクトル, たとえば ${}^t(1, 7, 5, 0)$ をとって,

$$T=\begin{bmatrix} 0 & -1 & 0 & 1 \\ -1 & 4 & 1 & 7 \\ 0 & -4 & 0 & 5 \\ 1 & -10 & 0 & 0 \end{bmatrix},\quad T^{-1}AT=\begin{bmatrix} -1 & 1 & & \\ & -1 & 1 & \\ & & -1 & \\ & & & -1 \end{bmatrix}.$$

なお, 一般スペクトル分解は $A=-I+(A+I)$ である.

(vii) $\det(A-\lambda I)=(\lambda-1)^2(\lambda+1)^2$. $A-I=\begin{bmatrix} 2 & -1 & -4 & 2 \\ 2 & 2 & -2 & -4 \\ 2 & -1 & -4 & 2 \\ 1 & 2 & -1 & -4 \end{bmatrix}$,

$(A-I)^2=\begin{bmatrix} -4 & 4 & 8 & -8 \\ 0 & -4 & 0 & 8 \\ -4 & 4 & 8 & -8 \\ 0 & -4 & 0 & 8 \end{bmatrix}$; $\lambda=1$ は標数 2. また $A+I=\begin{bmatrix} 4 & -1 & -4 & 2 \\ 2 & 4 & -2 & -4 \\ 2 & -1 & -2 & 2 \\ 1 & 2 & -1 & -2 \end{bmatrix}$,

$(A+I)^2=\begin{bmatrix} 8 & 0 & -8 & 0 \\ 8 & 8 & -8 & -8 \\ 4 & 0 & -4 & 0 \\ 4 & 4 & -4 & -4 \end{bmatrix}$; $\lambda=-1$ は標数2. それぞれのジョルダン鎖は $(A-I)^2\boldsymbol{x}^1$ $=\boldsymbol{0}$, $(A-I)\boldsymbol{x}_1\neq\boldsymbol{0}$ となる $\boldsymbol{x}_1$ と, $(A+I)^2\boldsymbol{x}_2=\boldsymbol{0}$, $(A+I)\boldsymbol{x}_2\neq\boldsymbol{0}$ となる $\boldsymbol{x}_2$ をとればできる. $\boldsymbol{x}_1={}^t(2, 0, 1, 0)$, $\boldsymbol{x}_2={}^t(0, 1, 0, 1)$ ととると, $(A-I)\boldsymbol{x}_1={}^t(0, 2, 0, 1)$, $(A+I)\boldsymbol{x}_2$ $=(1, 0, 1, 0)$. 従って $T=\begin{bmatrix} 0 & 2 & 0 & 1 \\ 2 & 0 & 1 & 0 \\ 0 & 1 & 0 & 1 \\ 1 & 0 & 1 & 0 \end{bmatrix}$, $T^{-1}AT=\begin{bmatrix} 1 & 1 & & \\ & 1 & & \\ & & -1 & 1 \\ & & & -1 \end{bmatrix}$.

$\dfrac{1}{(\lambda-1)^2(\lambda+1)^2}=\dfrac{-\frac{1}{4}(\lambda-2)}{(\lambda-1)^2}+\dfrac{\frac{1}{4}(\lambda+2)}{(\lambda+1)^2}$, $P_1=-\dfrac{1}{4}(A-2I)(A+I)^2$, $P_2=\dfrac{1}{4}(A+2I)\cdot$ $(A-I)^2$, 一般スペクトル分解は $A=\{1\cdot P_1+(-1)P_2\}+\{(A-I)P_1+(A+I)P_2\}$. これを実際にかいてみると,

$$\begin{bmatrix} 3 & -1 & -4 & 2 \\ 2 & 3 & -2 & -4 \\ 2 & -1 & -3 & 2 \\ 1 & 2 & -1 & -3 \end{bmatrix}=\left\{1\cdot\begin{bmatrix} 2 & 0 & -2 & 0 \\ 0 & 2 & 0 & -2 \\ 1 & 0 & -1 & 0 \\ 0 & 1 & 0 & -1 \end{bmatrix}+(-1)\begin{bmatrix} -1 & 0 & 2 & 0 \\ 0 & -1 & 0 & 2 \\ -1 & 0 & 2 & 0 \\ 0 & -1 & 0 & 2 \end{bmatrix}\right\}+\left\{\begin{bmatrix} 0 & 0 & 0 & 0 \\ 2 & 0 & -2 & 0 \\ 0 & 0 & 0 & 0 \\ 1 & 0 & -1 & 0 \end{bmatrix}\right.$$

$$\left.+\begin{bmatrix} 0 & -1 & 0 & 2 \\ 0 & 0 & 0 & 0 \\ 0 & -1 & 0 & 2 \\ 0 & 0 & 0 & 0 \end{bmatrix}\right\}.$$

問2. $\det(A-\lambda I)=(1-\lambda)^2(2-\lambda)$．対角化可能であるためには $A-I=\begin{bmatrix}1&a&b\\0&0&c\\0&0&0\end{bmatrix}$ の階数が1であることが必要かつ十分．従って $c=0$．

§4.　問1. (i)　$\det(A-\lambda I)=(2-\lambda)^2(4-\lambda)=-(\lambda^3-8\lambda^2+20\lambda-16)$．

$B_1=A-8I=\begin{bmatrix}-5&-3&2\\-1&-3&-2\\-1&3&-8\end{bmatrix}$，$B_2=AB_1+20I=\begin{bmatrix}6&6&-4\\2&2&4\\2&-6&12\end{bmatrix}$，$B_3=AB_2-16I=0$．

従って，$B(\lambda)=\lambda^2I+\lambda B_1+B_2=\begin{bmatrix}\lambda^2-5\lambda+6&-3\lambda+6&2\lambda-4\\-\lambda+2&\lambda^2-3\lambda+2&-2\lambda+4\\-\lambda+2&3\lambda-6&\lambda^2-8\lambda+12\end{bmatrix}$

$=(\lambda-2)\begin{bmatrix}\lambda-3&-3&2\\-1&\lambda-1&-2\\-1&3&\lambda-6\end{bmatrix}$．最小多項式は $(\lambda-2)(\lambda-4)$．

(ii)　$\det(A-\lambda I)=(1-\lambda)^2(2-\lambda)=-(\lambda^3-4\lambda^2+5\lambda-2)$．従って，　$B_1=A-4I$

$=\begin{bmatrix}-3&0&1\\-1&-2&1\\1&-1&-3\end{bmatrix}$．$B_2=AB_1+5I=\begin{bmatrix}3&-1&-2\\2&0&-2\\-1&1&2\end{bmatrix}$，$AB_3-2I=0$，$B(\lambda)=\lambda^2I+\lambda B_1+B_2$

$=\begin{bmatrix}\lambda^2-3\lambda+3&-1&\lambda-2\\-\lambda+2&\lambda^2-2\lambda&\lambda-2\\\lambda-1&-\lambda+1&\lambda^2-3\lambda+2\end{bmatrix}$．最小多項式は $(\lambda-1)^2(\lambda-2)$．

問2. (9-22) と同様に，$(\lambda I-\varphi)^{-1}=\dfrac{\alpha}{(\lambda-\lambda_i)^{k_i}}+\cdots$ と表わしておく．λ について微分した式と，両辺を2乗した式を比較すると，$\alpha^2\neq0$ なら $2k_i=k_i+1$ となって $k_i=1$ を得る．従って $\alpha^2\neq0$ が示されればよい．さて，ユニタリ変換の固有値の絶対値が1であることはすぐわかる．そこで，共役変換を考えると，$(\lambda I-\varphi^*)^{-1}=\dfrac{\alpha^*}{(\lambda-\bar{\lambda}_i)^{k_i}}+\cdots$．$\bar{\lambda}_i=\dfrac{1}{\lambda_i}$，$\varphi^*=\varphi^{-1}$ だから，この式で $\dfrac{1}{\lambda}=\mu$ を新しい変数にとると，$-\mu\varphi(\mu I-\varphi)^{-1}$

$=\dfrac{\lambda_i^{k_i}\mu^{k_i}\alpha^*}{(\lambda_i-\mu)^{k_i}}+\cdots$，すなわち $(\mu I-\varphi)^{-1}=\dfrac{(-1)^{k_i-1}\lambda_i^{k_i}\mu^{k_i-1}\varphi^*\circ\alpha^*}{(\mu-\lambda_i)^{k_i}}+\cdots$ となる．$\mu=\mu-\lambda_i+\lambda_i$ とおいて $\mu^{k_i-1}=\lambda_i^{k_i-1}+\sum_{\nu=1}^{k_i-1}\binom{k_i-1}{\nu}\lambda_i^{k_i-\nu-1}(\mu-\lambda_i)^\nu$ とすると右辺の $(\mu-\lambda_i)^{-1}$ の最高べきの部分は，$\dfrac{(-1)^{k_i-1}\lambda_i^{2k_i-1}\varphi^*\circ\alpha^*}{(\mu-\lambda_i)^{k_i}}$ であることがわかる．これともとの式を比較すると，$\alpha=(-1)^{k_i-1}\lambda_i^{2k_i-1}\varphi^*\circ\alpha^*$ となる．従って $\alpha^2=(-1)^{k_i-1}\lambda_i^{2k_i-1}\varphi^*\circ\alpha^*\circ\alpha$ をうる．$\alpha^*\circ\alpha\neq0$ ($(\boldsymbol{x},\alpha^*\circ\alpha(\boldsymbol{x}))=|\alpha(\boldsymbol{x})|^2=0$ なら $\alpha=0$ となってしまう．) だから $\alpha^2\neq0$．

問3. $(\lambda_1-\lambda_2)R(\lambda_1)R(\lambda_2)=R(\lambda_1)(\varphi-\lambda_2)R(\lambda_2)-R(\lambda_1)(\varphi-\lambda_1)R(\lambda_2)=R(\lambda_1)-R(\lambda_2)$.

§5. 問1. $f(\varphi)=a_0+a_1(\varphi-\lambda_0 I)+\cdots+a_n(\varphi-\lambda_0 I)^n+\cdots$ の両辺に λ_0 に対応する射影 p をかけると，$f(\varphi)\circ p=\{a_0+a_1(\varphi-\lambda_0 I)+\cdots+a_{k-1}(\varphi-\lambda_0 I)^{k-1}\}\circ p$ となる．ただし k は λ_0 の標数である．ここで $\lambda_0=\lambda_i$, $k=k_i$, $p=p_i$ とすると，$\left(\operatorname*{Res}_{\lambda=\lambda_i}(\lambda I-\varphi)^{-1}f(\lambda)=\left\{\sum_{j=1}^{k_i}\frac{1}{2\pi i}\int_{C_i}\frac{f(\lambda)}{(\lambda-\lambda_i)^j}d\lambda(\varphi-\lambda_i I)^{j-1}\right\}\circ p_i\right.$ であるから，$a_j=\frac{1}{2\pi i}\int_{C_i}\frac{f(\lambda)}{(\lambda-\lambda_i)^j}d\lambda$ としたとき$\Big)$(9-35) が得られる．各固有値における留数の和が $f(\varphi)$ に等しいから，それが (9-28) である．(9-32) はそのままでは無限級数として無条件には収束しないが，p_i をかけるとつねに有限個で切れるから，収束半径は無限大と考えてよい．

問2. $e^{\varphi}=e^{\lambda_i I+(\varphi-\lambda_i I)}=e^{\lambda_i}\left(I+\frac{1}{1!}(\varphi-\lambda_i I)+\cdots+\frac{1}{n!}(\varphi-\lambda_i I)^n+\cdots\right)$. 従って，$e^{\varphi}\circ p_i=e^{\lambda_i}\left(I+\frac{1}{1!}(\varphi-\lambda_i I)+\cdots+\frac{1}{(k_i-1)!}(\varphi-\lambda_i I)^{k_i-1}\right)\circ p_i$，すなわち，$e^{\varphi}=\sum_{i=1}^{r}e^{\varphi}\circ p_i=\sum_{i=1}^{r}e^{\lambda_i}\left(I+\frac{1}{1!}(\varphi-\lambda_i I)+\cdots+\frac{1}{(k_i-1)!}(\varphi-\lambda_i I)^{k_i-1}\right)\circ p_i$.

問3. $e^{\varphi}=I+\frac{1}{1!}\varphi+\frac{1}{2!}\varphi^2+\cdots+\frac{1}{n!}\varphi^n+\cdots$ だから $(e^{\varphi})^*=I+\frac{1}{1!}\varphi^*+\cdots+\frac{1}{n!}(\varphi^n)^*+\cdots=I+\frac{1}{1!}\varphi+\cdots+\frac{1}{n!}\varphi^n+\cdots=e^{\varphi}$. すなわちエルミートである．$e^{\varphi}$ の固有値は $e^{\lambda_1},\cdots,e^{\lambda_r}$ だからすべて正，従って正定値である．ψ を正定値エルミート変換とすると，ψ のスペクトル分解 $\psi=\lambda_1 p_1+\cdots+\lambda_r p_r$ に対し，$\mu_i=\log\lambda_i$ とおいて，$\varphi=\mu_1 p_1+\cdots+\mu_r p_r$ とすると，φ はまたエルミートで $e^{\varphi}=\psi$.

§6. 問. (i) 一般スペクトル分解が $A=\{1\cdot P_1+3P_2\}+(A-I)P_1$ だから，

$$A^n=\{1^n P_1+3^n P_2\}+n\cdot(A-I)P_1=\begin{bmatrix}1-2n & 0 & n\\ -5+5\cdot3^n-2n & 3^n & 3-3^{n+1}+n\\ -4n & 0 & 1+2n\end{bmatrix}$$

また $$e^{At}=e^t(I+t(A-I))P_1+e^{3t}P_2=\begin{bmatrix}(1-2t)e^t & 0 & te^t\\ -(5+2t)e^t+5e^{3t} & e^{3t} & (3+t)e^t-3e^{3t}\\ -4te^t & 0 & (1+2t)e^t\end{bmatrix}$$

(ii) 同様に，$A=\{2P_1+1\cdot P_2\}+(A-2I)P_1$ だから，

$$A^n=\{2^n P_1+1^n\cdot P_2\}+n\cdot2^{n-1}(A-2I)P_1=\begin{bmatrix}2^n+n2^{n-1} & n2^{n-1} & -n2^{n-1}\\ 2^n-1 & 2^n & -2^n+1\\ 2^n+n2^{n-1}-1 & n2^{n-1} & -n2^{n-1}+1\end{bmatrix}$$

また $$e^{At}=e^{2t}(I+t(A-2I))P_1+e^tP_2=\begin{bmatrix}(1+t)e^{2t} & te^{2t} & -te^{2t}\\ e^{2t}-e^t & e^{2t} & -e^{2t}+e^t\\ (1+t)e^{2t}-e^t & te^{2t} & -te^{2t}+e^t\end{bmatrix}$$

(iii)　$A=\{1\cdot P_1+2\cdot P_2\}+(A-I)P_1$.

$$A^n=1^n\cdot P_1+2^n\cdot P_2+n\cdot 1^n(A-I)P_1=\begin{bmatrix}2^n-n & 1-2^n+n & n\\ -n & n+1 & n\\ 2^n-1 & -2^n+1 & 1\end{bmatrix},$$

$$e^{At}=e^t(I+t(A-I))P_1+e^{2t}P_2=\begin{bmatrix}-te^t+e^{2t} & (1+t)e^t-e^{2t} & te^t\\ -te^t & (1+t)e^t & te^t\\ -e^t+e^{2t} & e^t-e^{2t} & e^t\end{bmatrix}$$

(iv)　$A=\{2P_1+(1+i)P_2+(1-i)P_3\}+(A-2I)P_1$.

$$A^n=\{2^nP_1+(1+i)^nP_2+(1-i)^nP_3\}+n\cdot 2^{n-1}(A-2I)P_1$$

$$=\begin{bmatrix}-2^n+2\,\mathrm{Re}(1+i)^n & \mathrm{Im}(1+i)^n & 2\,\mathrm{Im}(1+i)^n & \mathrm{Re}(1+i)^n\\ 2\,\mathrm{Im}(1+i)^n+n\cdot 2^n & 2^{n+1}-\mathrm{Re}(1+i)^n & 2^{n+1}-2\mathrm{Re}(1+i)^n & \mathrm{Im}(1+i)^n+n\cdot 2^n\\ -2\,\mathrm{Im}(1+i)^n-n\cdot 2^{n-1} & -2^n+\mathrm{Re}(1+i)^n & -2^n+2\mathrm{Re}(1+i)^n & -\mathrm{Im}(1+i)^n-n\cdot 2^{n-1}\\ 2^{n+1}-2\,\mathrm{Re}(1+i)^n & -\mathrm{Im}(1+i)^n & -2\,\mathrm{Im}(1+i)^n & 2^{n+1}-\mathrm{Re}(1+i)^n\end{bmatrix}$$

$$e^{At}=e^{2t}(I+t(A-2I))P_1+e^{(1+i)t}P_2+e^{(1-i)t}P_3$$

$$=\begin{bmatrix}-e^{2t}+2e^t\cos t & e^t\sin t & 2e^t\sin t & -e^{2t}+e^t\cos t\\ 2te^{2t}+2e^t\sin t & 2e^{2t}-e^t\cos t & 2e^{2t}-2e^t\cos t & 2te^{2t}+e^t\sin t\\ -te^{2t}-2e^t\sin t & -e^{2t}+e^t\cos t & -e^{2t}+2e^t\cos t & -te^{2t}-e^t\sin t\\ 2e^{2t}-2e^t\cos t & -e^t\sin t & -2e^t\sin t & 2e^{2t}-e^t\cos t\end{bmatrix}$$

(v)　$A=I+(A-I)$，$(A-I)^2=0$ だから，$A^n=I+n(A-I)$，$e^{At}=e^t(I+t(A-I))$

すなわち，
$$A^n=\begin{bmatrix}1+2n & n & 0 & 0\\ -4n & 1-2n & 0 & 0\\ 6n & n & 1+n & n\\ -14n & -5n & -n & 1-n\end{bmatrix},$$

$$e^{At}=\begin{bmatrix}(1+2t)e^t & te^t & 0 & 0\\ -4te^t & (1-2t)e^t & 0 & 0\\ 6te^t & te^t & (1+t)e^t & te^t\\ -14te^t & -5te^t & -te^t & (1-t)e^t\end{bmatrix}.$$

(vi)　$A=-I+(A+I)$，$(A+I)^3=0$ だから，$A^n=(-1)^nI+n(-1)^{n-1}\cdot(A+I)$
$+\dfrac{n(n-1)}{2}(-1)^{n-2}\cdot(A+I)^2$.　$e^{At}=e^{-t}\left(I+t(A+I)+\dfrac{t^2}{2}(A+I)^2\right)$，すなわち

$$A^n=(-1)^n\begin{bmatrix}1-2n & n & -n & n\\ 3n+n(n-1) & 1-4n-\frac{n(n-1)}{2} & 5n+\frac{n(n-1)}{2} & -4n-\frac{n(n-1)}{2}\\ -8n & 4n & 1-4n & 4n\\ -15n-n(n-1) & 10n+\frac{n(n-1)}{2} & -11n-\frac{n(n-1)}{2} & 1+10n+\frac{n(n-1)}{2}\end{bmatrix}$$

$$e^{At}=e^{-t}\begin{bmatrix} 1+2t & -t & t & -t \\ -3t+t^2 & 1+4t-\dfrac{t^2}{2} & -5t+\dfrac{t^2}{2} & 4t-\dfrac{t^2}{2} \\ 8t & -4t & 1+4t & -4t \\ 15t-t^2 & -10t+\dfrac{t^2}{2} & 11t-\dfrac{t^2}{2} & 1-10t+\dfrac{t^2}{2} \end{bmatrix}$$

(vii)　$A=\{1\cdot P_1+(-1)P_2\}+\{(A-I)P_1+(A+I)P_2\}$.

$A^n=\{P_1+(-1)^nP_2\}+\{n(A-I)P_1+(-1)^{n-1}n(A+I)P_2\}$.

$e^{At}=e^t(I+t(A-I))P_1+e^{-t}(I+t(A+I))P_2$. すなわち,

$$A^n=\begin{bmatrix} 2-(-1)^n & -(-1)^{n-1}\cdot n & -2+2(-1)^n & (-1)^{n-1}\cdot 2n \\ 2n & 2-(-1)^n & -2n & -2+2(-1)^n \\ 1-(-1)^n & -(-1)^{n-1}\cdot n & -1+2(-1)^n & (-1)^{n-1}\cdot 2n \\ n & 1-(-1)^n & -n & -1+2(-1)^n \end{bmatrix}$$

$$e^{At}=\begin{bmatrix} 2e^t-e^{-t} & -te^{-t} & -2e^t+2e^{-t} & 2te^{-t} \\ 2te^t & 2e^t-e^{-t} & -2te^t & -2e^t+2e^{-t} \\ e^t-e^{-t} & -te^{-t} & -e^t+2e^{-t} & 2te^{-t} \\ te^t & e^t-e^{-t} & -te^t & -e^t+2e^{-t} \end{bmatrix}$$

演習問題　9

1.　$A=\begin{bmatrix} 0 & 1 & \cdots & 1 \\ & \ddots & \ddots & \vdots \\ & & \ddots & 1 \\ & & & 0 \end{bmatrix}$, $A^2=\begin{bmatrix} 0 & 0 & 1 & 2 & \cdots & n-2 \\ & \ddots & \ddots & \ddots & \ddots & \vdots \\ & & & & & 2 \\ & & & & & 1 \\ & & & & & 0 \\ & & & & & 0 \end{bmatrix}$, … とべきをふやすごとに対角線に平行に 0 の列がふえて行く. 従って, $A^{n-1}\neq 0$, $A^n=0$. ジョルダン鎖は $A^{n-1}\boldsymbol{x}\neq\boldsymbol{0}$ となる $\boldsymbol{x}$ を求めて, $A^{n-1}\boldsymbol{x}$, $A^{n-2}\boldsymbol{x}$, …, $A\boldsymbol{x}$, $\boldsymbol{x}$ ととればよい. $\boldsymbol{x}={}^t(0,\cdots,0,1)$ ととればよい. このとき, $A\boldsymbol{x}={}^t(1,\cdots,1,0)$, $A^2\boldsymbol{x}={}^t(n-2,n-3,\cdots,1,0,0)$, $A^3\boldsymbol{x}={}^t\left(\binom{n-2}{2},\binom{n-3}{2},\cdots,1,0,0,0\right)$, $A^4\boldsymbol{x}={}^t\left(\binom{n-2}{3},\binom{n-3}{3},\cdots,1,0,0,0,0\right)$, …となって行く. 従って, 標準化行列 T は

$$T=\begin{bmatrix} 1 & \binom{n-2}{n-3} & \binom{n-2}{n-4} & \cdots & \binom{n-2}{2} & \binom{n-2}{1} & 1 & 0 \\ 0 & 1 & \binom{n-3}{n-4} & \cdots & \binom{n-3}{2} & \binom{n-3}{1} & 1 & 0 \\ \vdots & 0 & 1 & & \vdots & \vdots & \vdots & \vdots \\ & & & \ddots & & & & \\ & & & & & & 1 & 0 \\ 0 & 0 & 0 & \cdots & \cdots & \cdots & 0 & 1 \end{bmatrix}$$

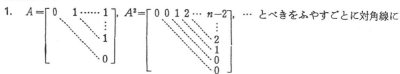

（注意．和分公式：$\sum_{k=0}^{n-1}\binom{k}{r}=\binom{n}{r+1}$ を用いる．）

2. この行列の縦ベクトルはたがいに直交し，かつ長さが1であるから，A はユニタリ行列である．従って半単純であって，固有空間はすべて直交する．A の固有方程式は

$\det(A-\lambda I)=(-\lambda)^n+(-1)^{n-1}=(-1)^n(\lambda^n-1)=0$ で，その根は，$\omega=e^{\frac{2\pi}{n}i}$ とおくとき，$1, \omega, \omega^2, \cdots, \omega^{n-1}$ である．今，$\boldsymbol{x}={}^t(1, \omega, \omega^2, \cdots, \omega^{n-1})$ とおくと，$A\boldsymbol{x}={}^t(\omega, \omega^2, \cdots, \omega^{n-1}, \omega^n)=\omega\boldsymbol{x}$．すなわち $\boldsymbol{x}$ は ω に対応する A の固有ベクトルである．同様に，ω^2 に対応する固有ベクトルは ${}^t(1, \omega^2, \omega^4, \cdots, \omega^{2(n-1)})$, $\cdots$, ω^k に対応する固有ベクトルは ${}^t(1, \omega^k, \omega^{2k}, \cdots, \omega^{k(n-1)})$ である．（1に対応する固有ベクトルは ${}^t(1, 1, \cdots, 1)$ である）．これらのベクトルの長さは $\sqrt{|\omega^k|^2+\cdots+|\omega^{k(n-1)}|^2}=\sqrt{n}$ であるから，対角化ユニタリ行列 U は，

$$U=\frac{1}{\sqrt{n}}\begin{bmatrix} 1 & 1 & 1 & & 1 \\ 1 & \omega & \omega^2 & \vdots & \omega^{n-1} \\ \vdots & \omega^2 & \omega^4 & \vdots & \omega^{2(n-1)} \\ \vdots & \vdots & \vdots & \vdots & \vdots \\ 1 & \omega^{n-1} & \omega^{2(n-1)} & & \omega^{(n-1)^2} \end{bmatrix},\quad U^{-1}AU=\begin{bmatrix} 1 & & & \\ & \omega & & \\ & & \omega^2 & \\ & & & \ddots \\ & & & & \omega^{n-1} \end{bmatrix}.$$

3. $A=\begin{bmatrix} 0 & 1 & & 0 \\ & \ddots & \ddots & \\ & 0 & & 1 \\ 1 & & & 0 \end{bmatrix}$ とすると，$A^2=\begin{bmatrix} 0 & 0 & 1 & & \\ & \ddots & \ddots & \ddots & \\ & & & & 1 \\ 1 & & & & 0 \\ 0 & 1 & & & 0 \end{bmatrix}$, $\cdots$, $A^{n-1}=\begin{bmatrix} 0 & & & 1 \\ 1 & \ddots & & \\ & \ddots & \ddots & \\ 0 & & 1 & 0 \end{bmatrix}$,

$A^n=I$ となる．従って一般の巡回行列 $B=\begin{bmatrix} a_1 & a_2 \cdots\cdots & a_n \\ a_n & a_1 \cdots\cdots & a_{n-1} \\ & \cdots\cdots\cdots\cdots & \\ a_2 & a_3 \cdots\cdots a_n & a_1 \end{bmatrix}$ は，

$B=a_1I+a_2A+a_3A^2+\cdots+a_nA^{n-1}$ と表わされる．すなわち，$f(\lambda)=a_1+a_2\lambda+\cdots+a_n\lambda^{n-1}$ とおくと，$B=f(A)$．今 A のスペクトル分解を $A=1\cdot p_1+\omega\cdot p_2+\omega^2\cdot p_3+\cdots+\omega^{n-1}\cdot p_n$ とおくと，$B=f(1)p_1+f(\omega)p_2+\cdots+f(\omega^{n-1})p_n$．これを対角化行列の言葉でいうと，前問と同じ U によって，$U^{-1}BU=\begin{bmatrix} f(1) & & \\ & f(\omega) & \\ & & \ddots \\ & & & f(\omega^{n-1}) \end{bmatrix}$ となる．

4. $\det(A-\lambda I)=(\lambda^2-a_1a_n)(\lambda^2-a_2a_{n-1})\cdots(\lambda^2-a_ma_{m+1})$ （$n=2m$ のとき），または $\det(A-\lambda I)=(\lambda^2-a_1a_n)(\lambda^2-a_2a_{n-1})\cdots(\lambda^2-a_ma_{m+2})(a_{m+1}-\lambda)$ （$n=2m+1$ のとき）．

(i) $a_1\cdots a_n\neq 0$ のときは，$\lambda=\pm\sqrt{a_ka_{n-k+1}}$ に対応する固有ベクトルが $\boldsymbol{x}_k=(0, \cdots, 0, \overset{k}{\sqrt{a_k}}, 0, \cdots, 0, \overset{n-k+1}{\sqrt{a_{n-k+1}}}, 0, \cdots, 0)$，および $\boldsymbol{x}_{n-k+1}={}^t(0, \cdots, 0, \overset{k}{\sqrt{a_k}}, 0, \cdots, 0, \overset{n-k+1}{-\sqrt{a_{n-k+1}}}, 0, \cdots, 0)$ ととれる．これら $\boldsymbol{x}_1, \cdots, \boldsymbol{x}_n$ は線型独立だから A は半単純である．(ii) $a_k=0$ と

するとき，$a_k \cdot a_{n-k+1}=0$ で，$\lambda=0$ は重根になる．ところが $a_{n-k+1} \neq 0$ なら A の階数は1つしか減らない．従って $\lambda=0$ の標数は1より大きくなり，A は半単純でない．a_k とともに a_{n-k+1} も0となるなら $\lambda=0$ の重複度と同じだけ A の階数が下るから，A は半単純である．従って，A が半単純となるための必要十分条件は，$a_k=0$ なら必ず $a_{n-k+1}=0$ となることである．

5.　$\det(A-\lambda I)=(-1)^{n-1}(a_1+a_2\lambda+a_3\lambda^2+\cdots+a_n\lambda^{n-1}-\lambda^n)$.

$$A-\lambda I=\begin{bmatrix} -\lambda & 1 & & & \\ & -\lambda & 1 & & \\ & & \ddots & \ddots & \\ & & & & 1 \\ a_1 & a_2 & \cdots & a_n & -\lambda \end{bmatrix}$$

の $n-1$ 次小行列式として，n 行1列を除いたものを考えると，それは1に等しいから，すべての $n-1$ 次小行列式の最大公約数は $d(\lambda)=1$ となる．従って，$\Psi(\lambda)=\dfrac{\Phi(\lambda)}{d(\lambda)}=\Phi(\lambda)$（定理9-16）．$A$ の固有値がすべて単根のとき，それらを $\lambda_1, \cdots, \lambda_n$ とすると，$\boldsymbol{x}_i={}^t(1, \lambda_i, \cdots, \lambda_i^{n-1})$ は $A\boldsymbol{x}_i=\lambda_i\boldsymbol{x}_i$ をみたす．従って，これが固有ベクトルで，対角化行列 T は，

$$T=\begin{bmatrix} 1 & 1 & & 1 \\ \lambda_1 & \lambda_2 & \vdots & \lambda_n \\ \lambda_1^2 & \lambda_2^2 & \vdots & \lambda_n^2 \\ \vdots & \vdots & \vdots & \vdots \\ \lambda_1^{n-1} & \lambda_2^{n-1} & & \lambda_n^{n-1} \end{bmatrix}.$$

6.　θ がべき零ならその固有値はすべて0だから $\operatorname{tr}\theta=\sum_{i=1}^{n}\lambda_i=0$. θ がべき零なら $\theta^2, \cdots, \theta^n$ もべき零だから $\operatorname{tr}\theta^2=0, \cdots, \operatorname{tr}\theta^n=0$. 逆に $\operatorname{tr}\theta=\operatorname{tr}\theta^2=\cdots=\operatorname{tr}\theta^n=0$ なら，θ の固有値は $\sum_{i=1}^{n}\lambda_i=\sum_{i=1}^{n}\lambda_i^2=\cdots=\sum_{i=1}^{n}\lambda_i^n=0$ をみたす．$\lambda_1, \cdots, \lambda_n$ の基本対称式はこれらについての定数項のない多項式で表わされるから，$\sum_{i=1}^{n}\lambda_i=0$, $\sum_{i<j}^{n}\lambda_i\lambda_j=0$, $\sum_{i<j<k}\lambda_i\lambda_j\lambda_k=0, \cdots$, $\lambda_1\cdots\lambda_n=0$. 従って固有多項式は $(\lambda-\lambda_1)\cdots(\lambda-\lambda_n)=\lambda^n$. すなわち，$\theta$ はべき零である．

7.　φ を正則とすると φ の一般スペクトル分解 $\varphi=\varphi_s+\varphi_n=\sum_{i=1}^{r}\lambda_i p_i+\sum_{i=1}^{r}(\varphi-\lambda_i I)\circ p_i$ において $\lambda_i \neq 0$ である．従って，φ の半単純部分 $\varphi_s=\sum_{i=1}^{r}\lambda_i p_i$ は正則である．だから，$\varphi=\varphi_s\circ(I+\varphi_s^{-1}\circ\varphi_n)$ とかける．φ_s は半単純，$\varphi_u=I+\varphi_s^{-1}\circ\varphi_n$ はべき単で，φ_s と φ_u は可換である．別に $\varphi=\varphi_s'\circ(I+\psi)$,（$\psi$：べき零）という分解があったとすると，$\varphi=\varphi_s'+\varphi_s'\circ\psi$ で φ_s' と ψ は可換だから，$\varphi_s'\circ\psi$ はべき零であり，一般スペクトル分解の一意性から $\varphi_s'=\varphi_s$, $\varphi_s'\circ\psi=\varphi_n$ となる．

8.　A_m のスペクトル分解を求める．$\det(A-\lambda I)=\left(\lambda-1-\dfrac{t}{m}i\right)\left(\lambda-1+\dfrac{t}{m}i\right)$ となり，

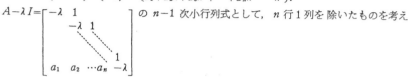

$A_m=\left(1+\frac{t}{m}i\right)\begin{bmatrix}\frac{1}{2} & -\frac{i}{2}\\ \frac{i}{2} & \frac{1}{2}\end{bmatrix}+\left(1-\frac{t}{m}i\right)\begin{bmatrix}\frac{1}{2} & \frac{i}{2}\\ -\frac{i}{2} & \frac{1}{2}\end{bmatrix}$. 従って,

$A_m{}^m=\left(1+\frac{t}{m}i\right)^m\begin{bmatrix}\frac{1}{2} & -\frac{i}{2}\\ \frac{i}{2} & \frac{1}{2}\end{bmatrix}+\left(1-\frac{t}{m}i\right)^m\begin{bmatrix}\frac{1}{2} & \frac{i}{2}\\ -\frac{i}{2} & \frac{1}{2}\end{bmatrix}$. さて, $\left(1+\frac{t}{m}i\right)^m=\left(\left(1+\frac{t^2}{m^2}\right)^{\frac{1}{2}}e^{i\theta}\right)^m$

$=\left(1+\frac{t^2}{m^2}\right)^{\frac{m}{2}}e^{im\theta}$. ここで $\theta=\arg\left(1+\frac{t}{m}i\right)=\tan^{-1}\frac{t}{m}=\frac{t}{m}+O\left(\frac{1}{m^3}\right)$ $(m\to+\infty)$. だから

$e^{im\theta}=e^{i\left(t+o\left(\frac{1}{m^2}\right)\right)}\to e^{it}$ $(m\to\infty)$. 一方, $\left(1+\frac{t^2}{m^2}\right)^{\frac{m}{2}}=\left(\left(1+\frac{t^2}{m^2}\right)^{\frac{m^2}{2}}\right)^{\frac{1}{m}}=\left(e^{\frac{t^2}{2}}+o(1)\right)^{\frac{1}{m}}\to1$

$(m\to\infty)$. 従って $\lim_{m\to\infty}\left(1+\frac{t}{m}i\right)^m=e^{it}$. 同様に $\lim_{m\to\infty}\left(1-\frac{t}{m}i\right)^m=e^{-it}$. すなわち,

$\lim_{m\to\infty}A_m{}^m=e^{it}\begin{bmatrix}\frac{1}{2} & -\frac{i}{2}\\ \frac{i}{2} & \frac{1}{2}\end{bmatrix}+e^{-it}\begin{bmatrix}\frac{1}{2} & \frac{i}{2}\\ -\frac{i}{2} & \frac{1}{2}\end{bmatrix}=\begin{bmatrix}\cos t & \sin t\\ -\sin t & \cos t\end{bmatrix}$.

9.　A の一般スペクトル分解は $A=I+(A-I)$, $(A-I)^2=0$. 従って,
$A^{100}=I+100(A-I)=\begin{bmatrix}401 & -400\\ 400 & -399\end{bmatrix}$.

10.　$\det(A-\lambda I)=(-\lambda)(1-\lambda)^2$. $A-I=\begin{bmatrix}0 & 1 & 0\\ 0 & 0 & 1\\ 0 & 0 & -1\end{bmatrix}$, $(A-I)^2=\begin{bmatrix}0 & 0 & 1\\ 0 & 0 & -1\\ 0 & 0 & 1\end{bmatrix}$ で,

$\lambda=1$ の標数は 2. $\frac{1}{\lambda(\lambda-1)^2}=\frac{2-\lambda}{(\lambda-1)^2}+\frac{1}{\lambda}$ だから $P_1=A(2I-A)=I-(A-I)^2$, $P_2=(A-I)^2$. 一般スペクトル分解は $A=P_1+(A-I)P_1$. 従って $A^m=P_1+m(A-I)P_1$

$=\begin{bmatrix}1 & m & m-1\\ 0 & 1 & 1\\ 0 & 0 & 0\end{bmatrix}$.

11.　A をジョルダン標準形に変換する：$T^{-1}AT=J$. すると $T^{-1}A^mT=J^m$ は上三角行列で対角線上には $\lambda_i{}^m$ $(i=1, \cdots, n)$ がある (λ_i は A の固有値). A^m の各要素が m について有界なら, J^m の要素も有界, 特に $|\lambda_i{}^m|\leqq M$. この式は $|\lambda_i|>1$ では起こり得ないから $|\lambda_i|\leqq1$ でなければならない.

12.　$\varphi\circ\psi=\psi\circ\varphi$ なら, φ の多項式と ψ の多項式は可換である. 従って $e^{\varphi+\psi}=I+\frac{1}{1!}(\varphi+\psi)+\frac{1}{2!}(\varphi+\psi)^2+\cdots+\frac{1}{m!}(\varphi+\psi)^m+\cdots$ は普通の無限級数の場合と同様に展開でき

るから $=\sum_{m=0}^{\infty}\frac{1}{m!}\sum_{\mu+\nu=m}\binom{m}{\mu}\varphi^{\mu}\circ\phi^{\nu}=\sum_{m=0}^{\infty}\sum_{\mu+\nu=m}\frac{\varphi^{\mu}\circ\phi^{\nu}}{\mu!\,\nu!}=\left(\sum_{\mu=0}^{\infty}\frac{\varphi^{\mu}}{\mu!}\right)\circ\left(\sum_{\nu=0}^{\infty}\frac{\phi^{\nu}}{\nu!}\right)=e^{\varphi}\circ e^{\phi}=e^{\phi}\circ e^{\varphi}$.

逆は，$\Phi=e^{\varphi}$, $\Psi=e^{\phi}$ とおくと $\varphi=\log\Phi$, $\phi=\log\Psi$ と表わされるから，$\Phi\circ\Psi=\Psi\circ\Phi$ ならその関数である φ,ϕ も $\varphi\circ\phi=\phi\circ\varphi$ をみたす．

13.　φ の固有値を $\lambda_1,\cdots,\lambda_n$ とすると，e^{φ} の固有値は $e^{\lambda_1},\cdots,e^{\lambda_n}$ だから $\det(e^{\varphi})=e^{\lambda_1}\cdots e^{\lambda_n}=e^{\lambda_1+\cdots+\lambda_n}=e^{\mathrm{tr}\,\varphi}$.

14.　$\varphi^*=-\varphi$ なら $(e^{t\varphi})^*\circ e^{t\varphi}=e^{t\varphi^*}\circ e^{t\varphi}=e^{-t\varphi}\circ e^{t\varphi}=e^{t\varphi-t\varphi}=e^0=I$. 逆にすべての実数 t につき $e^{t\varphi}$ がユニタリなら，$e^{t\varphi^*}\circ e^{t\varphi}=I$. t について微分すると $\varphi^*\circ e^{t\varphi^*}\circ e^{t\varphi}+e^{t\varphi^*}\circ\varphi\circ e^{t\varphi}=0$. $t=0$ とおくと $\varphi^*+\varphi=0$.

15.　一つのジョルダン細胞 $J_i=\begin{bmatrix}\lambda_i & 1 & & \\ & \ddots & \ddots & \\ & & \ddots & 1\\ & & & \lambda_i\end{bmatrix}$ については $J_i-\lambda_i I=\begin{bmatrix}0 & 1 & & \\ & \ddots & \ddots & \\ & & \ddots & 1\\ & & & 0\end{bmatrix}$,

$(J_i-\lambda_i I)^2=\begin{bmatrix}0 & 0 & 1 & & \\ & \ddots & \ddots & \ddots & \\ & & \ddots & \ddots & 1\\ & & & \ddots & 0\\ & & & & 0\end{bmatrix}$, $\cdots$, $(J_i-\lambda_i I)^{k_i-1}=\begin{bmatrix}0 & \cdots & 1\\ & \ddots & \vdots\\ & & 0\end{bmatrix}$ となるから，$J_i=\lambda_i I+(J_i-\lambda_i I)$ の正則関数 $f(J_i)$ は $f(J_i)=\sum_{j=1}^{k_i}\frac{1}{2\pi i}\int_C\frac{(J_i-\lambda_i I)^{j-1}}{(\lambda-\lambda_i)^j}f(\lambda)d\lambda$

$$=\begin{bmatrix}f(\lambda_i) & \frac{f'(\lambda_i)}{1!} & \cdots\cdots & \frac{f^{(k_i-1)}(\lambda_i)}{(k_i-1)!}\\ & \ddots & \ddots & \vdots\\ & & \ddots & \frac{f'}{1!}(\lambda_i)\\ & & & f(\lambda_i)\end{bmatrix}.$$

J 全体に対しては，この形の上三角行列が対角線上に並んだものが $f(J)$ である．

16.　スカラー値関数 $x(t)$ の場合の解法を考えてみる．$\frac{d^2x}{dt^2}=mx$ $(m\neq 0)$ とすると $e^{\sqrt{m}\cdot t}$ および $e^{-\sqrt{m}\cdot t}$ が線型独立な解である．従って，その線型結合 $x(t)=c_1e^{\sqrt{m}\cdot t}+c_2e^{-\sqrt{m}\cdot t}$ の中で $x(0)=x_0$, $x'(0)=x_1$ をみたすものを作ればよい．$x(0)=c_1+c_2$, $x'(0)=(c_1-c_2)\sqrt{m}$ だから $c_1=\frac{x_0+\sqrt{m}^{-1}x_1}{2}$, $c_2=\frac{x_0-\sqrt{m}^{-1}x_1}{2}$. すなわち，

$x(t)=(\cosh\sqrt{m}\,t)x_0+\sqrt{m}^{-1}(\sinh\sqrt{m}\,t)x_1$. ここで，

$$\cosh\sqrt{m}\,t=1+\frac{t^2}{2!}m+\frac{t^4}{4!}m^2+\cdots+\frac{t^{2k}}{(2k)!}m^k+\cdots$$

$$\sqrt{m}^{-1}\sinh\sqrt{m}\,t=\frac{t}{1!}+\frac{t^3}{3!}m+\frac{t^5}{5!}m^2+\cdots+\frac{t^{2k+1}}{(2k+1)!}m^k+\cdots$$

は $m=0$ の場合も意味をもって，$x(t)$ は初期値問題の解である．

そこで，ベクトル値関数の場合も，

$$C(t)=I+\frac{t^2}{2!}M+\frac{t^4}{4!}M^2+\cdots,$$

$$S(t)=\frac{t}{1!}I+\frac{t^3}{3!}M+\frac{t^5}{5!}M^2+\cdots.$$

とおき，$\boldsymbol{x}(t)=C(t)\boldsymbol{x}_0+S(t)\boldsymbol{x}_1$ とおくと，これはたしかに $\dfrac{d^2\boldsymbol{x}}{dt^2}=M\cdot\boldsymbol{x}$ の解で初期条件 $\boldsymbol{x}(0)=\boldsymbol{x}_0$, $\boldsymbol{x}'(0)=\boldsymbol{x}_1$ をみたしている．解の一意性定理からこれが唯一の解である．($S(t)$, $C(t)$ の右辺の収束半径は無限大だから，$S(t)$, $C(t)$ はつねに意味をもつ.)．非斉次方程式の場合は定数変化法を用いて，$\boldsymbol{x}(t)=C(t)\boldsymbol{x}_0+S(t)\boldsymbol{x}_1+\int_0^t S(t-\tau)\boldsymbol{f}(\tau)d\tau$ を得る．($C(t)S'(t)-C'(t)S(t)=I$, $C(\tau)S(t)-C(t)S(\tau)=S(t-\tau)$ などをたしかめよ．そのためには，$A(t)=C(t)S'(t)-C'(t)S(t)$, $B(t)=C(\tau)S(t)-C(t)S(\tau)-S(t-\tau)$ とおき，$A'(t)=0$, $A(0)=I$, $B''(t)=MB(t)$, $B(\tau)=B'(\tau)=0$ が成立することから，$A(t)\equiv I$, $B(t)\equiv 0$ を導け.)

索　引

ア〜オ

位数(極の)　order　263
一次形式　linear form　143
一次独立→線型独立　19
一葉双曲面　hyperboloid of one sheet　139
一般固有空間　generalized eigenspace　234
一般固有ベクトル　generalized eigenvector　234
一般スペクトル分解　generalized spectral representation (resolution)　245
エルミート部分　Hermitian part　231
エルミート変換　Hermitian transformation　201

カ〜コ

解核方程式　resolvent equation　266
階数　rank　28
階数(二次形式の)　rank　160
回転　rotation　84
核　kernel　23
慣性律　law of inertia　157
基軸　base axis　17
基底　base　22
逆元　inverse element　30
共役系(二次形式の)　conjugate system　153
共役錐面　conjugate cone　142
共役変換　adjoint transformation　205
行列式　determinant　96
極　pole　174
極(有理関数，正則関数の)　pole　263
極形式(二次形式の)　polar form　149
極形式(二次曲面の)　polar form　174
極面　polar　174
極表示(線型変換の，正規変換の)　polar representation　225
クロネッカーのデルタ　Kronecker's delta　49
係数体　field of scalars, basic field　9
ケーリー変換　Cayley transform　222
原像　inverse image　24
合同(行列の)　congruent　76
固有空間　eigenspace　95
固有多項式　characteristic polynomial　97
固有値　eigenvalue, spectrum　95
固有値問題　eigenvalue problem　89
固有値問題(行列の)　eigenvalue problem (of a matrix)　94
固有ベクトル　eigenvector　95
固有方程式　characteristic equation　97

サ〜ソ

最小多項式　minimal polynomial　239,264
三角形の(第二)余弦定理　(second) cosine formula　46
三角不等式　triangle inequality　39
次元　dimension　17
次元定理　dimension theorem　28
指数関数　exponential function　278
射影　projector　31,78,278
射影分解　projective representation　106
主軸　principal axis　132
主小行列式　principal minor　118
Schmidt の直交化法　Schmidt's orthonormalization　52
Schmidt の定理　Schmidt's theorem　52
ジョルダン鎖　Jordan chain　252
ジョルダン細胞　Jordan block　252,253
ジョルダン標準形　Jordan's normal form　253
Schwarz の不等式　Schwarz' inequality　43,194
数域　numerical range　167
数線型空間　numerical linear space　11,47
スカラー　scalar　11
スペクトル分解　spectral representation, spectral resolution　106,216
正規直交基底　orthonormal base　52
正規直交系　orthonormal system　48
正規変換　normal transformation　213
正射影　orthogonal (perpendicular) projection　57,81
正則　non-singular, regular　31
正則関数　holomorphic function　267
零化指数　index of nilpotence　242,255
正定値　positive definite　164
正定値(エルミート変換)　212
線型環　algebra　29
線型空間　linear space　9

線型差分方程式　linear difference equation　283
線型写像　linear mapping　23
線型従属　linearly dependent　19
線型独立　linearly independent　19
線型微分方程式　linear differential equation　280
線型部分空間　linear subspace　12
線型変換　linear transformation　28
全射　surjection　26
全単射　bijection　30
双曲線　hyperbola　138
双曲柱面　hyperbolic cylinder　139
双一次形式　bilinear form　143
双曲放物面　hyperbolic paraboloid　139
相似(行列の)　similar　71
双対基底　dual base　180
双対空間　dual space　179
像　image　24

タ～ト

楕円　ellipse　138
楕円錐面　elliptic (oblique circular) cone　139
楕円柱面　elliptic cylinder　139
楕円面　ellipsoid　139
楕円放物面　elliptic poraboloid　139
対角化行列　diagonalizor　99
対合　involution　35
対称行列　symmetric matrix　86
対称双一次形式　symmetric bilinear form　147
対称変換　symmetric transformation　86
代数的閉体　algebraically closed field　188
単位球面　unit sphere　41
単位元　unit element　30
単射　injection　26
値域　range　24
中線定理　median line theorem　40
調和列点　harmonic range　176
直交　orthogonal　46,47
直交行列　orthogonal matrix　77,85
直交系　orthogonal system　48
直交直和　orthogonal direct sum　57
直交直和分解　decomposition to orthogonal direct sum　56
直交変換　orthogonal transformation　84
直交余空間　orthogonal complement　56
直線　straight line　17
直和　direct sum (of linear subspaces)　14
定数変化法　method of variation of constants　282
停留点　stationary point　163
転置変換　transposed transformation　146
同時対角化　simultaneous diagonalization　228
同値(二次形式の)　equivalent　160
特性根　characteristic root　96,98,101
特異点(有理関数，正則関数の)　singular point　263
取りかえ定理　exchange theorem　17
トレース　trace　101,119

ナ～ノ

長さの公準　postulates for length　38
内積　inner product, scalar product　41
内積の公準　postulates for inner product　42,195
二次曲面　quadratic surface, quadric　127
二次形式　quadratic form　148
二葉双曲面　hyperboloid of two sheets　139
ノルム　norm　39

ハ～ホ

Parseval の等式　Parseval's equality　50
Hamilton-Cayley の定理　Hamilton-Cayley's theorem　239
反エルミート部分　skew-Hermitian part　231
半正定値　non-negative (positive semi-) definite　212
半単純　semi-simple　107,111,238,243
反対称双一次形式　skew-symmetric bilinear form　147
非可換　non-commutative　29
ピタゴラスの定理　Pythagorean theorem　40
標準化行列　normalizor　258
標準基底　canonical base　78
標準形(二次曲面の)　canonical form　134
標準形(二次形式の)　canonical form　152
標数(固有値の)　index　234

複素ユークリッド線型空間 complex Euclidean linear space 193
符号数 signature 160
べき零 nilpotent 242
ベクトル vector 11
Bessel の不等式 Bessel's inequality 49
放物線 parabola 138
放物柱面 parabolic cylinder 139
本来の proper 138, 141

マ〜モ

ミニマックス定理 minimax theorem 170
無心 non-central 132, 134

ヤ〜ヨ

有心 central, centred 132
ユークリッド的長さ，ユークリッド的ノルム Euclidean norm 42, 43, 193
ユニタリ変換 unitary transformation 202
余因子行列 cofactor matrix 264

ラ〜ロ

留数 residu 267, 278

ワ

和空間 sum (of linear subspaces) 13

著者紹介：

笠原晧司（かさはら・こうじ）

1955年　京都大学理学部数学科卒

現　在　京都大学名誉教授

主　書　新微分方程式対話，対話・微分積分学（現代数学社），微分積分学，線形代数学（サイエンス社），詳説演習微分積分学（共著），詳説演習線形代数学（共著）（培風館），微分方程式の基礎（朝倉書店），他

新装版改訂増補 **線型代数と固有値問題**

—スペクトル分解を中心に—

2019年 10月25日　新装版改訂増補1刷発行

検印省略

著　者　　笠原晧司

発行者　　富田　淳

発行所　　株式会社　現代数学社

〒606-8425 京都市左京区鹿ヶ谷西寺ノ前町1

TELFAX 075 (751) 0727　FAX 075 (744) 0906

https://www.gensu.co.jp/

装　幀　　中西真一（株式会社 CANVAS）

印刷・製本　株式会社 亜細亜印刷

ISBN978-4-7687-0519-3